JN314180

図解 プラスチック成形材料

鞠谷雄士・竹村憲二 監修
(社)プラスチック成形加工学会 編

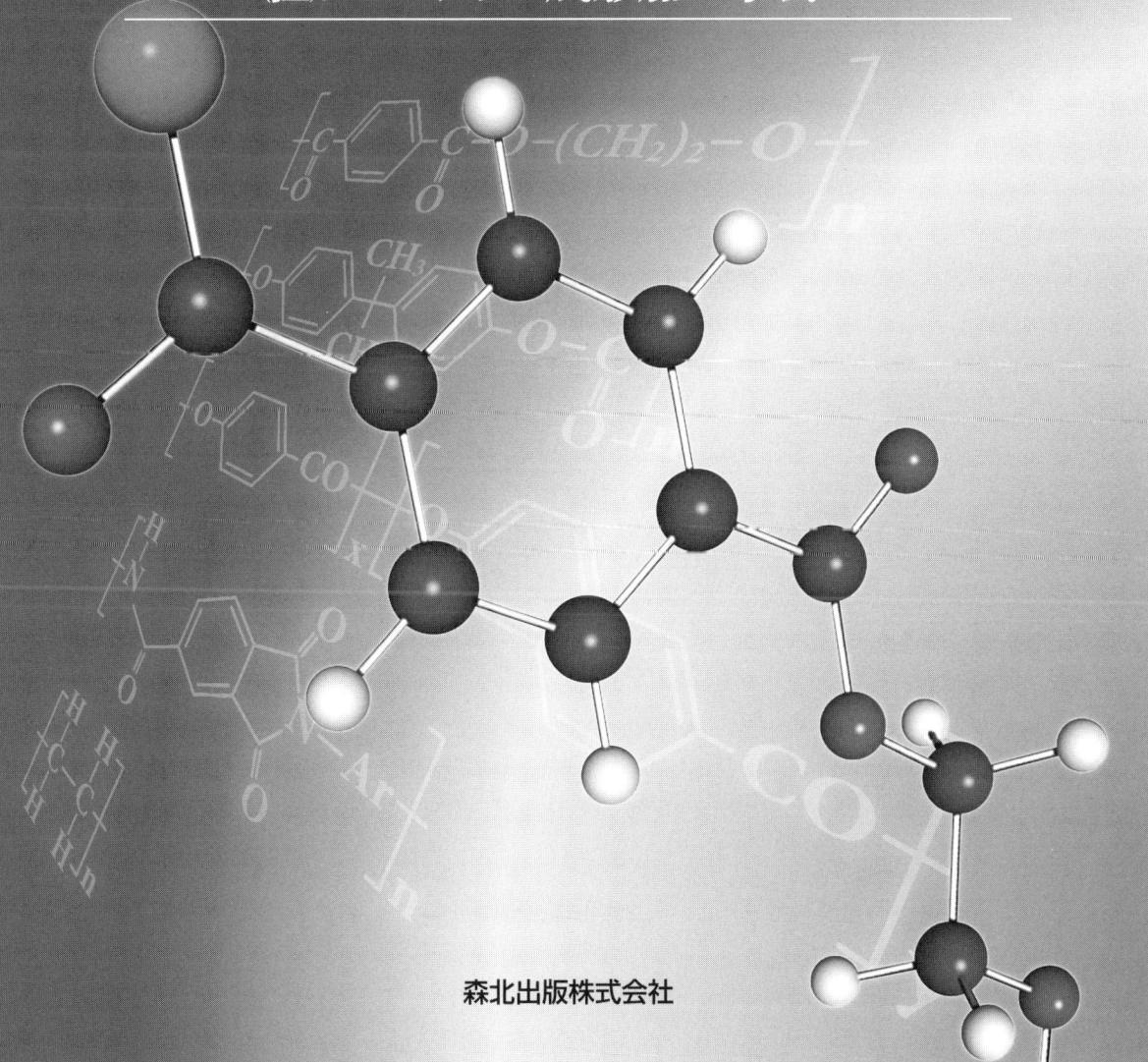

森北出版株式会社

●本書のサポート情報を当社Webサイトに掲載する場合があります．
下記のURLにアクセスし，サポートの案内をご覧ください．

https://www.morikita.co.jp/support/

●本書の内容に関するご質問は，森北出版 出版部「(書名を明記)」係宛
に書面にて，もしくは下記のe-mailアドレスまでお願いします．なお，
電話でのご質問には応じかねますので，あらかじめご了承ください．

editor@morikita.co.jp

●本書により得られた情報の使用から生じるいかなる損害についても，
当社および本書の著者は責任を負わないものとします．

■本書に記載している製品名，商標および登録商標は，各権利者に帰属
します．

■本書を無断で複写複製（電子化を含む）することは，著作権法上での
例外を除き，禁じられています．複写される場合は，そのつど事前に
(一社)出版者著作権管理機構（電話03-5244-5088, FAX03-5244-5089,
e-mail：info@jcopy.or.jp）の許諾を得てください．また本書を代行業者
等の第三者に依頼してスキャンやデジタル化することは，たとえ個人や
家庭内での利用であっても一切認められておりません．

再版によせて

　「はじめに」でも記載されているとおり，本書はプラスチック成形材料を使いこなす人のための書として企画されたものであり，それぞれの材料についてトップメーカーのスペシャリストが成形加工を切り口として執筆を行っていることから，その内容は高い独自性とともに，普遍性も併せ持っている．したがって，事情により販路の途絶えていた本書が森北出版から再版されることになったことは，本書の編集に携わったものとして望外の喜びであり，本書が引き続き，プラスチック成形加工に携わる研究者・技術者の道標となり続けることを願ってやまない．

　なお，上記のとおり，本書の執筆陣はそれぞれのメーカーを背負って解説を行っていることに鑑み，「執筆者一覧」は，2006年の発行当時に対応したものを掲載していることをお断りしておきたい．

2011年5月

監修者　鞠谷雄士・竹村憲二

はじめに

　プラスチック成形材料の成形加工における基本工程は，『流す・形にする・固める』であり，これら工程においては，成形材料の化学構造よりは，直鎖状か分岐状かといった分子の形や分子の長さ・長さ分布の影響が大きい．しかしながら，最終製品を設計する際には，剛性，耐熱性，耐薬品性といった化学構造に起因する材料固有の特性を理解することも重要であり，それをベースに成形品の形状が決まり，形状付与のための成形加工を考えることになる．したがって，成形加工を深く追求するには，個々の材料について，材料の性質，とくに構造と成形加工性，物性と成形加工性に関する理解を深めることが重要であろう

　本書は，社団法人プラスチック成形加工学会の学会誌『成形加工』に，講座「成形材料」として2年半にわたり連載された記事を中心に，一部，成形材料に関する解説記事として掲載された講座以外の記事も加えて構成したものである．この講座の企画に当たっては，「成形材料」の化学構造や性質に関する一般的な解説を行うのではなく，成形加工を切り口とした，「構造と物性」，「構造と成形加工性」の関係に力点を置いた内容とすることを計画した．そこで，すべての原稿について，各成形材料を製造しているトップメーカーの方々に執筆を依頼することとした．その結果，本書は「成形材料」を使いこなす人のための座右の書として，独自性の高い内容になったのではないかと自負している．なお，連載講座の掲載から本書の発行までに長い時間が経過したわけではないが，昨今の業界の統合・再編の動きの影響を受け，所属が執筆当時と変わっている方も多い．

　本書の内容は，「汎用樹脂」，「汎用エンジニアリングプラスチック」，「特殊エンジニアリングプラスチック」，「熱可塑性エラストマー」，「熱硬化性樹脂」，「複合・未来樹脂材料」に分類されている．しかしながら，世の中で使用されているプラスチック成形材料を網羅することは難しく，一部割愛せざるを得なかった材料もあることをご容赦願いたい．また，ガスバリヤ性関連の機能性材料は本書の構成の便宜上，特殊エンジニアリングプラスチック分野に含めた．

　成形材料は，成形加工工程を経て，形にされて始めて意味を持つものである．材料の持つ顕在的および潜在的な性能・機能は『成形加工工程』により引き出される．本書が成形加工に携わる方々の参考になれば幸いである．

2006年4月

監修者　鞠谷雄士・竹村憲二

執筆者一覧（執筆順）

鞠谷　雄士（編集委員・東京工業大学）
竹村　憲二（編集委員・メディックス昭和）

永井　　進（プラスチック技術協会）
林田　晴雄（三善加工）
樋口　弘幸（出光興産）
児玉　邦雄（プライムポリマー（元）グランドポリマー）
山田　雅也（プライムポリマー）
山根　一正（鐘淵化学工業）
中村　辰美（大洋塩ビ）
押田　孝博（リスパック）
干場　孝男（クラレメタアクリルカンパニー）
石賀　成人（テクノポリマー）
元重　良一（テクノポリマー）
浜田　直士（プライムポリマー）
伊崎　健晴（三井化学）
平山　新一（宇部興産）
中村　　賢（宇部興産）
小林　博行（ポリプラスチックス）
中　　道朗（（元）ポリプラスチックス）
井上　純一（帝人化成）
弘中　克彦（帝人化成）
中橋　順一（旭化成ケミカルズ）
唐岩　正人（三井化学）
平井　　陽（東レ）
若塚　　聖（ポリプラスチックス）

多田　正人（クレハ）
玉井　正司（三井化学）
前田　光男（住友化学）
西尾　孝夫（三井デュポンフロロケミカル）
小松　正明（日本ゼオン）
小原　禎二（日本ゼオン）
南　　幸治（日本ゼオン）
渡邊　知行（クラレ）
田井　伸二（クラレ）
山口　辰夫（三菱化学）
青木　昭二（昭和電工）
山下　勝久（東洋紡績）
野々村千里（東洋紡績）
水本　邦彦（三井化学）
須田　義和（旭化成ケミカルズ）
高山　茂樹（旭化成ケミカルズ）
佐藤　義雄（ジャパンエポキシレジン）
村田　保幸（ジャパンエポキシレジン）
廻谷　典行（信越化学工業）
南雲　　健（昭和高分子）
澤田　雄次（ブリヂストン）
岩崎　和男（岩崎技術士事務所）
大島　一史（JBAバイオプロセス実用化開発事業）
加藤　　誠（豊田中央研究所）
臼杵　有光（豊田中央研究所）
野村　　学（出光興産）

※所属は2006年5月現在

目　次

はじめに ……………………………………………………………………………………… 1

第1章　プラスチック成形材料―概論―
　………………………………………………………………………………… 永井　進・5

第2章　汎用樹脂
　2-1.　低密度ポリエチレン（LDPE）………………………………………… 林田　晴雄・17
　2-2.　高密度ポリエチレン（HDPE）………………………………………… 樋口　弘幸・23
　2-3.　ポリプロピレン（PP）……………………………………… 児玉　邦雄, 山田　雅也・29
　2-4.　ポリ塩化ビニル（PVC）…………………………………… 山根　一正, 中村　辰美・37
　2-5.　ポリスチレン（PS）……………………………………………………… 押田　孝博・43
　2-6.　メタクリル樹脂（PMMA）……………………………………………… 干場　孝男・54
　2-7.　ABS樹脂（ABS）………………………………………… 石賀　成人, 元重　良一・60
　2-8.　メタロセン樹脂………………………………………… 浜田　直士, 伊崎　健晴・67

第3章　汎用エンジニアリングプラスチック
　3-1.　ポリアミド（PA）………………………………………… 平山　新一, 中村　賢・74
　3-2.　ポリアセタール（POM）………………………………… 小林　博行, 中　道朗・82
　3-3.　ポリカーボネート（PC）………………………………… 井上　純一, 弘中　克彦・89
　3-4.　変性ポリフェニレンエーテル（m-PPE）……………………………… 中橋　順一・100
　3-5.　ポリエチレンテレフタレート（PET）………………………………… 唐岩　正人・107
　3-6.　ポリブチレンテレフタレート（PBT）………………………………… 半井　陽・114

第4章　特殊エンジニアリングプラスチック
　4-1.　液晶ポリマー（LCP）…………………………………… 小林　博行, 中　道朗・122
　4-2.　ポリフェニレンサルファイド（PPS）……………………… 若塚　聖, 多田　正人・128
　4-3.　ポリイミド（PI）…………………………………………………………… 玉井　正司・135
　4-4.　ポリエーテルサルホン（PES）…………………………………………… 前田　光男・144
　4-5.　ポリエーテルエーテルケトン（PEEK）………………………………… 前田　光男・149
　4-6.　ふっ素樹脂………………………………………………………………… 西尾　孝夫・153
　4-7.　シクロオレフィンポリマー（COP）……… 小松　正明, 小原　禎二, 南　幸治・167
　4-8.　エチレン・酢酸ビニル共重合体（EVOH）………………… 渡邊　知行, 田井　伸二・172
　4-9.　接着性ポリオレフィン…………………………………… 山口　辰夫, 青木　昭二・178

第5章　熱可塑性エラストマー
　　5-1．ポリエステル系熱可塑性エラストマー…………山下　勝久，野々村　千里・186
　　5-2．オレフィン系熱可塑性エラストマー………………………水本　邦彦・193
　　5-3．スチレン系熱可塑性エラストマー……………須田　義和，高山　茂樹・199

第6章　熱硬化性樹脂
　　6-1．エポキシ樹脂……………………………………佐藤　義雄，村田　保幸・206
　　6-2．シリコーン樹脂……………………………………………廻谷　典行・218
　　6-3．フェノール樹脂………………………………………………南雲　健・223
　　6-4．不飽和ポリエステル樹脂…………………………………澤田　雄次・234
　　6-5．ポリウレタン（PUR）………………………………………岩崎　和男・240

第7章　複合・未来樹脂材料
　　7-1．生分解性樹脂（バイオプラスチック）……………………大島　一史・248
　　7-2．ナノコンポジット材料………………………加藤　誠，臼杵　有光・258
　　7-3．長繊維強化熱可塑性樹脂……………………………………野村　学・264

第8章　成形材料の現状と展望
　　　　……………………………………………………………………竹村　憲二・271

第1章 プラスチック成形材料
―概　論―

1. はじめに

　プラスチック成形材料とは「成形を目的としてポリマーまたはプレポリマーに種々の配合剤を添加し，混練配合（コンパウンディング）したものをいう」とすれば，成形機へ投入する直前のペレットをイメージする．しかしその構成成分である個々のポリマーや配合剤自体も成形材料と称してよさそうである．かつて旧JIS（1977）はプラスチックの定義を「有用な形状に形作られたもの」としていたが，1994年の改定後はこれが「成形前の材料」を指すことになった．となれば本プラスチック成形材料は「プラスチック」と同義であろうか．

2. 成形加工法

　成形材料から種々の形態のプラスチック製品ないし半製品を形成する工程が成形加工である．その工程は，1)成形材料を加熱し，2)軟化流動状態で金型（モールド）や口金（ダイ）の形状に沿って賦形し，3)固化後，製品を取り出すことにつきる．しかし実際には材料の受入・保管，予備乾燥や成形機への搬送と供給，加熱・賦形・冷却のための成形機の運転，成形条件（温度，圧力，生産速度など）の設定・制御と管理，製品の取り出しや後処理，包装と出荷など，一連の工程の円滑な運営を必要とする．また使用する金型やダイの設計と製作には適切な金型材質の選択と樹脂流動を考慮した高精度のキャビティ形状・寸法などが要求され，高分子材料化学やレオロジー，機械工学，コンピュータ利用（CAD，CAM）などの技術知識と工程管理努力を要求される．

　表1にプラスチックの成形加工法の分類を示す[1],[*1]．個々の加工法の説明は他書に譲るが，すべての成形材料がこの成形加工法すべてに適用できるわけではない．

　得られた成形品は，単独ないし他材料と組み合わせ，各種産業資材や医療，衣食住，家庭日用品等々の必須製品として広く普及している．その製品形態や果たす役割は多岐にわたる．用途目的に応じて要求性能を満たし，仕様通りの形状寸法をもつ製品を経済的に得るには，最適の成形材料とその成形方法を選ばねばならない．

3. 成形材料の構成と種類

3.1 成形材料の構成

　成形材料の主要構成成分は，有機高分子であるポリマーないしプレポリマーである．線状の高分子量ポリマーが熱可塑性材料の主要構成成分となり，一方，反応性官能基をもつ，やや低分子量のプレポリマーが熱硬化性材料の主要成分となる．

　副資材（配合剤）としての添加剤や充てん材，強化材は，ベースポリマーの種類や製品の用途，要求性能に応じて選択使用する．

3.2 熱可塑性材料

　熱可塑性材料の主体は熱可塑性樹脂である．加熱すると軟化・流動して可塑性を示すが，冷却すると固化する．ここで可塑性とは，材料が応力を受けて弾性限界を超えた変形を自在に行い，応力を除去しても形状を保持する性質であ

[*1)] この種の分類には諸説あるが，故堀泰明氏の遺稿となった本表を転載させていただく．ポリマーアロイ製造にかかわるリアクティブプロセッシングは前処理の混練混合のあたりに位置すると思われる．

表1 プラスチックの成形加工方法
（堀泰明氏の分類による[1]）

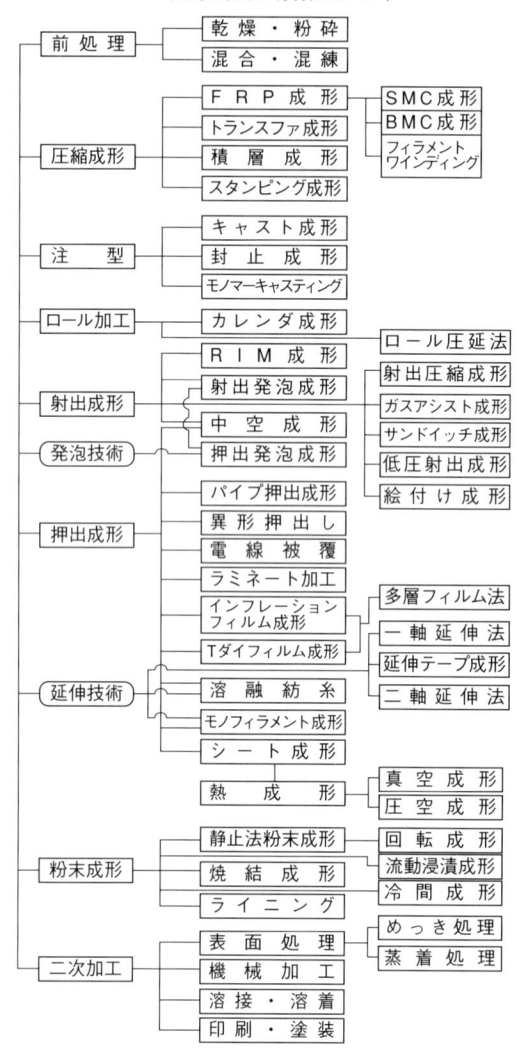

- 前処理
  - 乾燥・粉砕
  - 混合・混練
- 圧縮成形
  - FRP成形
    - SMC成形
    - BMC成形
    - フィラメントワインディング
  - トランスファ成形
  - 積層成形
  - スタンピング成形
- 注型
  - キャスト成形
  - 封止成形
  - モノマーキャスティング
- ロール加工
  - カレンダ成形
    - ロール圧延法
- 射出成形
  - RIM成形
  - 射出発泡成形
    - 射出圧縮成形
    - ガスアシスト成形
    - サンドイッチ成形
    - 低圧射出成形
    - 絵付け成形
  - 中空成形
- 発泡技術
  - 押出発泡成形
- 押出成形
  - パイプ押出成形
  - 異形押出し
  - 電線被覆
  - ラミネート加工
  - インフレーションフィルム成形
    - 多層フィルム法
    - 一軸延伸法
    - 延伸テープ成形
    - 二軸延伸法
  - Tダイフィルム成形
- 延伸技術
  - 溶融紡糸
  - モノフィラメント成形
  - シート成形
  - 熱成形
    - 真空成形
    - 圧空成形
- 粉末成形
  - 静止法粉末成形
    - 回転成形
    - 流動浸漬成形
    - 冷間成形
  - 焼結成形
  - ライニング
- 二次加工
  - 表面処理
    - めっき処理
    - 蒸着処理
  - 機械加工
  - 溶接・溶着
  - 印刷・塗装

る．一方，弾性限界が高い材料は大幅に変形しても復元し，エラストマー（ゴム）と呼ばれてプラスチックと区別されるが，近年'熱可塑性を示すエラストマー'の一群が発展し，熱可塑性材料の仲間入りをしている．

表2に主要な熱可塑性材料の構成元素別に慣用名，略号，化学構造式を示す．このうち石油化学工場で大量生産され，安価で，種々の方面に広く用いられる樹脂は汎用プラスチックと呼ばれる．PE，PP，PVCおよびスチレン系樹脂（GPPS，HIPS，AS，ABS）が，四大汎用プラスチックでわが国プラスチック生産量（年間約1500万トン）の7割程度を占めている．ほかにPMMA，PVAc，EVA，非強化PET，繊維素プラスチックなどがある．材料別各論は次章以降に譲る．

これらの汎用樹脂は，炭素・水素・酸素・塩素などの共有結合からなる線状高分子（分子量：数万〜十数万〜数十万程度）で，PETと繊維素プラスチックを除けば，すべてビニル重合で造られ，炭素・炭素間一重結合（–C–C–）で主鎖を構成している．相互の構造上の区別は，モノマーの置換基の違いに起因する側鎖の有無と種類，長さ，配置などである（表2の分類(A)参照）．

PEの場合，モノマーが同一であっても重合方法の違いにより，まったく枝のないHDPE，大小の不規則な枝分かれをしたLDPE，全体に線状を保つが，短い枝を備えたL–LDPEなどの区別がある．またPPやPEのように結晶性のものとPMMAやPVC，スチレン系樹脂のように非晶性のものがある．

汎用樹脂の共通点として，比較的低比重（主に0.9から1.4程度）で，成形しやすく，着色自由であるといえる．適度な強度と硬度，耐衝撃性，柔軟性，耐水性，耐薬品性，耐溶剤性，耐久性（腐らず，錆びない），表面艶，電気・熱絶縁性，高周波特性，気体透過性ないし透過抵抗性を示す．金属や次に述べるエンジニアリングプラスチック（略称エンプラ）に比べると一般に強度，耐熱性には劣るので，構造用材料，工業部品などへの応用には制約を受ける．

近年の話題としては，メタロセン触媒の開発により立体規則性の精緻な制御や新種の共重合が可能となるなど，重合技術の著しい進歩が見られ，たとえば，シンジオタクチックポリスチレン（s–PS），環状オレフィン共重合体（COC）など，新規の成形材料が登場し始めている．

表2 構成元素別主要熱可塑性材料の名称，略記号，および繰返し単位の化学構造

(A) 主鎖が炭素―炭素結合からなるビニル重合系ポリマー

炭化水素系

名称	略記号	繰返し単位
(オレフィン系)		
ポリエチレン	PE	—CH$_2$—CH$_2$— (HDPE, LDPE, L-LDPE, UHMWPE)
ポリプロピレン	PP	—CH$_2$—CH(CH$_3$)—
ポリメチルペンテン	TPX	—CH$_2$—CH(CH$_2$—CH(CH$_3$)$_2$)—
エチレン-プロピレン共重合体		—CH$_2$—CH$_2$—, —CH$_2$—CH(CH$_3$)—
エチレン-プロピレンゴム		—CH$_2$—CH$_2$—, —CH$_2$—CH(CH$_3$)—
(ビニル系)		
ポリスチレン	PS	—CH$_2$—CH(C$_6$H$_5$)— (GPPS, HIPS, s-PS)
(ジエン系)		
ポリブタジエン	PB	—CH$_2$—CH=CH—CH$_2$—, —CH$_2$—CH(CH=CH$_2$)—
ポリイソプレン	IR	—CH$_2$—C(CH$_3$)=CH—CH$_2$—* *その他、1,2-付加体、幾何異性体有り
ポリクロロプレン	CR	—CH$_2$—CCl=CH—CH$_2$—*
(ビニル-ジエン系)		
スチレン-ブタジエンゴム	SBR, SBS	—CH$_2$—CH(C$_6$H$_5$)—, —CH$_2$—CH=CH—CH$_2$—, —CH$_2$—CH(CH=CH$_2$)—

含窒素炭化水素系

名称	略記号	繰返し単位
(ビニル系)		
ポリアクリロニトリル	PAN	—CH$_2$—CH(CN)—
AS樹脂	SAN	—CH$_2$—CH(CN)—, —CH$_2$—CH(C$_6$H$_5$)—
(ビニル-ジエン系)		
ABS樹脂	ABS	—CH$_2$—CH(CN)—, —CH$_2$—CH(C$_6$H$_5$)—, —CH$_2$—CH=CH—CH$_2$—, —CH$_2$—CH(CH=CH$_2$)—
アクリロニトリル-ブタジエンゴム	NBR	—CH$_2$—CH(CN)—, —CH$_2$—CH=CH—CH$_2$—, —CH$_2$—CH(CH=CH$_2$)—

含酸素炭化水素系

名称	略記号	繰返し単位
(ビニル系)		
ポリ酢酸ビニル	PVAc	—CH$_2$—CH(OCOCH$_3$)—
ポリビニルアルコール	PVA	—CH$_2$—CH(OH)—
エチレン-酢酸ビニル共重合体	EVA	—CH$_2$—CH$_2$—, —CH$_2$—CH(OCOCH$_3$)—
エチレン-ビニルアルコール共重合体	EVOH	—CH$_2$—CH$_2$—, —CH$_2$—CH(OH)—
ポリビニルホルマール	PVF	—CH$_2$—CH—CH$_2$—CH—O—CHR—O— (R=H, C$_3$H$_7$)
ポリビニルブチラール	PVB	
ポリメタクリル酸メチル	PMMA	—CH$_2$—C(CH$_3$)(COOCH$_3$)—

含ハロゲン炭化水素

名称	略記号	繰返し単位
(ビニルおよびビニリデン系)		
ポリ塩化ビニル	PVC	—CH$_2$—CHCl—
ポリ塩化ビニリデン	PVDC	—CH$_2$—CCl$_2$—
ポリテトラフロロエチレン	PTFE	—CF$_2$—CF$_2$—
エチレンテトラフロロエチレン共重合体	PETFE	—CH$_2$—CH$_2$—, —CF$_2$—CF$_2$—
ポリフッ化ビニリデン	PVDF	—CH$_2$—CF$_2$—
ポリ塩化三フッ化エチレン	PCTFE	—CF$_2$—CFCl—

(B) 主鎖が炭素と窒素からなるポリアミド

名称	略記号	繰返し単位
(脂肪族ポリアミド)		
ポリアミド6	PA6	—(CH$_2$)$_5$CONH—
ポリアミド11	PA11	—(CH$_2$)$_{10}$CONH—
ポリアミド12	PA12	—(CH$_2$)$_{11}$CONH—
ポリアミド4.6	PA4.6	—NH(CH$_2$)$_4$NHOC(CH$_2$)$_4$CO—
ポリアミド6.6	PA6.6	—NH(CH$_2$)$_6$NHOC(CH$_2$)$_4$CO—
ポリアミド6.10	PA6.10	—NH(CH$_2$)$_6$NHOC(CH$_2$)$_8$CO—
ポリアミド6.12	PA6.12	—NH(CH$_2$)$_6$NHOC(CH$_2$)$_{10}$CO—
(芳香族ポリアミド)		
ポリアミドMXD		—NHC(O)(CH$_2$)$_4$C(O)NHCH$_2$—C$_6$H$_4$—
ポリ-p-フェニレンテレフタルアミド		—NHC(O)—C$_6$H$_4$—C(O)NH—C$_6$H$_4$—
ポリアミドイミド	PAI	—NHOC—C$_6$H$_3$(CO)$_2$N—C$_6$H$_4$—

(C) 主鎖が酸素、窒素を含むポリイミド

名称	略記号	繰返し単位
(芳香族ポリイミド)		
ポリイミド	PI	—N(CO)$_2$—C$_6$H$_2$—(CO)$_2$N—C$_6$H$_4$—O—C$_6$H$_4$—
ポリエーテルイミド	PEI	—N(CO)$_2$—C$_6$H$_2$—O—C$_6$H$_4$—C(CH$_3$)$_2$—C$_6$H$_4$—O—C$_6$H$_2$—(CO)$_2$N—C$_6$H$_4$—

(D) 主鎖に酸素を含むポリエステル

名称	略記号	繰返し単位
(脂肪族-芳香族ポリエステル)		
ポリカーボネート	PC	—O—C$_6$H$_4$—C(CH$_3$)$_2$—C$_6$H$_4$—O—CO—
ポリエチレンテレフタレート	PET	—OC—C$_6$H$_4$—CO—O—(CH$_2$)$_2$—O—
ポリブチレンテレフタレート	PBT	—OC—C$_6$H$_4$—CO—O—(CH$_2$)$_4$—O—
ポリエチレンナフタレート	PEN	—OC—C$_{10}$H$_6$—CO—O—(CH$_2$)$_2$—O—
(芳香族-芳香族ポリエステル)		
ポリアリレート (Uポリマー)	PAR	—OC—C$_6$H$_4$—CO—O—C$_6$H$_4$—C(CH$_3$)$_2$—C$_6$H$_4$—O—
ポリオキシベンゾイルポリエステル	POB	—O—C$_6$H$_4$—CO—
液晶ポリマー	LCP	—O—C$_6$H$_4$—CO—, —O—C$_6$H$_4$—C$_6$H$_4$—O—, —OC—C$_6$H$_4$—CO—

(E) 主鎖に酸素を含むポリエーテル

名称	略記号	繰返し単位
(脂肪族ポリエーテル)		
ポリアセタールまたはポリオキシメチレン	POM	—CH$_2$—O—
ポリエチレンオキシド	PEO	—CH$_2$—CH$_2$—O—
(芳香族ポリエーテル)		
ポリフェニレンオキシドまたはポリフェニレンエーテル	PPO (PPE)	—O—C$_6$H$_2$(CH$_3$)$_2$—
ポリエーテルエーテルケトン	PEEK	—O—C$_6$H$_4$—O—C$_6$H$_4$—CO—C$_6$H$_4$—
ポリエーテルケトン	PEK	—O—C$_6$H$_4$—CO—C$_6$H$_4$—
ポリエーテルニトリル	PEN	—O—C$_6$H$_4$—C(CN)=C$_6$H$_4$—

(F) 主鎖に硫黄を含むポリチオエーテル

名称	略記号	繰返し単位
ポリフェニレンスルフィド	PPS	—C$_6$H$_4$—S—

(G) 主鎖に酸素と硫黄を共に含むポリエーテル

名称	略記号	繰返し単位
ポリエーテルスルフォン	PES	—O—C$_6$H$_4$—SO$_2$—C$_6$H$_4$—
ポリスルフォン	PSF	—O—C$_6$H$_4$—SO$_2$—C$_6$H$_4$—O—C$_6$H$_4$—C(CH$_3$)$_2$—C$_6$H$_4$—

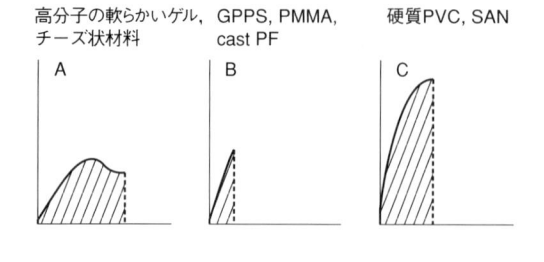

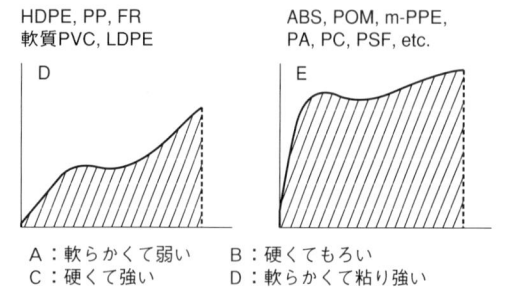

図1 応力-歪み曲線の分類（Nielsenによる）

A：軟らかくて弱い　B：硬くてもろい
C：硬くて強い　　　D：軟らかくて粘り強い
E：硬くて粘り強い

A　高分子の軟らかいゲル、チーズ状材料
B　GPPS, PMMA, cast PF
C　硬質PVC, SAN
D　HDPE, PP, FR 軟質PVC, LDPE
E　ABS, POM, m-PPE, PA, PC, PSF, etc.

表2の分類（B）〜以降のものは主にエンプラである．汎用プラスチックよりも強度と耐熱性に優れた工業部品材料である．1956年にアメリカのデュポン社が開発したPOMを「金属を代替できるエンプラ」と称したのが最初であるが，近年「エンプラとは構造用および機械部材用に適した高性能プラスチックで，主に工業用途に使用され，長期間の耐熱性が100℃以上」，さらに「引張り強さが50 MPa以上，曲げ弾性率が2400 MPa以上」という定義が提案され[2]，加えて衝撃・疲労・クリープ・摩耗などに強く，寸法安定性も概して優れている．エンプラは，さらに「汎用」エンプラと，より耐熱性に優れた「特殊」または「スーパー」エンプラとに分けられる．汎用エンプラにはPA，POM，PC，PBT，m-PPE，GF-PETがあり，UHMWPE（超高分子量PE）もこれに準じる．スーパーエンプラは，PPS, PAR, FR (PTFE), PAI, PI, PEI, PEK, PEEK, LCP, PSF, PESを指し，耐熱性に優れるが，価格も高い．この内PPSは汎用エンプラに準じるという見解もある．

汎用樹脂同様に-C-C-のみで主鎖を形成しているUHMWPEとFRを除けば，これらエンプラは主鎖に剛直なベンゼン環や-C-O-，-C-N-，-C-S-などが導入されている点が，高強度と耐熱性の要因である．主に機械・電子・事務機器類のハウジングや機能部品など，寸法安定で耐熱性を要する精密射出成形品に向けられる．

材料の力学的特性の評価と相互比較の方法として応力-歪み曲線のパターン分類法[3]がある．図1[4]は，この分類に基づく各樹脂のおよその位置付けを示している．またエンプラの耐熱性の尺度として荷重たわみ温度と連続使用温度とを一覧できる便利な図2[5]を引用する．

表2に掲げた以外の材料として，熱可塑性エラストマーや生分解性樹脂，ポリマーアロイなどがある．熱可塑性エラストマー（TPE）は，いわゆる加硫ゴム（熱硬化性エラストマー）とは異なり，化学的架橋構造をもたず，カーボンブラック補強も不要で，熱可塑性樹脂と同一の成形加工法が適用できる．スチレン系，オレフィン系，エステル系，塩ビ系，ウレタン系，アミド系，フッ素系などに分類でき，構成成分も熱可塑性樹脂と共通するところが多く，旧来のプラスチックと加硫ゴムの中間領域の用途を狙う．

生分解性樹脂は，環境問題対策として開発されたもので，ポリ乳酸（PLA），ポリε-カプロラクトン（PCL），ポリブチレン（サクシネート）/（アジペート）（PBSA）などの脂肪族ポリエステルが代表例である．ほかのプラスチックと異なるのは土中で生分解性を示す点で，ほかの性質や成形性は汎用樹脂レベルである．

ポリマーアロイは，異種ポリマーのブレンドで，古くからHIPS，ABSやm-PPE（PSで変性したPPE）など稀な成功例はあったが，相溶化，アロイ化について学術的・技術的研究が盛んになった近年，従来良い性能を出せなかった各種のブレンドを巧みに多相構造化して高

性能材料に仕立て上げ，広く用いられ始めた．既成樹脂を用いるので開発費を抑えることができ，汎用樹脂同士，エンプラ同士，汎用樹脂とエンプラなど，組み合わせの種類や具体例は数多いが，ほかの成書[6,7]に譲る．

なお近年，LCP系アロイで，混練加工時のせん断作用によりマトリックス内に繊維を発現させるIn-Situ Compositeの研究，粘土鉱物をナノサイズに分散して樹脂の強化効果を一段と上げたナノコンポジットの上市など，成形材料の進歩発展はとどまる様子をみせない．

熱可塑性樹脂が熱硬化性樹脂と異なる点は，成形工程で化学変化とか分子量の変化を原則的に起こさないことで，射出成形や圧縮成形の成形サイクルは一般に短く，また押出成形やカレンダ加工など同一断面形状の成形品の連続生産に適している．フィルム，シート，チューブ，中空成形品など一次成形品を再度加熱して，最終形状を与える二次加工や溶接，成形不良品やスクラップの再成形が可能で，加工上の利点も多い．一方，製品の硬度，耐溶剤性，耐熱性などは熱硬化性樹脂製品より劣る．

3.3 熱硬化性材料

熱硬化性成形材料の主体は熱硬化性樹脂である．これは官能基をもつプレポリマー（重縮合中間生成物）を主成分とする反応性混合物で，加熱により軟化・流動するが，次第に三次元網目構造を形成する架橋反応を起こして硬化する．種類により，骨格となる化学構造や官能基の種類が異なり，成形加工法も製品物性も相異する．

表3に主要熱硬化性成形材料の種類と構成を示す（化学構造式は省略）．なお硬化促進剤を用い，熱を加えることなく硬化する樹脂系

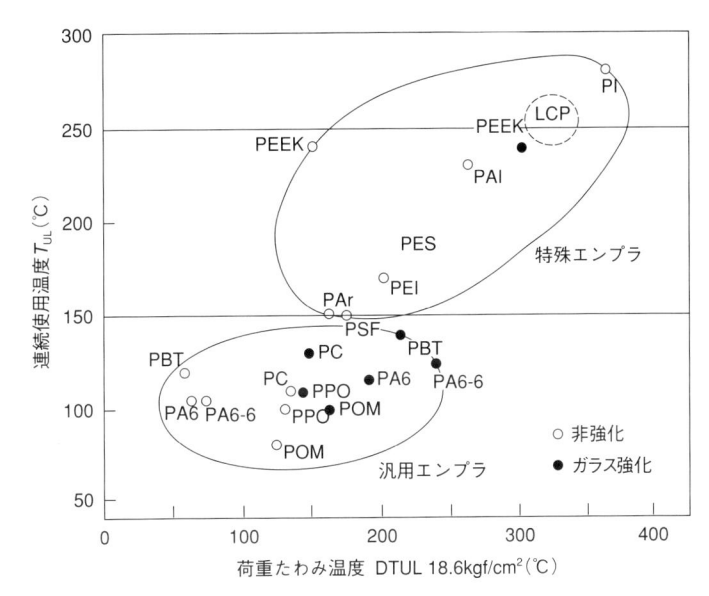

図2[5] エンプラの耐熱性（非強化と強化タイプ）

（例：ポリウレタン樹脂，ハンドレイアップ用不飽和ポリエステル樹脂など）も'熱'硬化性樹脂と呼んでいる．

表に掲げた伝統的な熱硬化性樹脂以外に，不飽和ポリエステルとエポキシ樹脂の欠点を補ったビニルエステル樹脂（エポキシアクリレート樹脂）[8]，ジシクロペンタジエンの開環メタセシス重合によるDCPD樹脂[9]，縮合水を出さないフェノール樹脂であるベンゾオキサジン樹脂[10,11]，DAP樹脂の姉妹グレードとしてジアリルテレフタレート樹脂[12]やアリルエステル樹脂[13]などが上市されている．

熱硬化性樹脂の成形工程で，液状の成形材料は常温で容易に型内注入や強化材含浸ができる．固体成形材料でも加熱して軟化流動させ加圧下に賦形ができる．しかし時間経過とともに熱や触媒の作用による三次元硬化反応が始まり，組織が不可逆的に変化する点が熱可塑性樹脂と異なる．硬化が十分進めば高温でも変形しないため，成形品は金型を冷却することなく取り出せ，必要とあれば後硬化（ポストキュア）させる．最終品はもはや不溶・不融である．

表3 主要熱硬化性成形材料（プレポリマー）の種類、名称と構成

名称	略号	構成	備考
フェノール樹脂	PF	フェノールとホルムアルデヒドの付加縮合体	
ユリア樹脂	UF	尿素とホルムアルデヒドの付加縮合体	
メラミン樹脂	MF	メラミンとホルムアルデヒドの付加縮合体	
不飽和ポリエステル樹脂	UP	主鎖に不飽和二重結合をもつポリエステル（例：エチレングリコールとマレイン酸のポリ縮合体）：通常スチレンモノマーとの混合液状	
	BMC	UPを射出成形用にコンパウンド化したもの	
	SMC	UPを圧縮、積層成形用にシート化したもの	
エポキシ樹脂	EP	ビスフェノールとエピクロルヒドリンの重縮合体で両末端にエポキシ基をもつ	
ポリウレタン	PUR	ジオール類とジイソシアネート類の2液（成形時に型内で混合し重付加反応させる）	*1)
ジアリルフタレート樹脂	DAP	ジアリルフタレートプレポリマーとモノマーの混合物	
シリコーン樹脂（けい素樹脂）		ポリシロキサン（Si–O–Si）結合をもつワニス様樹脂で末端に水酸基をもつ	

（注）*1) 熱可塑性樹脂もある

硬化樹脂は、三次元網目構造のため表面硬度が高く、耐溶剤性、耐熱性、機械的強度などの諸点で熱可塑性樹脂より優れる。反面、工場で排出されるスクラップや廃棄製品のリサイクル再成形はできないとされる。

3.4 添加剤

添加剤（配合剤）は、材料への要求性能がポリマーあるいはプレポリマー単独では満たせないときに配合する。配合のタイミングは、成形材料を造るときと、さらにこれを成形加工する場合とである。

主な添加剤には、可塑剤、安定剤、滑剤、抗酸化剤、紫外線吸収剤、難燃剤、着色剤、造核剤、帯電防止剤、架橋剤（硬化剤）、発泡剤、抗菌・防黴剤、相溶化剤、充てん材などがある。

3.4.1 可塑剤

主にPVCに加えて、ガラス転移温度の低下による加工温度領域の低下と製品の柔軟化に役立つ。各種フタル酸エステル｛代表例：フタル酸ジエチルヘキシル（DOP）｝やリン酸エステル、脂肪酸エステル、エポキシ化大豆油などが用いられる。軟質PVCでは樹脂100部に対して約50部もの可塑剤が添加混練されており、可塑剤添加量の増減により硬度を大幅に調節できる。

3.4.2 安定剤

熱安定剤は主にPVCの加工時（通常150℃以上）における熱安定性を付与する。適切な無機塩、金属石けん、有機スズ化合物などが用いられ、添加割合は、樹脂100部に対して3部前後である。安定剤の添加なしにPVCを加熱すれば、分子内から塩化水素の脱離を起こし、樹脂は黄色から褐色、さらには黒色へと変色する。

3.4.3 滑剤

成形材料の加工に際し、材料間の摩擦や材料と成形機の金属面との摩擦抵抗が溶融樹脂の流動性を損ねる。滑剤はその摩擦抵抗を低下させ、流動性を改善する働きをする。流動パラフィンやポリエチレンワックスのような炭化水素、ステアリン酸カルシウムのような金属石けん、ほかにアミド類、脂肪酸エステルや多価アルコールエステルなどが滑剤として用いられる。樹脂と相溶性がある滑剤は樹脂100部に対し1部程度添加され、組織内部に入り込んで樹脂の流動性を改善する（内部滑剤）。相溶性のない滑剤は0.5部程度加えられ、表面に浸出して金属面との滑りを改善する（外部滑剤）。滑剤にはフ

ィルムなどの表面状態を改善したり，ブロッキング防止の働きもある．

3.4.4 抗酸化剤

酸化防止剤ともいわれる．プラスチックは空気中の酸素やオゾンで酸化され，強度の低下，ひび割れ，着色，電気絶縁性の低下を起こすが，とくに加工時の熱，紫外線，水などによって酸化は促進される．抗酸化剤はこのような劣化・変質を防止する．抗酸化剤としてはアルキルフェノール，アルキレンビスフェノール，アルキルフェノールチオエーテル，β, β'-チオプロピオン酸エステル，有機亜リン酸エステル，フェノール・ニッケル複合体などがある．

とくに酸化を受けやすい汎用樹脂はPPとPEであるが，ほかの樹脂にも適用される．酸化防止の機構は，酸化の過程で発生するラジカル連鎖の禁止，発生過酸化物の分解，酸化を促進する重金属の除去のいずれかに基づく．

3.4.5 紫外線吸収剤

プラスチックやゴムに対して有害な紫外線を吸収して無害なエネルギー（大部分は熱）として放散させ，劣化を防止する物質で，蛍光性が皆無かほとんどない有機化合物が紫外線吸収剤として用いられ，多くの場合成形材料にあらかじめ練りこまれる．サリチル酸エステル，ベンゾトリアゾール，ヒドロキシベンゾフェノン，ヒンダードアミンなどが有効である．

3.4.6 難燃剤

プラスチック成形材料は有機高分子なので可燃性のものが多い．しかし厳しい難燃性を要求される用途に向けた製品をつくるには難燃剤を外部から添加するか，あるいは難燃性元素を高分子に結合させる必要がある．

難燃剤としてはたとえばトリス（β-クロロエチル）ホスフェートのようなリン酸エステルや，塩素化パラフィンのようなハロゲン化炭化水素，また酸化アンチモンやジンクボレートのような無機化合物があり，さらにポリウレタン樹脂との反応性をもつ難燃剤として含リンポリオールや含臭素ポリオールがあり，ポリエステルの原料としても使える四塩化無水フタル酸や四臭化無水フタル酸などがある．

ハロゲン系難燃剤では燃焼に際して起きる気相での遊離ラジカル生成を抑止することによる燃焼防止，リン系難燃剤では防火性のチャー（焼け焦げ，炭）の生成を促して燃焼中の高熱部分から未燃焼部の隔離を図る．無機系の難燃剤では結合水を分離して燃焼雰囲気中に水を放出するとともに雰囲気の温度を下げる働きをする．ハロゲン系などのように単独使用では効果が少ないものは，アンチモン化合物と併用して相乗効果を発揮させる場合もある．

3.4.7 着色剤

着色剤はプラスチックを着色するほか，光の遮断，反射，吸収によって製品に耐光性を付与する役割もある．少量で鮮明に着色すること，分散性がよいこと，毒性がないこと，耐熱性，プラスチックの分解を促進しない，移行性がない，耐溶剤性，耐薬品性，耐候性などが要求される．種々の色相を示す着色剤はドライカラー，リキッドカラー，潤性カラー，マスターバッチ，ペーストカラーなど種々の形態で使われる．

3.4.8 造核剤（核剤）

これをPP，PET，PA，POMなどの結晶性材料に添加すると，それが結晶核となって金型内での結晶化の促進，成形サイクルの短縮，微結晶化による透明性やトライボロジー特性の改善に寄与する．無機系造核剤としてはタルク，シリカ，グラファイト，酸化マグネシウムなど，有機系造核剤としては安息香酸カルシウムそのほかのカルボン酸金属塩，ベンジリデンソルビトールやその誘導体，そのほかポリマー系のものもある．

3.4.9 帯電防止剤

帯電防止剤はプラスチック製品の表面の電気抵抗を低化させ，静電気の発生を防止するため

に成形材料に添加したり，あるいは製品表面に塗付する薬剤である．各種界面活性剤，水溶性ポリマー，無機塩，多価アルコール，金属化合物，カーボンなどがあるが，このうちカチオン活性剤がもっとも多く使用される．

3.4.10　架橋剤（硬化剤）

製品を三次元網目分子構造につくる場合は，反応性の成形材料である熱硬化性樹脂材料を用い，架橋剤ないし硬化剤を添加する．個々の樹脂により架橋機構は異なり，フェノール，ユリア，メラミンの各樹脂ではヘキサメチレンテトラミンが硬化剤として使われ，エポキシ樹脂では有機酸無水物やポリアミン，また不飽和ポリエステルでは共存スチレンが架橋剤となり，そのラジカル共重合反応を開始する有機過酸化物が硬化剤ともいえる．

3.4.11　発泡剤

発泡プラスチックをつくるには，無機または有機系の発泡剤を成形材料に混合しておくか，または加工工程中に成形材料に添加する必要がある．分解性発泡剤と揮発性発泡剤に分けられ，分解性発泡剤のうち無機系では分解により炭酸ガスとアンモニアを発生する炭酸アンモニウム，分解により炭酸ガスを発生する重炭酸ソーダがその代表例である．有機系ではアゾ化合物，スルホヒドラジド化合物，ニトロソ化合物，アジド化合物などがあり，分解により主として窒素を発生する．このほか，炭酸ガス，一酸化炭素，アンモニアを副生するものもある．通常樹脂原料と混合し，成形温度において樹脂中で分解させる方式により発泡プラスチックが造られ，この種の発泡剤は広く用いられている．揮発性発泡剤は物理的発泡剤とも呼ばれ，製品を汚染（着色）せず，かつ価格も安いなど，分解性発泡剤より優れた特徴があり，ポリウレタン，ポリスチレンの発泡に用いられる．近年オゾン層破壊の進行を止める環境保全の観点からフッ素含有発泡剤の使用は厳しく制約を受けて代替品が開発されている．超臨界炭酸ガスを用いる手法も開発された．超臨界状態で炭酸ガスを溶融成形材料に圧入すると溶融粘度が下がり成形機内での流動性が改善され，その後除圧によって数μmオーダーの微細な無数の発泡を起こすのでマイクロ発泡技術あるいはマイクセルラープラスチックとして普及されはじめた[14]．

3.4.12　抗菌・防黴剤

細菌（バクテリア）の発生発育を防止し，それに起因する害を未然に防止あるいは回避する抗菌剤のうちプラスチックに使用されるのは，ゼオライト，ヒドロキシアパタイト，シリカ，リン酸ジルコニウムなどに銀を担持させたものとか，酸化チタン光触媒などが無機系として知られる．有機系としてはニトリル誘導体，イミダゾール誘導体，トリアジン誘導体，スルホン誘導体，ピロール誘導体，フェノール誘導体などがある．ほかに天然系の抗菌剤にはヒノキチオール，キチン，キトサン，孟宗竹抽出物，茶カテキンなどがある．抗菌剤は成形材料に練り込むほか，後加工としてコーティングする場合がある．

3.4.13　相溶化剤

互いに混じり合わない2種以上の成形材料からポリマーブレンドないしアロイをつくる場合，両成分と親和性のある成分を有する非反応型相溶化剤（たとえば両成分から成るブロック・グラフト・コポリマー）か，あるいは両成分のいずれかまたは両方と反応性をもつ反応型相溶化剤を添加する必要がある．反応基としてはカルボキシル基，酸無水物基，エポキシ基，オキサゾリン基，カルボジイミド基，イソシアネート基などが用いられる．

3.4.14　充てん材（フィラー）

プラスチックに添加して強度，耐久性などの改善・高性能化，特殊機能の付与，あるいは増量（コスト引き下げ）の目的を果たす広範囲の物質で，添加割合が多い場合は，「添加剤」の

域を越えて「基材」（熱硬化性樹脂材料の場合）とも呼ばれ，得られたものは「複合材料（コンポジット）」となる．

充てん材となる物質には，①シリカ，ケイ藻土，アルミナ，酸化チタンなどの酸化物，②水酸化カルシウム，水酸化マグネシウムなどの水酸化物，③炭酸カルシウム，炭酸マグネシウムなどの炭酸塩，④ケイ酸カルシウム，タルク，クレイ，マイカ，モンモリロナイトなどのケイ酸塩，⑤窒化アルミニウム，窒化ホウ素などの窒化物，⑥カーボンブラック，グラファイト，炭素繊維，カーボンナノチューブなどの炭素類，⑦そのほか各種金属粉や木粉，パルプ，アラミド繊維，など種々の無機物，有機物がある．近年急速に注目を浴びているのは⑤のクレイ仲間で，ナノコンポジットとして少ない添加割合でバリア性付与などで顕著な効果をあげることが知られている．

前述の複合体領域で用いられる充てん材はガラス繊維，炭素繊維などの強化材であり，それぞれガラス繊維強化プラスチック，炭素繊維強化プラスチックとして一群の複合材料分野をつくっているが，ここでは省略する．

以上の添加剤ないし配合剤はプラスチックの副資材として成形材料の組織の一部となってさわめて重要な役割を果たすものであるが，本稿ではごく概略を述べたに過ぎない．詳細は「成形加工」誌10巻に連載された副資材に関する講座[15]あるいはプラスチック用語辞典[16]などを参照されたい．

3.5 成形材料の形態

熱可塑性の成形材料は，石油化学工場で高分子合成されたポリマーに安定剤などを添加して，大きさが2～5 mm径程度の球，円柱，角柱状に造粒したペレットとして入手できる．例外的に，塩化ビニル樹脂や回転成形用のポリエチレンなどは粉末状である．これらの成形材料は，成形工程で押出機や射出成形機のホッパ内に円滑に供給・落下することが望まれる．また特殊加工法として塩ビのペースト加工があり，この場合，成形材料の形態は，可塑剤にレジンと安定剤を分散した液状物ということになる．

熱硬化性材料の場合，たとえば射出成形用のフェノール樹脂はペレット状，圧縮成形用フェノール，ユリア，メラミン樹脂は粉体で，ポリウレタン，エポキシ樹脂，シリコーン，ポリエステル樹脂（ハンドレイアップや注型用）などは液状であり，さらにポリエステルを不完全ゲル化したバルク状およびシート状成形材料もあり，それぞれBMC，SMCなどと呼ばれる．

4．ポリマーの構造・流動特性と成形加工

成形用ベースポリマーの化学構造と物理的構造ならびに物性が，成形性と成形品の性能・機能を左右する．

ポリマー（重合体）の出発原料であるモノマー（単量体）は分子量が数十以上200程度までの低分子量であり，その集合状態は常温常圧では気体や液体である．重合や重縮合そのほかの高分子合成手法を用いてモノマー分子を数百個ないし1万個ほども繰返し化学的に連結すると分子量が数万から数百万という1本の鎖状高分子となる．この高分子量の1本の鎖状分子は，伸長（ジグザグ），屈曲（ランダムコイル），らせん，折り畳みなどの形態をとり，その集合体は結晶，部分結晶あるいは非晶（無定形）状態をとる．主鎖を連結する原子間の共有結合の強さが個々の高分子ひいてはその集合体である材料の強度の根源となり，また側鎖の化学構造や大きさ，立体配置，隣接高分子間の水素結合やファンデルワールス力などが結晶のしやすさや強度維持に寄与する．

このような集合組織となった高分子の固体材料としての強度は，加熱されると変化する．主鎖を連結する共有結合の切断にはかなりの高エ

ネルギーを要するが，ファンデルワールス力や水素結合は比較的弱いので，温度が上がるとこれらによる束縛は減少する．高分子が固化凍結状態からある温度を境に動き出す，その温度がガラス転移点（T_g）である．T_g は個々の高分子に特有の温度で，T_g を超えると側鎖のミクロブラウン運動が分子全体の運動に波及し，隣接高分子相互の滑り，組織全体の軟化と流動に至る．無定形ポリマーでの軟化は比較的広い温度幅の中で進行する．一方，結晶性ポリマーでは，結晶の融点（T_m）を超えると速やかに（狭い温度幅で）溶融体へ移行する．

高分子の溶融体は高粘度の流体であり，その粘度は温度およびせん断速度に依存して変化する（式(1)）．

せん断応力（τ）＝粘度（η）
$\times$ せん断速度（$\dot{\gamma}$）^{n} (1)

$n=1$ ならば τ と $\dot{\gamma}$ との関係は直線となり（ニュートン流動），その勾配である粘度は一定であるが，高分子溶融体は非ニュートン流体（$n<1$，擬塑性）であるので上に凸の曲線となる．式(1)の両対数をとれば，

$\log\tau = \log\eta + n\log\dot{\gamma}$ (2)

式(2)における $\log\tau$ と $\log\dot{\gamma}$ のプロットは，勾配が n（<1）の直線ないし広範囲の $\log\dot{\gamma}$ に対して上に凸の曲線となる．$\dot{\gamma}$ の値は圧縮成形で1～10，カレンダ成形で10～10^2，押出成形で 10^2～10^3，射出成形では範囲が広く1～10^4でゲート付近の流動の際は，10^5～10^7（s^{-1}）といわれる[5]．次に式(2)を書きかえると，粘度とせん断速度の関係が得られる．

$\log\eta = \log\tau - n\log\dot{\gamma}$ (3)

射出成形に適当な粘度範囲は 10^2～10^4 Pa・s，また押出・ブロー成形では 10^3～10^4 Pa・s が最適とされる[6]．

一方，粘度と温度との関係はアレニウス式で表され，

$\eta = A\exp(E/RT)$ (4)

$\log\eta = \log A + ER^{-1}\cdot T^{-1}\cdot\log e$ (5)

$\log\eta$ と T とのプロットは右下がりの曲線となる．

通常，樹脂の流動性のカタログ表示として，MI（MFI，MFR）が用いられる．メルトインデクサーで求めた流動性の尺度で，200℃，5 kgfの一定温度・荷重下で一定断面流路（オリフィス）内を10分間に通過する材料の質量（数g～数十 g/10 min）であるから，流れやすい材料ほどその数値は大きい．押出成形材料のMIは小さく，射出成形材料のそれは大きい．ハイサイクル用はもっとも大きい．MI が大きいほど材料の分子量は小さい．

一方，固体試料の引張り試験やインフレーション，ブロー成形に見られる‘伸長粘度’もある．流体要素の一軸方向の伸長流れにおける第1および第2法線応力差（引張り応力）を伸長歪み速度で割った値として定義され，ニュートン流体ではせん断粘度の3倍の一定値をもち，非ニュートン流体では伸長速度依存性を示す．一般に分岐の多いものほど，また分子量分布の広い（高分子量が存在する）ものほど大きな伸長粘度を示す．

熱硬化性樹脂の場合は，成形時の流動最中に硬化による粘度上昇を起こしてゲル化するので，その挙動の追跡は複雑である．JIS 規定による押し出し流れ試験法[17]のほか，加熱プレスにはさんだ一定量の成形材料を一定加熱加圧条件で圧縮し，流動と硬化の結果としてできた円板の面積の平方根を比較するディスクキュア試験法[18]が推奨される．

成形中に樹脂は流動した後停止し，冷却によって固化する．固化に際し，結晶化するか，無定形のまま固化するかにより成形収縮率は顕著に異なる．無定形ポリマーでは 0.1～1% 程度だが，結晶性ポリマーでは数%にも及ぶ．

表4 熱可塑性樹脂におけるポリマーの分子設計から成形加工まで[19]

〈設計範囲〉	(工程)	〈構造設計項目〉	〈項目の具体的内容〉	〈関連する性質〉
〈分子設計〉	原料 ↓(低分子合成) モノマー ↓ **繰返し単位の化学構造** ↓(高分子合成) ポリマー ↓ **主鎖の化学構造**	一次構造(化学構造) ―主鎖の単位構成 ―側鎖の単位構成	原子団の種類と結合様式 ＊結合エネルギーの大小 ＊極性基の有無 ＊不飽和基の有無 ＊共役構造の有無 ＊立体障害の有無 ＊対称性 ＊官能基の有無	密度， ガラス転移点(T_g) 融点(T_m)，耐熱性 剛直性(屈曲性) 電気的性質，光学的性質 耐溶剤性，耐薬品性 化学反応性
		―同一単位の繰返し 　(ホモポリマー)	主鎖・側鎖の種類と結合様式 ＊C-C ＊エステル ＊エーテル ＊アミド他 ＊Head to Tail ＊Head to Head 他 ＊立体異性(シス，トランス，ゴーシュ) ＊立体規則性(アイソタクチック) 　　　　　　(シンジオタクチック) 　　　　　　(アタクチック)	化学的安定性 剛直・屈曲性 力学的強度 結晶・非晶 耐熱性
		―異種単位の組合わせ 　(コポリマー)	＊ランダム共重合体 ＊ブロック共重合体	剛直・屈曲性 溶解性，非晶性 界面特性，ガラス転移点
		―(後処理)	＊末端基の構造(活性，安定化)	
〈材料設計〉	**高分子鎖の形態**	二次構造(物理的形態) ―直鎖状 ―枝分かれ ―星型 ―環状	＊グラフト共重合体 ＊マクロモノマーの共重合体 ＊その他	耐衝撃性 低温脆性 溶融粘度 界面特性，機能性
		―鎖長とその分布 ―枝の長さとその分布 ―コンホメーション	＊分子量とその分布 ＊平面ジグザグ・らせん 　折り畳み構造	溶融粘度(流動性) 溶融強度，固体強度 密度，結晶，非晶 融点，分子配向性
	高分子の集合体	三次構造(相構造) ―同種高分子の集合体	＊分子凝集力 ＊水素結合 ＊イオン架橋	結晶，非晶 固体強度，ガラス転移
		―異種高分子の集合体	＊ポリマーアロイ 　(ブレンド・ブロック・グラフト)	分子複合効果，界面特性 相溶性，ドメイン構造 相互侵入網目構造
〈製品設計〉	(配合) **成形材料**	―加工助剤 ―添加剤 ―充てん材 ―強化材	安定化，透明・不透明化，発泡，着色，酸化防止，耐候性向上 可塑化，結晶化，帯電防止，寸法安定化，耐熱性向上，難燃化 増量，複合化(強度向上，機能付与　その他)	
	(成形加工)	―加熱・混練 ―賦形 ―冷却・固化	射出成形，押出成形，ブロー成形，インフレーション，カレンダ加工， 圧縮成形，積層成形，注型，回転成形，その他	
	(二次加工) (組み立て)		真空成形，圧空成形，延伸，ラミネーション，めっき，溶接，接着， 印刷，曲げ，切断，切削，その他	
	最終製品		フィルム，シート，板，パイプ・継手，機械器具部品，建材，発泡製品 日用品・雑貨，容器，強化製品，その他	

5. おわりに

表4は熱可塑性樹脂におけるポリマーの分子設計から高次構造制御，成形加工までの過程と，材料性能に影響する諸因子との関係を纏めたものである[19]．一次構造（1本の高分子の化学構造）は合成時に決まるが，高分子鎖の形態（二次構造），およびその集合組織体としての三次構造は成形加工を経て最終的に決まる．したがってプラスチック製品性能を制御する加工技術の役割は重大である．製品設計においては，単にコストパフォーマンスの観点にとどまらず，昨今はリサイクルをはじめ環境影響への配慮も望まれる．21世紀にふさわしい高度のプラスチック技術の確立を期待したい．

参考文献

1) 堀　泰明：プラスチック加工技術ハンドブック（高分子学会編），29（1995年）日刊工業新聞社
2) 工業用熱可塑性樹脂技術連絡会：エンプラの本，4（1989年）同連絡会
3) Carswell, T. S. and Nason, H. K.: *Mod. Plast.*, **21**, 121 (1944); Nielsen, N. E., 小野木重治(訳)：高分子の力学的性質，98 (1965) 化学同人
4) プラスチック読本（大阪市立工業研究所プラスチック読本編集委員会・プラスチック技術協会編）(2002) プラスチックス・エージ
5) 田中千秋：プラスチックスエージ，**35** (4), 89 (1989)
6) 大柳　康，原田敏彦：スーパーエンプラ系ポリマーアロイ―応用技術と実用化―（1991）技報堂出版
7) Utracki, L. A., 西　敏夫訳：ポリマーアロイとポリマーブレンド（1991）東京化学同人
8) 昭和高分子㈱技術資料，：Epoxyビニルエステル樹脂
9) 日立化成工業㈱技術資料："Metathene"（1999）
10) Kimura, H., Matsumoto, A., Hasegawa, K. and Fukuda, A.: *J. Appl. Polym. Sci.*, **72**, 1551 (1999)
11) 四国化成工業㈱技術資料：熱硬化性樹脂用モノマーB-a型ベンゾオキサジン（1998）
12) 田中　亘，久利　武，大須賀正就：科学と工業，**62** (8), 306 (1988)
13) 内田　博：プラスチックスエージ，**37** (10), 176 (1991)；昭和電工㈱技術資料：アリルエステル樹脂とその応用（2000）
14) 太田敏正：成形加工，**9**, 686（1997）；大嶋正裕ほか：成形加工，**13**, 65-95（2001）
15) 飯田健郎ほか：プラスチック副資材の理論と実際 (1)～(12) 成形加工，**10**, 715, 798, 875, 954 (1999); **11**, 46, 126, 178, 410, 607, 705, 772, 833 (2000)
16) 大阪市立工業研究所プラスチック用語辞典編集委員会・プラスチック技術協会共編：実用プラスチック用語辞典改定第4版（CD版）（2005年プラスチックス・エージ）
17) プラスチック加工技術便覧（1985）日刊工業新聞社
18) 殿谷三郎：第66回大阪市立工業研究所報告（1985）
19) 永井　進：プラスチック加工技術ハンドブック（高分子学会編），56（1995）日刊工業新聞社

（プラスチック技術協会・永井　進）

第2章 汎用樹脂

2-1. 低密度ポリエチレン（LDPE）

ポリエチレンは密度の違いにより，低密度ポリエチレン（LDPE），中密度ポリエチレン（MDPE），高密度ポリエチレン（HDPE）に区分され，JIS K 6760 ではそれぞれの密度範囲（単位：kg/m^3）を，LDPE：910以上930未満，MDPE：930以上942未満，HDPE：942以上と規定している．また，低密度ポリエチレンについては1000気圧を超える高圧下でラジカル重合により製造され，エチル基などの短鎖分岐のほか長鎖分岐を含む高圧法LDPEと，数十気圧以下の中・低圧下で遷移金属触媒を用いて配位アニオン重合により製造され，分岐が短鎖である直鎖状低密度ポリエチレン（LLDPE）とに分類することができる．

ここでは低密度ポリエチレンの特性・用途などを概説し，とくに成形加工の視点から，最近の技術動向について述べる．

1. 低密度ポリエチレンの概要

1.1 製造プロセスと歴史

高圧法LDPEは1933年にイギリスのICIにおいて初めて合成され，1939年に工業化が行われた．日本においては，住友化学がICI技術の導入により1958年に工業化したのに続いて，1959年には当時の三菱油化がBASF技術の導入により工業化を図った．その後1960年代に入り，各社が競って海外技術を導入し，高圧法LDPEが石油化学コンビナートの中核的存在を占めるに至った経緯がある．高圧法で用いられる重合設備は，撹拌によって温度，圧力が系内でほぼ均一となるオートクレーブ型と，重合しながら管内を流れていくため不均一となるチューブラ型とに大別される．

また，プロピレンやブテンなどのα-オレフィンが配位アニオン重合でのみ高分子量ポリマーが得られるのと異なり，エチレンはラジカル重合と配位アニオン重合がともに可能であるという特徴を有しており，1958年にはDuPontCanadaがチーグラー系触媒を用いてLLDPEを初めて工業化した．

LLDPEの重合は初期の段階では，スラリー法や溶液法で行われていた．スラリー法はポリマー粒子をヘキサンなどの溶媒に懸濁させながら重合させるため，コモノマーが多くなると生成するポリマーが溶媒中に溶けやすくなり，運転に支障をきたすこと，また溶液法では分子量が高くなると溶液の粘度が上昇し，撹拌に支障をきたすことなどの制約がある．これに対して，気相法は無溶媒下で重合させるため，コモノマー量や分子量の制約が少なく，かつ熱効率にも優れており，高活性の担持触媒が開発されてからは気相法がLLDPE製造プロセスの主流となっている（図1[1]参照）．なお，コモノマーとしては，ブテン-1，ヘキセン-1，オクテン-1，4-

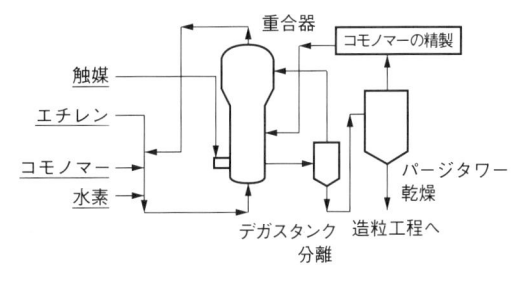

図1 気相法によるLLDPE製造プロセス[1]

メチルペンテン-1が工業的に用いられている.
さらに1991年にはExxon Chemicalが初めてメタロセン触媒を用いたLLDPEを高圧イオン重合法により工業化し,最近ではメタロセン触媒系LLDPEがマーケットで拡がりを見せている.

1.2 用途

図2にLDPEの分野別年間使用量[2]を示す.フィルムが国内使用量の53%を占め,これにラミネートを加えると全体のほぼ70%に及ぶ.

低密度ポリエチレン需要（出荷）実績　（単位：t, %）

需要部門	2002年	2003	2004	'04/'03
フィルム	808,000	829,700	855,600	+3
加工紙	261,500	268,600	276,300	+3
電線被覆	75,500	72,500	63,900	△12
射出成形	83,600	84,100	81,600	△3
パイプ	24,300	23,100	16,600	△28
中空成形	44,900	44,500	45,700	+3
その他	256,600	262,000	266,000	+2
国内需要	1,555,200	1,584,500	1,605,500	+1
輸出	228,300	218,600	208,523	△5
合計	1,783,500	1,803,200	1,814,200	+1

（出所）経済産業省

低密度ポリエチレン国内需要構成（2004年）

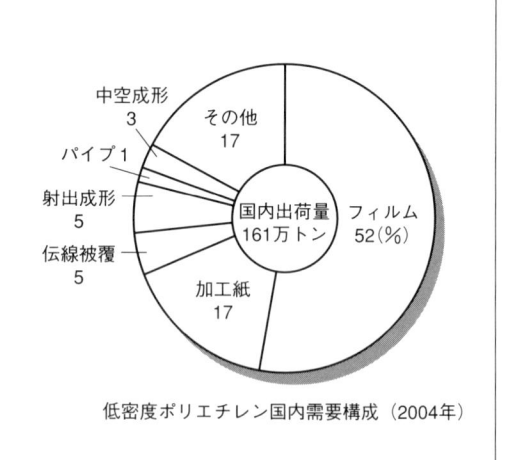

国内出荷量 161万トン
フィルム 52(%)
加工紙 17
伝線被覆 5
射出成形 5
パイプ 1
中空成形 3
その他 17

図2　低密度ポリエチレンの分野別使用量[2]

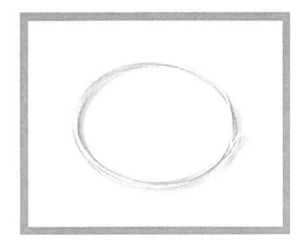

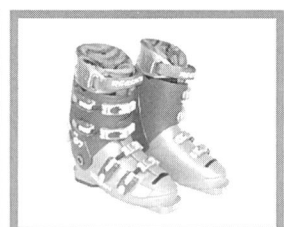

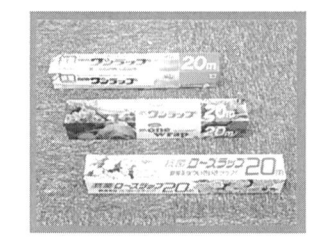

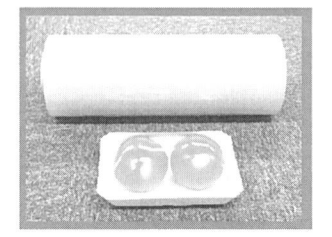

図3　低密度ポリエチレンの用途例

LDPEの用途としては各種包装用袋（規格袋，米袋，肥料袋など）を始め，バッグインボックス，ミルクカートン，家庭用ラップ，トレーストレッチフィルム，パレットストレッチフィルム，マスキングフィルム，農業用フィルム，潅水ホース，ブローボトル，電線被覆，各種成形品などに使用されており，図3にそれらの例を示す．

なおLL化率（LDPEとLLDPEのトータル量に占めるLLDPEの量）は逐年増加傾向にあり，国産品では2004年度で約50%であるが，輸入樹脂を含めると約55%に及び，今後もさらに増加が見込まれている．

1.3 構造と物性

高圧法LDPEは長鎖分岐の複雑な構造を持っており，オートクレーブ型で製造されたものとチューブラ型で製造されたもので品質が異なる．オートクレーブ型では撹拌により，フリーラジカル濃度が高い領域にポリマーが多量に存在することになり，ポリマーとの連鎖移動が起こりやすいことから，チューブラ型に比べると長鎖分岐の生成量が多い．また，分子量分布は比較的狭いものが得られる．これに対し，チューブラ型ではチューブ内の各位置で異なった分子量のポリマーが生成し，分子量分布が広くなりやすい．

また，LLDPEの品質は触媒やプロセスによって異なるが，コモノマーの種類にも依存し，コモノマーがブテン-1の場合に比べ，ヘキセン-1，オクテン-1，4-メチルペンテン-1といった高級α-オレフィンの場合では，フィルムの引裂き強度や衝撃強度などが向上する．

図4に分子構造，分子量分布，組成分布の様子を模式的に示す[3]が，チーグラー触媒は活性点が不均一で，マルチサイト触媒とも呼ばれ，低分子量で短鎖分岐を多く含む成分，高分子量で短鎖分岐が少ない成分が副生する．これに対し，メタロセン触媒は活性点が均一で，シング

(a) 分子構造の比較

(b) 分子量分布・組成分布の比較

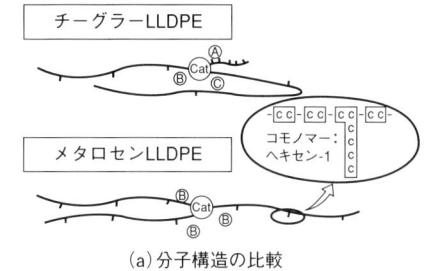

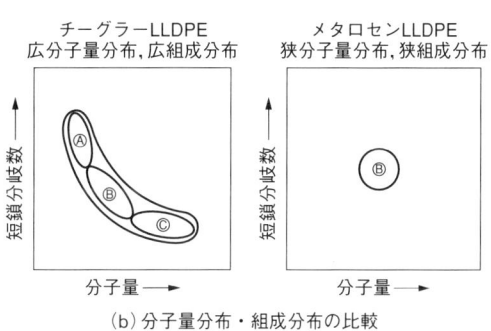

図4　LLDPEの分子構造と分子量分布・組成分布の模式図[3]

ルサイト触媒とも呼ばれ，重合活性が高く，共重合性に富みコモノマー含有量がほぼ均一であり，得られたポリマーは組成分布がシャープとなる．また，分子量分布もシャープで，低分子量成分に起因するベタツキがなく，耐ブロッキング性に優れている．

ただし，一般に分子量分布が狭くなれば，樹脂の溶融特性面で非ニュートン性が薄れニュートン粘性に近づくため，高せん断がかかっても粘度が低下しにくく，加工面では不利となる．

また，図5[4]にチーグラー触媒系およびメタロセン触媒系LLDPEの熱融解挙動の比較を示す．チーグラー触媒系LLDPEが，分岐度が小さくラメラ結晶の厚い高融点成分から，分岐度が大きく非晶質に近い低融点成分まで，広い熱融解パターンを示すのに対し，メタロセン触媒系LLDPEは単一の融解ピークを示し，より低い温度で結晶を完全に融解させることができる．メタロセン触媒系LLDPEは上述のように，チーグラー触媒系LLDPEに比べて優れた性能を多く有する反面，一方では加工時の溶融粘度が

図5 熱融解挙動の比較[4]

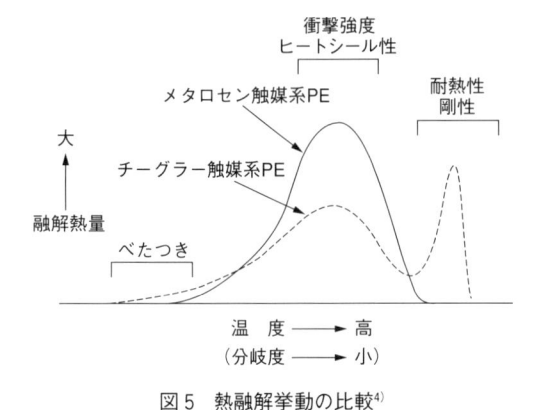

図6 Maddock付バリアタイプスクリュー[5]
(Egan Davis-Standard 社)

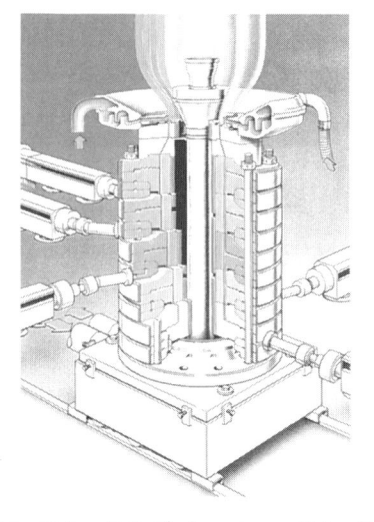

図7 スタックダイ[6] (Hosokawa Alpine 社)

高く成形加工性に劣る欠点も有しており，本来の性能を発揮するためには加工技術面での工夫が必要である．

2. 加工技術の動向

前述のように，LDPEはフィルムを始め，押出機を用いて加工されるケースがほとんどである．

押出機のスクリューとしては，可塑化を効率よく行えるバリアタイプのものが最近では欧米を中心にスタンダードになってきており，MaddockやMaillerferタイプのミキシング部を有している．図6[5]にその一例を示す．

ここではLDPEの主たる加工法であるインフレ法（インフレーションフィルム加工法），Tダイ法（フラットフィルム加工），ラミネート法についてそれぞれ加工技術の進歩を紹介する．

2.1 インフレーションフィルム加工法

主として袋状の製品を得るのに用いるフィルム加工法であり，設備費が比較的安価であることから，LDPEのフィルム化手段として多用されている．

樹脂の置換性をよくしたり，劣化を防止するためにダイ内部での滞留をいかに抑制するかが重要であり，とくに問題が表面化しやすい共押出ダイの場合は，従来のスパイラルマンドレルダイに比べ，流路を短くできるスタックダイが普及してきた．これはBrampton Engineering，Reifenhäuser，Hosokawa Alpineの各社が扱っており，樹脂の滞留を少なくできること以外にも，各層毎に樹脂温を設定できるなどメリットは多いが，一方では樹脂洩れや昇降温時に時間がかかるなどの使いにくさもある．Hosokawa Alpine社の例を図7[6]に示す．

また一般に，インフレーションフィルムは後述のフラットフィルムに比べると厚みの均一性（偏肉精度）に劣ることから，自動偏肉調整の工夫も進んできており，そのシステムの一例として，ダイの円周方向の温度をコントロールすることによって制御する方式（Windmöller社）を図8[7]に示す．ほかに，エアリングを円周方向に分割し，風量でコントロールする方法（Reifenhäuser社など）や風温でコントロールする方法（Battenfeld Gloucester社）などがある．

2.2 フラット（Tダイ）フィルム加工法

フラットフィルムはインフレフィルムに比べ

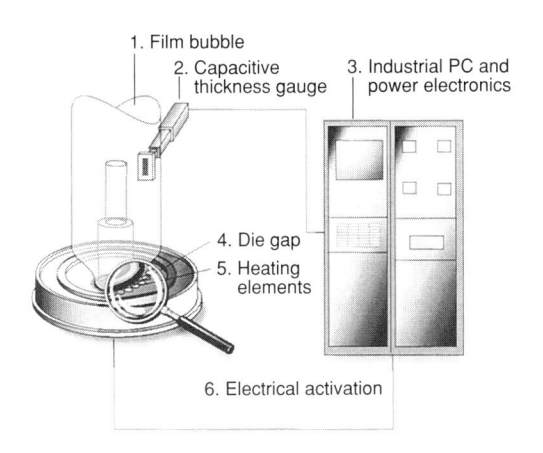

図8 インフレフィルムにおける自動偏肉調整[7]システム（Windmöller 社）

図9 圧電素子によるTダイのギャップ調整機構[8]（Reifenhäuser 社）

ると生産性，品質ともに優れることから，増加する傾向にある．

自動偏肉調整は，ダイの幅方向に一定間隔で並べられたヒートボルトにより行うのが主流であり，フィルムの厚薄に応じてカートリッジヒータへの供給電力を増減させてヒートボルト先端に生じる熱変位でダイリップを開閉させることにより行われる．ただし，操作熱により，ダイに温度分布を生じて外乱を与えることや応答に時間を要する（最新のものでも2分程度必要）ことなどの欠点も有している．こうした中でミリ秒のオーダーで応答する圧電素子を利用したReifenhäuser 社の方式も実用化されくいる（図9[8]参照）．

なお，ダイの種類については，コートハンガーダイが幅方向の吐出分布が均一なことからこれまで多用されてきたが，樹脂圧力によるダイの口開き（クラムシェル）現象が発生しやすい欠点を有していた．これに対して，クラムシェル現象が生じにくいストレートマニホールドを用いて傾斜プリランドを有するダイ[9]をCloeren，EDI，三菱重工の各社が発表し，とくに幅が広いフィルムを加工する際に適用されるケースが増えている．

また，Tダイフィルムの冷却方式として，これまで国内ではほとんどがエアチャンバ方式で

表1 Tダイフィルムの冷却方法

	エアチャンバ方式	バキュームボックス方式
機構	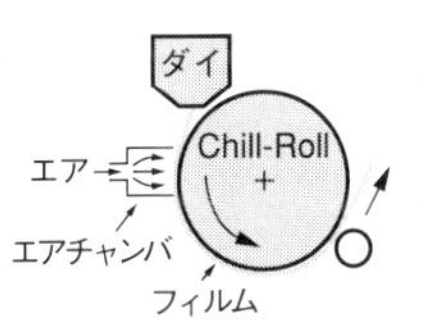 （図：ダイ、エア、エアチャンバ、Chill-Roll、フィルム）	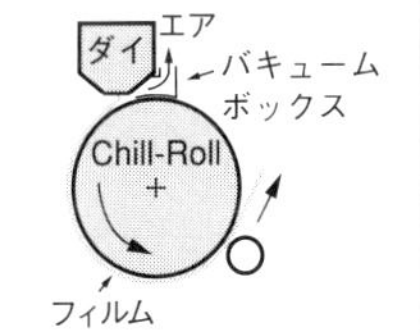 （図：ダイ、エア、バキュームボックス、Chill-Roll、フィルム）
特徴	・フィルムの異方性が少ない ・用途：シーラントフィルムなど	・溶融膜の安定性に優れ，高速加工性良好 ・用途：パレットストレッチフィルムなど

あったが，エアギャップが短く高速加工性に優れたバキュームボックス方式が欧米に続き，国内でも普及し始めている（表1参照）．エアチャンバ方式の場合の加工速度は，LLDPEで百数十 m/min が限界であり，それ以上の速度ではエッジ振れの不良現象を発生するのに対し，バキュームボックス方式では通常300～400 m/min で加工されており，米国のパレットストレッチフィルムメーカーではダイ構造や樹脂組成の工夫により，600 m/min を超える速度で生産されている例もある．ただし，この方式はフィルム物性に異方性を生じやすいため，用途によっては適用に制約を受け，樹脂組成や加工条件面の工夫により異方性を抑制する必要がある．

2.3 ラミネート加工法

各種プラスチックフィルムやアルミ箔，紙などの基材にLDPEを押出ラミネートして貼合

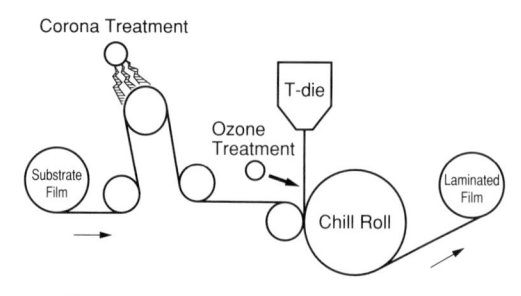

図10　ノンアンカーラミネート技術概念図[11]

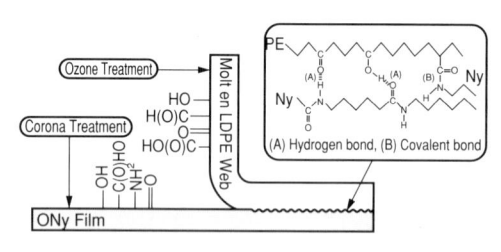

図11　ノンアンカーラミネート接着機構[11]

製品を得る方法であり，食品包装などに多用されている．基材がナイロンやポリエステルなどのプラスチックフィルムの場合はLDPEとの接着性付与のため，基材にアンカーコート処理が必須であるが有機溶剤を使用するため作業者の労働衛生面や工場周辺の環境汚染問題を有するほか，コストが高いことなどの問題点を抱えている．この問題を解決するために，住友化学はプラスチック基材への表面活性化処理と，溶融樹脂へのオゾン処理の組み合わせにより，アンカーコート剤を用いることなく接着させる技術[10]を開発した．図10に工程の概念図を，また図11には推定される接着機構をそれぞれ示す[11]．従来技術ではアンカーコート剤の飛散により，高速化が難しいのに対し，開発された技術ではこうした制約がなく高速化にも適していることから，同社の技術ライセンスによりすでに実用化が図られており，環境対策と生産性の向上が同時に実現されている．

3．今後の展望

社会動向を考えると，環境対策は一つのキーワードである．

容器包装リサイクル法が2000年4月からPETボトル以外の他プラスチックにも拡大されたことから，包装資材の減容化が進んでいくと考えられる．この点ではメタロセン触媒系LLDPEは高強度が売り物であり，さらに適用が進んでいくものと考えられる．また，ポストメタロセン触媒の開発も進んでおり[12]，今後の進展が期待されるところである．

一方，ウルグアイラウンドにより輸入関税が逓減されていくことを考慮すれば，国際競争が激化するのは必至であり，次第に国境の概念も薄れ，海外からの樹脂の流入に留まらず，フィルムなどの製品の流入も増えてくるものと思われる．こうした変化を見越せば，これからは樹脂技術および加工技術を駆使しながら，樹脂メーカーが加工メーカーやコンバータと力を合わせて，特徴のある製品の開発や，生産性の向上に取り組んでいく必要があろう．

参考文献

1) 平野陽三：実用プラスチック事典（1993），産業調査会
2) JPIF 2004年統計資料集/各論，プラスチックス，Vol. 56, No. 6
3) 佐伯康治，尾見信三編著：新ポリマー製造プロセス（1994），工業調査会
4) 近成謙三，鈴木靖郎：住友化学技術誌1999-Ⅰ，42 (1999)
5) Egan Davis-Standard 社技術資料
6) Hosokawa Alpine 社技術資料
7) Windmöller 社技術資料
8) Reifenhäuser 社技術資料
9) USP 5, 256, 052（Cloeren 社）
10) 特許第3039284号，特許第3125636号（住友化学）
11) Hayashida, H., Ishibashi, F., Takahata, H., Nishio, T., Gotoh, Y. and Sato, Y.: *Polym. Eng. and Sci.*, 38, 1633 (1998)
12) 藤田照典，斉藤純治，柏　典夫：機能材料，**21**, No. 2, 25 (2001)

（三善加工㈱技術開発部長・林田　晴雄）

第2章 汎用樹脂
2-2. 高密度ポリエチレン（HDPE）

　ポリエチレンの歴史は，1933年イギリスのICI社における超高圧反応の基礎研究の中から偶然に発見された高圧ポリエチレン（HDPE）から始まる．その後，1955年(独)Max-Planck石炭研究所のZieglerは有機金属反応の系統的な研究の中で，Ti系化合物を触媒に用いると常圧においてポリエチレンが得られることを発見した．また，Zieglerの発見と同時期に，Phillips Petroleum社はCr系化合物を用いることにより70〜100気圧の中圧でポリエチレンが得られることを発見した．

　ICI社が発見した高圧法ポリエチレンは，分岐構造を有する軟質材料であり，密度が低いことから低密度ポリエチレン（LDPE）と呼ばれる．他方，ZieglerやPhillips Petroleum社が発見した中低圧法ポリエチレンは，直鎖構造の硬質材料であり，密度が高いことから高密度ポリエチレン（HDPE）と呼ばれる．

　本稿では，HDPEの特徴，用途と成形加工法，物性制御因子と種類（グレード）について概説し，さらに，最近の材料開発動向を紹介する．

1. 特　徴

　HDPEの主な特徴を以下に列挙する．
(1) HDPEはほかのポリマーと比べて，きわめて T_g が低い（-125℃）．このため，低温特性に優れている．
(2) 3級炭素がほとんどないのでラジカルが発生しにくい．したがって，熱安定性に優れ，成形加工時に劣化が起りにくい．同様の理由で，耐候性にも優れている．
(3) 比較的結晶化度が高いため，耐薬品性に優れている．ほとんどの酸，アルカリに耐え，常温ではほとんどの有機溶剤に不溶である．
(4) ほかのポリオレフィンと共通する特徴として，無極性であることがあげられる．そのことから，①水蒸気の遮断性に優れる，②耐水性に優れ，水中での物性変化はほとんどない，③絶縁抵抗，耐電圧が大きいなど，電気特性に優れている，④印刷性，接着性に劣る，などの性質を示す．
(5) 基本骨格は炭素と水素のみからなるので，燃焼してもダイオキシンなどの有害物を発生しない．毒性がなく，無味無臭であり，プラスチックの中でもとくに安全性が高い．HDPEは以上の特徴を生かして，さまざまな分野で使用されている．

2. 用途と成形加工法

　HDPEの国内需要[1]は約100万トン/年であり，その37%がフィルムであり，次に中空成形品（19%），射出成形品（12%）と続く（図1参照）．以下に，各用途におけるHDPEの特徴および成形加工法について述べる．具体的な用途は表1を参照されたい．

2.1 フィルム

　HDPEフィルムは紙状の外観，腰の強さ，開口性，耐熱・耐寒性，透湿性などがほかのプラスチックフィルムに比べ優れており，食品包装をはじめ，種々の用途で使われている．これらフィルムの成形は主にインフレーション成形

表1　HDPEの具体的な用途

(A)	フィルム	
	食品包装	冷　　菓：アイスクリーム，アイスキャンディなど 菓　　子：ビスケット，焼菓子，米菓，チョコレート，キャラメル，生菓子など 麺　　類：生麺，乾麺など パン類 農産物加工品：ポテトチップ，ポップコーン，とうがらし，漬物，佃煮，こんぶ，茶，紅茶，海苔など デパート：食品店用包装 そのほか：青果物，包装豆腐，粉末ジュース，粉ミルク
	一般包装	文　房　具：複写用感光紙，カラープリント，レコード，書類，印刷物，紙など 繊維製品：蒸しタオルなど 家庭用品：スプーン，フォーク，自動炊飯器，石油コンロ，電気器具など そのほか：電線，衛生用品，薬包装など
(B)	中空成形品	
	軽量容器	液体洗剤，漂白液，シャンプー，化粧品，食用油，牛乳，シロップ，医薬品，家庭用糊，オイル缶，防臭剤，自動車ガラス洗浄液などの容器
	消耗容器	茶瓶，アイスクリーム，シャーベット，味噌汁などの食品，糊などの容器
	大型容器	レジャー用ボート，農薬タンク，ソーラータンク，ドラム缶，ガソリンタンク
	そのほか	浮子：漁業用，真珠や海苔の養殖用 水筒，玩具，文房具，水銀灯カバー，自動車のデフロスターランプなど
(C)	射出成形品	
	日用品，雑貨	バケツ，たらい，ゴミ容器，洗面器，浴用品など 農産物集荷用，書類分類用，台所用，脱衣用，果物入用などのかご類 食卓用品，玩具運動用品，文房具，写真フィルムケース，キャップ類
	コンテナ	ボトルコンテナ：ビール，ソフトドリンク，牛乳，ウィスキー，日本酒など 野菜，果物用コンテナ：みかん，リンゴ，トマト，バナナなど 菓子，パン用コンテナ：食パン，菓子パン，ケーキ類など 農水産，畜産用コンテナ：魚箱，魚樽，漬物用樽など そのほか：郵便箱，養鰻用，クリーニング用
	工業用品	二輪車，四輪車部品：軽自動二輪車のフェンダー，ライトケース，メーターボックス，自動四輪車のバッテリトレイ，ドームランプ，ヒータスイッチ，灰皿など そのほか：耕運機，バインダーなどの農機具部品，テレビ，電気冷蔵庫，洗濯機などの部品
(D)	パイプ	
		上下水道用：都市上下水道，簡易水道，土木用パイプなど 灌漑用，散水用：畑地灌漑用，ゴルフ場など 鉱　山　用：配水管，エアパイプ，送風管，スライム輸送管など 冷凍用：アイススケートリンクなど 薬液輸送用：化学工場用，海水配管用など，電線配線用：屋内電線管（可とう管） そのほか：自動四輪車，電車，船舶などの配管，天然ガス輸送管など
(E)	結束テープ・フラットヤーン	
	結束テープ	結束ひも：野菜，木材，せともの，漁業，土木建築資材 包装用テープ：商品包装ひも，菓子箱，料理の折詰箱 手　芸　糸：手提袋，テーブルクロス，敷物，飾り
	フラットヤーン	クロス袋：米穀袋，羊毛袋，土嚢，水産物用，葉タバコ用，塩袋 シート：野積用，レジャー用
(F)	そのほか	
	繊維	魚網，不織布（とくに，紙オムツ）
	モノフィラメント	ロープ（船舶，漁業，農業，標識，家庭用），畳用の縫糸，ネット（ゴルフ練習場，防虫網など），野菜包装用袋，家具，椅子の張地
	シート	スキーの裏張用，ホワイトボード，ボブスレー，フェンダーライナなどの自動車用品
	被覆	電線被覆，銅線ロープ被覆，鋼管被覆用など

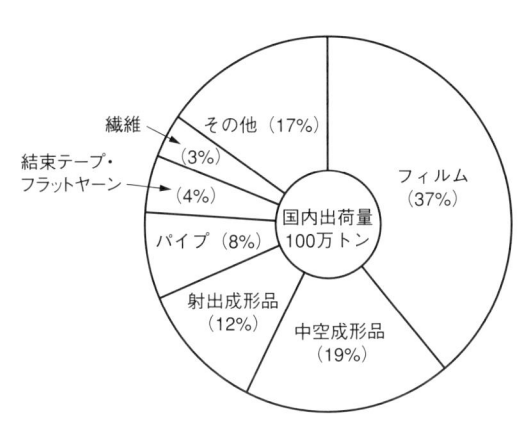

図1　高密度ポリエチレン需要実績（国内，2004年）

法にて行われている．この成形法のメリットの一つとして，ブローアップ比変更により多様な製品幅のフィルムが製造可能なことがあげられる．HDPEはブローアップ比を変えても安定した成形が可能であり，このこともインフレフィルム用途に多く使用される理由の一つである．

2.2 中空成形品

風合い，剛性，衝撃強度，耐薬品性などが容器材料として優れており，洗剤用やシャンプー用など軽量容器のみならず，ドラム缶やガソリンタンクなどの大型容器にも使用されている．このような中空容器はブロー成形にて成形されるが，HDPEは押出し特性と耐ドローダウン性のバランスに優れ，ブロー成形に適している．

2.3 射出成形品

バケツ，ゴミ容器などの日用品，ボトル，食品などのコンテナに使用されている．成形のしやすさと，剛性，衝撃強度などが優れていることから大型のものが多い．しかしながら，耐寒性などが要求される分野以外ではPPへの代替が進んでいる．

2.4 パイプ

耐候性，可とう性，剛性，耐衝撃性，クリープ特性，耐寒性などに優れることから各種パイプに使用されている．とくに，平成7年の阪神淡路大震災以来，HDPEパイプの耐震性が見直され，鋳鉄管などからの切り換えによる需要の伸びが期待されている．成形加工は，円管状の樹脂を押し出し，水槽内でシャワー冷却することにより行われる．

2.5 結束テープ・フラットヤーン

結束用テープとして，わらなわ，布テープ，紙テープなどを代替するものとして使用されている．フラットヤーン製品はクロスシート，紙貼りクロス，レジン袋，土嚢袋，肥料袋などがある．これらの製品はTダイからテープ状に押し出した樹脂をMD方向に一軸延伸することにより得られる．

2.6 繊維

魚網や不織布向けに使用されている．不織布は紙おむつバックシート向けに使用される．不織布の場合，HDPEが単品で使用されることは少なく，PPやPETとの共押し出しにより複合繊維とした後，熱によりHDPE成分同士を融着させることにより製品を得ている．

3. 物性制御因子と種類（グレード）

HDPEの物性を支配する因子としては，分子量，分子量分布，結晶化度，二重結合，分岐度分布などがある．中でも，分子量，結晶化度，分子量分布の3つが重要であり，ほとんどのグレードは，これら3つのパラメータを制御することによってつくり分けられている．

3.1 基本的な物性制御因子

分子量の測定法には，浸透圧法，光散乱法，超遠心法などがあるが，測定が面倒なため，分子量と相関があるMIが用いられることが多い．一般に，MIが小さいほど引張り強度や耐衝撃性などの機械的性質が増大するが，反面，溶融粘度が高くなり成形加工性が悪くなる．

結晶化度はX線で測定するのが直接的であるが，やはり測定の簡便さから密度で代用される．密度が高くなるにつれ，剛性，表面かたさなどの特性が向上し，ガスバリア性などの耐透過性も優れるが衝撃強度，耐クラッキング性な

どの特性は低下する．

分子量分布の測定法としては GPC 法がもっとも一般的である．分子量分布は高分子の性質に対して，直接，間接に大きく影響するが，ほかの因子も複雑に影響してくるので，分布と性質の関係を定量的に表すことは難しい．きわめて一般的にいえば，分布が狭いほど機械的性質（引張り強度や耐衝撃性など）が向上するが，成形機内で負荷がかかり樹脂圧力も高くなる．分布を広げると成形機内での流れ特性が向上する．

図2に，3つの物性制御因子（MI，密度，分子量分布）と実用物性の関係を纏めて示す．

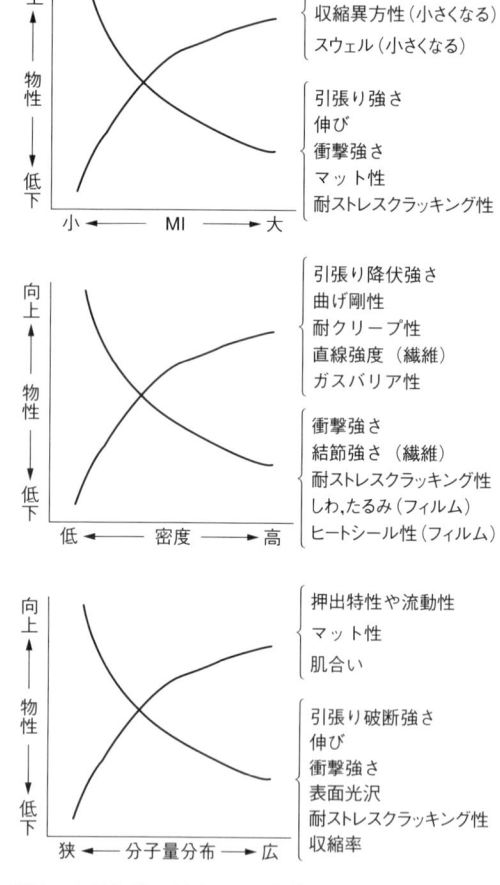

図2　実用物性に対する MI，密度，分子量分布[*1]の影響
（注）*1）実際は，分布形状が微妙に影響する．ここではきわめて一般的な傾向を示している．

3.2　種類（グレード）

一概には HDPE の基本特性と用途を結び付けることはできないが，代表的な MI，密度，分子量分布を用途ごとに示す（図3，4）．

射出成形品や繊維用途では，成形加工時に成形機内での流動性が要求されるので比較的 MI が高い材料が用いられる．MI を大きくすると引張り強度や耐衝撃性などの機械的性質が低下するので，それを補うために分子量分布は狭く設定されている．

中空成形用途では耐ドローダウン性，フィルム用途では溶融バブルの安定性などが要求される．これらの特性は MI を低くすると向上するので，比較的 MI の低い材料が用いられる．MI を低くすると押出し特性が低下するので，それを補うために分子量分布は広く設定されている．

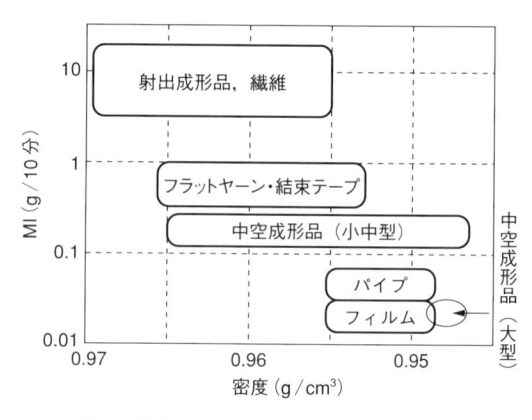

図3　代表的な HDPE の MI と密度の関係

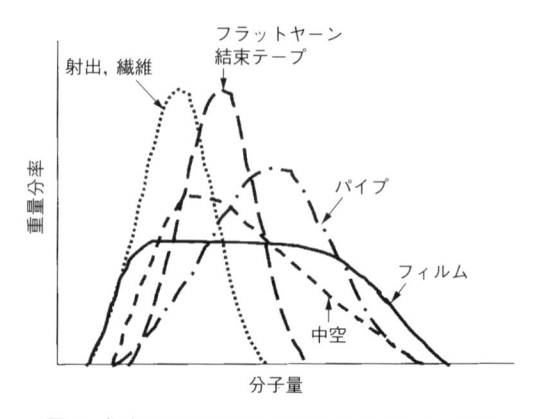

図4　代表的な HDPE の分子量分布（イメージ図）

4. 材料開発の動向

前節で示した通り，MI，密度，分子量分布がHDPEの主な物性制御因子である．この3因子を最適化することにより多くの材料が開発されているが，最適化の作業はそう単純ではない．また，3因子の最適化だけではユーザー要求を満足できない場合がある．ここでは最近の開発例として，フィルムグレードおよびパイプグレードの開発を取りあげる．

4.1 配水管用パイプグレードの開発

配水管用パイプにとってもっとも重要な特性は，水道水の圧力下であっても良好なパイプ寿命を有することである．具体的には，ISOで規定されているMRS-100を満足する材料が望まれている．MRS-100とは，10 MPaの円周応力下で50年間保持してもパイプが破壊しないことを意味する．

パイプの破壊には2種類の機構がある（図5）．すなわち，

Ⅰ．高圧下では，パイプが変形した後，延性破壊する．

Ⅱ．低圧下では，パイプが変形せずに，脆（ぜい）性破壊する．

パイプ寿命を向上させるには，この両者の破壊を抑制する必要がある．破壊Ⅰは結晶の破壊

表2 パイプ物性に対するタイ分子数の影響

材料	密度 (g/cm^3)	タイ分子形成成分率[a] (％)	パイプ寿命[b] (h)
従来品	0.952	15.2	460
600 P	0.952	18.2	>1000

a) 全分子数に対するタイ分子数の割合，b) ISO-1167に準じた試験によるパイプ破壊時間（温度80℃，円周応力 5.5 MPa）

が起点となると考えられるので，この種の破壊を抑制するには，結晶の厚みを増大し結晶が壊れにくくすればよい（高密度化が有効）．破壊Ⅱは，結晶間を結ぶタイ分子のすり抜けにより起こると考えられるので，タイ分子を増やすことが重要である．したがって，高密度化とタイ分子増加を同時に達成すればよいが，この2つは互いに相反する方向である．われわれは，パイプ高寿命化を目的として，同一密度でもより多くのタイ分子を有する樹脂デザインを探索した．

タイ分子に影響する因子は Brown により体系化されている[2]．この体系を基にタイ分子の増大にもっとも効果的な樹脂構造（MI，分子量分布など）を予測し，新グレード（600 P）を開発した．新グレードの密度は従来品と同等であるが，タイ分子が多く，パイプ寿命に優れている（表2）．なお，新グレードは MRS-100 も取得済みである．

4.2 フィルムグレードの開発

HDPEフィルムの最終製品はレジ袋，ゴミ袋，ファッションバッグ，産業包装袋などである．これらは，インフレーション成形により筒状のフィルムに加工した後，印刷，製袋などの後工程を経て得られる．インフレーション成形後のフィルムに厚みムラが大きいと，後工程で印刷の向きがずれたり，製袋時に斜めにシールされたりして，製品ロスとなりやすい．他方，省資源化の動きによりフィルムの薄肉化が進みつつあり，将来，フィルム強度も重要な問題となると予想される．このような状況の下，高強

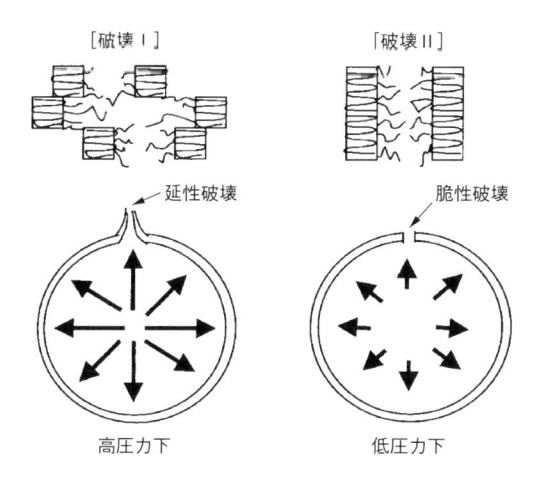

図5 パイプの破壊機構（推定）

度かつ厚みムラの少ないフィルムを与える材料が望まれている．厚みムラを低減する手法の一つとして低分子量成分（分子量：1000以下）の増大があるが，MIが増大するためフィルム強度が低下してしまう（図6）．

Procterを初めとする多くの研究者により，インフレダイ内の流動解析が実施され[3～5]，厚みムラに影響する樹脂特性が予測されている．彼らの解析では『樹脂はダイス壁面でスリップしない』と仮定しているが，HDPEはある応力以上でスリップすることが知られている[6]．われわれは壁面スリップを考慮して，インフレダイ内の流動解析を実施した．その結果，樹脂とダイ壁面で起るスリップを低減すれば厚みムラが小さくなることが予測された（図7）．de Gennesの理論によると，スリップは壁面に吸着している分子とそれに隣接する分子との間の絡み合いが解けることにより発生する[7]．絡み合い強度が増大する方向に樹脂デザインを変更したところ，従来品と比べてスリップが大きく低減した材料が得られた．フィルム物性を評価したところ，流動解析の予測通り，スリップ

表3　フィルム物性に対するスリップ速度の効果

	V_s[a] (mm/s)	厚みムラ[b] (μm)	MI (g/10分)	FI[c] (kJ/m)
従来品	24	2.2	0.052	53
780 F	7	1.0	0.052	52

a) 応力0.15 MPaでのスリップ速度，b) フィルム厚み分布の標準偏差，c) フィルムインパクト強度

を低減させた新グレード（780 F）は厚みムラが小さいことが確認された（表3）．また，MIが従来品と同等でありフィルム強度が低下しないことから，780 Fは今後のフィルム薄肉化の動きに十分対応可能な材料と考えられる．

5. 市場の展望

HDPEの国内需要はこの十年間ほぼ横ばいであるが，近年，フィルム分野を中心として安価な韓国製品，台湾製品の輸入が急速に増えている．こうした海外勢力に対しては，コスト削減はもちろんのこと，さらなる品質向上と差別化が必要であろう．

フィルム分野に関しては海外品との差別化が難しいとの見方もあるが，本稿で紹介したように改良の余地は残されていると考える．HDPEパイプは欧州にてかなり普及しており，わが国においても市場の立ち上がりが期待される．

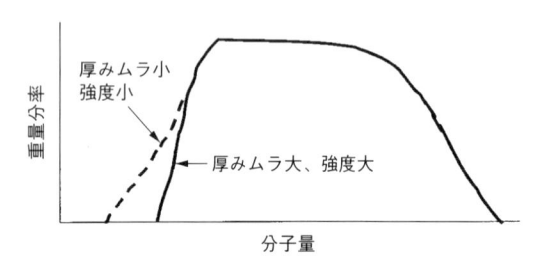

図6　フィルムの厚みムラ・強度に対する低分子量成分の影響

図7　ダイ内流動解析による厚みムラの予測

参考文献

1) プラスチックス，Vol. 56, No. 6, p. 47 (2005年)
2) Huang, Y.-L. and Brown, N.: *J. Polym. Sci.*, Part B: Phys., **29**, 129 (1991)：*J. Mater. Sci.*, **23**, 3648 (1988)
3) Procter, B.: *SPE Journal*, Feb. 28, 34-41 (1972)
4) Mavridis, H.: *TAPPI Proceedings*, 657-666 (1997)
5) Vlcek, J., Vlachopoulos, J. and Perdikoulias, J.: *Intern. Polymer Processing* II, 174-181 (1988)
6) Hatzikiriakos, S. G.: *Intern Polymer Processing* VIII, 135-141 (1993)
7) Brochard, F. and de Gennes, P. G.: *Langmuir*, **8**, 3033-3037 (1992)

（出光興産㈱中央研究所機能化学品研究室・樋口　弘幸）

第2章 汎用樹脂
2-3. ポリプロピレン（PP）

日本国内のプラスチック生産量は約1,400万トン/年で，自動車，エレクトロニクス，流通，日用品などあらゆる分野における目覚ましい技術革新，発展はプラスチックなしでは考えられない．その中で，ポリプロピレン（PP）は軽く，耐熱性・耐薬品性が高い，透明性もあり，安価で安全・衛生性が高い，リサイクル性にも優れているなどの理由で年々使用量が増加しており生産量は290万トン1年（全プラスチックの20％）に達している．

これらのプラスチックはすべて成形加工品として使用されており，原料プラスチックの性能・機能を最大限に引き出し，最終製品に付与させることとなる成形加工技術はきわめて重要である．ここではPPの特性・用途について述べ，生産性を含めその性能を最大限発現させる成形加工法と樹脂特性の関係について述べる．

1. PPの歴史

PPはチーグラー・ナッタ触媒を用い，1957年モンテカチーニ社（イタリア）で企業化された．日本でもモンテカチーニ社の技術で1962年に生産が開始されて以来目覚ましい伸びを示しており，全世界での生産量は3,000万トンに達している．図1，2に世界および日本のPP生産量推移を示す．PPはポリ塩化ビニル，LDPE，PS（ABSを含む）の生産量を抜き，1990年代に世界，日本ともに生産量が1位となった．

PPの分野別使用量を図3に示すが，射出成形品分野が大半を占め，続いてフィルム分野が多い．

一方，PPの生産技術の進歩は触媒の活性・性能の進歩と言っても過言ではなく，図4に示すように初期のアルミによる還元型（第一，二世代）から塩化マグネシウム担持型（第三，四世代）に至り，立体規則性，活性ともに飛躍的に向上している．

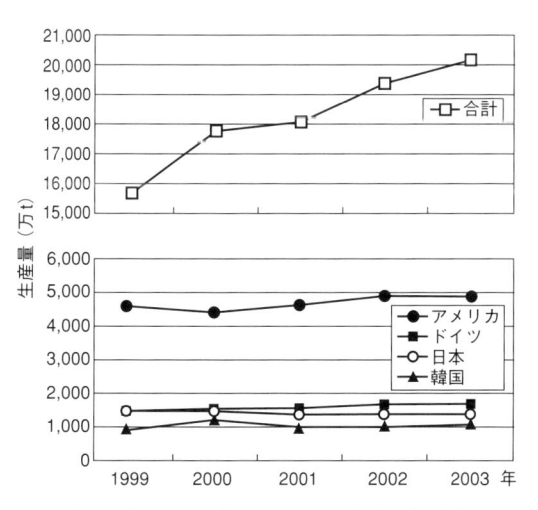

図1 主要国のプラスチック総生産量推移[5]

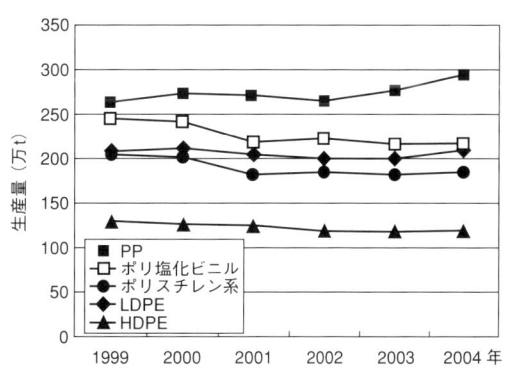

図2 PP他　代表プラスチックの日本国内生産量[5]

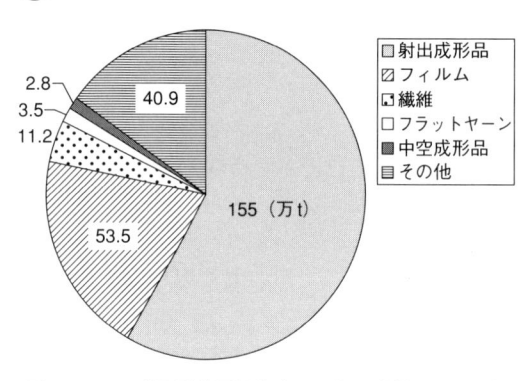

図3 PPの分野別使用量[5]（2004年，単位：万トン）

さらに，活性点が均一で，重合されるポリマー分子がより均質（分子量分布小，組成分布小）なメタロセン触媒も実用化されており，品質・加工性などでの優位性を生かした展開が図られている．

2. PPの種類，製法，用途

2.1 PPの種類

PPはプロピレンモノマーを重合したもので，PP分子の立体構造によりアイソタクチックPP（i-PP），アタクチックPP（a-PP），シンジオタクチックPP（s-PP）の3形態があり，使用する触媒によりつくり分けができる．それぞれの立体構造と特徴を図5に示す．これらの特徴よりa-PPはホットメルト接着剤な

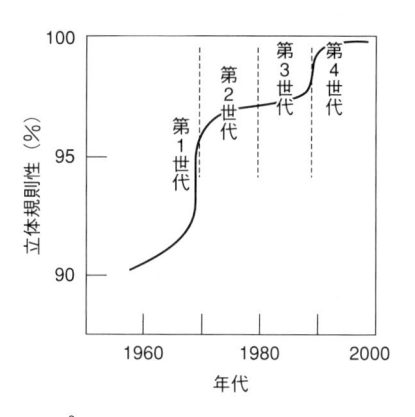

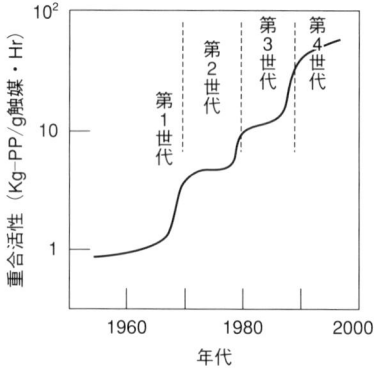

図4 PP重合触媒の進歩による立体規則性，活性の向上

どに，s-PPは改質材などに少量使用されているに過ぎず，ほとんどの用途にはi-PPが使用されている．

また，i-PPの特徴のうち，透明性，ヒートシール性などを改良する目的で主にエチレンおよびブテン-1をコモノマーとしてランダムPPが，衝撃性を改良する目的でエチレンをコモノマーとしてブロックPPが生産されている（構造と特徴は3.1項参照）．

2.2 PPの製造プロセス

PPの製法はヘキサンやヘプタンの溶媒中で重合するスラリー重合法，液化プロピレンモノマー中で重合するバルク重合法，プロピレンのガス中で流動状態で重合するガス重合法，あるいはこれらを組み合わせた重合法が採用されている．それぞれの特徴を表1に，

種類	立体構造	特徴（代表値）
アイソタクチック (i-PP)		融点 高(165℃) 弾性率 高(1640MPa) 透明性 低(60% シートHaze)
アタクチック (a-PP)		不定形
シンジオタクチック (s-PP)	(↑:CH_3)	融点 低(150℃) 弾性率 低(780MPa) 透明性 良(10% シートHaze)

図5 PPの立体構造と特徴[3]

表1　PP製造プロセスの特徴

重合法	プロセスの特徴	生成ポリマーの特徴
スラリー重合	不活性溶媒中で低圧重合⇒低分子量成分除去可能	アンチブロッキング性良
バルク重合	無溶媒，高圧重合⇒高活性，高収率（低コスト）	
ガス重合	無溶媒，低〜高圧重合可能，コモノマー/モノマー比制御 自由度大⇒高収率（低コスト），物性制御性大	高結晶・高MFR品，高ゴム含有品製造可能

表2　PPの具体的用途例

用途	成形方法	用途例
フィルム	OPP（二軸延伸フィルム） CPP（無延伸フィルム）	タバコ包装，アルバム食品包装，繊維包装
日用品	射出成形 ブロー成形	キャップ，プリンカップ，衣裳ケース，洗剤ボトル，シャンプーボトル
家電製品	射出成形	炊飯器ハウジング，洗濯槽
自動車部品	射出成形	バンパー，インパネ，トリム
物流資材	射出成形	ビールコンテナ，パレット
医療器具	射出成形 ブロー成形	注射器 輸液ボトル
繊維	押出成形	紙おむつ，衛生用品，結束バンド

現在世界的にもっとも多く採用されているバルク・ガス重合プロセス（スフェリポール法）を図6に例示する．

2.3　用途

PPは比重が小さく，耐熱性，剛性に優れ，また透明性，耐水性，耐薬品性，絶縁性も良好である．これらの優れた特性から各種包装資材（フィルム），自動車部品，物流資材（コンテナ），家電部品や家庭日用品，医療容器，繊維などきわめて広範囲で使用させている．各種成形方法と具体的用途例を表2，図7に示す．

包装資材用途には，厚さ10〜50μm程度のフィルムが使用されるが，閉口性（ヒートシール性）や柔軟性が必要なものは，融点の低いランダムPPが，剛性や透明性が求められるものにはiPPの延伸フィルム（一軸延伸，二軸延伸）が使用される．また，印刷性や気体透過性改良のため，他素材との多層フィルムも大量に使用されている．

自動車部品用では，使用される全プラスチックの約50％がPPである．代表的なものはバンパー，インパネ，ドアトリム，ピラーであるが，これらの材料は，要求特性に応じて衝撃性改良材としてゴム，剛性改良材としてタルクを配合したコンパウンド材が使用されている．

物流資材では，ビールケースのようなコンテナ類，家電部品では，電気ポット上蓋や洗濯槽，ハウジング材に広く使用されている．とくに家電部品では，製品外観が重要視されるため高光沢PPが使用されることが多い．

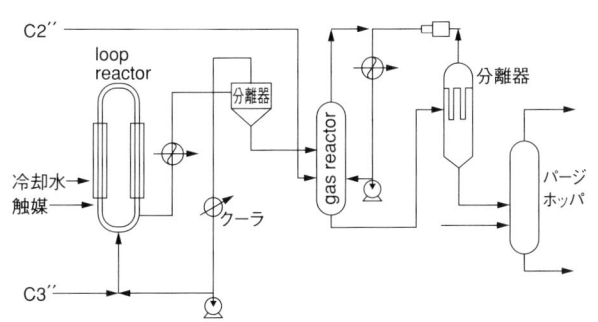

図6　PPの製造プロセス（Spheripol法：バルク＋気相重合）[4]

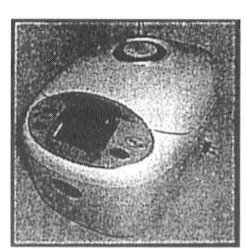

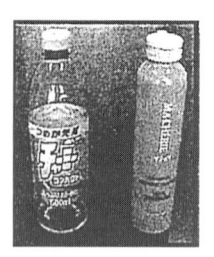

図7　PPの用途例

3. 構造と物性，成形加工性

3.1 構造と物性

PPは使用上の要求特性に従い，ホモPP，ランダムPP，ブロックPPの3タイプが生産されている．それぞれの分子組成イメージと特徴を表3に示す．

①ホモPP：ホモPPの特性である高剛性・高耐熱性は，立体規則性によって決まり，特性向上には立体規則性のアップが必要である．

②ランダムPP：ランダムPPの高透明性，良ヒートシール性（低融点）などの特性は，コモノマー量と種類，さらにランダム共重合性の影響を受け，ランダム性が高いほど，特性の発現効果が大きい．

③ブロックPP：ブロックPPの特性である耐衝撃性はゴム成分が多いほど高くなる．また，ゴム成分の分子量，コモノマー量も影響する．

一方，PPは先に述べたように優れた性能を有している反面，その化学構造から酸化劣化などを受けやすいという欠点を持っている．このためPPの性能を低下させることなく成形し，安心して使用できるよう安定化することは重要な課題である．現在市販されているPPにはこの課題を解決するため，さまざまな安定剤が添加されている．表4に代表的な安定剤を示す．

3.2 成形加工法とPP特性の最適化

製品として供するには必ず成形加工の工程を経るが，経済性より生産性の向上が図られており，成形加工法とともにPPにもそれに適した特性の付与が求められている．表5に各種成形加工法とPPが保有すべき特性を示す．各成形加工法に適したPPとするため，それぞれ要求に応じて緻密な構造・物性制御がなされており，その事例の一部を次に述べる．

包装資材に大量に使用されているフィルムでは生産性向上の観点から，延伸フィルムでは高速製膜性，キャストフィルムでは製袋安定性の

表3　PPの分子組成イメージと特徴

種類	分子組成イメージ ○：プロピレン　●：エチレン	密度 (g/cm³)	融点 (℃)	特徴
ホモ	○-○-○-○-○-○-○-○-○-○-○-○-○-○-○		160～165	高剛性 高耐熱性
ランダム	○-○-●-○-○-○-●-○-○-○-●-○-○	0.90～0.91	125～150	高透明性 良ヒートシール性 柔軟性
ブロック	○-○-○-○-○-○-○-○-○-○（ホモ成分） ○-○-●-○-○-●-○-○-●-○（ゴム成分） ●-●-●-●-●-●-●-●-●-●（PE成分）		160～165	高耐衝撃性

表4 代表的な安定剤

	安定剤	種　類
酸化防止剤	一次酸化防止剤	フェノール系 アミン系
	二次酸化防止剤	リン系 イオウ系
耐候（耐光）安定剤	紫外線吸収剤	ベンゾフェノン系 ベンゾトリアゾール系 ベンゾエート系 シアノアクリレート系
	ラジカル捕捉剤（HALS）	ヒンダードピペリジン
	Niクエンチャー	有機Ni化合物
	遮光剤	カーボンブラック
中和剤（塩酸吸収剤）		ステアリン酸金属塩 ハイドロタルサイト
銅害防止剤（金属不活性化剤）		キレート化剤

表5 成形加工法とPPの特性

成形法		要求特性	因子
射出成形	一般射出成形	薄肉化	流動性，立体規則性
	ガスアシスト成形	外観改良	流動性，粘弾性特性
	スタンピング成形	成形サイクル改良	流動性
押出成形	OPP	均一延伸性	結晶化度，配向
	CPP	裂膜安定性	流動性，分子量分布
	IPP	滑り性改良	添加剤（スリップ剤，アンチブロッキング剤）
	シート	透明性改良	分子量分布，溶融張力，核剤
	繊維	均一延伸性 紡糸速度	流動性 分子量分布
中空成形		高速成形性（メルトフラクチャー）	分子量分布 ゴムの分散性
真空成形		ドローダウン性	溶融張力
発泡成形	低圧射出発泡	発泡特性	流動性
	押出発泡		溶融張力，伸長粘度
	ビーズ発泡		ガス溶解性，熱溶着性
二次加工	印刷	コロナ処理性改良	極性基量
	ヒートシール	低温シール性	融点
	蒸着	密着性改良	組成分布，添加剤処方
	塗装	プライマーレス	ゴムの分子量と量，極性基量
	接着	量接着	ゴム成分，極性基量

要求が強い．これらの改良には精密な分子設計により，分子量，分子量分布，コモノマー量，結晶構造など，分子レベルの制御が実施されている．

　自動車用部品は主として射出成形で生産され，生産性向上のためハイサイクル化が進んでいる．たとえば，成形品として最大のバンパーでも30〜50秒で成形されるケースもある．このためには射出時間や冷却時間を短くしなければならず，材料は高耐衝撃性および高剛性を維持した上で，高流動化を達成させる必要があり，PPの結晶性制御はもちろんのこと，ゴムの高次構造制御，強化フィラーの形状制御などがなされている．

　スタンピング成形は低圧射出圧縮が主流である．表皮一体成形が可能で表皮のダメージを最小限にできるためドアトリムなどの成形に採用されている．低圧でかつ大型部品を成形するため，材料はMFR＝100程度の高流動が要求される．近年，ドアトリムに側突性能が必要となり，耐衝撃性をさらに向上させた材料が開発さ

れている．

　発泡成形技術は，断熱性能や緩衝性能を製品に付与する目的で広く使用されてきたが，近年は環境問題を背景とした省資源，省エネルギーのための軽量化技術として脚光を浴びており，

表6 各種成形加工法と材料面から見た不具合対策例

成　形　法		不　具　合	対　　　策
射出成形		ショートショット	流動性の最適化
		バリ	溶融粘度の最適化
		ひけ	収縮率改良（ゴム，フィラー添加）
		フローマーク	溶融弾性の改良
		フラッシュ	乾燥強化
		ウエルドライン	結晶化速度，流動性の改良
		気泡	流動性の最適化
		ヤケ	流動性の最適化
		そり変形	収縮率異方性の改良，流動性の改良
		離型不良	添加剤の最適化
		光沢ムラ	流動性の最適化，溶融粘弾性の改良
押出成形	OPP	延伸切れ	結晶化度制御，配向状態最適化
		ボイド	異物の除去
		厚薄ムラ	分子量分布
		ブロッキング	低分子量成分削減
	CPP	ブロッキング	立体規則性，低分子量成分減，添加剤処方改良
		スリップ性	添加剤処方改良
		浮出し	低分子量成分削減
		透明性	コモノマー量最適化，核剤添加，結晶化度制御
		目やに	安定剤処方改良
		ネックイン	溶融張力改良
		ロール汚れ	低分子量成分
		フィッシュアイ	異物の除去
	IPP	透明性	添加剤処方改良
		滑り性	添加剤処方改良
	シート	透明性	コモノマー量最適化，核剤添加，結晶化度制御
	繊維	均一延伸性	MFR
		紡糸速度	分子量分布
中空成形		メルトフラクチャ	分子量分布，ゴムの分散性
		偏肉	溶融張力改良
真空成形		ドローダウン	溶融張力改良
		偏肉	伸長粘度付与
発泡成形	低圧射出発泡	外観不良	高流動化
	押出発泡	破泡，連泡	伸長粘度付与

自動車部品，食品容器などでの開発が進んでいる．成形方法としては低圧射出発泡成形，押出発泡成形およびビーズ発泡成形があるが，微細で均一な独立気泡形成のための成形技術とPP自体の発泡特性の改良が進められている．また，最近は炭酸ガスを発泡剤として用いる成形技術が注目されている．

4. 各種成形加工法における成形不良時の改善方法

成形加工はできるだけ生産性を高く保つため，設備およびPP特性の限界で生産されることが多く，設備またはPP特性の若干の変動で成形不良が発生することがある．これら不具合の改良だけでなく，さらに生産性を向上させるためPP特性の改良がなされている．表6に各種成形加工法別の成形不具合改良，成形性向上のために取られている対応策としてPPが保有すべき特性を示す．ただし成形不具合は，材料面からの対策とともに成形条件を最適化することが重要な要素となる場合も多い．

5. 複合化・アロイ化

5.1 エラストマー・無機フィラーアロイ

PPはエラストマーや無機フィラーを添加することにより物性を改良することができる．高剛性や高衝撃の特性を要求される家電，自動車用などには，エラストマー，無機フィラーによって剛性や衝撃強度を向上させたPPが使用されている．エラストマーは衝撃強度を向上させるために添加されるが，代表例はEPR（エチレン・プロピレンゴム），EBR（エチレン・ブテンゴム），EOR（エチレン・オクテンゴム），EPDM（エチレン・プロピレン・ジエンエストラマー），SEBS（スチレン・エチレン-ブテン・スチレンゴム）であり，最終的な要求物性によって添加するエラストマー種および添加量が選択されている．

表7 各種無機フィラー添加PPの特徴

	タルク	硫酸バリウム	炭酸カルシウム	マイカ	ガラス繊維
曲げ強度	C	D	D	C	A
曲げ弾性率	B	C	C	B	A
熱変形温度	B	C	D	B	A
表面硬度	D	D	D	B	B
成形品外観	良	良	良	劣る	劣る
着色性	良	やや劣る	劣る	劣る	良
使用される主な理由	良外観 耐熱剛性	良外観 高比重	安価	耐熱剛性 表面硬度	強度 耐熱剛性

（注）性能の向上度合：無添加品と比較して（変化なし）D＜C＜B＜A（向上大）

無機フィラーは剛性など性能向上のために添加され，代表例としてはタルク，硫酸バリウム，炭酸カルシウム，マイカ，ガラス繊維などがある．それぞれの無機フィラーをPPに添加した場合の特徴を表7に示す．

PPにエラストマー，無機フィラーを添加するにあたってはPP中でのこれらの分散状態が物性に大きく影響を及ぼす．一般的には，押出機を使用して溶融混練によってPP中に分散されるが，均一に微分散させるべく最適な押出機の選択，スクリュー形状，運転条件の設定が必要である．

5.2 難燃化アロイ

PPは酸素指数（燃焼に必要な酸素量）が低く燃焼しやすいプラスチックであるため，電気部品などの難燃特性を要する用途にはハロゲン系難燃PPが使用されている．しかし，燃焼時のハロゲン系ガスの発生問題などにより非ハロゲン系難燃PPの要望が強く，水酸化マグネシウムまたは燐酸系難燃剤処方のPPが開発されている．

表8 代表的な多層化方法

	ドライラミネーション	押出コーティング	共押出法	グルーラミネーション	コーティング
生産性	量産性，小ロット生産は比較的容易	量産性が優れる	量産性が優れる	量産性，小ロット生産は比較的容易	量産品に適する
材料の選択	・材料選択の自由度が大 ・接着剤選択，素材前処理がポイント	・加工性より材料限定要	・相溶性，流動特性より組み合わせ限定要	・材料の一方にポーラス材料要	・コーティング可能材料に限定（液状）
製品性能	一般的に高性能	ドライラミに劣る	高性能（キャスト，押出しコーティング）	—	ラミネート用高性能原反フィルム
経済性	比較的高コスト	低コスト	低コスト	低コスト	高コスト

5.3 多層化

フィルムは各種包装材料などに幅広く使用されており，要求される機能も多岐にわたり，単層フィルムでは対応しきれない場合が多い．より高度な機能を付与する目的で他素材との組み合わせ（貼り合わせ）で多層化が図られる．表8にPPで使用される代表的な多層化方法を示す．

6. 今後の展望

プラスチックにおけるPPの位置付けを図8に示す．PPは比較的軟らかい用途から硬い用途まで広範囲に使用可能な物性を発現させることができる．近年の触媒・重合技術，アロイ化技術，成形加工技術の進歩で高性能・高機能化が可能となっており，汎用エンジニアリングプラスチックの分野，軟質塩ビの分野までさらなる用途拡大が期待される．

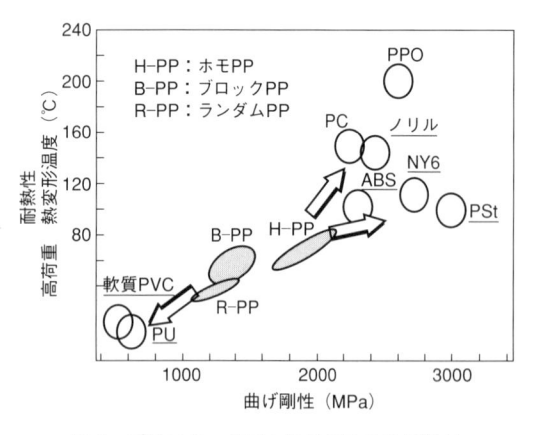

一方，1997年4月に施行された「容器包装に係る分別収集および再商品化の促進等に関する法律」（容器包装リサイクル法）はPETボトルとガラスびんに限定しスタートしたが，2000年4月その対象を一部の容器を除く他プラスチック容器に拡大された．さらに2001年4月には「特定家庭用機器再商品化法」（家電リサイクル法）が施行された．プラスチックのリサイクルは環境問題，資源の有効活用などを考慮すると避けて通れないが，一般的にPPはリサイクル性，環境・安全性（毒性の高い燃焼ガス発生なし）に優れたプラスチックであるということができ，各分野でのPP使用がいっそう進むものと思われる．

参考文献
1) プラスチックスエージ，各12月号，1995〜2000年
2) プラスチックスエージ，各12月号，1990〜2000年（原資料：化学工業統計年報）
3) 内川：Packpia, 4, 31 (1994)
4) エドワード・P・ムーア，(訳) 保田哲男：ポリプロピレンハンドブック，346（工業調査会1998年）
5) 石化協2005年版，石油化学工業の現状

(㈱グランドポリマー(現㈱プライムポリマー)・児玉 邦雄／(補㈱プライムポリマーポリプロピレン研究所・山田 雅也))

図8 プラスチックにおけるPPの位置付け

第2章　汎用樹脂
2-4. ポリ塩化ビニル(PVC)

1. PVCの歴史

PVC は，1838 年にフランスで最初に発見され，1934 年にはドイツの IG 社により工業化（乳化重合）された．その後，飛躍的な伸びを示し 1999 年には全世界で 2,500 万トンの生産量に達している[1]．

日本では 1941 年に日本窒素により初めて生産（乳化重合）された．1953 年に乳化重合から懸濁重合への製法転換がなされ，その後 1970 年頃まで高度経済成長とともに PVC 工業も発展し生産量も百万トンを越えた．しかし，1970 年以降は，需要停滞とともに PVC 工業界における多数のメーカーの過当競争という構造的な問題が表面化してきた．構造不況に対し，塩ビ業界共同で 1972 年から三度の過剰設備の廃棄，1982 年に共同販売会社の設立による生産・流通の合理化などの体質改善に取り組んだ．1995 年以降に大きく構造改善の動きがみられ，新第一塩ビ，大洋塩ビの設立を初めとして整理再編が続いている．

PVC の生産技術は，懸濁重合への転換後 1960 年代から 1970 年代にかけて，重合器大型

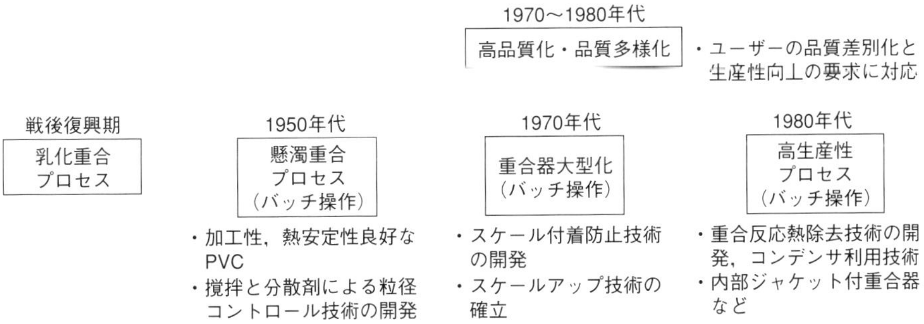

ポリ塩化ビニル（PVC）は，その製品がビニルまたはビニールと呼ばれて日常生活に浸透しており，必要不可欠な家庭用品であるとともに工業用の材料としても広い範囲で使用されている．耐水性，耐薬品性，耐候性が高く，難燃性，電気絶縁性に優れ，また安価であることから国内生産量は 1999 年には 250 万トンに達し，全プラスチックの 17% を占める[1]．

PVC はほかの汎用樹脂と異なり，原料の約 6 割が塩であることと分子構造に塩素を含んでいることが特徴となっている．ここでは PVC の特性・用途，および成形加工法の概要と成形加工にかかわる最近の話題について述べる．なお，ペースト塩ビについては割愛する．

	1970～1980年代	
	高品質化・品質多様化	・ユーザーの品質差別化と生産性向上の要求に対応

戦後復興期	1950年代	1970年代	1980年代
乳化重合プロセス	懸濁重合プロセス（バッチ操作）	重合器大型化（バッチ操作）	高生産性プロセス（バッチ操作）
	・加工性，熱安定性良好な PVC ・撹拌と分散剤による粒径コントロール技術の開発	・スケール付着防止技術の開発 ・スケールアップ技術の確立	・重合反応熱除去技術の開発，コンデンサ利用技術 ・内部ジャケット付重合器など

PVC技術展開の効果

年代	1950	1960	1970	1980	1990	2000
重合器の大きさ (m³)	4～20	20～50	50～130	60～155		
重合器 1m³ 当たりの生産性 (t/m³・月)			12	18～20	25～35	

図1　PVC 生産技術の変遷[2]

化とそれに必要なスケール付着防止技術が，信越化学の 130 m³ を筆頭に実用化され始めた．1970 年代から 1980 年代にかけてモノマー環境対策と生産性向上の目的で，プロセスのクローズド化と残留モノマー低減がなされた．1980 年代以降は，サイクルタイム短縮による生産性向上や重合器の除熱方式の開発，ユーザーの品質要求に対応した改良がなされてきた．生産技術の変遷について図 1 に示す．

2. PVC の種類，製法，用途

2.1 PVC の種類

PVC は，塩化ビニル単独重合体および塩化ビニル 50% 以上を含む共重合体を総称する．生産量の約 90% が単独重合体であるが，加工性の改良または耐衝撃性，耐熱性，耐寒性などを改良する目的で，共重合体がつくられる．酢酸ビニルやエチレンなどをコモノマーとした共重合体またはエチレン・酢酸ビニル共重合体に塩化ビニルをグラフトさせた共重合体など各種の内部可塑化樹脂がつくられる[3]．

2.2 PVC の製法

PVC の製法として，4 種の重合様式がある．モノマーだけで重合する塊状重合，水を媒体として界面活性剤によりモノマーを乳化させて重合する乳化重合，界面活性剤の代わりにポリビニルアルコールなどの分散剤でモノマー油滴を保護して重合する懸濁重合，媒体として有機溶剤を用いる溶液重合がある．各重合様式の特徴を表 1 に示す．

国内では，懸濁重合が生産の 95% を占め，そのほかは乳化重合によりペーストレジンを，溶液重合により塗料・接着剤を得るような特殊

表 1 PVC の製法[4]

重合方法	触媒	分散剤	製品粒子径 (μm)	加工法・用途
塊状重合	油溶性	なし	100〜150	押出，射出，カレンダ加工
懸濁重合	油溶性	高分子分散剤	100〜150	同上
乳化重合	水溶性	乳化剤	0.1〜2	ペースト加工，ラテックス加工
溶液重合	油溶性	なし	溶液	塗料，コーティング加工

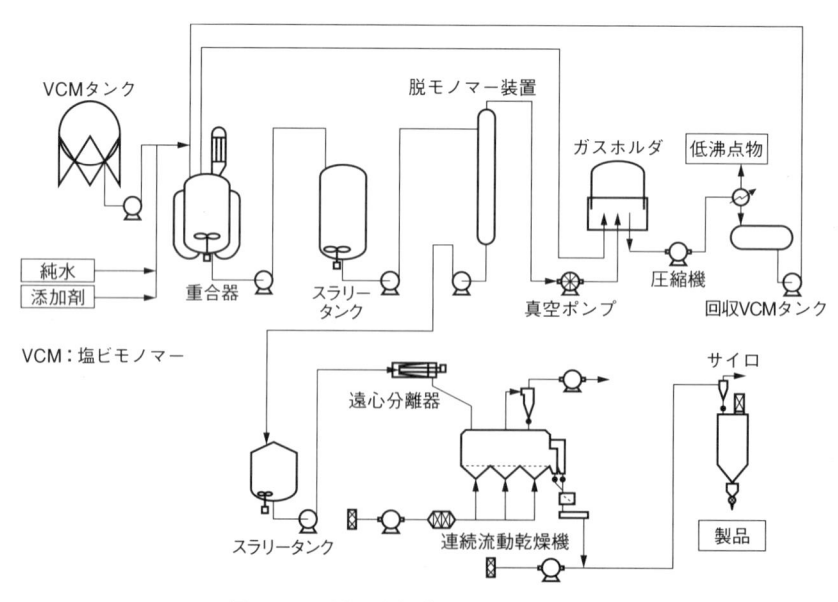

図 2 PVC 懸濁重合プロセスフローシート

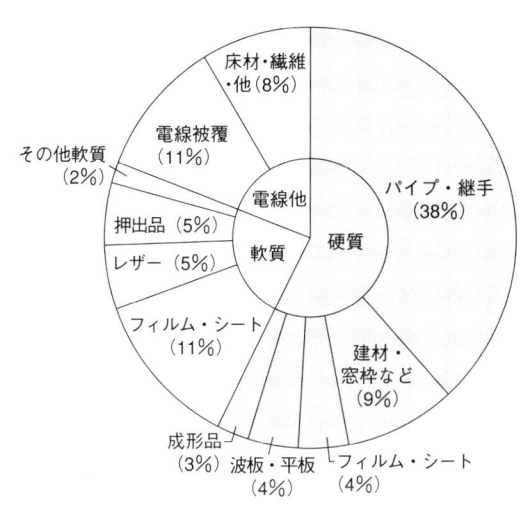

図3　PVC 国内用途別構成比率[5]（1999 年度）

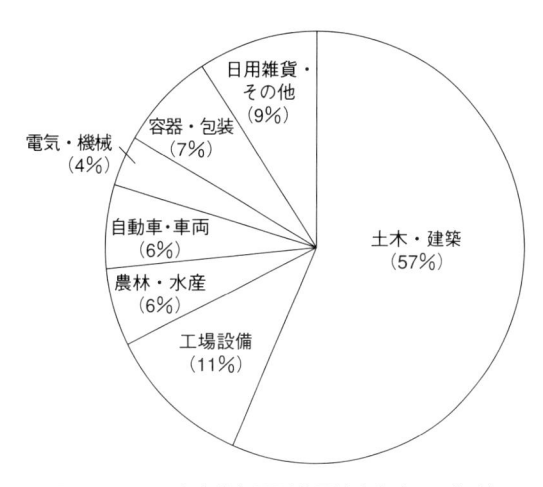

図4　PVC 国内産業部門別使用比率[5]（1999 年度）

な目的以外はあまり用いられていない．世界でも日本でも，もっとも多く採用されている懸濁重合プロセスを図2に例示する．

2.3　用途

PVC の用途は，大きく硬質用，軟質用，電線そのほかに分類され，各用途の要求性能，成型加工性により PVC を使い分ける．

重合度の高い PVC は，機械的性質は強いが加工温度が高く，加工適正温度範囲が狭い．一方，重合度の低い PVC は，重合度の高い PVC ほど機械的強度が強くはないが加工温度が低く，加工時の流れがよい．共重合体は加工適止温度範囲や加工時の流れが改善される[3]．

硬質用は，水道用，工業材料，建材として，パイプ・板・継手に用いられる．高価な可塑剤をほとんど使わないため安価であり，耐用年数が長く，着色も自由である．パイプは水道用，工業用に使われ，平板は半導体や液晶関連の工業設備用として用いられる．

軟質用は，フィルム，シート，レザーに用いられ，紫外線をよく通し，保温力がよいので農業用ビニルフィルムに用いられる．そのほか，絶縁性，耐老化性に優れることから電線被覆の大半に使用され，また床材，繊維に用いられる．PVC の用途別，産業部門別出荷量について，図3，図4に示す．

3. PVC の成形加工

3.1　PVC の成形方法

現在あるプラスチックの成形方法は，ロールによるゴムの素練りから発達し，そこで開発された成形方法が PVC などに応用され発展してきた．中でも PVC は，押出成形，射出成形，カレンダ成形，スラッシュ成形などによる多彩な成形が可能であり，さらに押出成形では異形押出成形，電線被覆成形，フィラメント成形など種々のバリエーションが実施されている[6]．さらに二次成形として真空成形，圧空成形，プレス成形など多種多様な成形方法が適用可能であり，この多様な成形方法に対する適合性が種々の PVC 商品群を産み出してきた源泉となっている．

3.2　PVC の構造と物性

PVC は，前述したように大半が懸濁重合によって生産されるが，PVC が VCM に溶解しないため，油滴の中で沈殿し，階層構造を持った粒子構造を形成する[7]．成形加工のプロセスは，この粒子構造の崩壊・溶融過程と考えることもできる．とくに一次粒子への崩壊と該粒子間の融着（ゲル化状態と表現される）によって

衝撃強度などの特性が変化するため[8]，現在でもゲル化状態の把握が種々議論されている[9,10]．

一方，PVCの分子構造は，主として不規則構造と熱安定性の関係で議論されてきた．PVCには，種々の不規則構造が存在することが，NMRなどによる観測によって確認されている[11]．PVCの場合，分解の初期段階では分子切断というような分解反応は起きず，ジッパー反応という連続的脱塩酸反応によって，着色・分解していく．その脱塩酸反応の起点が，不規則分子構造にあるといわれており[12]，三級塩素，アリル塩素というような不規則構造が起点になるものと思われる．さらに，PVCには10%程度の結晶構造が存在すると言われている[13]．結晶は2種類（単結晶とミセル）存在すると言われ，とくにミセル型の微結晶は，成形加工時には溶融し，成形体が冷却されるとともに再結晶化すると言われている[14]．この再結晶化が一次粒子間で発生すると一次粒子間の融着が進み，伸びなどの特性が向上するものと考えられる．

3.3 PVCの配合

PVCは種々の方法で成形されるが，200℃以上で長時間放置すると脱塩酸を発生して分解する．したがって，PVCの成形加工には，安定剤，滑剤，可塑剤などの配合剤が必須となる．

安定剤は脱塩酸を抑制するために添加され，脱離した塩酸と反応することにより，塩酸のジッパー反応に対する触媒作用を減ずる作用を発揮するものが中心である．従来，安定剤としてPb系安定剤などが主として使用されてきたが，環境保護の観点から近年はCaZn系安定剤などが主流になりつつある．滑剤は成形機の金属表面と溶融物間あるいはPVC粒子間または分子間に存在して，摩擦発熱を減ずるために添加される．PVCの滑剤として知られる化合物は多数あるが，PE系，エステル系，パラフィン系ワックスなどがある．近年は，アクリル酸系ポリマーを滑剤として使用することも頻繁に行われている．可塑剤は，PVCを軟質化してゴム弾性体として使用したり，加工をしやすくするために添加される．可塑剤の種類も多種多ようであるが，フタル酸系，トリメリット酸系，アジピン酸系可塑剤，ポリエステル系，エポキシ系可塑剤などがある．DEHP（ジエチルヘキシルフタレート）は人の健康に影響しないと報告されているが[15]，DEHP代替可塑剤も検討されている．このほか，配合剤としては，各製品に要求される特性・目的に応じて，衝撃改良剤，加工性改良剤，着色剤，発泡剤，充てん材などが使用される．

4. 成形加工にかかわる最近の話題

4.1 ゲル化性の評価

前述したようにゲル化状態の把握は，現在でも統一された方法がなく，溶剤法，DSC法，粘弾性法など種々の方法で評価されている．河内らは近年動的光散乱法を用いてゲル化状態を把握する試みを行っている[16]．ゲル化溶融の進行に伴って，200〜300 nmの再凝集構造が形成されることを観測し，これはPVC分子鎖間の再配列による凝集ではないかと述べている．この凝集は，Summersらのモデル[14]による再結晶化した疑似結晶とも考えられ，今後この凝集体の意味付けが期待される．また，井上らは，ゲル化状態を画像解析から求めた崩壊度とレオメータから求めた融着度の二元で定義し，崩壊は，混練エネルギーに依存し，混練温度上昇に対し指数関数的に向上すること，融着は混練温度に支配されること，さらに衝撃強度，疲労強度とこれらの指標との関連を述べている[17]．ゲル化状態をより詳細に解析する方法として注目される．

4.2 成形時の不良と滑り特性

森川らは，スムーズな内表面のSmooth金型と大きさの異なる凹凸を持った内表面の数種類のGroove金型を用いて，一定せん断応力

下の滑り速度の凹凸依存性を各種配合ごとに評価し，凹凸依存性が小さい配合（凹凸があっても滑りやすい配合）が押出成形時に「スジ」の発生が少ないと述べている[18]．さらに，全流動に対する滑り流動の比（滑り比）の温度依存性あるいはせん断速度依存性を小さくすることで，押出流動の安定化を図れることを述べている[18]．これらの取り組みは，実際の製造現場で発生している成形加工上の問題を原理的に解明しようとする取り組みであり，ノウハウ的に解決されてきた問題をレオロジー的に解明していこうとするものであり新鮮で興味深い．

5. PVCの環境問題とリサイクル

ダイオキシン問題に端を発したPVCに対する誤解によって，PVC忌避傾向が続いているが，最近の研究では，塩素原子は食塩という形で到る所に存在し，どのような物質であれ不完全燃焼するとダイオキシンを生成する可能性があると報告されている[19]．一方，空気を800℃に加熱しただけでもダイオキシンが増加するとする報告もある[20]．また，Commonerらは木材，紙類などから誘導されたリグニンからのダイオキシン発生を報告しており[21]，ガソリンの燃焼でも不完全燃焼するとダイオキシンを発生すると報道されている[22]．最近の詳細な研究では，厨芥中の食塩からもダイオキシンは発生すると報告されている[23]．

一方，近年，燃焼技術も格段に進歩し，さらにダイオキシン類特別対策措置法によって焼却施設から排出されるダイオキシン類も大幅に減少傾向にある．とはいうものの，ダイオキシン削減には廃棄物の燃焼量を削減する，つまりゴミを減らす必要があり[19]，リサイクル率の向上が必要であると思われる．PVCのリサイクルは完全であるとはいえないがプラスチック素材の中では，マテリアル・リサイクル率は第1位となっている[24]．PVC製品全体のリサイクル方法について図5に示す．

PVCは，食塩60%と石油40%を原料にして製造されているため，残り少ない石油資源を節約できるプラスチックであり[25]，耐用年数が長く，火災時においてもその難燃性のため，安全性に優れた素材でもある[26]．その意味で，今もっとも地球に優しく資源循環型社会に貢献できる素材と言えよう．PVCのリサイクルは今後も着実に進歩・進展していく[27]と思われるが，根本的な環境問題の解決には，ゴミを削減し，

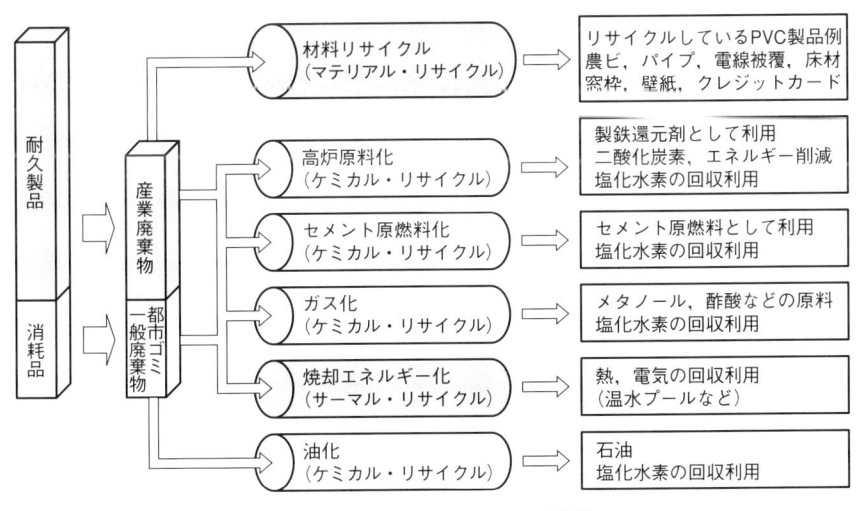

図5 PVC製品のリサイクル方法[27]

ゴミの燃焼・埋め立てを削減し，全素材のリサイクルを行うことが必要と思われる．

6. 今後の展望

PVCは成熟段階に入って久しい樹脂であるが，今後の課題として，住宅の外壁材としての塩ビサイディングの用途開発がある[28]．アメリカ，カナダではすでに外壁材の中心となっており，耐久性，経済性などに優れリサイクルも行いやすい．また長期的には，PVCの高性能化技術が提案されている．反応ブレンドを含めたポリマーアロイによる改質に加えて立体規則性重合やリビングラジカル重合による分子構造制御（高結晶化，異常構造の低減），高分子量化，ブロック共重合などが報告され，耐熱性，熱安定性，機械的強度の大幅な向上による新規用途への展開を開くものと期待される．

前章に記した，さらなるリサイクル率の向上およびダイオキシンや軟質PVCの可塑剤の影響について，塩ビ工業・環境協会を中心とした研究・調査活動や正しい情報の広報活動を継続することが重要である．これにより利便性，経済性，環境負荷性に優れたPVCが正しく認識され，資源循環型材料の代表となることが可能と思われる．

参考文献

1) プラスチックスエージ，12月号（2000）（原資料：化学工業統計年報）
2) 佐伯康治：化学経済，**47**（13），79（2000）
3) プラスチック読本（大阪市立工業研究所プラスチック読本編集委員会・プラスチック技術協会編）（1992）プラスチック・エージ
4) ポリ塩化ビニル—その基礎と応用—（近畿化学協会ビニル部会編），105（1988），日刊工業新聞社
5) 1999年度塩化ビニル樹脂用途別需要量（塩ビ工業・環境協会，業務委員会・市場調査部会），(2000)
6) プラスチック成形加工データブック（日本塑性加工学会編），173（1988）日刊工業新聞社
7) ポリ塩化ビニル—その基礎と応用—（近畿化学協会ビニル部会編），223（1988），日刊工業新聞社
8) ポリ塩化ビニル—その基礎と応用—（近畿化学協会ビニル部会編），236（1988），日刊工業新聞社
9) 志村尚俊，佐藤直基，古川博章：第49回ポリ塩化ビニル討論会予稿集，41（1998）
10) 近藤晃三，河内俊人，一色実：第49回ポリ塩化ビニル討論会予稿集，20（1998）
11) 大津隆行：化学，**43**（4），276（1988）
12) ポリ塩化ビニル—その基礎と応用—（近畿化学協会ビニル部会編），271（1988），日刊工業新聞社
13) ポリ塩化ビニル—その基礎と応用—（近畿化学協会ビニル部会編），63（1988），日刊工業新聞社
14) Summers, J. W.：J. of Vinyl. Tech.，**3**（2），107（1981）
15) 知って得する暮らしの化学（塩ビ工業・環境協会編）2001年春号（2001）
16) 河内俊人，竹田正直，柴山充弘：第50回ポリ塩化ビニル討論会予稿集，20（1999）
17) 井上秀樹，奥迫芳明，加計博志：第50回ポリ塩化ビニル討論会予稿集，14（1999）
18) 森川岳夫，井上秀樹，藤井紀希：第51回ポリ塩化ビニル討論会予稿集，28（2000）
19) 塩ビと環境（塩ビ工業・環境協会編）2000年秋号（2000）
20) 太田寛，大澤直樹：第9回環境化学討論会予稿集，232（2000）
21) Commoner, B., Webster, T. and Shapiro, K. et. al.：78 th Annual Meeting of the Air Pollution ControlAssoc., Detoroit. MI, June, 16–21（1985）
22) 車の排気ガスからのダイオキシン発生（読売新聞社），1998.5.28 読売新聞朝刊
23) Yasuhara, A., Takemi, T. and Yasuda, H：第10回廃棄物学会予稿集，805（1999）
24) プラスチック処理促進協議会平成11年度報告書（プラスチック処理促進協議会編）（2000）
25) 環境優良素材事典塩ビ編（塩ビ工業・環境協会編）21世紀特別号（2000）
26) 塩ビの火災時の安全性について（塩ビ工業・環境協会編）（2000）
27) 塩ビとリサイクル（塩ビ工業・環境協会編）2000年秋号（2000）
28) 佐々木慎介：プラスチックス，**51**（1），30（2000）

（鐘淵化学工業㈱高砂工業所・山根　一正／大洋塩ビ㈱四日市工場研究部・中村　辰美）

第2章 汎用樹脂
2-5. ポリスチレン（PS）

ポリスチレン業界は，一時は10社が生産し生産能力は156万トン/年に達していたが，ここ数年で大規模な再編成が行われ，1999年までに5社4グループ体制となり，過剰設備の統廃合が一気に進んだ．

さらに2003年にエー・アンド・エムスチレン㈱と出光石油化学㈱のPS事業統合によりPSジャパン㈱が発足し4社体制になり，生産能力は102万トン/年と，約90万トン/年の内需に対しまずまずの規模となった（図1）．しかし今後もPS業界は，内需の長期低迷化，モノマーの高騰および海外競合メーカーの参入など厳しい状況が続くと思われる．

そうしたなかで，2005年4月，PSジャパン㈱と大日本インキ化学工業㈱はPS事業の統合に関する基本合意を解消すると発表した．公正取引委員会の販売シェアが50%を越えるとの判断を受けたものだったが，先に述べた今後の状況を考えると，両者の事業統合は国内の過剰設備廃棄とともにアジアにおけるわが国PS事業の競争力強化という観点からは重要といえる．

ポリスチレン（PS）は，ポリエチレン（高密度，低密度），ポリプロピレン，ポリ塩化ビニルとともに5大汎用プラスチックとして，さまざまな分野で利用されている．ここではPSの歴史，製法，用途などについて述べ，最近の市場動向，材料開発動向などにも言及したい．

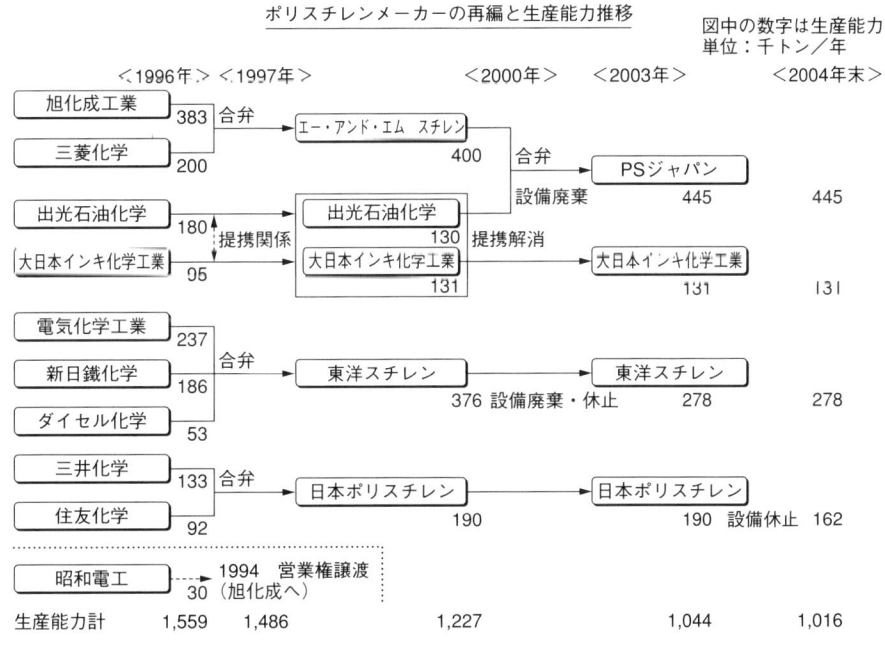

図1 ポリスチレンメーカーの設備能力の推移と設備能力シェア
（出所：石油化学工業会，他）

1. ポリスチレンの歴史

ポリスチレンはもちろん合成高分子であるが，15世紀後半には針葉樹が生産する天然樹脂「バルサム（芳香性樹脂）」としてすでに利用されていた．1836年にE. Simon（ドイツ）がバルサムを蒸留して油状成分を単離することに成功して，これをStyrol（スチレンを意味するドイツ語）と命名した．SimonはこのStyrolを放置すると粘調なゼリー状に変化し，さらには固化するのを認め，ポリスチレンを初めて合成した．しかし，スチレンモノマーを重合すると鎖状の大きな分子量をもつポリスチレンが得られるという高分子の概念が定着し，高分子化学という新しい学問体系が芽生えたのは，1920年代のStaudinger（ノーベル賞受賞者）のポリスチレンを中心とする研究に負うところが大きい[1]．

こうしてポリスチレンの研究は一般の重合機構の研究に寄与するとともに，ポリスチレンの諸性質に関する研究も進められたが，スチレンモノマーの工業的生産がなかなか成功せず，合成樹脂として登場するまでには時間を要した．その後第1次大戦中，軍需物質である天然ゴム資源の入手に悩んだドイツで研究され，IG社で初のスチレンモノマーの工業化に成功し，合成ゴムの原料とされた．さらに第2次大戦で南方の天然ゴム資源を日本におさえられた米国で，ドイツの技術をもとに工業生産を開始していたスチレンモノマーが大増産され合成ゴム原料として使われた．しかし終戦により合成ゴムの需要は急減し，スチレンモノマーの設備が過剰となり，これを契機としてポリスチレンの平和利用の道が開かれ，今日の隆盛を見るに至った．

ポリスチレンが初めて商業生産されたのは，1930年代の後半で，アメリカのDow Chemical社およびドイツのIG社によりそれぞれ独立に行われた．わが国においては，1949年に輸入が開始される一方，1957年に旭ダウおよび三菱モンサントの両社が，それぞれアメリカDOW社およびMonsanto社からの技術導入によって国産化に成功した[2]．

2. ポリスチレンの種類，製法，用途

2.1 ポリスチレンの種類

ポリスチレンは，無色透明の汎用ポリスチレン（GPPS）と，その短所を改良した耐衝撃性ポリスチレン（HIPS）とに大別される．

汎用ポリスチレンは，ガラスとほぼ同等の可視光線透過率をもつ無色透明樹脂で，強度はあるが耐衝撃性は比較的低く，脆い．成形時の熱安定性，流動性に優れ，したがって成形加工が容易で寸法精度もよい．また，耐油性はよくないが，酸・アルカリに安定で，比重も低く着色性に優れるので，日用品をはじめ家電，容器，事務用品など広い分野で使用されている．

一方の耐衝撃性ポリスチレンは，ポリスチレンとエラストマーが海島構造をもつ乳白色不透明の樹脂で，剛性はGPPSに劣るものの，耐衝撃性を大きく改良した樹脂であり，ゴム成分の量，ゴム粒子径などにより多様な物性を示し，構造部品の一部としてさらに広く使用されている（表1，図2）．

このほか，昨今のダイオキシン問題に端を発した脱塩ビに対応して開発された透明HIPSも上市されている．当初，GPPSとSBブロック共重合体のブレンド物が使われたが，衝撃性と剛性のバランスに劣る，熱安定性が悪いといった問題があり，最近はスチレン-メタクリル酸エステル-アクリル酸エステルの三元グラフト共重合体が開発され，コンビニの麺容器や氷菓容器として採用され，需要が急速に拡大している[3]．

ポリスチレンは他樹脂と比較して，とくに成形性に優れており，射出成形，射出ブロー成形，インフレーションフィルム成形，押出シート成

2.2 ポリスチレンの製造プロセス

2.2.1 GPPS

工業規模における重合法としては，塊状重合法，懸濁重合法が代表的なものである．

塊状重合法はスチレンを加熱するか，有機過酸化物などの開始剤を加えて加熱することにより重合する方法である．加熱温度は一般的には100～170℃の範囲で行われる．分子量調節は連鎖移動剤を用いて行われる．スチレンの重合反応は670 J/gの発熱反応であり，反応の進行とともに反応液の粘度は著しく上昇する．工業的には反応熱の除去と高粘度液体の移送などに工夫を要する．

代表的なプロセスとして，図3にDow社，図4に三井東圧化学社（現日本ポリスチレン社）のプロセスを示した．

懸濁重合法は，スチレン，純水，分散剤，分散助剤および開始剤を重合槽に仕込み，水中にスチレンを1mm以下の油滴として分散させて重合を行う．この重合方法では，塊状重合で述べた反応熱除去，高粘度液体の移送などの問題点は解消される．重合は一般に回分式で行われ，重合終了後，分散剤を分離，洗浄しペレット化する．重合後の工程が複雑なため，現在では特殊品の製造以外は塊状重合法に切り替わっている．

Cosden社のプロセスを図5に示す．

2.2.2 HIPS

一般的なHIPSの構造は，図2の電子顕微鏡写真に示すように，PSのマトリクス相にゴム粒子が分散する海島構造をとっており，このゴム粒子は，架橋ゴム，オクルード（抱き込み）PS，グラフトPSより構成されている（図6）．

ゴム粒子は次のような機構で生成する．重合開始時には均一なゴムのスチレン溶液（ゴム相）中に生成したPSのスチレン溶液（PS相）が粒子状に分散し，重合の進行につれPS相が増加し，2相の相容積が等しくなった時点で，ゴム相とPS相が逆転して，均一なポリスチレン溶液中にゴム相が粒子状に分散する構造となり，相転換が行われる[5]．相転換が起こるためには，撹拌によるせん断力が与えられなければならない[6]（図7）．

工業規模における重合法は，塊状重合法，塊状-懸濁重合法が代表的なものである．

GPPSの塊状重合プロセスにゴム溶解工程を付加すれば，HIPSの塊状重合プロセスでの生産が可能になる．GPPS製造プロセスと同様，反応熱の除去，高粘度液体の移送などの工夫に加え，相転換前後の撹拌によるせん断力の制御に工夫が必要である．

表1 HIPSの物性に及ぼす因子

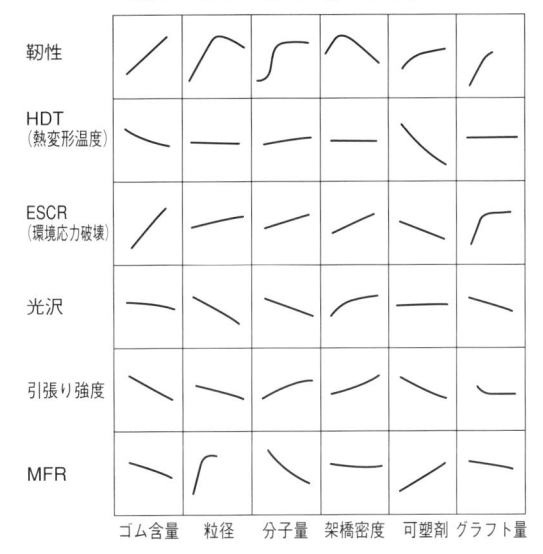

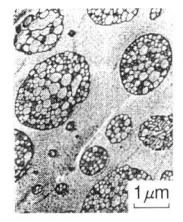

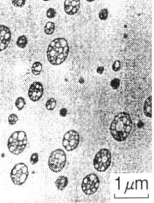

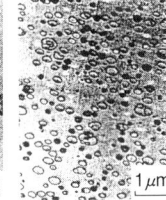

	ゴム含量	粒径	分子量	架橋密度	可塑剤	グラフト量
靭性						
HDT（熱変形温度）						
ESCR（環境応力破壊）						
光沢						
引張り強度						
MFR						

(a) 通常HIPS　(b) 高光沢HIPS　(c) 超高光沢HIPS

図2 製品グレードによるHIPSのゴム粒子系とモルホロジー

第2章　汎用樹脂

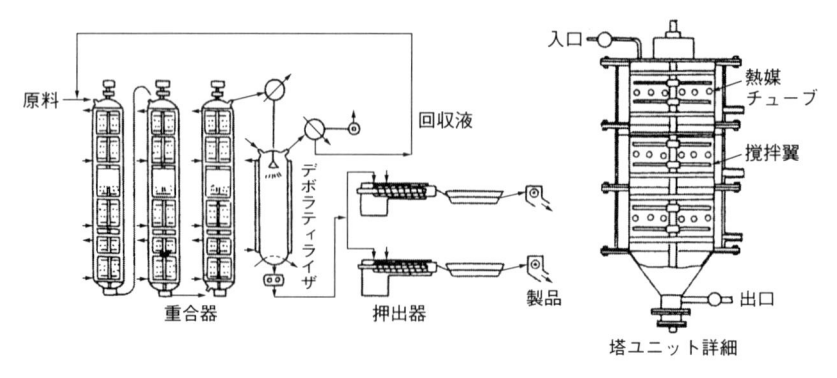

図3　Dow Chemical社の溶液重合プロセスと塔ユニットの詳細

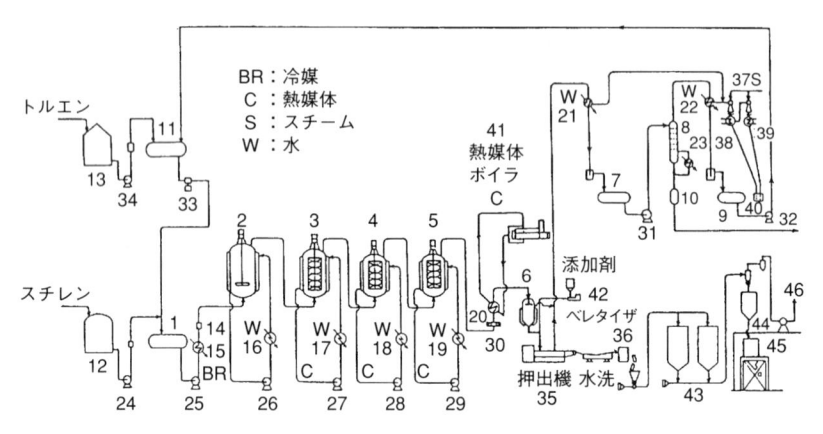

図4　三井東圧化学社の多段槽列（CSTR）プロセス

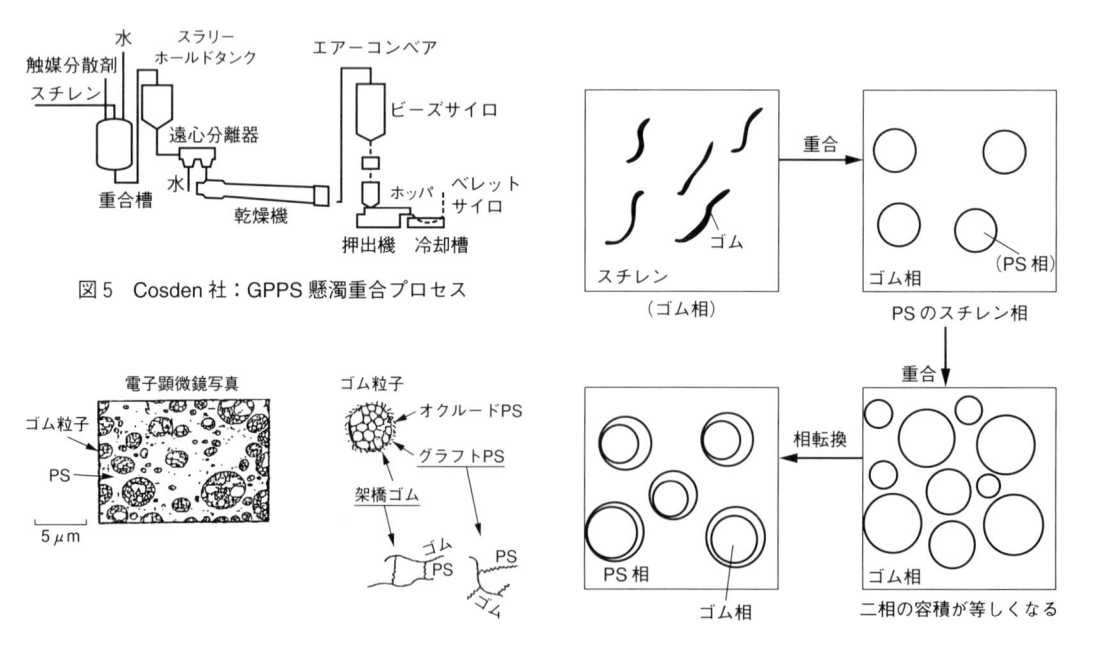

図5　Cosden社：GPPS懸濁重合プロセス

図6　HIPSのゴム粒子形態

図7　相転換のイメージ図

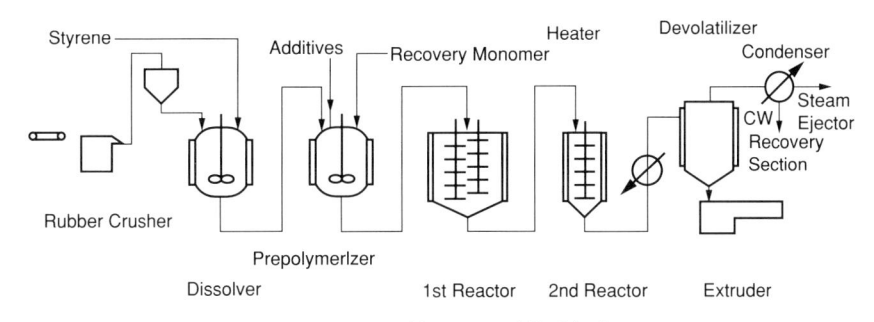

図8 Dow Chemical 社のHIPS塊状重合プロセス

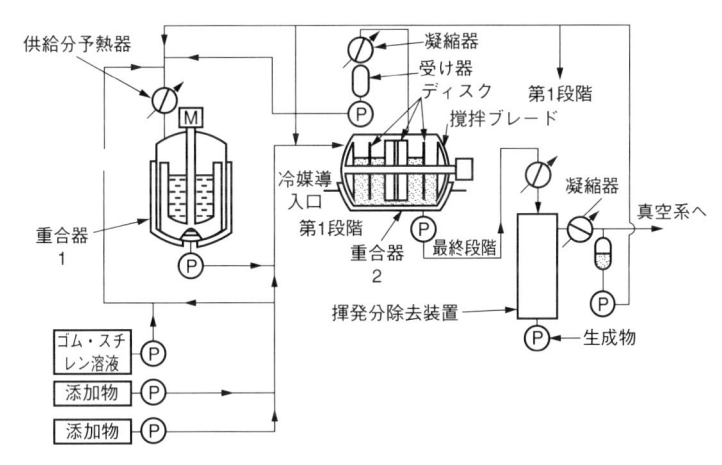

図9 横型槽を用いた連続重合プロセス

図8にDow Chemical社，図9に旧Monsanto社のプロセスを示す．塊状–懸濁重合法とは，塊状重合プロセスと同様に，GPPSの懸濁重合プロセスにゴム溶解工程を付加し，撹拌機付き塊状重合槽で予備重合から相転換まで行い，さらにゴム粒子が安定化するまで重合した後，懸濁重合槽へ移液し，懸濁重合を完了させる回分重合法である．現在では，GPPSの場合と同様，特殊品の製造以外は塊状重合法に切り替わっている．

2.3 ポリスチレンの用途（需要）

2004年のポリスチレンの生産は前年比2.0%減の94万9千トンであった．2003年以降100万トンを割り込んでいる（表2）．

また用途別出荷量をみると，各分野での構成比は，電気・工業用（冷蔵庫内透明部品，テレビ，エアコン，パソコンなどの家電・OA機器分野）は19%，包材用（OPS用，HIシート用など）は39%，雑貨・産業用（玩具，家具建材なども含む）は20%，FS用（発泡ボード，PSPトレイなど）は21%と，家電関連の海外生産移転の影響などを受けて電気・工業用が20%を割り込んだ．

包装用については猛暑の影響もあり堅調に推移，雑貨・産業用については産業資材分野の好調が寄与し対前年増となっている．FS用はボード用が堅調に推移したもののPSP（ポリスチレンペーパー）用のマイナスをカバーできず対前年減となった．

表2 ポリスチレン生産推移 （単位：1,000 t）

	2001年	2002	2003	2004	04/03
生産量	1,027	1,010	968	949	△ 2.0%

（出典：日本スチレン工業会）

表3 ポリスチレン用途別出荷実績　　　（単位：1,000 t，％）

	2001年		2002年		2003年		2004年	
	出荷量	構成比	出荷量	構成比	出荷量	構成比	出荷量	構成比
電気・工業用	202	22.7	194	21.3	185	20.6	183	19.9
包装用	335	37.5	341	37.5	341	38.0	353	38.5
雑貨・産業用	164	18.3	176	19.3	175	19.5	188	20.5
FS用	192	21.5	199	21.9	197	22.0	193	21.0
国内合計	892	100	908	100	897	100	918	100
輸出	127	—	139	—	71	—	41	—

〔出典〕日本スチレン工業会

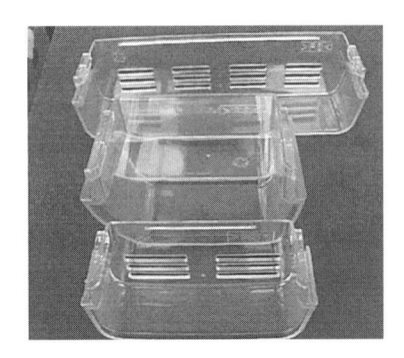

図10　冷蔵庫部品

図11　プリンタ外装部品

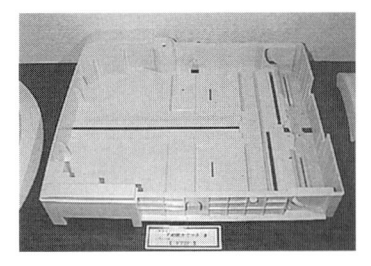

図12　プリンタ部品

図13　TV外枠

図14　乳酸菌飲料容器

また，輸出については大きく減少しているが，前述の設備廃棄に伴い，さらに特定需要向けに絞り込まれてきている（表3）．

それ以外の非食品分野での透明HIPSは，最近の「スケルトンブーム」がまだ続いており，ゲーム機器本体，OA機器のプリンタカバーなどの射出成形分野にも広がりをみせている．

主な具体的用途例を図10～14に例示する．

3. トラブルシューティング

ポリスチレンには，使用可能な成形温度領域（HBグレードで180～260℃，難燃グレードで180～240℃）があり，それを越えて成形する場合には，成形品の品質はもちろんのこと成形機，および金型をも傷める恐れがある．とくに難燃グレードについては，成形機シリンダ内で長時間滞留させると，成形品に対して"焼け"や"シルバーストリーク"を発生させる場合があり，成形を長時間中断する際には，シリンダ内の樹脂を一般ポリスチレンで完全に置換する必要がある．

表4に，ポリスチレン（HBグレード）の射出成形における一般的な不良現象について，その原因究明と対策のポイントをまとめた．

難燃グレードの射出成形には一般材料（HBグレード）に比較して独特の不良現象と対策が必要である．図15に，不良現象を発見したら，どのような手順で対策するかについて図解で示した．

表4 ポリスチレン（HBグレード）の射出成形における一般的な不良現象

不良現象	原因	対策
焼け（成形品全体の変色）およびゴミ	○樹脂温度が高すぎる	○シリンダ温度を下げる ○スクリュー回転数を低くする ○スクリュー背圧を下げる ○射出速度を遅くする．熱電対をチェックする
	○ノズル，スクリューシリンダなどにデッドスペースがある．	○デッドスペースのないものに交換する ○ノズルおよびシリンダの分解掃除を十分行う
	○シリンダ滞留時間が長すぎる	○滞留時間を短くする ○適正な射出容量の成形機に変更する
焼け（ウェルド部）	○ガス抜き不足	○ウェルド部にガス抜きをつける ○射出速度を遅くする ○ゲートを広げるかゲートの数を増す ○ゲートの断面積を大きくする
焼け（特定の位置または特定のゲート）	○ゲートの発熱	○ゲートの数を増す ○成形品の肉厚を増す．射出速度を遅くする ○樹脂温度を高くする ○成形品の肉厚を増す
ショートショット	○金型内の流動性不足	○ゲートを広げるか，ゲートの数を増す ○樹脂温度，射出圧力を高くする
シルバーストリーク	○乾燥不足	○乾燥を十分行う ○スクリュー背圧を高くする ○射出速度を遅くする
	○樹脂の分解	○焼けや変色の発生しない成形条件に調整する
金型の腐食	○保管不良	○表面を清掃し，防錆剤を塗付しておく

表5 焼け，黒条（Burning, Black Streak）

(1)材料過熱	1. 材料温度を下げる 2. シリンダ内の材料をパージし，クリーニングする 3. 材料の滞留時間を短くする 4. 負荷率が小さすぎるので適切な成形機まで下げる 5. スクリュー回転数を下げる 6. 背圧を下げる
(2)材料の欠陥（異材料混入）	1. 材料中に焼けが混入している 2. ほか材料の混入．（包装袋内，ホッパ内）
(3)成形機不良	1. スクリューやシリンダ内部の傷をチェックし，傷をなくす 2. スクリューの偏心をチェックし，修正する 3. ノズル，チェックリング（ストップバルブ）をクリーニングするか，傷のチェックをし，傷をなくす
(4)金型の設計不足	1. ゲートが小さい場合，摩擦熱が発生して焼けるので，ゲートを広げる 2. 圧縮ガスによって焼ける ・ゲートの位置を変え，ガスが逃げやすいようにする ・ガス焼け発生部にエアベントをつける． ・エジェクタピンなどを利用し，ガスを逃げやすくする ・真空排気法を採用する ・射出速度を遅くする ・エアベントなどに付着した油状分を取り除く

	不良現象発生			発生場所の探索							対策場所
工程				射出成形				組み立て			
状態		成形前		成形中			成形後				
要因	環境	材料	成形機付属設備	金型	成形機	取り出し	塗装	接着	タッピング	強度	
要素	ゴミ・チリ		ゴミ・チリ	条件設定	条件設定	条件設定	不良	不良			加工現場
		水分・ゴミ色・包装袋					不良	不良	破損	破損	樹脂メーカー
			機械の不備	金型不備							機械メーカー
				設計の不備					破損	破損	エンドユーザー

図15　不良対策の過程図

表6　ショートショットおよびウェルドライン
(Short Shot, Weld Line)

(1)排気の不良	1. 樹脂焼けを防ぐために射出速度を遅くする 2. 金型にエアベントを設ける（ガス量が多い） 3. ゲート位置を変更する
(2)材料中の揮発分または離型剤過多	1. 材料をよく乾燥する 2. 離型剤を減らす
(3)材料温度が低い	1. スクリューやシリンダ内部の傷をチェックし，傷をなくす 2. スクリューの偏心をチェックし，修正する
(4)ゲート設計が不適当	1. ゲート数を増やす 2. ゲートを広げる 3. ゲート位置を変更する

難燃グレードにおいて多く起こりやすい不良現象は，①焼け，黒条（Burning, Black Streak），②ショートショットおよびウェルドライン，③銀条（Silver Streak），および④黒点（Black Speck）である．表5～8にそれぞれの不良現象について，その原因究明と対策のポイントをまとめた．

4. ポリスチレンの技術動向

4.1 材料開発

包装材料分野では，電子レンジ対応材料の開発が進められている．従来，この用途にはもっ

表7　銀条（Silver Streak）

(1)水分または揮発分	1. 材料の乾燥を十分に行う
(2)材料の温度が高すぎる（樹脂の分解）	1. 材料温度を下げる 2. 射出速度を下げる
(3)金型温度が低い	1. 金型温度を上げる
(4)排気不良	1. エアベントを設ける 2. エジェクタピンにもエアベントを設ける
(5)金型設計の不良	1. ゲートまたはランナーを大きくする． 2. 急激な肉厚差をなくす 3. コーナー部に丸みをつけて乱流が生じないようにする
(6)金型面の水分または発揮分	1. 金型が過冷されないようにする 2. 潤滑剤または添加剤を減らす
(7)粉状のスクラップ	1. 粉状物はふるい分けて除去する
(8)射出速度の速過ぎ	1. 射出速度を遅くする
(9)スクリューの運転速度が不適	1. 回転数を下げる 2. 可塑化中の背圧を高くする 3. サックバックを少なめにする

ぱらタルクなどのフィラーを配合したPP複合材が使用されてきたが，軽量化，断熱性向上などの点から最近，スチレン/オレフィン（PPなど）アロイの低発泡あるいは中発泡シートがコンビニの惣菜容器用に提供されてきている．

表8 黒点 (Black Speck)

(1)成形機不良	1. シリンダ内部の傷をなくす 2. スクリューの傷をなくす 3. ノズルまたはチェックリングをクリーニングするか，傷をなくす
(2)成形機付属設備のチェック	1. ホッパおよびホッパローダを掃除する 2. 包装袋のよごれ，ゴミに注意する 3. 周囲からゴミが入らないようカバーをする
(3)材料中の黒点をチェックする	

スチレン系樹脂は，真空成形性，発泡成形性がよく，今後，相容化技術の改良およびPSPなみの発泡倍率向上などによりコストダウンが図られれば，この用途の需要拡大にも期待がもてる[3]．

スチレン/オレフィンアロイは，包装材料分野以外にも耐薬品性のよさを活かして，エアコン部品などの家電分野，および洗面化粧台部品などの建材分野にも展開されようとしている．

家電・OA機器分野では，環境に配慮したノンハロゲン難燃ポリスチレン材料の開発が急がれている．ポリスチレンは，リン系難燃剤単独での難燃化（とくに非滴下性の要求されるUL 94 V-0の難燃レベル）を達成するのが困難であるため，現在は難燃助剤としてPPEやPCを配合する手法が採用されている．

最近ではより高い難燃効果を得るために，固相におけるチャー（ポリマー燃焼後に生成するグラファイト状カーボン残渣のことで，燃焼時に断熱効果，酸素遮断効果を発揮する）生成反応に期待するようになってきており，赤リン，シリコーン化合物，PAN，錫化合物などによるチャー安定性増大効果が報告されている[8,9]．

4.2 成形加工

射出成形分野では，ガスインジェクション成形法（AGI，出光GIM，Cinpress，Airmouldなど）が定着し，薄肉化・軽量化・外観向上のメリットを活かして，大型TV筐体やOA機器

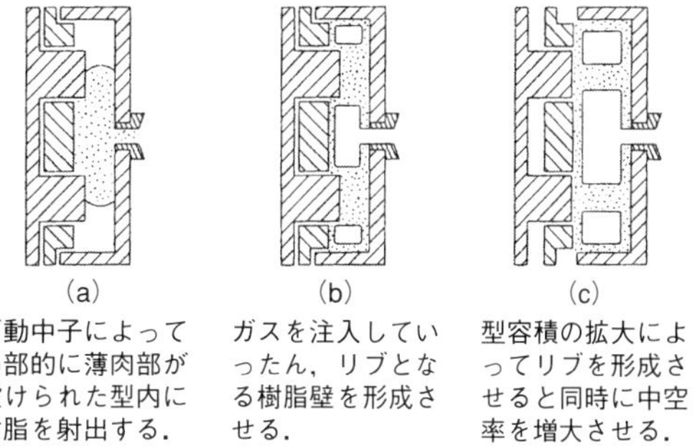

(a) 可動中子によって局部的に薄肉部が設けられた型内に樹脂を射出する．
(b) ガスを注入していったん，リブとなる樹脂壁を形成させる．
(c) 型容積の拡大によってリブを形成させると同時に中空率を増大させる．

図16 H2Mの工程概念図

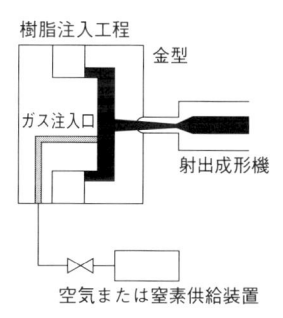

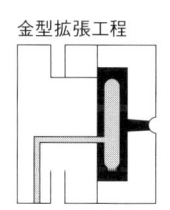

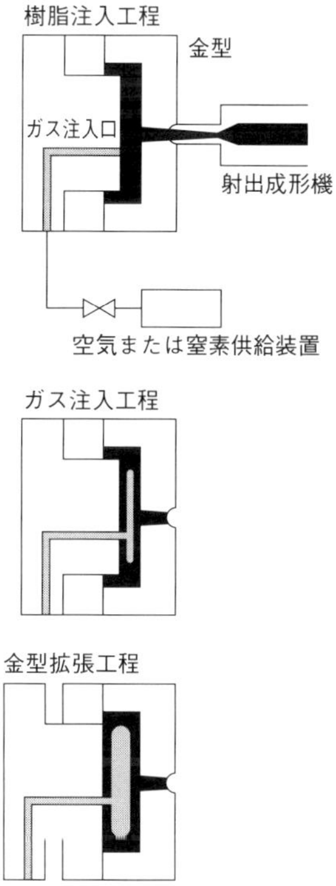

図17 ECGSの工程概念図

ハウジングなど幅広く採用されている．

さらに中空率が80％くらいまで可能で，内部に補強リブを作り軽量・高剛性で外観のよい大型成形品が得られる高中空射出成形法（ECGS，H2M）が注目されている（図16〜19）．

ブロー分野では，ブロー成形後に発泡ポリスチレン（EPS）を内部に直接射出して詰め込

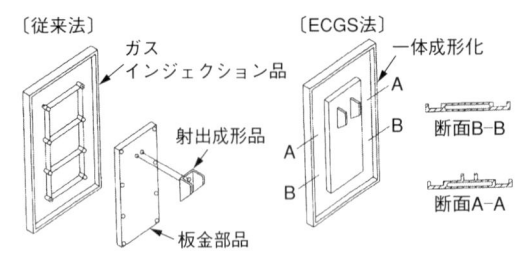

図18 ECGSの応用例と従来品の比較

図19 ECGSの応用例（OA機器扉）

図20 PSの立体構造と熱特性

	a-PS	i-PS	s-PS
	$T_g=100℃$ T_m なし	$T_g=100℃$ $T_m=240℃$	$T_g=100℃$ $T_m=270℃$
	結晶化しない	結晶化が非常に遅い	結晶化が非常に速い

表9 s-PSの物性

項目	単位	標準グレード	GF30%強化
密度	g/cm³	1.01	1.25
融点	℃	270	—
引張り破断強さ	MPa	35	118
引張り破断伸び	%	2.0	2.5
曲げ弾性率	MPa	2,500	8,500
アイゾッド衝撃強さ（ノッチ付き）	kJ/m²	10	11
荷重たわみ温度（4.6 kg/cm²）	℃	110	269
燃焼性 UL 94（1/32 in）	—	HB相当	HB
耐薬品性	—	耐溶剤，耐酸，耐アルカリ，耐加水分解性優秀	—
体積固有抵抗	Ω・cm	>10¹⁶	>10¹⁶
誘電率（1 MHz）	—	2.6	2.9
誘電損失（1 MHz）	—	<0.001	<0.001
耐トラッキング性（IEV法）	V	>600	545
平衡吸水率	%	0.04	0.05
成形収縮率（MD）	%	1.7	0.35

むことにより，断熱性と結露防止効果を付与した，大型部品に適用するスーパーブロー成形法が注目を浴びている[10]．

4.3 応用開発

ポリスチレンは典型的なアタクチックな非晶性のポリマーであるが，最近シンジオタクチックなポリスチレン（s-PS）が特殊メタロセン触媒により合成され企業化，上市された．（図20）s-PSは立体構造の違いによって，ポリスチレンの特徴と結晶性樹脂の特徴を合わせもつ．つまりs-PSは従来のポリスチレンのもつ低比重，良電気特性，耐加水分解性，良成形性に加えて，結晶性樹脂の特徴である耐熱性，耐薬品性を合わせ持った新しいエンジニアリングプラスチックである（表9）．さらに最近では各種材料とのアロイも開発され，とくにs-PS/PSアロイは汎用PSの耐薬品性改良グレードとして注目されている[11]．

また，従来ラジカル重合やチーグラー・ナッタタイプの配位触媒重合では困難であったエチレン・スチレンのランダムコポリマーの合成が，特殊なハーフメタロセン系触媒により可能となった[12]．スチレン含有量が約50%までは半結晶性プラストマー，55～75%では非晶性エラストマー，80%以上では非晶性プラスチックの挙動を示す．その将来性は未だ不明である

が，もっとも安価なモノマーの組み合わせのコポリマーであり，工業的展開は注目される[3]．

5．今後の展望

日本における廃棄物問題として，1997年から「容器包装リサイクル法」が施行され，飲料用包装・トレイなどのポリスチレン製品も2000年度からこの規制の対象になった．さらに，2001年4月に「家電リサイクル法」が施行され，この対象には，ポリスチレンが多く使用されているTV，エアコン，冷蔵庫および洗濯機の4品目があがっている．当面平均55％のリサイクル率であるが，2008年には90％以上のリサイクル率になり，その時点ではポリスチレン部品のリサイクルが対象とならざるを得ない．

さらには，パソコン，事務機器などのリサイクルも今後施行が予定されており，いずれも今後のポリスチレン業界への影響が注目される．

現在，樹脂のリサイクルとしては，マテリアルリサイクルを第一候補として，樹脂メーカーとエンドメーカー共同で検討が進められている[10]．

ポリスチレンは，熱分解することでスチレンモノマー，エチルベンゼンなど原料への還元が可能であり研究がすすめられている．またA重油相当品の燃料油としての利用も考えられている．

そのほか，細かく粉砕したプラスチック成形品を高炉やセメントキルンの燃料として利用する方法，さらにはガス化固体燃料化など油化以外の技術も検討されている[13,14]．2010年の環境ビジネスは，35兆円規模に成長すると予想されている．その中で，国内における環境ビジネスに対する取り組み方において，基礎的な検討，たとえばコスト比較，新成形技術の開発，マテリアルリサイクル原料への添加剤（安定剤，改質強化剤など）の検討，代替市場の開発，行政とのタイアップ，規制緩和への努力などが必要となってくると考えられる[3]．

参考文献

1) 佐伯康治：ポリマー製造プロセス第6章（1971），工業調査会（cf. 佐伯康治，尾見信三編著，新ポリマー製造プロセス（1994）工業調査会）
2) 須本一郎：スチロール系樹脂第1章（1973），日刊工業新聞社
3) PLASTICS AGE ENCYCLOPEDIA〈進歩編〉2001, 92（2000），プラスチックス・エージ
4) プラスチックス・データブック，391（1999），工業調査会
5) 高分子製造プロセスのアセスメント 10, (1989), 高分子学会
6) Freeguard, G. F.: Polymer., **13**, 366 (1972)
7) プラスチックス，**52** (6), 43 (2001)
8) Innes, J. D.: PAT 99, Tokyo (1999)
9) 西沢ら，GPCA Report, USA (March 1999)
10) プラスチックス，**52** (1), 29 (2001)
11) プラスチックス，**51** (11), 41 (2000)
12) 成形加工，**11**, 339 (1999)
13) プラスチックス，**49** (1), 36 (1998)
14) プラスチックス，**50** (5), 59 (1999)

（リスパック㈱生産本部チームリーダー・押田　孝博）

第2章 汎用樹脂

2-6. メタクリル樹脂 (PMMA)

メタクリル樹脂（PMMA）は，透明性，光学特性，耐候性，成形加工性に優れ，表面硬度が高く物性バランスの取れた樹脂である．1938年に国内生産が開始されてから60年を超える歴史をもつ樹脂であり，2001年度の国内需要は約14万トン程度と推定されている．

ここでは，メタクリル樹脂の歴史，製法，用途などを踏まえ，成形材料を中心に最近の市場動向，材料開発などにも言及する．

1. メタクリル樹脂の歴史と用途および需要動向

メタクリル樹脂（PMMA）の工業的生産は注型塊状重合から始まり，いわゆる有機ガラスとして初めて世に出た[1,2]．1936年に英国のICI社により有機板ガラスの製造が開始され，1939年頃ドイツにて懸濁重合による義歯・義歯床用材料が開発され，1945年頃欧米にて射出成形用のメタクリル樹脂が開発された．

日本における工業的生産は欧米に比べ5～8年遅れ，1938年に注型重合によるメタクリル樹脂板の製造が開始され，1945年頃から懸濁重合による義歯・義歯床用材料が，また本格的な射出成形材料の市販は1952年頃からである．図1に，1999年度の国内MMAモノマーの需

表1 メタクリル樹脂と他材料との比較物性

特性項目	単位	PMMA	PC	PVC	PS	ガラス
全光線透過率	%	93	87	84	89	90
アッベ数	—	57	31	—	21	—
引張り強度	MPa	65～80	56～66	35～63	35～84	35～85
引張り弾性率	MPa	3,000～3,500	2,100～2,400	2,500～4,200	2,800～4,200	70,000
引張り伸度	%	4～5	100～130	2～4	1～3	—
曲げ強度	MPa	100～125	85～95	61～98	80～110	—
圧縮強度	N/m^2	100～126	72～76	56～91	80～112	—
ロックウェル硬度	Mスケール	90～100	70	70～90	65～80	—
アイゾット衝撃強度	kJ/m^2	1.6～2.7	60～97	2.2～107	1.2～21	—
熱変形温度	℃	80～100	129～141	60～80	80～90	—
比熱	—	0.35	0.3	0.32	0.2～0.3	—
熱伝導率	cal/(cm·s·℃)	5×10^{-4}	4.6×10^{-4}	3×10^{-4}～7×10^{-4}	2×10^{-4}	23×10^{-4}
線膨張率	K^{-1}	7×10^{-5}	7×10^{-5}	5×10^{-5} 19×10^{-5}	7×10^{-5}	0.9×10^{-5}
電気絶縁耐力	kV/mm	20	16	17～51	14～20	—
誘電率 60Hz	—	4	3.0～3.2	3.2～3.6	2.5～2.7	—
誘電正接 60Hz	—	0.04～0.06	0.0006～0.0009	0.007～0.02	0.0001～0.0003	—
耐アーク性	s	痕跡なし	10～20	60～80	60～80	—
飽和吸水率	%	2.1	0.4	—	0.21	—

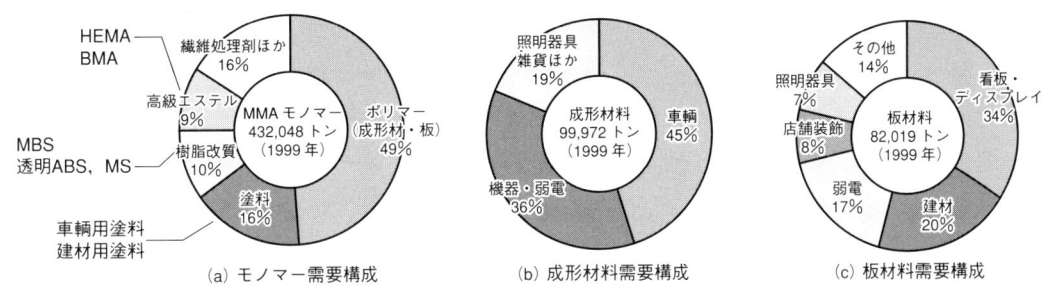

図1 MMA モノマーおよびメタクリル樹脂の需要構成

(a) モノマー需要構成
MMA モノマー 432,048 トン（1999 年）
- ポリマー（成形材・板）49%
- 塗料 16%
- 樹脂改質 10%
- 高級エステル 9%
- 繊維処理剤ほか 16%
- HEMA BMA
- MBS 透明ABS, MS
- 車両用塗料 建材用塗料

(b) 成形材料需要構成
成形材料 99,972 トン（1999 年）
- 車輌 45%
- 機器・弱電 36%
- 照明器具 雑貨ほか 19%

(c) 板材料需要構成
板材料 82,019 トン（1999 年）
- 看板・ディスプレイ 34%
- 建材 20%
- 弱電 17%
- 店舗装飾 8%
- 照明器具 7%
- その他 14%

要構成を，また表2に具体的用途をまとめた．約半数をポリマー（PMMA）で自消し，そのほか塗料，樹脂改質，高級エステル，繊維処理などに使用されている．

図2に，メタクリル樹脂の出荷量の推移をまとめた．1998年頃からPMMA成形材料の主要ユーザーである車輌，弱電メーカーの海外生産が本格化したことと，東南アジア，中国の需要増大により，とくに成形材料の輸出が増加している．

板ではメタクリル樹脂の耐候性・透明性・表面硬度を生かした屋外看板，ディスプレイ，カーポート・エクステリアが用途の約半分を占める．一方，成形材料では，車輌，弱電用途がそれぞれ約40%を占める．とくにオプトエレクトロニクス関連では，各種レンズに用いられているはかプロジェクションテレビ（PTV）のスクリーンや前面板，パソコン，携帯電話，携帯端末などの液晶ディスプレイ用導光体などに今後大きな需要が期待される

2. メタクリル樹脂の製造（プロセスと生成ポリマー）

PMMAは，分子立体構造としてアタクチックPMMA，シンジオタクチックPMMA，アイソタクチックPMMAがあり，また，重合反応機構として，ラジカル重合，イオン重合などの検討がなされてきた．市販のメタクリル樹脂はアイソタクチックな構造のものであり，主にラジカル重合により生産されている．

メタクリル樹脂の工業的製法を重合方法で分類すると，注型（キャスト）重合法，連続キャスト重合法，懸濁重合法，連続塊状（バルク）重合法，連続溶液重合法に分けられる[2]．一方素材別では，板材は，成形材料の押出成形や注型重合または連続キャスト重合で成形・直接重合され，成形材料（ペレット）は懸濁重合，連続塊状重合および連続溶液重合にて製造されている．ここでは各製造方法の特徴も含め，素材別にまとめる．

2.1 板材

(a) キャスト板（注型板）

キャスト板は，ガスケットを2枚の強化ガラス板で挟んだ型にモノマーもしくはシラップを流し込み重合して得られる（注型重合）．キャスト板は，通常分子量が数百万と大きく，押出

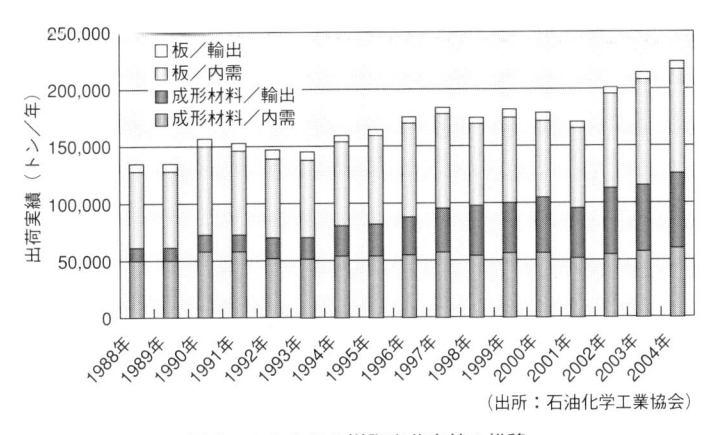

図2 メタクリル樹脂出荷実績の推移

（出所：石油化学工業協会）

表2 メタクリル樹脂の用途

分野		主な用途
成形材料	車輌分野	テールランプレンズ、メーターカバー、リヤパネル、ドアバイザ、室内灯、ドアランプ
	弱電分野	ダストカバー、プリンタカバー、銘板、液晶ディスプレイ用導光体、プロジェクションテレビレンズ、ピックアップレンズ、光学フィルタ、光ファイバ
	雑貨そのほか	テーブルウェア、化粧品容器、サングラス、文具類、医療器具、時計部品、パチンコ・ゲーム機周辺部品、水栓バルブ、電話機ボタン、樹脂サッシ被覆材
板	看板・ディスプレイ	店舗用看板・ディスプレイ、大型水槽、銘板、ゲーム機部品
	建材分野	カーポート、エクステリア、バスタブ、道路遮音板、人工大理石（店舗カウンタ、洗面台ほか）
	弱電・工業部品	プロジェクションテレビスクリーン、プロジェクションテレビ前面板、自動販売機前面板、液晶ディスプレイ用導光板
	照明器具ほか	照明カバー、スーパー仕切板

板で見られる流動配向がほとんどなく表面硬度、強度などの力学物性に優れた板材が得られる。反面、押出板に比べ加工性や板厚精度が劣る。

(b) 押出板

押出板は、メタクリル樹脂成形材料を押出成形して製造されるもので、分子量がおおむね15万～20万である。押出板は、板厚精度が高く、熱成形などの後加工性に優れている反面、キャスト板や後述の連続キャスト板に比べ分子量が低いためこれらと比較して力学強度、耐溶剤性が低い。

(c) 連続キャスト板

物性と加工性をある程度バランスさせた板材の製造方法として連続キャスト板がある。連続キャスト板は予備重合されたシラップをステンレス製の連続ベルトに注入し、重合して得られるもので、分子量は、30万～60万程度と、キャスト板と押出板との中間である。

2.2 成形材料

成形材料はおおむね6万～15万程度の分子量を有し、共重合成分や分子量を変えることにより用途に適した材料が市販されている。

(a) 懸濁重合法による成形材料

懸濁重合法は、分散剤を含む水にモノマーを投入し液滴状で分散させながら重合する方法で、合一分散を繰り返しながら最終的にはビーズ状の重合体を効率よく得ることができる。懸濁重合は一般にバッチプロセスであり、少量多品種の生産に適している。このため成形材料の特殊銘柄などはこの方法で生産されるものが多い。

(b) 連続塊状重合法による成形材料

連続塊状重合法は、特定の転化率まで重合反応を行い、押出機などで未反応モノマーを脱気して回収しながらポリマーを生産する方法である。連続塊状重合は重合助剤などの添加剤を必要とせず、かつ密閉系のプロセスであるので、不純物の混入が少なく、高純度のポリマーが得られる。また連続塊状重合は連続プロセスであ

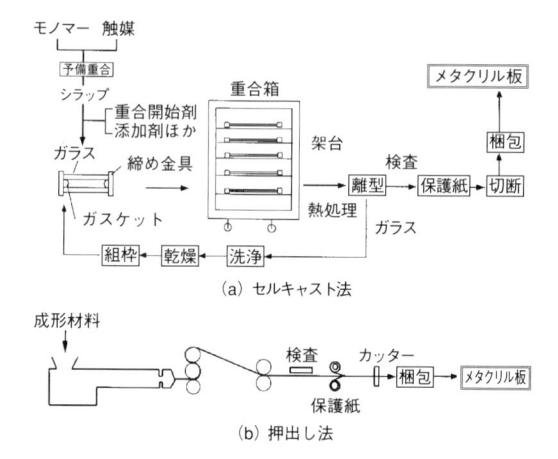

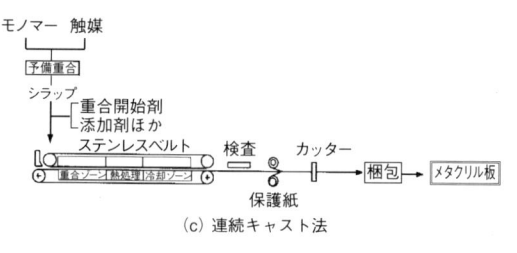

図3 メタクリル板製造工程図
(a) セルキャスト法
(b) 押出し法
(c) 連続キャスト法

るため，少品種大量生産に適している．以上の理由からとくに光学用用途に適し，汎用成形材料の主流の製造プロセスとなりつつある．連続塊状重合法に近い重合法として連続溶液重合法がある．これはメタクリル樹脂の特徴である重合のゲル硬化（急激な重合反応および粘度上昇）の抑制および生産性の向上を目的としたもので，モノマーと不活性溶媒とを混合して重合を行うものである．連続溶液重合により得られる成形材料の特徴はほぼ連続塊状重合にて得られるものと同等である．

（c）ポリマーアロイ・複合化

市販されているメタクリル樹脂の成形材料におけるポリマーアロイとしては耐衝撃性樹脂がある．これは透明性，耐候性を維持するため，成形材料にアクリル系の耐衝撃改質剤を配合したものであり，通常押出機にてコンパウンド化して製造する．耐衝撃改質剤には一般に光学特性維持のために，0.1～0.5μmのサブミクロンサイズのコアシェル型改質剤が用いられている．耐衝撃改質剤のタイプ，配合量および基材樹脂により物性も異なるが，一般的に耐衝撃改質剤の配合量が多くなるにつれ，耐衝撃性が向上する反面，剛性が低下する．また，複合化の代表例としては，人工大理石があげられる．一般的には，モノマーもしくはシラップに骨材として水酸化アルミニウムなどのフィラーを配合して重合するが，BMC（バルクモールディングコンパウンド）材料としてのコンパウンドも市販されている．メタクリル系人工大理石は高級感のある素材として，先行するポリエステル系人工大理石の高級グレードとして位置付けられる．

3. メタクリル樹脂の成形加工

メタクリル樹脂成形材料の主な成形加工方法を図5にまとめた．なお板材の加工方法については押出板（シート）と共通するものが多く，ここでは割愛した．

メタクリル樹脂成形材料は主として押出成形，射出成形にて成形される．押出成形は，いったんシート状に加工（押出板）し，真空成形などの熱成形（二次加工）を行って最終製品とする場合と，異形（共）押出成形に代表されるよう

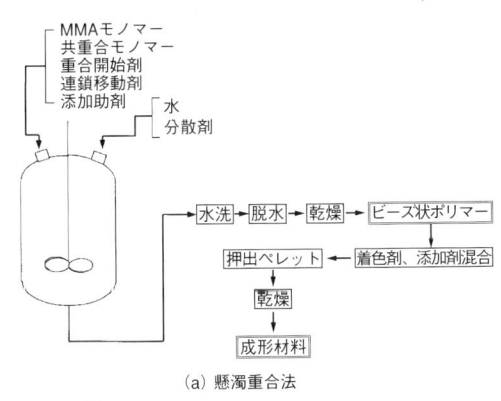

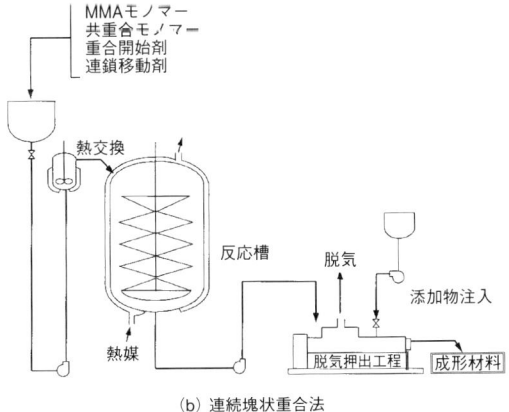

図4 メタクリル成形材料製造工程図

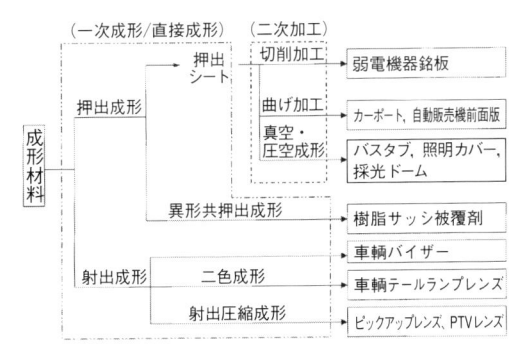

図5 メタクリル成形材料の代表的成形加工法と用途例

に，直接製品を成形する場合がある．押出成形は，製品が連続して得られることから，熱安定性，計量安定性に優れた材料が求められる．

また射出成形は，金型を交換することにより容易に多様な形状のものを寸法精度よく成形することができる．たとえば，射出圧縮成形，低圧高速充てん法，型内圧低減成形などである．これらは精密な賦形を行うと同時に成形の際に発生する歪みの低減を図ったものである．

さらにメタクリル樹脂は，ABS樹脂，PCなどの極性を有するポリマーとの熱接着性に優れるため，二色成形も行われている．

射出成形材料としての要求特性は，一般的に熱安定性に優れることと溶融流動性に優れることが望まれる．

4. メタクリル樹脂の技術動向

4.1 素材開発

光学用途向けには，耐熱性・低吸水性のグレードや，複屈折を極限まで低減したグレードなどがある．また，近年大型用途として期待されている導光体用途向けに特化したグレードの開発が行われている．

車輌用途向けには，耐熱性や耐溶剤性の優れるグレードが上市されている．テールランプなどのハウジングとの接着方法として，ホットメルト接着法から熱板，振動，超音波などを使った溶着工法へと変わりつつあるが，こうした変化にも対応したグレードの開発もなされている．また，耐衝撃性グレードが車輌バイザーに用いられているが，RV車などの大型バイザーにも対応するグレードも上市されている．建材用途向けには，耐衝撃性を向上させたグレードが樹脂サッシ枠表装部分に使用され，高気密・高断熱な省エネルギー住宅に応用されている．

なお近年メタクリル樹脂の耐候性，透明性を維持しつつ，軟質塩ビなみの柔軟性・質感を有する軟質アクリルが開発された[9]．軟質塩ビの環境問題が話題となっている中，可塑剤を含まず，燃焼時のダイオキシン発生のない軟質アクリルは，今後，建材・弱電・雑貨など幅広い分野での展開が期待されている．

4.2 成形加工技術

射出成形機の発達は著しく，きわめて忠実に成形条件の制御が可能となってきている．このためメタクリル樹脂のもつ成形性を究極まで高めて高機能化を図る技術開発が行われている．たとえば充てん速度，保圧，金型開閉度などを制御する方法[10,11]．さらに，微細加工した薄板から微細パターンを転写するための金型構造の開発，射出直前の金型表面を瞬間的に昇温させることにより金型表面の微細パターン転写性を向上するなどの加工方法の開発や，光学設計による形状最適化を行った導光板とプリズムの組み合わせによるシステム開発も行われている[8]．

5. メタクリル樹脂の安全性・環境性

メタクリル樹脂は，食品衛生法に合格[2,3]しており，また義歯・義歯床，コンタクトレンズ，人工透析膜[4]など人体に直接接触する医療用途にも用いられるほど人体に対し安全性が高い材料である．また，メタクリル樹脂の主成分であるMMAは，メタクリロ基を有するため熱分解によりほぼ100%がモノマーとして回収可能である．このためケミカル・リサイクルに好適な高分子材料であり，プラスチック素材の中でもとくに環境に優しい素材といえる．

なおメタクリル樹脂は，「アクリル樹脂」との別名もあることから，いわゆる「アクリル繊維」の素材と混同されることがしばしばある．アクリル繊維に用いられているアクリロニトリルは燃焼時に毒性の高いシアンガスを発生することがあるが，通常メタクリル樹脂にはアクリロニトリルは使用されておらず，したがってシアンガスの発生もない．

表3 メタクリル樹脂のメーカー別，グレード別商品名

種別・グレード			三菱レイヨン		クラレ		旭化成		住友化学	
成形材料	汎用グレード	標準タイプ	アクリペット	MD	パラペット	G	デルペット		スミペックス	LO
		耐熱タイプ	〃	VH	〃	HR		60 N, 670 N	〃	MH
		高流動タイプ	〃	MF	〃	GF	〃	80 N	〃	LG
		押出成形タイプ	〃	V	〃	EH	〃	560 F		
		加圧成形タイプ	アクリコン		—				—	
	特殊グレード	耐衝撃グレード	アクリペット	IR	パラペット	GR	デルペット	SR	スミペックス	HT
		超耐熱グレード	〃	UT, ST	〃	SH		980 N	〃	TR
		帯電防止グレード	〃	TB	〃	SF	〃	T	〃	AS
		光学グレード	〃	VH-5	〃	GH-S, HR-S	〃	80 NH		
		軟質グレード	ハイペット	HBS	〃	SA				
シート材料	汎用グレード	押出板	アクリライト	E	コモグラス		デラグラス	A	スミペックス	E
		キャスト板	〃	S, L	パラグラス		〃	K	スミペックス	
	特殊グレード	耐衝撃板	アクリライト	IR	コモグラス HI		デラグラス	SR	スミペックス	
		耐擦傷性板	〃	MR	キョウワハード		〃	HA	〃	GT/HT
		耐熱板	〃	HR	パラリンクス				〃	MR
		制電板			コモグラス SC				スミエレック	
		放射線遮蔽板			キョウワグラス XA					

6. 今後の展望

メタクリル樹脂は需要の拡大，グローバル化に伴い，準汎用樹脂となりつつある．また材料開発はますます高品質・高品位であることが求められるとともにこれまでにない機能の付加も求められている．

メタクリル樹脂は従来より，高級感のある質感と美麗さから「プラスチックの女王」の称号が用いられてきた．PE，PP，PVC，PSなどの四大プラスチックに代表される汎用ポリマーは汎用資材として生活の基盤を担っているとすれば，メタクリル樹脂は，ディスプレイ，照明などの光学材料に代表されるように「人に豊かさ」を与える素材としての役割を担っているといえよう．今後もITなどの技術革新に対し新しい需要を見出し，発展していくものと考える．

参考文献

1) 浅見 高：プラスチック材料講座12，"アクリル樹脂"，(1970) 日刊工業新聞社
2) 日本メタアクリル樹脂協会，"日本メタアクリル樹脂協会25年史" (1990)
3) メタクリル成形材料 "パラペット技術資料Ⅰ"，㈱クラレ
4) メタクリル樹脂注型版 "パラグラス" メタクリル樹脂押出板 "コモグラス" 技術資料〈加工編〉，㈱クラレ
5) 勝重，白田，中根．"機能性高分子材料"，(1904) オーム社
6) 飛田利雄：プラスチックス，**56** (6)，54 (2005)
7) 松丸，割野：プラスチックス，**51** (1)，43 (2000)
8) 増田誠司，佐々木睦正：プラスチックス，**52**(1)，39 (2001)
9) 非塩ビ系ソフトポリマー・フィルムの新技術，(2001) シーエムシー
10) 特開平7-164496号公報
11) 特開平9-76310号公報
12) 松丸，割野：成形加工，**6** (1)，34 (1994)
13) 実用プラスチック成形加工辞典，(1997) 産業調査会
14) 猪俣尚清：プラスチックス，**55** (1)，57 (2004)

(㈱クラレ メタアクリルカンパニー
新潟事業所機能材料開発部・干場 孝男)

第2章 汎用樹脂

2-7. ABS 樹脂
(ABS)

ABS樹脂はアクリロニトリル（AN），ブタジエン（BD），スチレン（ST）を主成分とする熱可塑性樹脂であるが，単なるランダム共重合体ではなくAS樹脂（AN, STランダム共重合体）のマトリクス中にポリブタジエン粒子が分散した2相構造をとっている．図1にABS樹脂の電顕写真を示す．優れた機械的強度，成形品外観，着色性，成形加工性を有しており，使用するゴム，モノマーの種類，製造方法，アロイ化技術，添加剤や充てん材の種類により種々の特性を有するグレードが製造され，自動車，一般機器，家電，OA機器，住宅建材，日用品などに幅広く使用されている．本稿では，ABS樹脂の歴史，特性・製法・用途，構造と一般物性などについてふれ，各種成形法における成形不良時の改善手法，複合化，アロイ化について述べる．

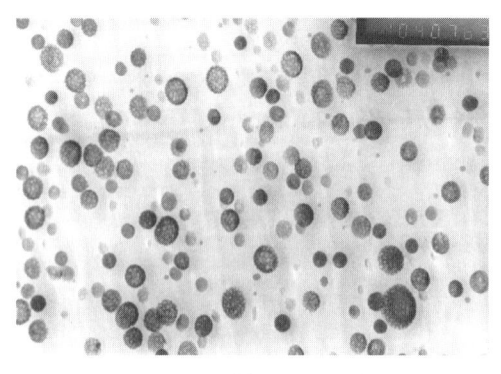

1. ABS樹脂の歴史

1940年代後半，U. S. Rubber社によってNBRとAS樹脂の機械的混合によるABS樹脂が企業化され，カレンダ加工によるシート，あるいは押出加工によるパイプの製造に用いられていた．その後，1950年代にU. S. Rubber社，Borg Warner社など，各社の研究によりグラフト重合技術が開発され，その性能の良さから射出成形にも用途が拡大し，大きく発展してきた．2003年の全世界でのABS樹脂需要は470万トン規模となっている．図2にABS樹脂の主要国・地域の能力推移を，図3に同消費の推移を示す．日本では，1960年代に輸入販売が開始され，その後，独自の技術開発，外国からの技術導入により国産化され順調に推移してきた．しかしながら，国内需要は1990年以後落ち込み，ピーク時の50万トンから35万トンとなりここ数年横這いが続いている．昨年の国内生産量は55万トン，20万トン程度を輸出している．図4に国内ABS樹脂の用途別出荷推移を示した．

2. ABS樹脂の種類，製法，用途

2.1 ABS樹脂の種類

ABS樹脂はAN, BD, STの3成分の調整により対応できる幅が広

図1 ABS樹脂の電顕写真

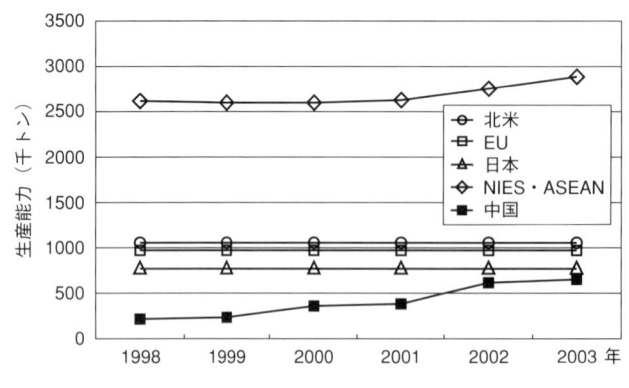

図2 ABS樹脂の主要国・地域の生産能力推移[2]

く，射出成形，押出成形，真空成形，ブロー成形などの成形方法に適する材料設計が可能である．前述のような優れた特徴を有しており，具体的には，表面光沢がよいこと，成形品へのめっき，蒸着，接着などの二次加工性がよいこと，寸法安定性，寸法精度がよいことなどが主な特徴である．また，第4モノマー成分としてαメチルスチレンやN-フェニルマレイミドなどを共重合して耐熱性を向上させた耐熱ABS，ブタジエンゴム成分に替えてブチルアクリレート系，エチレン・プロピレン系のゴムを用いた耐候ABS（ASA樹脂，AES樹脂），メチルメタクリレートを共重合しゴム分散相とマトリクス相の屈折率を合わせることにより得られる透明ABS，各種の添加剤や充てん剤の配合技術により得られる難燃ABS，そのほか耐薬品性，電磁波シールド性，帯電防止性を付与したグレードなど多くが上市されている．

2.2 ABS樹脂の製法

ほとんどのABS樹脂は現在，PBDの存在下でST，ANを重合するグラフト重合法にて製造されている．その製造プロセスとしては，乳化重合法，塊状重合法および後工程の改良のため乳化-懸濁重合法，乳化-塊状重合法，塊状-懸濁重合法などが開発されてきた．図5に主なABS製造プロセスの工程フローを示した．現在，ゴム粒子径コントロールが容易，高ゴム含量ABSの製造が可能，多品種の生産が可能などの理由から大半が乳化重合法にて生産されている．図6に乳化重合プロセスを示す．以下にこの乳化グラフト法を中心にPBDラテックス，グラフト重合，共重合組成について述べる．

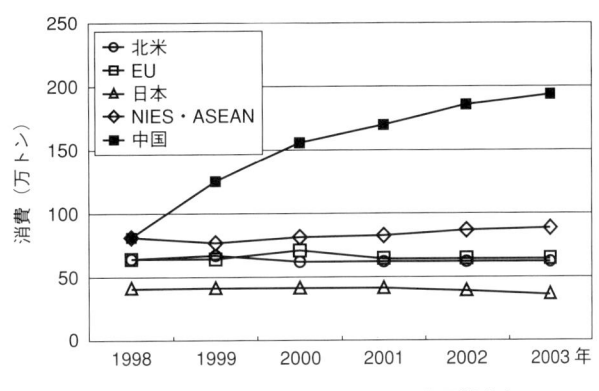

図3 ABS樹脂の主要国・地域別消費量推移[2]

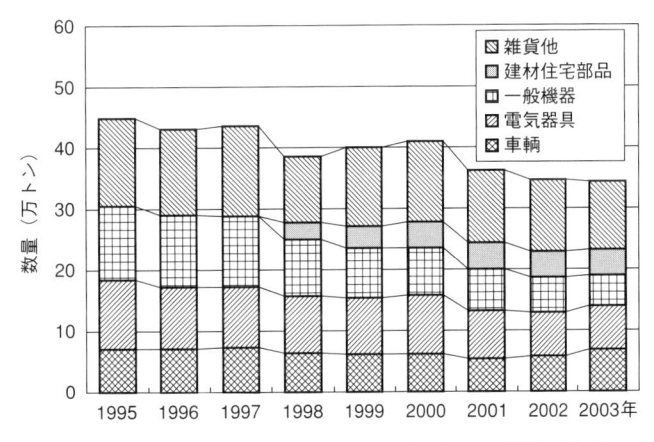

図4 ABS樹脂の国内用途別出荷推移（日本ABS樹脂工業会）

a．PBDラテックス

乳化重合法で使用されるゴムは乳化重合プロセスにて製造される．この重合機構は，一般にいわれている乳化重合機構と変わることはなく，ポリマー粒子数，重合速度などが重合時間とともに変化し進行する．ABS樹脂として用いるためには最適な粒子径，架橋構造をもっていなければならず，これらは開始剤，乳化剤，重合温度などの因子によりコントロールされる．また，粒子径は得られたPBDラテックスを粒径肥大操作することによって得る場合もある．

b．グラフト重合

ABS樹脂のようにゴムによって耐衝撃性の付与を図る場合，クレーズの発生，成長が十分に促進されるに足る界面接着強度を有すること

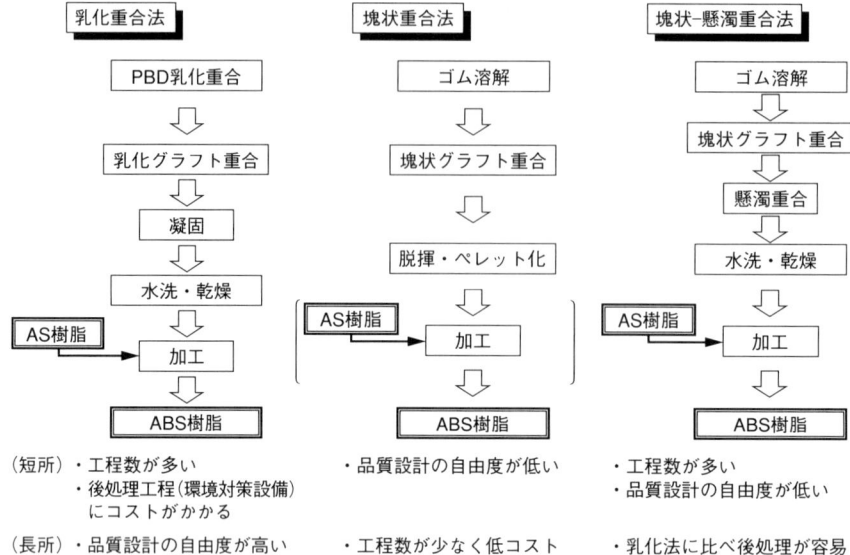

図5　主なABS樹脂製造プロセスの工程フロー

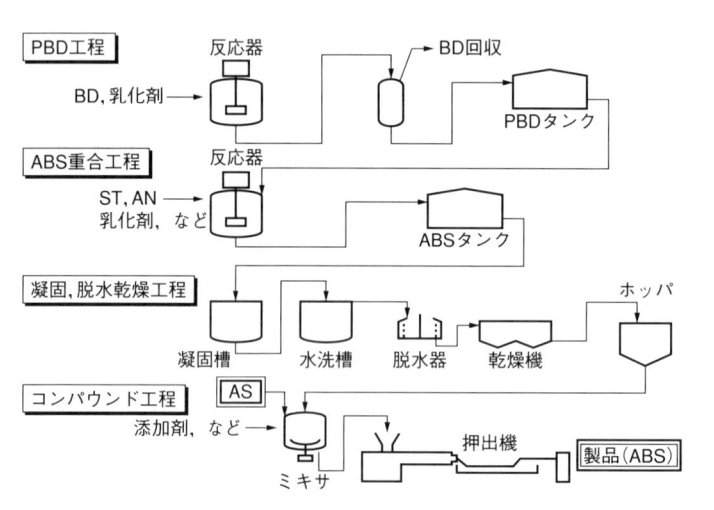

図6　乳化重合プロセス

が重要である．また，ゴムの架橋構造，オクルージョンへの影響もあり，ABS樹脂を設計する上でグラフト構造の最適化は重要である．

PBDは主鎖中に二重結合が存在しており水素の引き抜きが容易に起こるが，これがABSのグラフト重合を特徴づけている．開始剤の種類によっても影響されるが，グラフト重合の場合，攻撃の対象が反応性の高いモノマーではなく，ポリマーからの水素引き抜きであるため，開始剤から生じる一次ラジカルの反応性がその分解速度とともに，グラフト重合を支配する重要な因子となる．ABSの乳化重合では通常，有機過酸化物とレドックス系助剤の組み合わせが用いられており，糖ピロリン酸鉄処方，スルホキシレート処方などが使われている．また，乳化重合のような不均一系では開始剤の水（モノマー）への溶解性も重要な因子となる．

セミバッチ重合の場合，モノマー添加速度が遅いほどグラフト効率（添加モノマーに対するグラフトしたポリマーの比），グラフト率（ゴムに対するグラフトしたポリマーの比）は上がる．仕込みのモノマー/ポリマー比もグラフト率に影響する．多くのモノマーを供給すればグラフト率は上がるが，一部のモノマーはグラフト重合以外へ供されるためグラフト効率は下がる．乳化重合系では乳化剤濃度も影響を与える．乳化剤濃度が高くなり臨界ミセル濃度（CMC）以上になると新たなポリマー粒子が発生し，その結果フリ

ーのポリマーが生成しグラフト率が下がることになる．

c．共重合組成

ABS樹脂の物性はグラフト率，分子量と同様に共重合組成，すなわちグラフトポリマー，マトリクスポリマーの組成の差，組成分布によっても影響を受ける．乳化重合の場合，これらの差異，分布はモノマーの反応性比，乳化重合系の各相間へのモノマーの分配，バッチ，セミバッチ重合法などが複雑に絡み合いいっそう大きくなる．そこで目的とする組成を得るため，モノマーを連続的に添加する方法が種々検討されている．

2.3 用途

ABS樹脂は，優れた特性と設計の自由度の高さから広範に使用されている．具体的用途例を表1に示す．

車輌用ABS樹脂は，4輪車の内外装部品と2輪車のフェンダ，カウリングに主に使用されている．近年，環境対策，コスト削減のため，無塗装材料が求められ，耐熱性を向上させた耐候性材料が開発されている．一般機器分野ではUL 94 V2クラス以上の難燃性を示す樹脂が要求されることが多い．従来，臭素系難燃剤を用いたABS樹脂が使用されくきたが，環境問題への関心の増大に伴い，PC/ABS樹脂を中心とした非ハロゲン系グレードへと置き換わってきた．建材用途分野では，脱塩ビ樹脂化の需要に対応してABSなど代替材への検討が進んでおり，異形押出性を改良したグレード，耐候性，抗菌性を向上させたグレードが開発されている．

3．構造と物性，成形加工性

3.1 構造と物性

以上述べてきたようにABS樹脂は，基本的にPBDとグラフトポリマー，そしてマトリクスのAS樹脂から構成されている．したがって，その力学的特性はこの3者に大きく支配される．

表1 ABS樹脂の用途例

分　　野	適　　用　　例
自動車	インスツルメントパネル，メータクラスタ，インナドアハンドル，ラジエータグリル，ドア，ハンドル，ドアミラーハウジング，ホイルキャップ，ランプハウジング
一般機器	パソコン，プリンタ，複写機，携帯電話，電話機，ファックス，楽器，カメラ
電気器具	冷蔵庫，音響機器，エアコン，掃除機，ビデオ，照明器具
雑　貨	家庭用ゲーム機，スポーツレジャー用品，パチンコ台
建材住宅	便座，バスユニット，ユニット型洗面台，幅木

耐衝撃性を規定する重要な構造はゴム相であり，粒子径とその分布，ゴムのT_g，ゴムの種類，橋かけ度，分子量，ゴムのミクロ構造などが因子としてあげられる．粒子径については，マトリクス樹脂の化学構造により適切な粒子径があることが知られており，ABS樹脂の場合，0.25〜0.45μm程度に最大値があるといわれている．PBDのT_gは共重合成分を大きく依存するが，ABS樹脂では特殊なグレードを除いて，T_gの一番低いPBがゴム成分として使用されている．

これらゴムの添加効果を最大限に発揮させるにはグラフト構造も重要であるが，グラフト率が高すぎると，ある値から逆に衝撃強度が低下する傾向を示し，最適領域が存在する．

耐衝撃性以外の力学的特性は，ゴム成分の含有量に大きく左右される．すなわち，引張り強度，降伏強度，硬度，耐熱性，流動性などの諸特性はゴムの含有量の増大に伴い低下し，伸度は逆に増大するのが一般的な傾向である．粒子径の影響としては，その低下とともに引張り強度は増大し，伸度は低下する傾向を示す．また，外観特性の一つである光沢性への影響も顕著で，粒子径が大きくなるほど，光沢は低下する．グラフト構造は耐衝撃性の発現に大きな影響を与

えるが，他の力学的性質に対する寄与はそう大きくはない．また，これらの特性は連続相を構成する AS 樹脂成分によっても規定される．その因子は ST/AN の比と分子量であり，前者は強度，弾性率，硬度，疲労特性，耐熱性，そして耐薬品性などの諸特性を支配し，一般に AN の割合が増大するにつれてこれらの特性が向上する．さらに，一般のポリマーにおいて分子量と溶融粘度との間に成立する 3.4 乗則が ABS 樹脂でも見られ，マトリクスの分子量がこの二相構造系の流動性を支配している．

3.2 成形加工法と特性

表2に各種成形加工法と ABS 樹脂が保有すべき特性を示す．ABS 樹脂は射出成形，押出成形，ブロー成形，真空成形で使用されている．2次加工では，塗装，めっきなどでも優れた製品が得られるため，これらの表面加飾法もしばしば用いられる．また，構造体を構成する加工法として溶着があり，熱板溶着，振動溶着にも適している．

いずれの成形法についても，ABS 樹脂のマトリクスである AS 樹脂の分子量およびその分布，グラフトゴムの種類・量およびグラフト構造の制御により，おのおのの成形法に適した材料設計が行われている．

射出成形では高外観，高衝撃を維持しつつハイサイクル化，薄肉化が求められている．薄肉成形性には粘度の温度およびせん断速度依存性が影響する．この要因を制御するためマトリクス，ゴム，添加剤配合の最適化が図られている．ガスアシスト成形では粘度の温度依存性，低せん断速度域の粘度が適正であることが，良好な外観と中空部の生成に必要である．

押出成形，ブロー成形，真空成形では成形時のドローダウン性向上，均一肉厚を得るため，適切な伸長特性，粘度をもつように分子量分布などを設計している．また，空気酸化を受けるため，酸化防止剤の配合が重要である．異形押出では形状安定のため，ゴム分散などの樹脂の均一性が要求される．ブロー成形では成形時の

表2 成形加工性と樹脂特性

加工法		要求特性	因子
射出成形	一般射出成形	ハイサイクル, 外観	分子量分布, ゴム種・量
	ガスアシスト成形	ひけ防止	溶融粘度
	発泡成形	セル均一性	伸長特性, 核剤配合
押出成形	シート成形	フィッシュアイ, 光沢	流動性, 溶融張力
	異形押出	押出安定性	形状
	発泡成形	セル均一性, ダイスウェル	溶融張力, 核剤配合
中空成形		フィッシュアイ, 光沢	流動性, 溶融張力
真空成形		均一肉厚	伸長特性
2次加工	印刷	はく離強度	極性
	塗装	はく離強度	極性
	熱板・振動・超音波溶着	溶着強度, 溶着外観	伸長特性, ゴム種・構造
	めっき, 蒸着	はく離強度	極性, ゴム構造
	接着, ラミネート	はく離強度	極性
	レーザーマーク	鮮明性, 耐久性	添加剤組成

バリのリサイクルが必要となるため，熱安定性がとくに重要である．真空成形では伸長特性に加えて，粘度の温度依存性が重要であり，その要因としてはグラフト構造がある．発泡押出成形では核剤，および核剤として作用する重合時の乳化剤が発泡特性に影響することがある．

塗装，めっき，印刷性などの2次加工性はコモノマーの組成に依存する部分が大きく，コモノマーの配合を最適化するとともに，ゴム種・量を変えることで加工法に適合した組成配合を行っている．溶着では被着物との相容性を改良するモノマー組成，レーザーマーク特性はモノマー組成，配合剤を適正にすることで得られる．

4. 各種成形加工法における成形不良時の改善方法

広範囲にわたり使用されているABS樹脂は機能を付与した特殊化，生産性の追求が進んでいるが，単一の特性のみを改良することは困難であり，トレードオフで特性が失われる場合がある．そのため用途により成形加工時に不良が発生することがある．ABS樹脂の成形加工不良対策として材料面からは**表3**に示すような対策が取られている．これらの対策と成形加工条件の両方を適切にすること，また用途にあったグレードを選定することで，成形不良の低減が可能となる．

5. 複合化・アロイ化

ABS樹脂はグラフトゴムとAS樹脂が複合化したものといえる．ABS樹脂を無機フィラーで強化することで剛性・寸法安定性を改良したもの，またエンジニアリングプラスチックとのアロイ化による耐熱性・耐衝撃性などの特性の改良も行われている．

5.1 無機フィラー強化

ABS樹脂に使われるフィラーとしては，ガラス類，炭素繊維，タルクなどがある．これらのフィラーをABS樹脂に添加した場合の特徴を表4に示す．

5.2 ポリマーアロイ

ABS樹脂と組み合わせてアロイ化に使われ

表3 各種成形加工法と不具合対策例

成形加工法	不良項目	材料面での対策
射出成形	バリ	流動性の最適化，ペレット寸法の安定化
	ショートショット	流動性の改良
	シルバーストリーク	揮発分除去
	焼け	揮発分除去，熱安定性の改良
	フローマーク	流動性の改良
	ひけ・そり	収縮異方性の改良 流動性の最適化
	色ムラ・艶ムラ	着色剤の耐熱性改良
	ウェルドライン	流動性の改良
	金型汚染	高揮発分の除去
	透明性	組成の均一化
	離型性	添加剤の最適化
押出成形	吐出不均一	滑性最適化，ペレット寸法安定化
	ダイライン	滑性最適化
中空成形	ドローダウン	溶融粘度の最適化
	偏肉	伸長特性
	掻き出し異物	滑性，熱安定性改良
真空成形	偏肉	伸長特性改良
	フィッシュアイ	異物の除去
2次加工	印刷はがれ	極性の最適化
	塗膜密着性不足	極性の最適化
	溶着強度不足	ゴムの種類・量，分子量・分布
	めっき不良	極性基，ゴムの種類・構造・量
	接着強度不足	極性基，分子量分布
	レーザーマーク発色不足	モノマー組成 着色剤配合

表4 各種フィラーによる強化ABS樹脂の特性

項目＼種類	ガラス繊維	ガラスフレーク	炭素繊維	タルク
引張強さ	5	4	5	4
弾性率	4	4	5	4
衝撃強さ	3	2	2	3
熱変形温度	5	4	4	3
成形外観	1	2	1	2

(優) 5-1 (劣)

表5 ABS系アロイの物性比較

項目＼種類	PC/ABS系	PBT/ABS系	PA/ABS系
剛性	3	2	1
衝撃	5	4	3
耐熱性	5	3	3
難燃性	5	3	2
耐酸	3	3	5
耐アルカリ	1	4	3
耐溶剤	3	2	5

ABS樹脂との対比　優　5-4-3(ABS樹脂)-2-1　劣

るエンジニアリングプラスチックとしてはPC，PBT，PAなどがある．各アロイのABS樹脂との物性比較を表5に示す．

　非晶性であるPCとのアロイは外観・寸法安定性に優れ，耐熱・耐衝撃のバランスがよい．加えてリン系難燃剤を配合することで，焼却時にハロゲン化物を生成しない難燃樹脂が得られることから，OA機器分野を中心に大きな市場となっている．結晶性樹脂とのアロイ化ではPBT，PAとのアロイが上市されている．ともに実用荷重での耐熱性が高い．PAとのアロイはPAのもつ優れた耐薬品性を引き継ぎ，寸法安定性および2次加工性を改良した材料として使用されている．これらのアロイでは特性発現には分散状態の制御が必要であり，その役割を果たす相容化剤が物性に与える影響は大きい．

6. 今後の展望

　ABS樹脂の国内需要は，主要なユーザーである家電，OA機器，自動車メーカーの海外への生産シフトにより，1995年の45万トンをピークに減少傾向にある．また，35万トンの国内需要に対し，6社のABS樹脂メーカーが存在し，市場規模に比べて国内メーカーの数が多い．他方，生産のシフトがなされた中国を中心とするアジア市場は，経済成長に伴うローカル需要の拡大と相まって，今後も高い成長が期待されるものの，他国の圧倒的な生産能力の前にコスト競争力で劣性にたたされている．そのため，わが国のABS樹脂メーカーは，特殊化戦略を推し進め，透明，耐熱，耐候，アロイなどの分野で市場を確保してきた．今後も，引き続き，各ユーザーの要求に応えることのできる特殊グレードを短期間で開発し，供給し続けることが必要であると思われる．

参考文献

1) プラスチックス，各No. 1，1996〜2005年
2) 化学経済，各3月臨時増刊号，1996〜2005年
3) 井手文雄：" 耐衝撃性高分子材料"(1996)，高分子刊行会
4) 蒲池幹治編：ラジカル重合ハンドブック，523 (1999)，NTS
5) 千坂浅之助：射出成形技術入門 (1992)，シグマ出版

(テクノポリマー㈱開発研究所・石賀　成人，元重　良一)

第2章 汎用樹脂
2-8. メタロセン樹脂

1980年にハンブルグ大学のKaminsky教授が見出したBis-Cp型メタロセン触媒を用いたLLDPEおよびiPPは，触媒の発見以来15年の時を経て1991年に工業化され，以来10年を経過している．メタロセン触媒により得られるポリマーはもはや新しい材料という時期を過ぎて広く普及しており，触媒および樹脂開発はまさに佳境に入ろうとしている．表1に現在まで上市されているメタロセン系樹脂および未だ開発状況にある樹脂をまとめて示す[1]．その開発競争がいかに活発であるかが読みとれると同時に，メタロセン樹脂の応用範囲，開発に参入している世界各国のメーカーの多さは，ひとえに市場自体が従来型の触媒によって重合される樹脂からメタロセン系の樹脂に移り変わろうとしている大きな流れを象徴する動きである．もちろん，メタロセン系樹脂の特性すべてが受け入れられているわけではなく，個々

表1 メタロセン系樹脂および開発状況

メーカー＼種類	メタロセン系エチレンコポリマー				メタロセン系プロピレンコポリマー		そのほか
	Elastomer	Plastomer	LLDPE	HDPE	i-PP	s-PP	
DOW	ENGAGE	AFFINITY	Elite	w/BP w/Asahi	開発中		
Exxon/Mobil	EXACT	EXACT	EXCEED	開発中	ACHIEVE		
Targor					HOSTACEN		
Elenac	開発中	開発中	Luflexen	開発中			
三井化学	タフマー	EVL-P	エボリュー	開発中	開発中	チアロ	アペル
出光興産							ザレック
Borealis		開発中	Borecene	開発中			
Total Fina Elf			開発中	開発中	開発中	開発中	
Nova			開発中	開発中			
住友化学		エクセレン	スミカセン-E			開発中	
DSM	w/Exxon	w/Exxon	開発中				
BP/Amoco			w/Dow	開発中			
Phillips			MPACT	開発中			
Equistar			開発中	開発中			
Montell			開発中		開発中		
JPC		カーネル	開発中	開発中	開発中		
チッソ		開発中			開発中	開発中	
東ソー			開発中				
UCC			w/Exxon				
JPO			ハーモレックス				
旭化成				クレオレックス			

には少なからず問題点があり，それらを解決すべく各社が開発競争を演じているというのが正直なところである．本稿では，これまで開発されてきたメタロセン系ポリエチレン（m-PE）を中心に物性，成形加工性における特徴をまとめるとともに，今後求められるポリマーの材料開発の動向について述べる．

1. メタロセン触媒の特徴

メタロセン触媒は，一般にメタロセン化合物とメチルアルミノオキサン（MAO）とを組み合わせた触媒で，チーグラー・ナッタ（ZN）触媒よりも触媒活性が高く，ポリオレフィンの重合では低圧法，高圧法，溶液法，気相法などのプロセスが適用できることが知られている．また，メタロセン触媒はシングルサイト触媒であり，高い生産性と均一なポリマー（狭分子量分布および狭組成分布）を生み出す．

図1に典型的なポリオレフィン用メタロセン触媒構造を示す．（A）は，Bis-Cp（Cp：シクロペンタジエニル環）のメタロセン触媒，（B），（C）は，アルキル置換基をもつメタロセン触媒，（D）は，長鎖分岐を生成する触媒，Eは，幾何拘束型触媒（CGC），（F），（G），（H）には，PP用メタロセン触媒，（I）はシンジオタクチックPP（s-PP）用メタロセン触媒の例である．触媒の特徴としては以下の事項があげられる．

(1) 高温条件下で高い活性を有し，脱灰の必要がないためシンプルなプロセスに適用できる
(2) 狭分子量分布であり低分子量成分を含まない
(3) 高級オレフィン（HAO）コポリマーを容易に生成し，狭組成分布である
(4) 長鎖分岐を分子内に取り込むことが可能で，メルトテンションの向上による成形加工性の改良が可能である
(5) かさ高いコポリマーやジエンとの共重合が可能であり，新しいタイプの樹脂（環状オレフィンコポリマーおよびEPDM）の重合が可能である

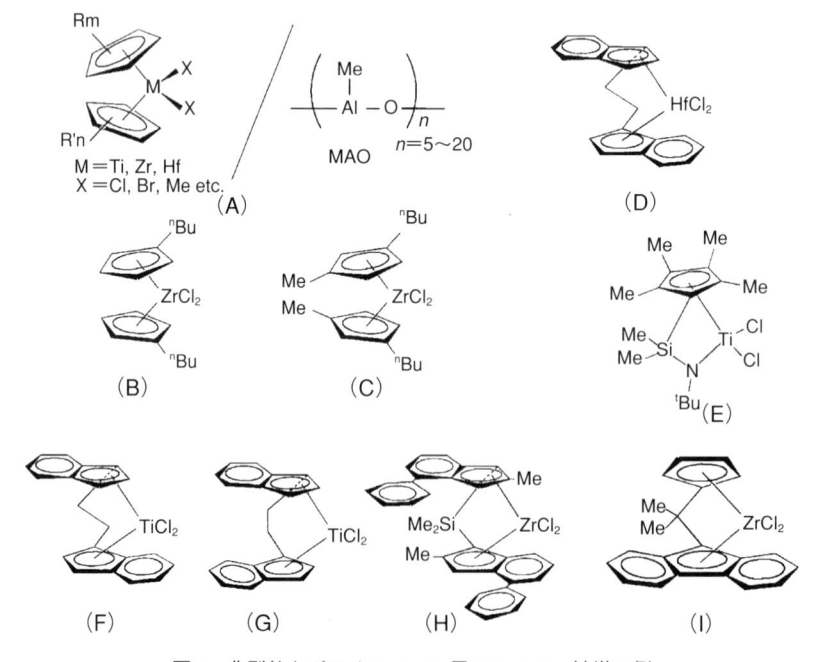

図1 典型的なポリオレフィン用メタロセン触媒の例

(6) 立体規則性の制御が可能でありs-PPやs-PSなどのポリマーの重合，新タイプポリマー創出の可能性がある

2. メタロセン系ポリオレフィンの特徴

2.1 エチレン系ポリマー

エチレン系ポリマーは，上市されている製品領域，販売量ともにもっとも大きな市場を形成している．ここ5年の間に定着してきた評価を以下にまとめる．

(1) HDPE～MDPE：強度，耐久性（ESCR）に優れる（表2）
(2) LLDPE～Plastomer：透明性，強度，ヒートシール性に優れる（図2，表3）
(3) Elastomer～ゴム：EPR, EBR, EPDMの物性は既存のバナジウム触媒品と同等．コモノマー種の範囲が広がり，軟質塩ビライクの樹脂（St，環状オレフィン共重合），新しいゴム（EPSDM，高速加硫EPDM）などの新規ポリオレフィンへの期待がある．

とくに，PlastomerおよびElastomerの領域では従来高コストで作られ，ニッチマーケットに限定されていた製品が，従来のプロセスをそのまま活用し，触媒転換するだけでコスト低減が可能であるため，従来では進出できなかった製品領域まで浸透することに成功している．

狭分子量分布のポリマーは，成形法により加工性がよくない場合がある．m-LLDPEは成形加工性と物性とのバランスを図るために組成

表2 回転成形タンクの成形性と物性比較
—Conventional LLDPE vs Metallocene LLDPE—

項 目	単位	Metallocene MDPE & HDPE		Conventional MDPE
MFR	g/10 min	3.6	5.0	3.6
密度	kg/m³	940	950	940
融点	℃	130	133	130
引張り降伏強度	MPa	19	24	19
引張り破断強度	MPa	33	32	28
伸び率	%	890	920	900
ヤング率	MPa	760	1070	750
オルセン剛性率	MPa	640	750	600
アイゾット －20℃ 衝撃強度 －40℃	J/m	NB 66	100 61	100 55
環境応用破壊	h	>1000	>600	340
成形サイクル (5000 L)	min	30	33	35
光沢	%	85	80	65

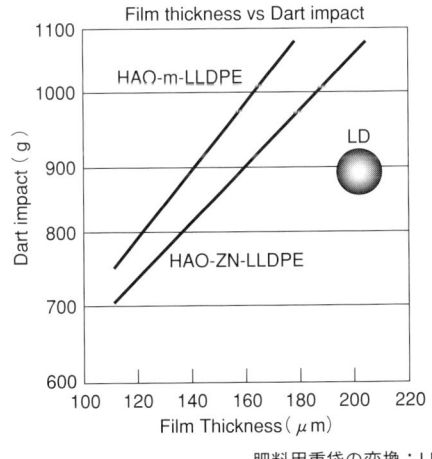

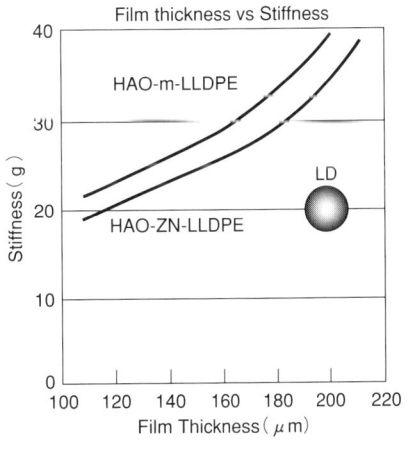

肥料用重袋の変換：LD→ZN-LLDPE→m-LLDPE
（200 μm→150 μm→130 μm）

図2 重袋の物性比較と薄肉化　ZN-LLDPE vs Metallocene LLDPE

表3 農業用フィルムの物性比較
―Conventional Type vs Metallocene LLDPE―

項　目	単位	Metallocene LLDPE		Conventional LL/EVA/EVA
フィルム厚み	μm	75	100	100
ダートインパクト強度	g	1300	1700	750
エルメンドルフ引裂き強度	N	20	15	5
透明性（ヘイズ）	%	15	18	24
防曇性	―	Good	Good	Good
耐熱ブロッキング性 (60℃×10 kg×1 day)	g/cm	1.0	1.0	1.6

表4 メタロセン触媒 BOPP の物性

項　目	単位	EXXXON/TMD		FINA/NMWD	
		メタロセン MFR=1.0, T_m=146.5	Z/N MFR=2.6, T_m=157	メタロセン	Z/N
延伸温度域		145〜165	157〜165		
ヘイズ	%	0.3	0.3	<1	<1
1% 弾性率	MPa	2360	2730		
2% 弾性率	MPa			1500	1200
破断強度	MPa	200	210		
破断伸び	%	65	70	120	150
水蒸気透過係数	g/m²/day	6.7	6.5	2.5	3.5

SPO'96, p. 429, Sep. 25-27, (1996). Houston, TX, USA
Modern Plastics, March, 33 (1998)

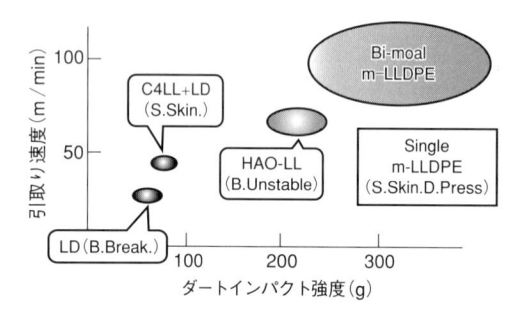

図3 成形性と強度との関係

分布をコントロールすることと，Bi-modalの分子量分布を併せもつ設計が提案されている[2]．

これらをコントロールする要因としては，(a)異なる分子量成分の量的バランス，(b)それぞれの成分のコモノマー含有量，(c)コモノマーの種類があげられるが，Bi-modalのm-LLDPEの場合は，高分子量低密度成分および低分子量高密度成分からなるポリマーが剛性，強度と成形加工性（生産性）とのバランスにもっとも優れている（図3）．

2.2 プロピレン系ポリマー

プロピレン系ポリマーの特徴を次にまとめる．
(1) アイソタクチック PP：剛性，耐熱性のバランスに優れる．一方，分子量分布が狭い特徴を反映し，紡糸性が優れるため，不織布用途に適する．また，延伸性，強度などの面から BOPP 用途で期待できる[3]（表4）．
(2) ランダム PP（r-PP）：ランダム性が優れ，低温ヒートシール性，透明性に優れるため，従来の i-PP シーラントの置き換えが可能である[4]（図4）．
(3) シンジオタクチック PP：メタロセン触媒のみが s-PP を重合することができる．s-PP は柔軟性，透明性，衝撃強度，電気特性，耐ガンマ線照射に優れるため，容器，電線，フィルム分野への適用が大きなターゲットになると考えられる[5]（図5）．

2.3 そのほかのメタロセンポリマー

環状オレフィンコポリマー（COC）はメタ

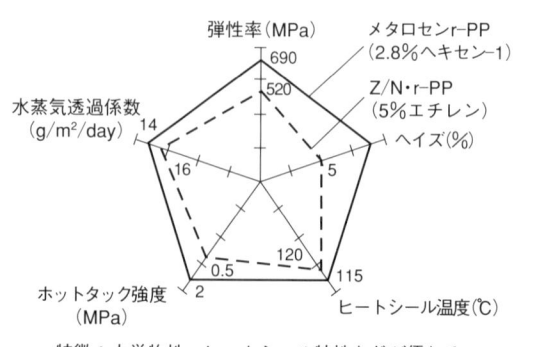

図4 メタロセン触媒 r-PP の物性

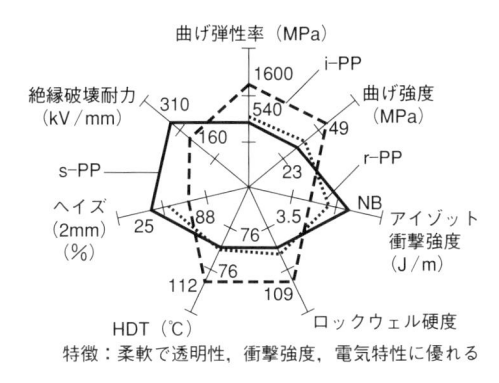

図5 メタロセン触媒 s-PP の物性

特徴：柔軟で透明性、衝撃強度、電気特性に優れる

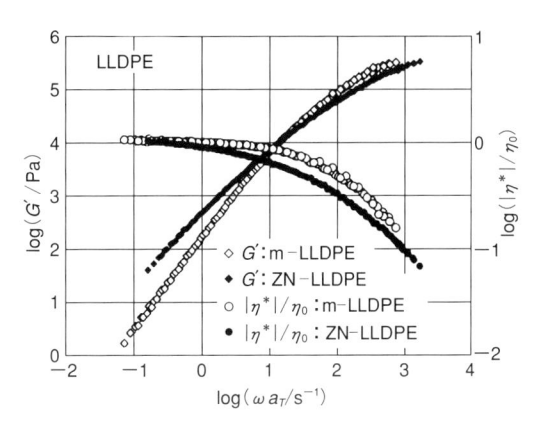

図6 m-LLDPE と ZN-LLDPE との線形粘弾性の比較

ロセン触媒により容易に製造可能であり，すでに医療用包材，光学用レンズ，ディスクなどに使用されている．また，s-PP はメタロセン触媒のみで製造可能な結晶性ポリマーであり耐熱性，低吸湿性，寸法安定性に優れるためエンジニアリングプラスチック分野への適用，とくにコネクタ類への応用が始まっている．

3. メタロセン触媒によるポリエチレンの物性

3.1 レオロジー特性

高分子のレオロジー特性として，線形粘弾性や定常流粘度，伸長粘度などがある．これらのレオロジー特性は，ポリマーの構造や成形加工性と深い関わりがあることが知られている．図6にメタロセン触媒による LLDPE（m-LLDPE）とチーグラー・ナッタ触媒による LLDPE（ZN-LLDPE）の線形粘弾性の比較を示す．緩和時間を同じにするため，横軸をシフトして補正を行った．複素粘度 $|\eta^*|$ はゼロせん断粘度 η_0 で無次元化してプロットした．

メタロセン触媒による LLDPE の線形粘弾性の特徴は，$|\eta^*|$ の平坦な領域，すなわちニュートン領域が広く，非ニュートン領域では $|\eta^*|$ のせん断速度依存性が大きいこと，ニュートン，非ニュートン粘性の境界が明確である．また，G' が低周波数側で傾きが2になっている（Maxwell モデルなどの理論では，単一緩和モードで G' の傾きは2になる）ことがあげられる．一方，ZN-LLDPE は，ニュートン，非ニュートン粘性の境界がブロードで，非ニュートン領域のせん断速度依存性が m-LLDPE ほど大きくなく，また，G' の傾きは2より小さくなっている．これは主に，分子量分布の違いなどに関連しているものである．MFR がほぼ同じ物でも，m-LLDPE は押出成形の際，スクリューを駆動するモータのトルクが ZN-LLDPE より大きくなることを経験するが，これは押出成形機内スクリューのせん断速度領域で，m-LLDPE は ZN-LLDPE よりも粘度が高いためであると考えられる．

3.2 ポリエチレンの分岐の評価技術

PE の分岐は，インフレ成形やブロー成形などの成形加工性や結晶化挙動と関係していると考えられている．そのため，分岐の定量化技術は非常に重要である．

3.2.1 短鎖分岐の定量化

PE の短鎖分岐を定量化する方法として，TREF（Temperature Rising Elution Fractionation）が用いられている．TREF は分別溶解 HPLC（高速液体クロマトグラフィー）の一種で，物質の溶解度が温度により変化する性質を応用して分別する．PE は分岐度により

溶解度が変化するので，試料をシリカゲルなどの固定相にコートし，溶離液温度を徐々に上げて溶出させることにより分岐度のみで分離を行う方法である[6]．これにより，PEの分岐度，組成分布を知ることができる．ZN触媒はマルチサイト触媒なので，低分子量側に分岐が多く，高分子量側に分岐が少なくなる傾向が見られるが，メタロセン触媒では均一な組成分布になることが，一般に知られている[7]．

GelferとWinter[8]は，ZN-LLDPEとm-LLDPEの溶融状態からの結晶化挙動の違いを，粘弾性を応用して測定している．160℃で30分溶融させた試料を所定の温度まで急冷し，線形粘弾性の周波数分散測定よりゲル強度を求め，ゲル強度の経時変化から結晶化挙動を観察した．そして，ZN-LLDPEの方が，m-LLDPEよりも小さい過冷却度で結晶化速度が速いという結果を得た．コモノマー量よりも組成分布の方が，結晶化速度に与える影響が大きいと結論している．m-LLDPEの透明性が優れるのは，結晶化速度が遅いことに関係していると考えることができる．

3.2.2 長鎖分岐の定量化

成形加工性の指標として，溶融状態での張力（メルトテンション）や伸長粘度などがあるが，これらの物性と長鎖分岐とが関係していることが指摘されている[9,10]．ポリマーの長鎖分岐を定量化する方法として，NMRを用いる方法，極限粘度法が知られている[11]．しかし，微量の長鎖分岐を定量化することは難しい．近年，レオロジー特性から長鎖分岐を定量化しようという試みが行われている．志熊ら[12]は，CGC触媒，モノCp系触媒で重合された2種類のLLDPEの触媒の違いによるレオロジー特性の違いを調べるため，溶媒グラジエント法で分子量分別した試料を調製し，動的粘弾性，定常流粘度測定，ならびに大変形応力緩和のレオロジー測定を行った．各分子量成分のゼロせん断粘度η_0の測定値と光散乱法で求めた重量平均分子量M_wとを両対数プロットしたところ，直鎖状高分子の示す$\eta_0 \propto M_w^{3.5}$の関係から外れ，η_0のM_w依存性が急激に大きくなることを報告している．これは，高分子量の分子鎖に分岐構造が存在していることを示唆しており，絡み合い点間分子量の7倍以上の分子量を有する分岐構造が存在している可能性を指摘している．

高分子の長鎖分岐を表す指標として，DRI（Dow Rheology Index[13]），LCBI（Long Chain Branching Index[14]）などが提案されている．DRIは，粘度のせん断速度依存性のカーブ（フローカーブ，流動曲線などと呼ばれる）を準ニュートン粘性モデルであるCrossモデルにフィットさせることによって求めるパラメータを用いて表される．DRIを説明する前に，Crossモデルについて簡単に紹介する．

$$\eta = \frac{\eta_0}{1+(\tau_0 \dot{\gamma})^{1-n}} \quad (1)$$

ここで，η_0はゼロせん断粘度，τ_0は時間の次元をもつパラメータで，τ_0の逆数はニュートン粘性から非ニュートン粘性へ変化するせん断速度を表す．nはPower law indexで非ニュートン粘性の程度を表すパラメータである．DRIは，これらのモデルパラメータを用いて，以下のように表される．

$$\mathrm{DRI} = \left(3.65 \times 10^6 \frac{\tau_0}{\eta_0} - 1\right) \times 0.1 \quad (2)$$

DRIは，比較的分子量分布が狭く，分子量分布が同程度のものの分岐の程度を見ることができるが，分子量分布が広いものや分子量分布が異なるもの分岐の程度を比較することはできない．

一方，LCBIは，長鎖分岐がもたらすViscosity enhancement効果のη_0への寄与より分岐を評価するものである．LCBIは以下のように与えられ，LCBI=0は分岐のない直鎖高分子を表す．

$$\mathrm{LCBI} = \Gamma_1^{1/a_3} - 1 = \frac{\eta_0^{1/a_3}}{[\eta]_B} \frac{1}{k_3^{1/a_3}} - 1 \quad (3)$$

ここで，Γ_1 は Viscosity enhancement 係数，η_0 はゼロせん断粘度，$[\eta]_B$ は分岐ポリマーの固有粘度，a_3，k_3 は定数で，既知の直鎖ポリマーから決定したものである．CGC 触媒品が，比較的長鎖分岐を多く生成する傾向が見られる．これらの分岐の定量化の技術は，樹脂の評価や今後の樹脂開発のために重要な技術であると考えられる．

4. メタロセン触媒によるポリエチレンの成形加工

メタロセン系の PE は，その本来の特性である狭分子量分布，狭組成分布を有していることは共通している．また，狭分子量分布であるがゆえに成形方法，成形機によってはそのまま適用すると押出し性に難点が生じる場合がある．そのため，成形装置での対応も検討されている．

m-LLDPE は押出機スクリューにかかるトルクが大きく，サージングなどを起こしやすい欠点を有している．この欠点を防ぐためには，深溝，緩圧縮タイプの押出機スクリュー，とくにバリアフライト付きスクリューが適している[15]．また，m-LLDPE で融点が低いものはフィードゾーンでの樹脂のスティッキング（膠着）による供給不良が起こりやすい．そこでフィード部に溝のない $L/D-24\sim30$ のシリンダの押出機がよいといわれている[16]．m-LLDPE のインフレ成形は，メルトテンションの低さを補うためにデュアルタイプのエアリング，IBC（インターナルバブルクーラ）システムを使用するのがよいといわれている[15]．

5. 今後の展望

メタロセンポリオレフィンがもっとも浸透している分野はフィルムであり，市場で評価されてきた最大のポイントは物性（強度，シール性など）面である．また，強度，耐衝撃性などの特性を活かしたフィルムの薄膜化が実用化されつつあり，容器包装材料の減容化と関連して，環境負荷の低減に貢献していると考えることができる．しかしながら，今後その適用分野を広げていくためには，樹脂設計もさることながら加工適応性の拡大が必要である．これまで，成形加工性の改良のために Bi-modal 化，長鎖分岐導入が提案され，かなり成功を収めているが分布の幅，長鎖分岐数のコントロールを自在にできる触媒開発も合わせて行う必要がある．

参考文献

1) MetCon'00 Polymers in Transition
2) 秋山　聡，浜田直士，山本昭彦，松永孝治：成形加工'99, 303 (1999)
3) Modern Plastics, March, 33 (1998)
4) 杉本隆一，山本陽三：プラスチックス，**47**(2), 20 (1996)
5) 内川進隆：ポリマーダイジェスト，No. 4, 32 (1998)
6) 佐藤寿弥，荻野賢司：高分子，**43** (2), 98 (1994)
7) 末松征比古：成形加工，**8** (10), 626 (1996)
8) Gelfer, M. Y. and Winter, H. H.: *Macromolecules*, **32**, 8974 (1999)
9) 伊崎健晴：成形加工，**7** (10), 631 (1995)
10) 高橋雅興：高分子，**47** (11), 820 (1998)
11) 高橋雅興：高分子，**42** (12), 972 (1993)
12) 志熊治雄，小山清人：成形加工，**12** (11), 742 (2000)
13) Lai, S., Plumley, T. A., Butler, T. I. Knight, G. W. and Kao, C. I.: *SPE Antec Technol. Papers*, 40, 1814 (1994)
14) Shoroff, R. N. and Mavridis, H.: *Macromolecules*, **32**, 8454 (1999)
15) 末松征比古："96/5 高分子可能性講座・21 世紀に向けての新素材の成形・加工"，講演要旨集，高分子学会，46 (1997)
16) Vlachopoulos, J.：講演会資料 "Single Screw Extrusion" (2000)

(㈱プライムポリマーポリエチレン事業部・浜田　直士/三井化学㈱マテリアルサイエンス研究所・伊崎　健晴)

第3章 汎用エンジニアリングプラスチック
3-1. ポリアミド (PA)

ポリアミド（ナイロン）がDuPontによってはじめて工業化されてから60年を経過した．当初は，繊維用（ナイロンを使った最初の製品は歯ブラシのブリッスル）として製造されたナイロンであったが，近年ではその優れた性質から，エンジニアリングプラスチックとして自動車，電気・電子用途を始めとして需要が拡大し，全世界の樹脂生産量の1%を占める．とくにわが国では最近，ナイロン6のガラス繊維強化材料が自動車用のインテークマニホールド用として採用された．

ここでは，脂肪族系のポリアミドであるナイロンの種類，製法，用途を踏まえながら成形材料としての特徴，材料開発動向，市場動向について解説する．

1. ナイロン開発の歴史

ポリアミドの歴史は，1931年にDuPontのW. H. Carothersがナイロン66の重合に成功し，1939年上市されたことでその幕を明けた．ナイロン66と対比されるナイロン6は，1941年ドイツIGによって生産が開始されたが，いずれも本格的な企業化は戦後のことである．当初，繊維用途を中心に開発が進められ戦後急激な発展を遂げたナイロンも，プラスチックとして射出成形用途に本格的な開発が始まったのは1950年以降のことであった．

プラスチックとして射出成形用途に適した樹脂の研究，ハイサイクル化，ガラス繊維強化材料の開発が進み，さらに射出成形機の発達もあって，高性能な成形品が安価に生産されるようになり，5大エンジニアリングプラスチックの一つとして急成長を遂げた．

さらに，柔軟性に優れたナイロン11, 12，耐熱性に優れた半芳香族ナイロンなどが開発され，現在では多くの種類が上市されさまざまな分野で使用されている．

2. ナイロンの命名法と種類

2.1 ナイロンの命名法

一般に分子鎖内に繰返し単位としてアミド結合（–CONH–）を有する線状高分子をポリアミド（polyamide）と呼び，その中でも脂肪族鎖を主鎖とするものをナイロンと呼んでいる．

ナイロンは，ナイロン6に代表されるラクタムの開環重合，もしくはω-アミノ酸の重縮合で得られるものと，ナイロン66に代表されるジアミンと二塩基酸の重縮合で得られるものに大別され，一般的には両者を分けて次のように命名している．

〈ナイロン l〉

繰返しラクタムまたはω-アミノ酸の炭素数を l で表し一般式は，$[HN(CH_2)_{l-1}CO]_n$ となる．

〈ナイロン mp〉

繰返しジアミンおよび二塩基酸の炭素数，それぞれm, pを用い，一般式は $[HN(CH_2)_m HNCO(CH_2)_{p-2}CO]_n$ となる．

また，例えばナイロン6とナイロン66との共重合ナイロンは，ナイロン6/66またはナイロン66/6のように表現される．

2.2 ナイロンの種類

ナイロンには多くの種類がある．現在市場を形成する代表的なナイロンについて解説するとともに，表1に一般的な特性を示す．

表1 代表的なナイロン樹脂の特性

項 目	試験法 ASTM	単位	ナイロン 6	ナイロン 66	ナイロン 12
融点		℃	220	260	176
ガラス転移温度		℃	50	55	45
比重		—	1.14	1.14	1.02
吸水率（24 hr）	D 570	wt%	1.8	1.3	0.2
引張り強さ	D 638	MPa	74	78	43
引張り破断伸び		%	>200	>200	>200
曲げ弾性率	D 790	MPa	2,400	2,900	1,400
ノッチ付アイゾット衝撃強さ	D 256	J/m	60	50	70
ロックウエル硬さ	D 785	—	R 120	R 120	R 110
加重たわみ温度	D 648	℃	75	90	60
線膨張係数	D 696	×10^{-5}/℃	8	8	10
燃焼性	UL-94		V-2	V-2	HB
体積固有抵抗	D 257	Ω-cm	10^{15}	10^{15}	10^{15}

① ナイロン 6

もっとも代表的なナイロンであり，ε-カプロラクタムから重合して製造される．融点は 215～225℃ であり，比較的吸湿性が高く強靭で，コストパフォーマンスに優れたナイロンである．主に射出成形品として自動車，機械，電気製品の機能部品に用いられ，近年ではガラス繊維強化材料が自動車のインテークマニホールドに採用され需要が伸びている．耐熱性はナイロン 66 に劣るとされてきたが，近年の研究により耐熱老化寿命はナイロン 66 よりも優れていることが確認された．

射出成形品以外にも押出成形品として用いられ，とくに食品包装フィルムやモノフィラメントなどに用いられる．

② ナイロン 66

ヘキサメチレンジアミンとアジピン酸の重縮合によって製造され，融点は 255～265℃ でナイロン 6 よりも高く，比較的高温環境下で使用される．ナイロン 6 よりも吸湿性が低く，弾性率も高い．

③ ナイロン 11，12

ナイロンの中では低融点で吸湿性も低い．ナイロン 11 は ω-アミノウンデカン酸の重縮合に

表2 ポリアミド成形材料の生産・出荷推移（下段対前年比）[1]

（単位：t，%）

	2001 年	2002	2003	2004
生産量	232,080 (△9.9)	241,672 (4.1)	269,678 (11.6)	250,840 (△7.0)
出荷量	227,094 (△7.7)	248,088 (9.2)	257,476 (3.8)	256,778 (△0.3)

よって製造され，ナイロン 12 は ω-ラウロラクタムの開環重合かアミノデカン酸の重縮合によって製造される．ナイロン 11，12 ともに柔軟性，耐摩擦・摩耗性，耐油性，耐塩化カルシウム性に優れ，燃料チューブやエアブレーキチューブなどに使用される．とくにナイロン 12 はそのユニークな性能から用途の拡大が期待され，欧米を中心に市場での伸びがもっとも大きいナイロンである．

④ 共重合ナイロン

これまで一般的であったナイロン 6 と 66 との共重合物の他に，近年ではナイロン 6 と 12 との共重合物を始めとしたさまざまな共重合ナイロンが上市され，フィルム用途中心に用いられている．

⑤ その他のナイロン

その他のナイロンとして，高融点で高剛性の半芳香族ナイロン，耐塩化カルシウム性に優れたナイロン 610，612，耐摩擦摩耗性に優れたナイロン 46，熱可塑性エラストマーであるポリアミドエラストマーなどが上市されている．

3. 需要動向

国内における 2000 年度のナイロン生産量は，前年比 9.9% 増，出荷量は 2.7% 増であるが，これは自動車分野におけるインテークマニホールドへの採用，アジア地域の経済回復による輸出増が要因と考えられる．表 2 にわが国のナイロン生産，出荷推移を示す[1]．世界的に見ても 2000 年度のナイロン需要量は，欧米を中心に着実に拡大している．表 3 に世界の地域別ナイ

表3 ポリアミドの地域別需要推移[2]

(単位:千トン)

地域	1997年	1998年	1999年	2000年
北米	373	388	415	450
欧州	522	536	580	620
アジア	286	282	305	320
その他	79	75	80	80
合計	1,260	1,281	1,380	1,487

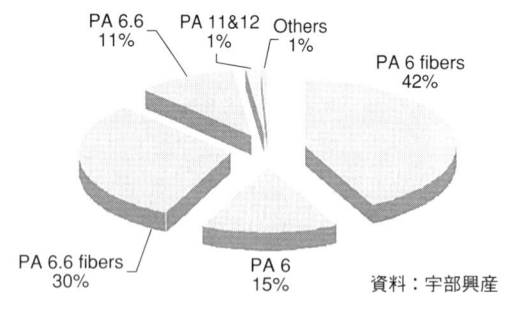

図1 世界のポリアミド需要構成(2000年)

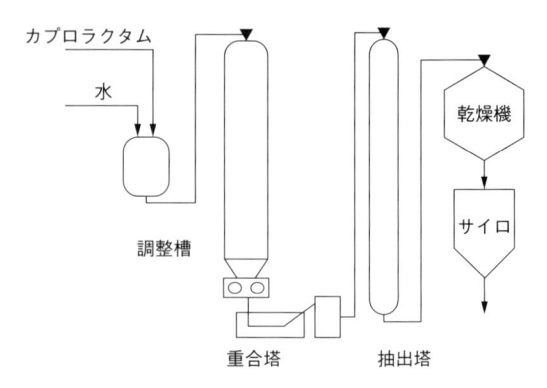

図2 ナイロン6の製造フロー[3]

ロンの需要推移を示す[2]．

ナイロンの種類別構成比(図1)は，ナイロン6(57%)，ナイロン66(41%)，ナイロン11および12(1%)，その他(1%)となっており，用途分野別の割合は自動車37%，電気・電子23%，工業部品10%，その他30%と推定される．とくにナイロン11や12が自動車の燃料チューブ，ブレーキチューブ用途を中心に需要が拡大している．

4. ナイロンの製造・構造・物性類

ナイロンは上述したように，モノマーの種類によってさまざまな種類が上市されており，その製造プロセス，構造，物性も種類によって異なる．ここでは，主に代表的なナイロンであるナイロン6について解説する．

4.1 ナイロンの製造プロセス

ナイロンの製造プロセスは，その種類によって若干の違いはあるが，基本的にはアミンとカルボン酸の縮合反応によるアミドの生成で，イオン反応である．

ナイロン6のモノマーであるカプロラクタムの水存在下，200℃以上で加熱するとナイロン6を生成する．重合はまず水の存在下，ε-カプロラクタムの加水分解が起こって，6-アミノカプロン酸を生じ，これが重縮合してナイロン6を生成すると考えるとわかりやすい．

図2にナイロン6の製造フローを示す[3]．ナイロン6の場合，他のナイロンと異なりモノマー，オリゴマーの抽出工程を必要とする．これは，ε-カプロラクタムの重合においては，重合平衡の関係で生じるモノマーやオリゴマーを含有するためであり，これらは熱水抽出塔で除去される．

4.2 ナイロンの結晶構造と物性

ナイロン6やナイロン66は結晶性樹脂であり，ナイロン樹脂成形品の物性は，結晶化度や結晶の集合体である球晶の大きさによって影響を受ける．ナイロン成形品の結晶状態を安定化させることは非常に重要なことであり，成形加工性にも影響する．ナイロン成形品の結晶化度は一般に30%前後であり，金型温度などの成形加工条件や成形後の後処理(アニール処理)，また吸湿によっても変化する．図3にナイロン6の2つの結晶構造を示す[4]．

ナイロンの結晶は隣り合った分子鎖のアミド基間水素結合によってつくられ，逆平行鎖のα型結晶と平行鎖のγ型結晶が存在するが，γ型

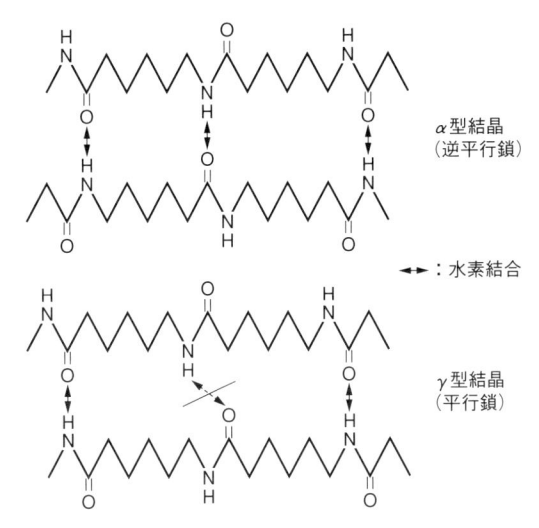

図3 ナイロン6の結晶モデル[4]

表4 代表的ナイロン樹脂の射出成形推奨温度

ナイロン種類	射出成形温度（℃）
6	245～280
66	275～285
12	200～230

結晶はα型結晶よりもわずかに縮んでおり，融点もわずかに低い．ナイロン成形材料の分子量は一般に10,000から30,000程度であり，ポリエチレンやポリプロピレンのポリオレフィン，PBTやPETのポリエステルと比較し小さいにもかかわらず，非常に強靭で高い剛性を有するのは，前述したアミド基間の水素結合の強固さによるところが大きい．

一方，ナイロンには吸湿性があるため，吸湿によるアミド基間の水素結合の破断によってガラス転移温度が低下し，衝撃特性などの強靭性は向上するものの，強度，剛性は低下する．

5. ナイロンの成形加工

ナイロンは，押出成形法，射出成形法，ブロー成形法など一般に熱可塑性樹脂に適用されるほとんどすべての加工法を用いて成形品を得ることができる．ナイロンは結晶性樹脂で，結晶が融解する温度すなわち融点が明瞭であるので，成形温度を決める際のシリンダ温度は，この融点を参考に結晶核が十分に融解する温度に設定することが重要である．

設定温度が低すぎる場合，とくに射出成形品では，十分に溶融しきれなかった結晶核部分を起点に成形品の折れ，割れなどの不具合が発生しやすい．一方，ナイロンの分解はアミド基の分解温度と密接に関係するため，融点にかかわらず300℃を超えたあたりから急速に進行する．そのため，融点とこの約300℃との間が成形可能温度範囲となる．

5.1 射出成形

射出成形は，樹脂の代表的加工方法の一つで，自動車部品，電気・電子部品などいわゆるエンジニアリングプラスチック用途でもっとも頻繁に用いられる重要な成形技術であり，複雑な形状の部品をワンピースで生産できる．前述のように成形材料の分子量が小さく溶融粘度の低いナイロンにとっては適した成形方法である．とくにナイロンがエンジニアリングプラスチックとして用いられるようになり，射出成形法の重要性が高まってきたことに加え，射出成形技術に関しても新しい加工法や成形機が研究・実用化され，ナイロン製品の加工にも用いられている．

新しい加工法として，ガスアシスト成形法，ダイスライド成形法（DSI），ダイロータリー成形法（DRI），超臨界ガス発泡成形法などがあげられ，加えて従来は油圧を作動機構の動力源としていたものを電動サーボモータによって駆動させることで成形機制御の精度が向上し，これら新規加工法の普及に貢献している．

ナイロン6ガラス繊維強化材料で作られるインテークマニホールドにも前述のDSI法，DRI法などが採用され，複雑な形状の製品の生産が可能となった．また，材料面でもこれら加工法に適した材料が開発され生産性，性能の向上に

表5 ナイロン射出成形時の成形不良対策

成形不良	対策
ショートショット	高流動性材料の選択，保圧切替え位置の最適化，エアベントの最適化
バリ	溶融粘性，保圧切替え位置と保圧の最適化
焼け	溶融粘性，保圧切替え位置と保圧の最適化，エアベントの最適化
ひけ	保圧の最適化，形状の最適化（肉ぬすみなど）
フローマーク	ゲート形状の最適化，高流動材料の選択
フラッシュ	乾燥の強化
ウェルドライン	結晶化速度の最適化，高流動材料，低ガス材料の選択
気泡	保圧の最適化，形状の最適化（肉ぬすみなど）
そり	成形速度の最適化，高流動材料，収縮異方性の小さい材料の選択
可塑化不良	シリンダ温度，背圧の最適化，高粘度材料，ハイサイクル材料を選択

貢献している．

ナイロンの射出成形時は，①シリンダの設定温度，②可塑化工程における背圧，③射出速度と保圧への切替え位置，④クッション量などに留意して条件設定することが重要である．

表4に各種ナイロンの射出成形時の推奨温度を，表5に成形不良とその対策例を示す．

5.2 押出成形

押出成形は，射出成形とともにナイロンにおける代表的加工方法であり，フィルム，シート，モノフィラメント，チューブなど種々の製品が作られている．

とくに近年，ナイロン12の燃料チューブへの採用が世界的に進み，欧州では70%以上が樹脂製となっているが，環境への配慮から燃料透過性を抑えた多層化も進んでいる．多層チューブの成形には複雑な装置が必要のように思われがちであるが，多層チューブに使用する材料がそれぞれ共押出成形可能な材料であれば，通常の単層チューブ成形装置に材料の数だけ押出機を追加し，多層用のダイを準備するだけで可能である．

一方，多層チューブの成形加工にはノウハウが必要であり，各層の厚みを均一にコントロールしながら高速で成形し優れた物性を得るために成形ダイの構造や成形条件の検討が不可欠となる．

6. ナイロンの材料開発動向

6.1 材料改質，高性能化

ここでは，ナイロン6の改質，高性能化について解説する．

(1) ハイサイクル化

ナイロンがエンジニアリングプラスチック用途に使用されるようになって以降，ナイロンの材料改良の歴史はハイサイクル化（射出成形時の成形サイクルアップ）の歴史といっても過言ではない．

ナイロンのハイサイクル化のためには，シリンダ内での可塑化安定による計量時間の短縮，溶融流動性や離型性の向上，結晶化速度を速め金型内での固化を促進させるとともに成形品の球晶を均一化して冷却時間の短縮を図ることが重要である．表6に代表的なナイロン用の滑剤，離型剤，結晶核剤を示す[5]．

(2) 耐熱性の向上

エンジニアリングプラスチックとして使用されることの多いナイロンは高温使用環境下での

表6 ナイロン樹脂の成形性改良剤の代表例[5]

	化合物種類	代表例
離型剤滑剤	カルボン酸アミド	ステアリン酸,モンタン酸エチレンビスステアリルアミド
	カルボン酸エステル	ステアリン酸オクチル,モンタン酸エステル
	カルボン酸金属塩	ステアリン酸カルシウム,ステアリン酸アルミニウム
	アルコール	ステアリスアルコール
	ワックス	ポリエチレンワックス
結晶核剤	無機質微粒子	タルク,シリカ,グラファイト
	金属化合物	酸化マグネシウム,酸化アルミニウム
	オリゴマー	カプロラクタム二量体

表7 耐衝撃ナイロンの特性[6]

項目	試験法 ASTM	単位	耐衝撃ナイロン UBEナイロン 1013 IU 50	一般ナイロン UBEナイロン 1015 B
引張り強さ	D 638	MPa	47	74
引張り破断伸び	D 638	%	200	200
曲げ弾性率	D 790	MPa	1,700	2,400
ノッチ付アイゾット衝撃強さ	D 256	J/m	830	60

資料:UBEナイロン物性カタログ

耐熱性の向上も重要である.ナイロンに用いられる耐熱剤の代表例は,ハロゲン化銅,ヒンダードフェノール類,芳香族アミン類であり,ハロゲン化銅はとくに高温領域で優れた効果を発揮する.

(3) 複合化,アロイ化

ナイロンはエラストマー成分や無機充填材を添加することで,強度や靭性を改良したり,ガラス繊維で強化して構造部品に使用される.

また衝撃強度や吸湿による寸法変化を改良するために他の樹脂とのアロイ化も行われる.アロイ化効果の具体例として,表7に自動車のキャニスタ用に使用されているエラストマー成分を添加した耐衝撃ナイロンの物性を示す[6].

6.2 最近の技術開発動向

近年,ナノテクノロジーが各分野で注目を集めており,材料技術でもナノオーダーでの構造制御によって新しい特性が発現される.

ナイロンは,このナノテクノロジーを材料改質に応用した最初の樹脂であり,豊田中央研究所の基礎技術をもとに宇部興産㈱とトヨタ自動車㈱との共同開発によってナイロンクレイハイブリッド(NCH)が開発,上市された.このナノコンポジット技術は,層状珪酸塩(モンモリロナイト)をナイロン中にこれまで困難とされた分子レベルで分散させたことで,数μmオーダーで無機フィラーが分散した従来型複合材料に比べ,微量の添加で剛性や耐熱性,気体や自動車燃料などのバリア性が大幅に向上する.

図4にNCHの合成工程の概念を示す[7].原料のモンモリロナイトを有機化したのちε-カプロラクタムのようなナイロンモノマーでスラリー化重合することでNCHが合成される.

NCHの諸特性を表8に示す[6].NCHはまずトヨタ自動車のタイミングベルトカバーで実用化され,その後優れたバリア性能によってフィルム用途に採用された.さらに近年厳しさを増

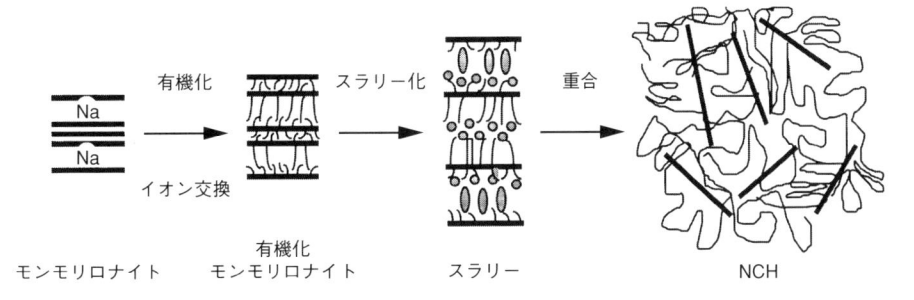

図4 NCHの合成工程模式図[7]

表8 ナイロン6ベースNCHの特性[6]

項　目	試験法 ASTM	単位	通常ナイロン 61015 B クレイ0%	ナイロンコンポジット NCH 1015 C 2 クレイ2%	クレイ 単純複合化 クレイ2%
比重	—	—	1.14	1.15	1.15
引張り強さ	D 638	MPa	76	88	84
引張り破断伸び	D 638	%	180	90	10
曲げ弾性率	D 790	MPa	2,500	3,200	3,000
ノッチ付アイゾット衝撃強さ	D 256	J/m	69	50	30
荷重たわみ温度	D 648	℃	76	130	88
燃料透過率（E 10—60℃）	—	g·mm/m^2·day	9	3	9

す自動車の燃料揮発量規制に対するハイバリアの燃料チューブ用材料としての役割が期待される．

7. ナイロンの用途

ナイロン最大のマーケットは自動車・輸送機分野であり全需要量の40％弱を占める．とくに最近ではエンジンルーム内部品の樹脂化が進み，ナイロンが圧倒的に使用されている．

7.1 インテークマニホールド

従来金属であった自動車のインテークマニホールドは，ここ数年急速にナイロン化が進んでいる．材料はナイロン6のガラス繊維強化材料であり，その優れた機械性能や成形性能，さらにインテークマニホールドの樹脂化に必須である振動溶着性能などの二次加工性に優れていることが採用の決め手となった．表9にインテークマニホールド用材料と一般材料との諸特性比較を[6]，図5に採用事例と工法を示す．

7.2 燃料部品

ナイロンは，エンジンルーム部品とならび燃料部品への採用事例も多く，燃料チューブを中心に今後採用拡大が期待される．

表10に多層燃料チューブの特性を示す．多

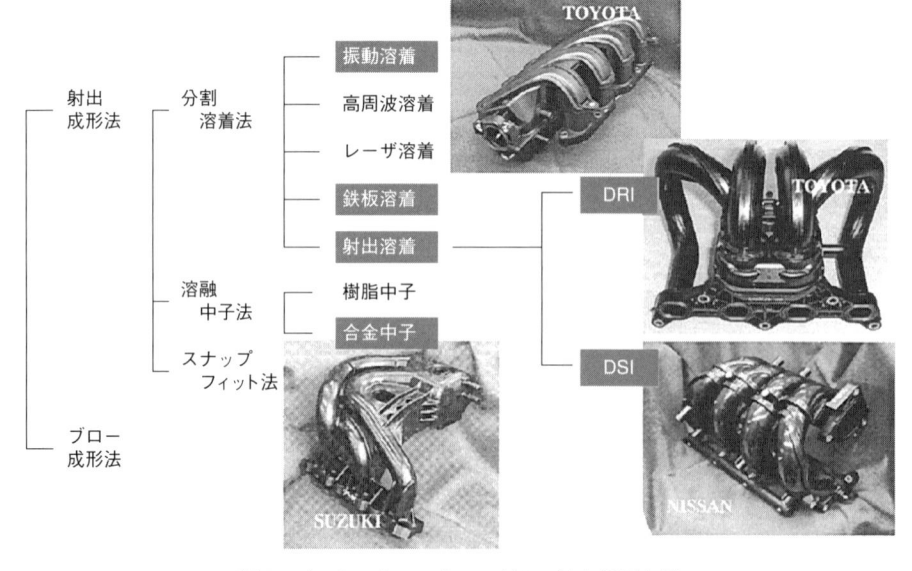

図5 インテークマニホールドの工法と採用事例

表9 インテークマニホールド用ガラス繊維強化ナイロンの特性[6]

項　目	試験法 ASTM	単位	インマニ用 USBEナイロン 1015 GNKF	一般UBE ナイロン 1015 GC 6
引張り強さ	D 638	MPa	185	170
引張り破断伸び	D 638	%	4	4
曲げ弾性率	D 790	MPa	8,500	8,000
ノッチ付アイゾット衝撃強さ	D 256	J/m	108	100
荷重たわみ温度	D 648	℃	220	215
振動溶着部引張強度	—	MPa	63	55

表10 多層燃料チューブ（ECOBESTA®）の特徴

	試験法	単位	可塑化 PA 12 単層	多　層 ECOBESTA®
チューブサイズ	DIN 73378	mm×mm	8.00×1.00	8.00×1.00
バースト強度	DIN 73378	MPa	7.2	8.5
フープ強度	SAE	MPa	26.5	30.4
チューブ引張り強さ	J 1394	N	850	>900
チューブ引張り破断伸び	SAE	%	210	210
チューブ衝撃強さ	J 1394	—	no break	no break
	DIN 7378	—	no break	no break
（−40℃）	SAE	—	1break/5sample	no break
	J 2260	—	—	no break
Fuel B 燃料透過性（60℃）	FORD FIAT GM-cup	g/m²day	240	63

層燃料チューブは，ナイロン12を基材にバリア材料としてEVOHやフッ素系樹脂が用いられている．さらに環境問題への関心の高まりからハロゲン系樹脂の使用が敬遠され，前述のNCHをバリア材料に使用した多層燃料チューブ（ECOBESTA）も開発されている．

8．今後の展望

ナイロンは，その優れた性能からさまざまな分野へ使用され，今後もその使用分野は拡大するものと予想される．とくに地球環境への配慮からフィルム分野ではPVDCのような塩素系樹脂が使用を敬遠され，毒性の低いナイロンの役割が期待される．また自動車分野でも軽量化による燃費の向上，燃料排出規制などナイロンの使用がいっそう進むと考えられている．

今後はナイロンにおいても，さらなる環境保護の観点から，いっそうの研究開発によって，材料リサイクルへの貢献が期待されている．

参考文献

1) 経済産業省化学工業統計・財務省通関統計
2) 化学経済，2001年3月臨時増刊号
3) 村木俊夫：高分子，**27**（3），201 (1978)
4) Holmes, D. R., Bunn, C. W. and Smith, D. J.：*J. Polym. Sci.*, **17**, 159 (1955)
5) 後藤邦夫，垣内弘，林寿雄：高分子改質技術 I（合成編），II（配合・加工編），230 (1972)，化学工業社
6) UBEナイロン物性カタログ
7) 赤川住史：化学工業，**46**（9）(1995)

（宇部興産㈱化学・樹脂セグメント
開発部・平山　新一／宇部興産㈱・中村　賢）

第3章 汎用エンジニアリングプラスチック
3-2. ポリアセタール (POM)

ポリアセタール（POM）は，最初の工業生産より40年を経て，現在国内の年間生産量が16万トン前後まで成長しエンプラの中でもポリカーボネート，ナイロンにつぐ生産量となり五大汎用エンプラの一つに数えられている．金属代替の部品として使用され始め，また，樹脂の特性を考慮した機構部品として自動車部品，電機・電子分野，特にAV機器などに大量に採用され応用開発が進められてきた．ただ，ここ数年その成長には陰りが見え始め，"新規の市場・用途が生まれてこない"というのが，ポリアセタール業界を取り巻く悩みでもあった．しかしながら，ユーザーがこの樹脂に求める内容はよりいっそう厳しくなってきており，環境問題への対応はまさにその代表格である．そのような市場の閉塞感を打開し過酷な要求に対応するため開発された2グレードを中心に，ポリアセタールの材料改質と構造・物性に関して紹介する．

1. 樹脂の歴史

ポリアセタールはホルムアルデヒドを原料としてDuPont社が世界で初めて工業生産を開始した樹脂である．このポリアセタールはアセタールホモポリマーと呼ばれ，分子骨格の末端がOH基であるため，容易に熱分解するために末端をアセチル化などで安定化して工業製品として使用されるに至った．世界の生産供給量は2004年度で約85万トン程度であり，表1に記載された多くのメーカーが生産販売を行っている．また，分子鎖中にわずかのC-C結合を導入して主鎖分解を抑え熱安定性を高めたアセタールコポリマーはCelanese社（現Ticona社）が開発した．それぞれの特徴があり，ホモポリマーは強度と弾性率を，コポリマーは成形性および使用時の熱安定性を謳い文句として発展を遂げてきた．国内では旭化成ケミカルズ㈱がホモポリマーと

表1 地域別ポリアセタールメーカー（2004年）[1]

（単位 1,000トン/年）

地域・メーカー	生産能力
アメリカ	153
Ticona	88
DuPont	65
BASF	0
ヨーロッパ	237
Ticona	80
DuPont	95
BASF	32
その他	30
日本	164
ポリプラスチックス	100
旭化成ケミカルズ	44
三菱エンジニアリングプラスチックス	20
DuPont	(15)
BASFジャパン	輸入
アジア（日本を除く）	294
韓国エンジニアリングプラスチックス（三菱/Ticona）	55
ラッキー（LGケミカル）	20
KTP（Kolon/東レ合併）	24
ポリプラスチックス台湾	20
台湾塑膠工業	20
ポリプラスチックスなど合併[1]	60
旭化成ケミカルズ/DuPont合併	20[2]
Thai Polyacetal（MEP/TOA）	45
DuPont Singapore	(18)
Polyplastics Asia Pacific	30
総合計	848

(注) [1] ポリプラスチックス，三菱ガス化学，Ticona，韓国エンジニアリングプラスチックスの合弁
　　[2] 順次6万トンまで拡大予定

コポリマーを，ポリプラスチックス㈱と三菱エンジニアリングプラスチックス㈱がコポリマーを事業化し，製造販売している．

2. ポリアセタールの製法・用途

ポリアセタールはホルムアルデヒドからの直接重合からだけでなく，トリオキサンを出発原料とした開環重合によっても製造できる．もともとポリオキシメチレン（ポリアセタール）が早くから発見されながら実用化できなかった理由は，そのままの形では熱安定性に乏しく，分子鎖末端から解重合が始まりジッパー式に分解していくためであった．DuPont 社は末端 OH 基を無水酢酸でエステル化しジアセチル化することにより熱安定性を改良したポリアセタールホモポリマーを初めて工業化した．これに対してコポリマーは三ふっ化ホウ素などのカチオン系触媒を用い，トリオキサンを主原料（ホルムアルデヒドの 3 量体）として，コモノマー成分にエチレンオキサイドもしくは 1,3-ジオキサンのような少なくとも 2 個の隣接炭素原子を有する環状エーテルをトリオキサンに対して 0.1～10 モル％添加して重合を行っている．これらのコモノマー成分（副原料）は主鎖の熱分解を抑制するために用いられている．ただし，現在，ホモポリマー対コポリマーという対比で市場で競合する場面は少なくなったといってよい．それぞれは棲み分けがほぼおさまった状況にあり，むしろ，取り沙汰される問題は 2 つの環境というキーワードである．1 つはグローバル化の波に押し切られる形で始まった厳しいコストダウン要求による経済環境と，生態系に優しい地球環境の問題である．

そのような状況下，ポリアセタールは従来から自動車の軽量化への要求を満足させるために主として摺動部品への用途展開がなされてきたが，最近はモジュール化に合わせる形でフューエル（燃料）センダーなどの部品に多く採用さ

表2 耐クリープ変形性能順位

```
クリープ変形し難い材料
 ↑    PES  PEI
      PAr  LCP  PMMA  PPS  PBT  PET  PAI
      PA 66   POM（コポリマー）
      POM（ホモポリマー） PA 6  PC
      PE  PTFE  PP  変形 PPO
      PS  ABS 樹脂
クリープ変形し易い材料
```

れてきた．また，燃料タンクの樹脂化と連動し，タンクへのこれら部品の接合技術が求められることが予想される．

また，最近は OA 分野でプリンタのギア材料として応用がなされ，プリンタの印字精度を高めるために必要な剛性と摺動性を併せもつ性能が要求されている．その摺動特性はオレフィン樹脂よりも優れていることから，前述のギアなどの機構部品への応用は必然的な流れでもあった．

ただし，弱点がないわけでもない．特に，自動車部品では金属では問題視されないクリープ特性，つまり，長時間の荷重下での変形と破壊にはプラスチックとしての実用性において問題を抱えながら使用されてきた．

表 2 は，各種樹脂のクリープ特性を定性的に表したものである．クリープ変形し難い材料は主鎖骨格が芳香族のものであり，主鎖が脂肪族の樹脂は比較的クリープ特性に弱点を抱えている．現に，ポリブチレンテレフタレート（PBT），ポリフェニレンサルファイド（PPS），芳香族液晶ポリマー（LCP）などの芳香族系ポリマーにおいては，実用上でこのクリープ特性に悩まされるような現象はほとんどない．ある意味で，このクリープ特性への対策とそれに関する特許・雑誌掲載論文は主として，その主鎖が脂肪族である樹脂に限定されるといっても過言ではない．ポリアセタールにおけるクリープ対策が高付加価値製品として新規の用途開拓にあてはまるものといえる．

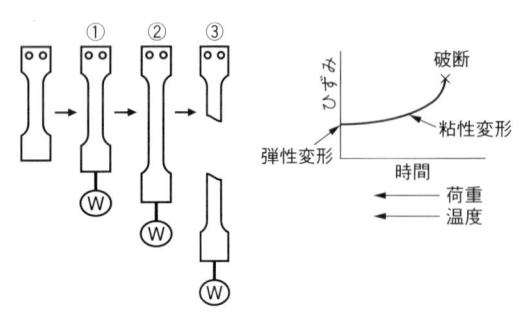

図1　引張りクリープ試験モデル[2]

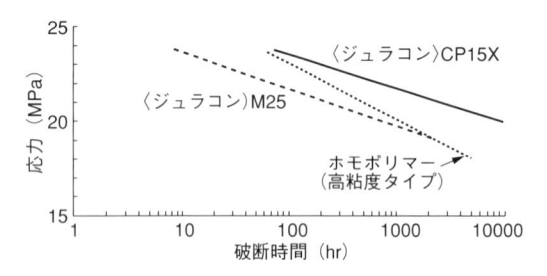

図2　〈ジュラコン〉CP 15 X のクリープ破壊寿命[4]
（引張りクリープ，80℃，空気中）

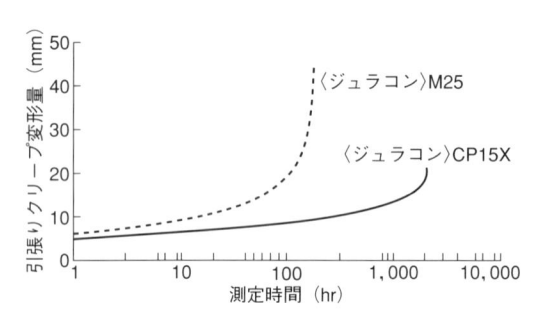

図3　引張りクリープ変形挙動[2]
（80℃，空気中，応力21 MPa）

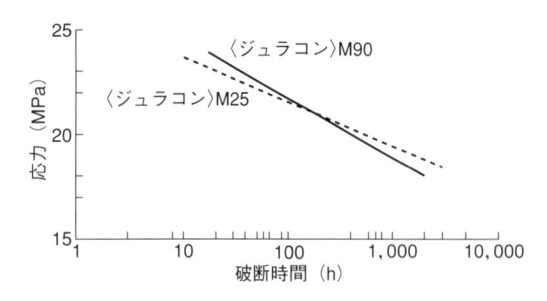

図4　クリープ破壊寿命への分子量の影響[2]
（引張りクリープ，80℃，空気中）

3. 構造と物性

　樹脂部品に荷重をかけ続けた場合，その部品は徐々に変形（クリープ変形）し，やがて破壊に至る（クリープ破壊，図1参照）．クリープ破壊は，本来樹脂の持つ機械強度よりもかなり小さな荷重が長時間かかることで破壊に至る現象であり，部品設計の段階で発生する応力などで見込み違いをすると重大なトラブルが発生する危険をはらんでいる．このクリープ特性はその長期寿命を予測する上でもっとも推定の難しい特性であるが，この破壊の危険性を大幅に低減するために，グレード改良が行われている（〈ジュラコン〉CP 15 X）．流動性がほぼ等しい，言い換えれば分子量が等しい〈ジュラコン〉M 25と比較したクリープ破壊寿命を図2に示す．この図から，CP 15 X は M 25 の 10倍以上の寿命を持っていることがわかり，また，その破壊寿命線の傾きが緩やかであるため，実用面で問題となる低応力域ではさらに高寿命になり信頼性が向上している．引張りクリープ試験での 21 MPa での変形挙動を図3に示した．CP 15 X は M 25 に比べて，初期変形の弾性変形が小さく，かつ粘性変形も起きにくくなっており，クリープ変形とクリープ破壊寿命の両特性において改善がなされている材料といえる．

　ポリアセタールのクリープ特性を改良する方法としては，従来からいくつかの方法が試みられている．以下に順を追って説明する．

① 高分子量化

　一般に樹脂の分子量を増大させることでクリープ特性は改善する．ポリアセタールの標準的な材料（分子量域）である〈ジュラコン〉M 90 と高分子量タイプの同 M 25 のクリープ破壊寿命を図4に示す．M 90 に比べ M 25 は低応力域で破壊寿命が長く，荷重に対する曲線の傾きが緩やかである．しかしながら，高分子量化は流動性を減少させるため射出成形においては

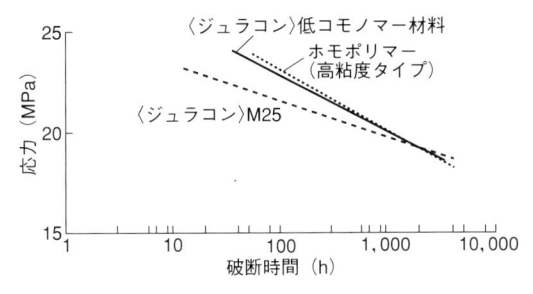

図5 高剛性化とクリープ破壊寿命の関係[2]
（引張りクリープ，80℃，空気中）

表3 改良POM（〈ジュラコン〉CP 15 X）の基本物性[5]

項 目	単 位	CP 15 X	M 25
密 度	g/cm³	1.41	1.41
メルトインデックス	g/10 min	2.0	2.5
引張り強さ	MPa	66	60
引張り破壊ひずみ	%	44	40
曲げ強さ	MPa	87	80
曲げ弾性率	MPa	2,450	2,250
シャルピー衝撃強さ（ノッチ付き）	kJ/m²	12	9

（注） 一般物性値はISOに準拠して測定．上記の値は材料の代表的な測定値であり，材料規格に対する最低値ではない．

成形加工性を低下させることにもなり，実際の製品設計ではこれ以上の高分子量化は望めないのが現実である．

② 高剛性化

特殊な使用環境においては，クリープ対策としてポリアセタールを高剛性化する手法が知られている．これはアセタールコポリマーのコモノマー量を減らし，アセタールホモポリマーもしくはその中間に位置する材料にすることである．たとえば，後述する高剛性材料〈ジュラコン〉HP-Xシリーズも，剛性が高いことから耐クリープ性が良好である．

図5にアセタールホモポリマーであるDuPontの〈デルリン〉100Pとアセタールコポリマー〈ジュラコン〉M 25および〈ジュラコン〉のコモノマー量を減らしたグレードについてそれぞれクリープ破壊寿命を示した．荷重に対する寿命線の傾きは高剛性化した材料で急になるが，荷重の高い領域（短時間側）は比較材料のM 25よりも高寿命となることがわかる．ただし，クリープ破壊寿命が実際の製品設計で問題となるのは，1万時間以上の長時間側でのケースであることが多く，特殊なケースでは高剛性化は有効であるが，幅広い用途展開では限界もあるといわざるを得ない．

③ 活性化体積（V_m）アップ

高分子量化および高剛性化ではそれぞれの特徴は引き出せるが，成形加工と実用性の面からは未だ不足している点があり，これらの欠点を埋める検討が必要であり，さまざまな試行錯誤の結果，活性化体積とクリープ破壊寿命の間に強い相関があることがわかった．つまり，ポリマーの固体高次構造において，活性化体積を大きくすることでクリープ破壊寿命線の傾きが緩やかになることを確認した．ここで言う活性化体積とは，結晶中での分子鎖の自己拡散に依存するもので，結晶中の空孔を作るのに要する体積と分子鎖が空孔に跳びこむ時の周囲の分子を押しのける体積の和であり，拡散係数の圧力依存性から求まる値である．重合手法を見直し，コモノマー量の種類 量の最適化と添加剤処方の最適化により〈ジュラコン〉CP 15 Xは活性化体積を増大させることが可能となった．図2からわかる通り，CP 15 XはM 25に対する優位性だけでなく，アセタールホモポリマーに対してもすべての荷重領域で破壊寿命が優れていることが確認できる．表3に〈ジュラコン〉CP 15 Xの基本物性を示した．強度および弾性率はM 25よりも10%程度向上しており，この機械強度の増大がクリープ特性における弾性変形の抑制に効果を発揮していると考えられる．従来の成形加工性を維持しつつ，弱点とも言えるクリープ特性を改善することにより，さまざまな部品設計での信頼性向上と金属部品の樹脂

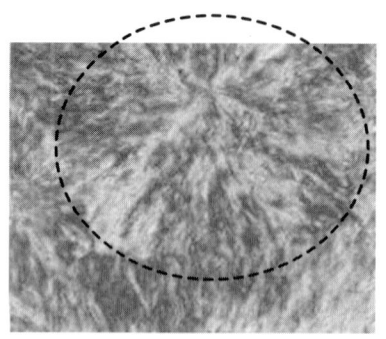

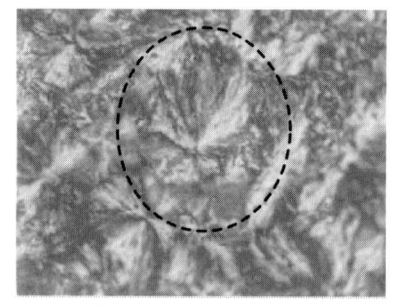

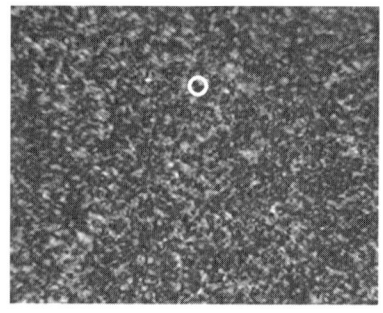

第3章 汎用エンジニアリングプラスチック

化を促進することができるものと期待できる．

4. 高剛性化

　高剛性化の手法としては，従来から核剤添加やフィラー添加などの方法が知られているが，POMにおいては有効な核剤が少なく，またフィラー添加については靭性や摩擦・摩耗特性の低下，成形収縮率の異方性などが問題になる場合がある．そこで，最近はこれらの手法とは別に，アセタールコポリマーについてはコモノマー量の低減や分子構造の最適化を図ることにより，コポリマーの優れた長期特性を維持したままホモポリマーと同等レベルの強度・剛性を有した材料の開発検討も進められている．このような材料として，アセタールコポリマーの熱安定性を有しながらも強度・剛性を向上させた旭化成ケミカルズの〈テナック-C〉HCシリーズ，コモノマー種・量の選択により高強度・高剛性を付与させた三菱エンジニアリングプラスチックスの〈ユピタール〉Aシリーズ，ポリプラスチックスの〈ジュラコン〉HP-Xシリーズがある．

　〈ジュラコン〉HP-Xシリーズは，分子構造を制御することにより高結晶化度を達成したアセタールコポリマーである．写真1に見るように，非常に微細で均質な球晶構造を具現化することで結晶化度を従来のコポリマーより10%程度高くし，ホモポリマーと同等以上にしている（図6）．

　HP-Xシリーズの一般物性を表4に示す．引張り強さ，曲げ弾性率は従来のコポリマーに比べて10%以上向上しており，高い結晶性によりホモポリマー並みの高強度・高剛性化が達成されていると考えられる．また，破壊の起点となり得る球晶の形態が非常に微細であるために，引張り破断ひずみの低下が抑制されているものと思われる．このように〈ジュラコン〉HP-Xシリーズは，高強度・高剛性の性質と

写真1　ポリアセタールの球晶構造[3]
（偏光顕微鏡写真）

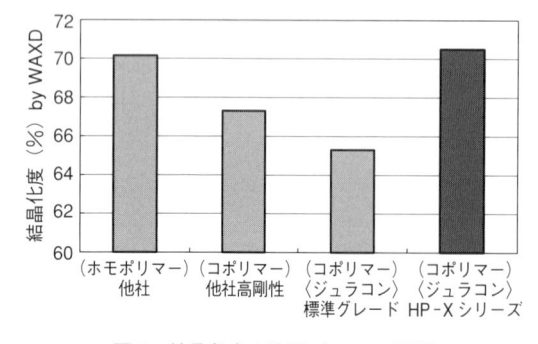

図6　結晶化度の比較（WAXD法）[3]

表4 改良POM（〈ジュラコン〉HP-Xシリーズ）および他材料の物性比較[3]

項　目	単　位	標準タイプ			高流動タイプ			高粘度タイプ		
		HP90X	ホモポリマー	M 90	HP270X	ホモポリマー	M 270	HP25X	ホモポリマー	M 25
メルトインデックス	g/10 min	9	13	9	27	24	27	2.5	2	2.5
引張り強さ	MPa	68	68	63	69	68	64	68	68	60
引張り破断ひずみ	％	33	10	35	25	9	30	37	25	40
曲げ強さ	MPa	94	92	85	98	95	89	92	88	80
曲げ弾性率	MPa	2,720	2,650	2,450	2,870	2,750	2,560	2,660	2,590	2,250
シャルピー衝撃強さ（ノッチ付き）	kJ/m^2	7	7	6	6	5.5	5	11	12	9

（注）　一般物性値はISOに準拠して測定．上記の値は材料の代表的な測定値であり，材料規格に対する最低値ではない．

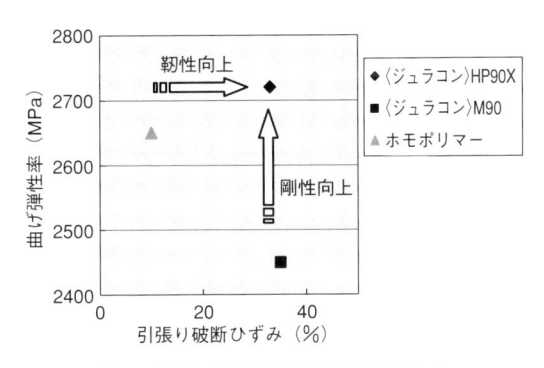

図7　各種POMの引張り破断ひずみと曲げ弾性率との比較[5]

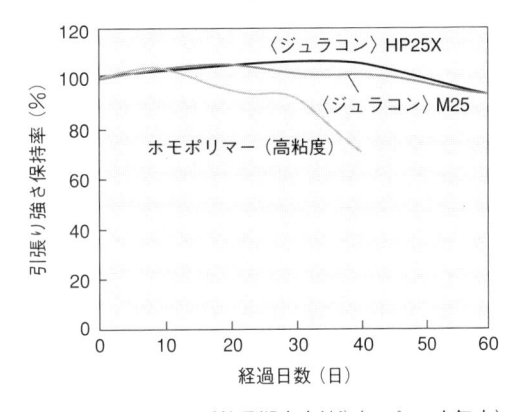

図8　各種POMの耐熱長期安定性[3]（140℃，空気中）

高い引張り破断ひずみの性質とを両立した材料といえる（図7）．さらに，基本的分子骨格はコポリマーであるため，熱的・化学的な安定性は従来のコポリマーと同様に優れた特性を示し，たとえば長期加熱下での機械物性の保持率（ヒートエージング特性）や耐薬品性は，いずれも従来コポリマーと同等レベルであり，ホモポリマーに比べて優れている（図8）．

5．複合化

ポリアセタールの特長的な性質としては，耐摩擦摩耗特性において他樹脂よりも優れ，ギヤ，ウォーム，ローラ，スライダなど，摺動機構部品に多く用いられていることがあげられる．近年は幅広い用途の摺動部品に使用され，なおかつ，グリスレスの要求が高くなってきている．

　各社ともその特性を向上させたグレード開発に懸命であり，ポリプラスチック人は広範囲な摺動領域をカバーする〈ジュラコン〉NW-02を，旭化成ケミカルズはブロックコポリマーを使用した〈テナック〉LA 541を，三菱エンジニアリングプラスチックスは〈ユピタール〉FX-11 Jを市場に展開している．ロッド-リングタイプの鈴木式摩擦摩耗試験における摺動面温度と荷重，および摺動速度との関係の一例を図9に示す．〈ジュラコン〉NW-02は比較の標準グレードに対し摺動性に優れ，高荷重，高摺動速度においても摺動面温度が上がりにくい

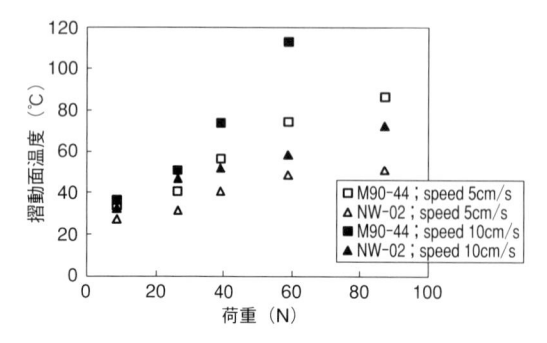

図9 各種POMの摺動面温度と荷重，および摺動速度との関係[4]

特性を有することがわかる．

また，顧客の要求はこの摺動特性に加え，剛性のアップ，低そり性を付加したグレードにまで発展しており，特に，高い剛性特性はギアに応用した場合の最終的な特質である．高速印刷での印字精度の確保を目的に必須な課題といわれている．そのため，どのメーカーでも多種類のグレードをラインナップしているが，多品種の維持には収益圧迫といった問題が生じかねないため，これらの特性を生かしつつ摺動グレードを整理統合できる技術力が求められている．

6. 今後の展望

経済的な観点から見れば，ポリアセタールの国内需要は明らかに減少してきており，反対に日本を除くアジア地域の自動車部品，電機部品メーカーへの供給が増加していることは確実な情勢となってきている．また，アジア地区全体で捉えれば供給過剰になりつつもあり，今後さらに各生産メーカーの競争は厳しくなるものと予想される．ポリプラスチックスでもすでに台湾およびマレーシアで現地生産を行っているのに加え，2005年からは他メーカーと共同で中国での現地生産と販売を開始した．このように経済環境がより厳しい側面を見せる中で，ポリアセタールメーカーとしての役割は次世代における成形性の改良，高品質確保および性能面での高機能化を併せもち，さらにはコストを意識した上での顧客満足度向上が一段の努力目標でありコミットすべきポイントになり得ると考えられる．

参考文献

1) 安田武夫：化学経済，2005・3月臨時増刊号，**52**(4)，126 (2005)
2) 松島三典：プラスチックスエージ，**47** (6)，87 (2005)
3) 大川秀俊：工業材料，**51** (5)，33 (2003)
4) 川口邦明：プラスチックスエージ，**50** (10)，97 (2004)
5) 長谷寛之：プラスチックスエージ，**51** (5)，84 (2005)

(ポリプラスチックス㈱研究開発本部研究開発センター・小林　博行，中　道朗)

第3章 汎用エンジニアリングプラスチック
3-3. ポリカーボネート (PC)

1. PCの歴史

PCは1950年の初めにバイエル社のシュネルらのグループにより各種のヒドロキシ化合物からの合成法が研究された．そのなかでビスフェノールAタイプのPCが他のPCに比べて全般的にもっともバランスのとれた性質を有し，原料ビスフェノールAの入手しやすさもあり最初に工業化され現在に至っている．工業生産については1959年にドイツのバイエル社がマクロロンの商品名で，1960年に米国のGE社がレキサン，モーベイ社（その後バイエル社に吸収）がマーロンの商品名でそれぞれ生産を開始した．一方，日本においては1960年に帝人化成がパンライト，出光石油化学（現 出光興産）がタフロン，1961年に三菱ガス化学（当時三菱江戸川化学）がユーピロンの商品名で生産を開始した．現在のPC製造メーカーはGE，バイエル，ダウケミカル，帝人化成，三菱エンジニアリングプラスチックス，出光興産，旭化成ケミカルズの7社である（技術導入先メーカーを除く）[1,2]．

ポリカーボネート（PC）は1960年に国内で生産されて以来，透明性，耐衝撃性，耐熱性，自己消火性などその優れた特性により電気・電子分野，機械分野で採用が始まり，以後精密機器，自動車，医療・保安，雑貨，光ディスクなどの分野へと採用が広がった．

PCはバランスのとれたエンジニアリングプラスチックとして1995年には国内生産量でポリアミドを抜いてエンジニアリングプラスチックの中で最大となった．エンジニアリングプラスチックはその生産量，機能からスーパーエンプラと汎用エンプラに分類されPCは汎用エンプラを代表する樹脂となった．

最近3年間のPCの国内生産量，出荷量の推移を表1に示す[1]．2003年は国内メーカーの東南アジアでの生産が開始され日本からの輸出が減少したがおおむね対前年比10%以上の高い伸び率を示している．表2に全世界のPCメーカーの生産能力を示す[2]．旺盛な需要増加に対応するため各社増設を行い2002年には年産約240万トンに達している．

2. PCの製法, 用途

2.1 PCの製法

PCの製法には種々の方法があるが現在工業規模で製造されているビスフェノールAタイプのPCは，

表1 ポリカーボネート生産・出荷，輸出入[1]

（単位：t, %）

	2002年	伸び率	2003年	伸び率	2004年	伸び率
生産	386,058	4.3	408,838	5.9	410,796	0.4
出荷	390,841	12.7	395,491	1.0	412,489	4.3
輸出	238,992	19.5	226,321	△4.5	225,343	△0.4
輸入	64,538	1.6	62,885	△2.6	68,693	9.2
内需	216,387	2.9	232,055	7.2	255,839	10.2

（注）内需＝出荷＋輸入－輸出

表2 世界のPC生産能力（グループ別）

会社名 （グループ）	国　名	工　　　場	生産能力 (t/年)	増設計画 (t/年)
GE Plastics	アメリカ	Mt. Bernon, IND Burkville, AL	430,000	75,000
	オランダ	BERGENOPZOOM	145,000	
	スペイン	CARTAGENA	130,000	130,000
	日本	GEPJ　千葉	40,000	
		計	745,000	205,000
BAYER	アメリカ	Baytow. TEX	200,000	50,000
	ドイツ	UE RDINGEN	220,000	
	ベルギー	ANTWERP	180,000	80,000
	タイ	バイエルポリマーズ　マプタプット	50,000	100,000
	中国			50,000
		計	650,000	280,000
Dow Chem.	アメリカ	Freeport, TEX	80,000	
	ドイツ	STADE	105,000	22,000
	日本	住友ダウ　愛媛	50,000	
	韓国	Dow-LG	65,000	
		計	300,000	22,000
帝人化成	日本	松山	120,000	
	シンガポール	帝人ポリカーボネート　シンガポール	200,000	
	中国	帝人ポリカーボネート　チャイナ	50,000	40,000
		計	370,000	50,000
三菱エンジニアリングプラスチックス	日本	三菱ガス化学　鹿島	100,000	
		三菱化学　　　黒崎	40,000	
	タイ	タイ・ポリカーボネート　マプタプット	60,000	80,000
	韓国	Samyung Chem	50,000	
		計	250,000	80,000
出光興産	日本	千葉	50,000	
	ブラジル	PC DE BRAZIL	10,000	
	台湾	IDEMITSU-FCFC	50,000	50,000
		計	110,000	50,000
旭化成ケミカルズ	台湾	旭化成―奇美実業	50,000	50,000
		総　計	2,355,000	737,000

① ビスフェノールAとジフェニルカーボネートとを高温で溶融し，減圧下で生成するフェノールを除去しながらエステル交換反応させてPCを合成する製法で通常エステル交換法（溶融法）と呼ばれている．
② 塩化メチレンの存在下，ビスフェノールAのカセイソーダ水溶液あるいは懸濁水溶液にホスゲンを作用させてPCを合成する製法で通常ホスゲン法（溶剤法）と呼ばれている．
③ ビスフェノールAにピリジン，塩化メチレン存在下ホスゲンを反応させてPCを合成する製法で通常ピリジン法と呼ばれる．
上記3種類の製法があり，いずれかの方法で製造されている[1]．

〈ホスゲン法，ピリジン法反応式〉

$$HO-\phi-C(CH_3)_2-\phi-OH + COCl_2 \rightarrow \{O-\phi-C(CH_3)_2-\phi-O-C(=O)\}_n$$

〈エステル交換法反応式〉

$$HO-\phi-C(CH_3)_2-\phi-OH + O=C(O\phi)_2$$
$$\rightarrow \{O-\phi-C(CH_3)_2-\phi-OC(=O)\}_n$$

2.2 PCの用途

図1に国内における需要構成[5]を，図2にアメリカにおける需要構成[6]を，図3にヨーロッパにおける需要構成[7]を示す．国内では電気・電子/OA，アメリカでは自動車用途，ヨーロッパではシート用途の需要が大きい．

①電気・電子分野：耐熱性，寸法精度，燃焼性などの特徴を活かしてリレー，スイッチ，コネクタ，携帯電話，アイロン，液晶部品，リチウム電池パックなどにUL認定グレードが多く採用されている．
②OA分野：高剛性，寸法精度，燃焼性などの特徴を活かして非ハロゲン難燃PC/ABS，PC/ABS/無機充填材，PC/PSアロイなど流動性の良いグレードや剛性の高いグレードがパソコンやプリンタのハウジング，シャーシに採用されている．
③機械・精密機器分野：寸法精度，高剛性の特

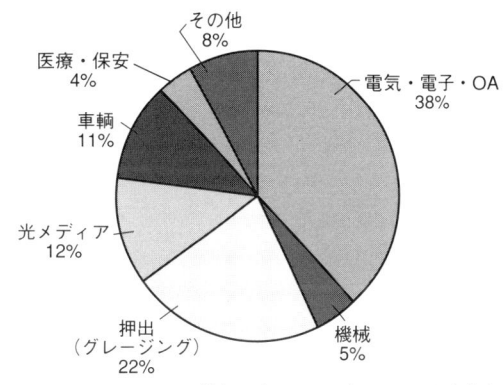

（注）PC/ABS，PC/Pestアロイを含む
図1　日本のPC需要構成

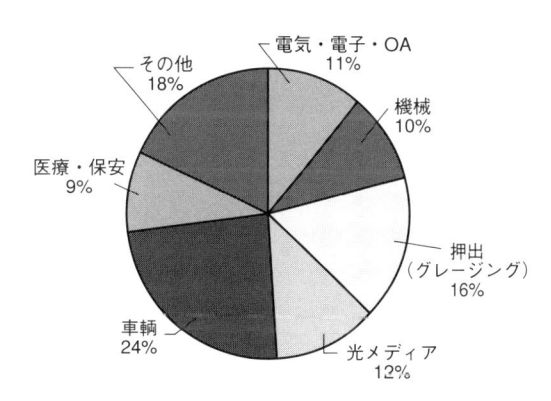

（注）PC/ABS，PC/Pestアロイを含む
図2　アメリカのPC需要構成

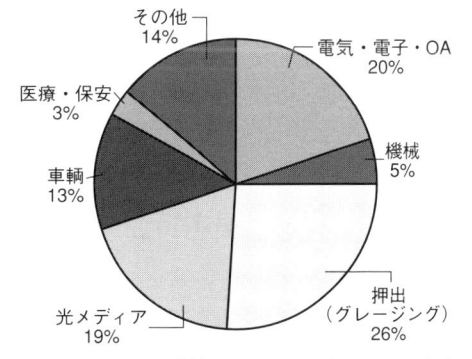

（注）PC/ABS，PC/Pestアロイを含む
図3　ヨーロッパのPC需要構成

徴を活かして電動工具，カメラ，デジタルカメラ，鏡筒などの外装品，機構部品に採用されている．

④自動車分野：透明性，耐衝撃性を活かしてヘッドランプに，耐衝撃性を活かしてPC/ABSアロイがクラスタ，ホイールキャップなどに，耐薬品性を改良したPC/ポリエステルアロイがドアハンドル，サイドガーニッシュ，ルーフレールなどに採用されている．

⑤医療・保安分野：人工透析器，三方活栓に透明性，強度，耐滅菌性の特徴を活かして採用され，信号レンズ，船灯に透明性，耐衝撃性を活かして，ヘルメット，煙（熱）探知機，保護メガネに耐衝撃性を活かして採用されている．

⑥光ディスク：透明性，寸法精度を活かした光学グレードがCD，CD-R，CD-ROM，ミニディスク，MO，DVD-ROMなどに採用されている．

⑦シート分野：透明性，耐衝撃性を活かして押出成形で製造され安全性，環境問題からPVCやアクリルからの代替えとして波板やエクステリア用途に採用されている．また厚さ1mm以下のシートがメンブレムスイッチ用に，フィルムが光学用に採用されている．

⑧雑貨：耐衝撃性，透明性を活かしてパチンコ・パチスロ部品，文房具，雪かきスコップなどに，光沢性を活かして高級雑貨などに採用されている．

⑨その他：アロイ用原料としてABS，PS，PBT，PET，アリレート樹脂などのメーカーに販売されている．

3. 構造と基本特性

PCは，カーボネート結合を基本構造とするポリマーであり，原料となるジヒドロキシ化合物の種類によって種々のポリマーを得ることができるが，ジヒドロキシ化合物としてビスフェノールAを原料とするPC（図4）は，約150℃のガラス転移点（T_g）をもつ非晶性のポリマーで，特性と経済性の両面から，広く工業的に生産されている．

PCの特徴は，耐衝撃性が高く，使用温度範囲が広いこと，また電気特性，透明性，耐候性，寸法安定性および自己消火性に優れることである．図5に示すように，耐衝撃性と使用温度範囲は他の樹脂と比べてもきわめて優れた特性となっている．

T_gが高いにもかかわらず，耐衝撃性に優れるのは，粘弾性特性をみた場合，主鎖の運動に起因するγ分散が低い温度域に存在し（約-80～-100℃），自由体積が大きいためである[8]．

図4　ビスフェノール-AタイプのPCの分子構造

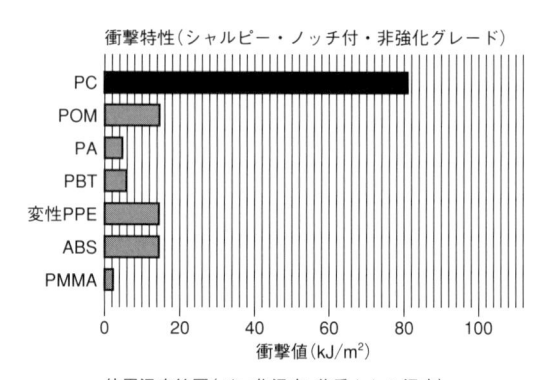

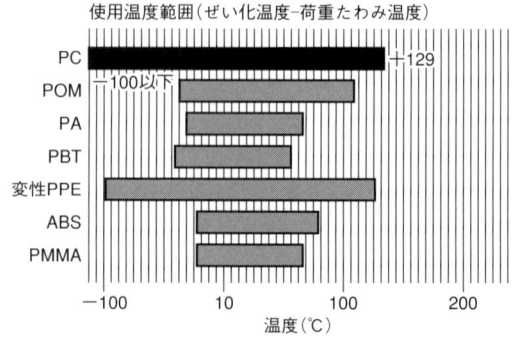

図5　PCの特性の他樹脂との比較

PCの樹脂としての基本特性を，表3[9]にまとめた．

PCの特性や成形性は分子量に大きく依存し，使用される用途において，要求される特性や成形加工法に適した分子量のものが選択される．分子量は，極限粘度法による粘度平均分子量が一般に用いられる．

各種特性の分子量依存性は，図6のようにまとめられている[3]．分子量の低いほうが流動性が高く，射出成形には好適であるが，機械特性や耐薬品性は分子量低下とともに劣る傾向があり，粘度平均分子量16,000付近を下回ると急激に低下する．

PCの代表的な成形加工法は射出成形であり，特性と成形性のバランスから，粘度平均分子量18,000～25,000のものが一般

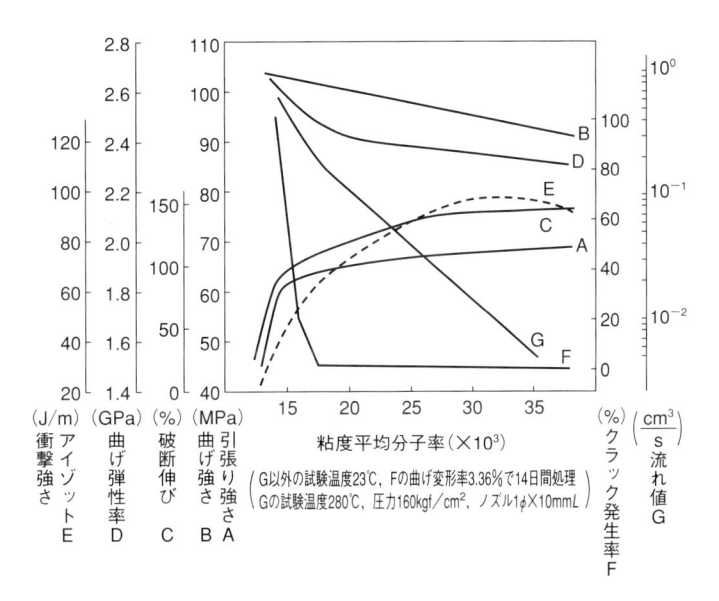

図6 PCの粘度平均分子量と物性

表3 PC樹脂の基本特性

特性項目	測定法	測定条件	特性値
密度	ISO 1183	—	1200 kg/m^3
吸水率	ISO 62	23℃ 水中 24 h	0.2%
光線透過率	ASTM D 1003	厚さ 3 mm	88%
屈折率	ASTM D 542	—	1.585
引張り弾性率	ISO 527-1, -2	1 mm/min	2.4 GPa
引張り降伏応力	〃	50 mm/min	61 MPa
引張り降伏ひずみ	〃	〃	6%
引張り破壊呼びひずみ	〃	〃	>50%
曲げ弾性率	ISO 178	2 mm/min	2.3 GPa
曲げ強さ	〃	〃	91 MPa
シャルピー衝撃強さ	ISO 179	ノッチなし	NB
		ノッチ付	76 kJ/m^2
荷重たわみ温度	ISO 75-1, -2	1.80 MPa	129℃
		0.45 MPa	142℃
成形収縮率	帝人化成法	平行／垂直	0.5～0.7/0.5～0.7%
線膨張係数	ISO 11359-2	平行／垂直	0.7/0.7×10^{-4}/℃

に用いられる．ただし，光ディスク用途には特別に分子量の小さいもの（15,000～16,000）が使用される．また，高粘度のほうが成形加工性に優れる押出成形やブロー成形では，27,000～33,000程度の高い分子量のものが主に使用される．加工性をより高めるために，分岐を導入したPCが用いられることもある．

種々の特性の改良を狙って，ビスフェノールA以外のジヒドロキシ化合物を原料としたPCも多数検討されている．

ビスフェノールZから得られるPCは耐熱性，電気特性に特徴があり，プリンターやコピー機のOPC感光体バインダ用途に使用されている[10]．

光ディスク向けのPCについても新規構造のポリマーの開発が盛んに行われている．この用途に対しては，低コンタミネーション・揮発成分，高熱安定性，情報ピットの高転写性や高流動性に加え，情報の読み取り精度や長期信頼性向上のため，複屈折の低減が求められており，情報の高密度化に伴って要求が顕著になっている．

複屈折は，ポリマーの分子構造とその配向状態に依存し，分子構造に由来する光弾性係数と，ポリマーの配向をもたらす成形中の応力の積で表される（式（1））[11,12]．

$$\Delta n = C \cdot \sigma \tag{1}$$

Δn：複屈折
C　：光弾性係数（分子構造由来）
σ　：成形中にかかる応力（成形条件由来）

ポリマーの分子構造面からは，かさ高い構造や非対称構造の導入による光弾性係数の低減や，反対符号の固有複屈折をもつ鎖を導入することによる固有複屈折の相殺などによる特性改良が試みられており，耐熱性，機械特性，吸水率，成形性などとの良好なバランスを達成して，実用化された例もある[12]．

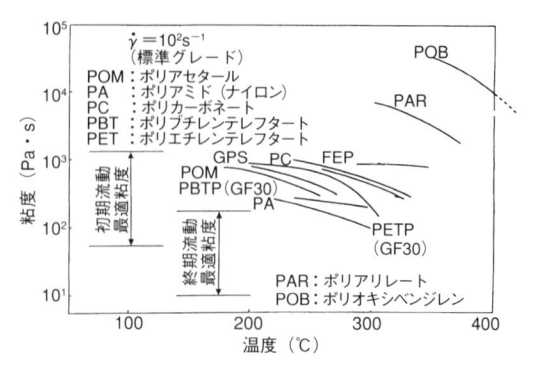

図7　各種ポリマーの溶融温度

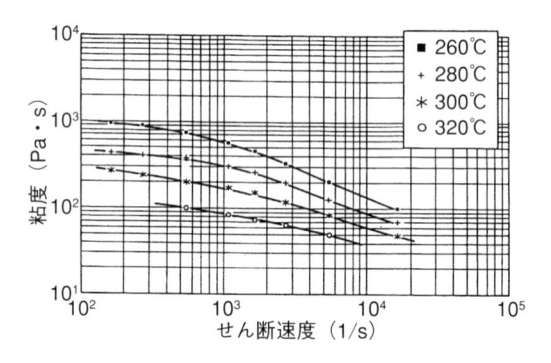

図8　キャピラリーレオメータによる溶融粘度とせん断速度（粘度計ノズルϕ1×10 mmL，ポリカーボネートの粘度平均分子量21500）

4．レオロジー

PCはほとんどの成形方法で加工することができるが，その溶融粘度は各種樹脂の中でも比較的高い部類に属しており（図7）[13]，成形加工性は必ずしも良好なほうではない．そのため，PCを取り扱う上でそのレオロジーを把握することは非常に重要である．

PCの溶融粘度のせん断速度依存性を，キャピラリーレオメータによって測定した結果を，図8，9に示す．それぞれ，樹脂温度とPC分子量を変えたときの挙動を表している．PCは，温度に対する粘度変化は比較的大きいが，せん断速度に対する粘度変化は小さく，とくに低せん断速度領域においては，ニュートン流体に近い粘度挙動を示す．これより，成形加工時にお

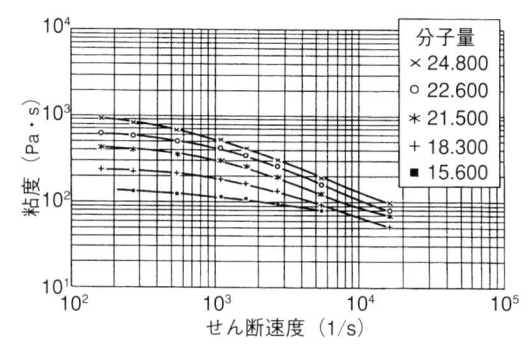

図9 キャピラリーレオメータによる280℃の溶融粘度とせん断速度（粘度計ノズル $\phi 1 \times 10$ mm）

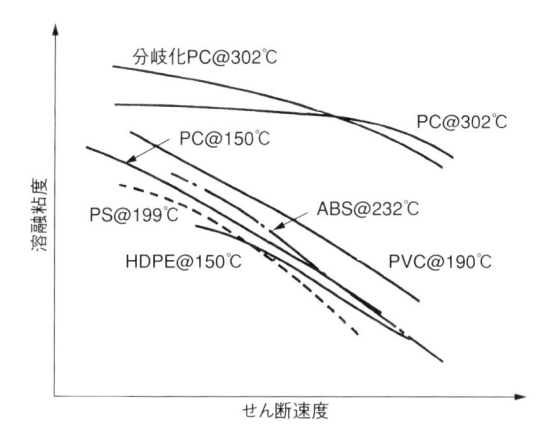

図10 各種樹脂のせん断速度と溶融粘度

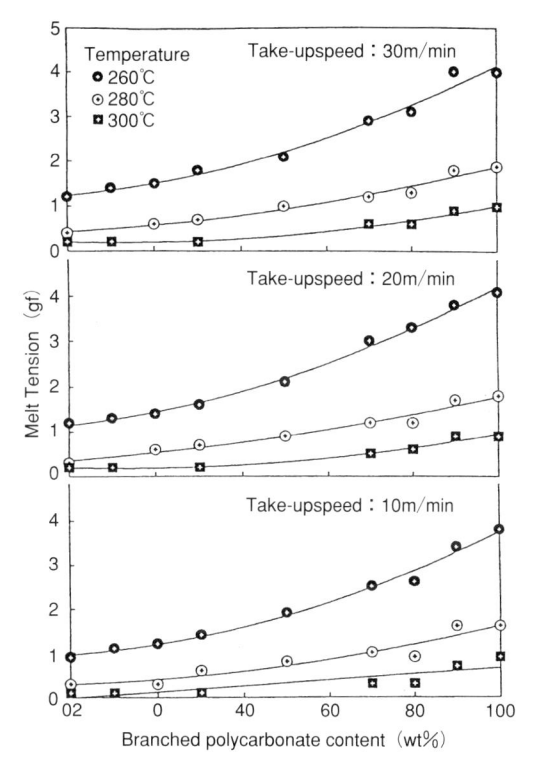

図11 直鎖状PC，分岐PCおよびそれらブレンドの溶融張力

いて溶融粘度を低くするには，せん断速度を上げるより，樹脂温度を高くするのが有効であることがわかる．

押出成形やブロー成形に使用される架橋構造を有する分岐PCは，通常の直鎖状のPCとやや異なった溶融特性を示す．図10に示すように，分岐PCは，粘度のせん断速度依存性が高く，せん断速度の低い領域では直鎖PCより高粘度になる．

押出成形性やブロー成形性を評価するに当たっては，せん断粘度特性だけでなく伸長粘度特性も重要である．通常の直鎖状PCと分岐PC，およびそれらのブレンドについての溶融張力の測定例を図11に示す[14]．架橋構造が多くなるにつれて高い溶融張力を示すようになることがわかる．

一般に，ポリマーの成形加工は，加熱溶融—加圧流動—冷却固化を基本としているため，成形加工時の挙動に対しては，比熱，エンタルピー，熱伝導率，伝熱特性などの熱的特性も深く関わってくる．また，CAEシミュレーションにはポリマーのp-v-T特性も利用される．PCについてのこれら熱特性データは，基本的なものであれば文献などでも種々報告されており，利用可能である[3,13,15]．

5. 成形加工

(1) 射出成形

PCの代表的な成形加工方法は，射出成形である．標準的な射出成形条件を表4にまとめる[9]．

PCのカーボネート結合は，水分が存在する

表4 PCの標準射出成形条件

射出成形機	射出容量が，成形品重量の1.5～3倍になるものを選定
成形条件 樹脂温度	270～320℃
金型温度	80～120℃
スクリュー回転数	40～100 rpm
射出速度	中速～高速
射出圧力	100～150 MPa
背圧	～10 MPa

と高温で加水分解を受けやすいため，成形前の乾燥が不十分であると種々不良を生じる．PCは常温で約0.2%の吸水率があり，0.02%以下になるまで乾燥する必要がある．標準的な予備乾燥条件は，120℃で5時間以上である．

PCは，成形時のせん断応力や冷却収縮により残留応力が発生するが，残留応力が大きいと，クレーズやクラックが発生したり，変形することがあるため，8～10 MPa以下に抑えることが望ましい．残留応力はアニーリングによって緩和することができる．標準的なアニーリング条件は，120℃×1時間である．PCの射出成形における主な不良とそれに対する対策を表5にまとめる[9]．

光ディスクの射出成形においては，複屈折の低減が重要である．複屈折は先述のとおり式(1)に示す因子に依存するが，PCの場合光弾性係数が比較的大きいため，射出成形時にかかる応力を低減することが必要となる．そのため，光ディスク用途においては，分子量の低いPCを用い，高い樹脂温度において，射出圧縮成形，高速射出成形を行うことが基本となっている．射出成形における複屈折の制御方法についても文献に解説されている[11]．

(2) 押出成形・ブロー成形

PCは，他の樹脂に比べて溶融粘度が高い樹脂であり，通常グレードにてシートおよびフィルムの押出成形は可能であるが，一般的に溶融体の強さ（メルトストレングス）が小さいため，とくに形状が複雑な異形押出成形やブロー成形においては，賦形不良やドローダウンが起こりやすくなり，高分子量のPCや，分岐を導入したPCがしばしば用いられる[16]．

ダイスウェルについては，PCは，PE，PVC，ABSなどに比べて小さいスウェリング比をとる．このため，ダイのクリアランスは，PE用に比べて大き目の設計をする必要がある．

押出成形，ブロー成形いずれの場合も，高い品質の製品を得るためには，やや高い背圧をかけてペレットを均一に溶融することが大切である．

PCは，その溶融粘度が温度に影響されやすく，せん断速度の影響は比較的影響が少ない．すなわちニュートン流体に近い性質を持っているので，パリソンの垂れ下がりが問題になるブロー成形では，とくにシリンダ，ダイ各部の精密な温度制御が必要である．小さな成形品の場合には，ダイ部の温度によって相当程度まで温度制御できるので，ドローダウンを防ぎやすいが，大きな成形品の場合は，クロスヘッド，ダイ温度の温度制御を精度よくしなければならない．

6. 複合化

他の樹脂同様に，PCにおいても特性や成形加工性を改良するため，さまざまな複合化が行われる．その代表的な手法が，ポリマーアロイ化と充填材の配合である．

検討されているPCのポリマーアロイ化の例を，その目的と併せて表にまとめた（表6）[17]．これらの中で，実用化されている代表的なポリマーは，ABSとPET・PBTなどの芳香族ポリエステルとのポリマーアロイである．ABSの場合はPCとAS成分の良好な相溶性のため，また芳香族ポリエステルの場合は部分的なエステル交換反応による相溶化が起こるため，

表5 PC の射出成形における主な不良とその対策

現　象	原　因	対　策
水分による気泡	・ペレットの乾燥不十分による分解	・予備乾燥を十分に行う ・ホッパの保温管理
真空気泡	・肉厚部分が急冷され，収縮できないため，容量不十分が内部の真空気泡となる ・金型温度の不適 ・シリンダ温度の不適 ・射出圧力および保圧の不足	・偏肉をなくす ・肉厚部に直角に入れるように，ゲート位置を修正する ・金型温度を上げる ・シリンダ温度を下げる ・射出圧力および保圧を増す
ウェルドマーク	・シリンダ温度の不適 ・射出圧力の不足 ・金型温度の不適 ・キャビティ内のガス抜きなし	・シリンダ温度を上げる ・射出圧力を増す ・金型温度を上げる ・ガス抜きをつける
ひけ	・冷えの遅い肉厚部表面がちぢみひけとなる（肉厚の不適） ・射出圧力の不足 ・射出容量の不足 ・金型温度が異常に高いか，冷却不足 ・保圧の不足 ・ゲート寸法の不足	・偏肉を少なくする ・射出圧力を上げる ・射出容量を増やす ・金型温度が適当なら冷却時間を増す ・保圧時間を延ばす ・ゲート寸法，とくに厚さを増す
焼け（全面的または部分的な変色）	・シリンダ温度の不適 ・部分的にシリンダ中で滞留が起こる ・シリンダとノズルなどのねじによる嵌め合い部に入り込む ・逆流防止弁，リング付きの場合 ・ペレットの乾燥不十分による分解 ・成形機容量の過大	・シリンダ温度を下げる ・デッドコーナーのない構造にする ・ねじ嵌め部に隙間のないようにする ・滞留のない適切なデザインのものに変更 ・予備乾燥を所定通りに行う ・適正容量の機械に変える
シルバーストリーク（銀条）	・シリンダ温度の不適 ・滞留時間が長い ・射出速度の不適 ・ゲート寸法の不適 ・ペレットの乾燥不十分 ・射出圧力の不適	・シリンダ温度を下げる ・滞留をなくす ・射出速度を遅くする ・ゲートを大きくする ・予備乾燥を所定通り行う ・射出圧力を下げる
ゲート部の波立ち（不透明になる）	・射出速度の不適 ・保圧の加わる時間が不適 ・金型温度の不適 ・ゲート寸法の不適	・射出速度を遅くする ・保圧時間を短くして，キャビティに充填後溶融物を入れないようにする ・金型温度を上げる ・ゲートを大きくする
ジェッティングおよびフローマーク	・金型温度の不適 ・射出圧力の不適 ・ゲート寸法の不適	・温度を上げる ・射出圧力を下げる ・ゲートを大きくする
突き出し不良（離型不良）	・コア・キャビティ勾配不足 ・サイクルの不適 ・シリンダ温度の不適 ・ノックピンの位置，数の不適 ・コアより離型する場合，成形品と真空状態になる ・金型温度の不適 ・射出圧力が高く，充填容量が多すぎた場合	・抜き勾配をつける ・冷却時間が短いか，極端に長い ・適正な成形温度まで下げる ・適正な位置，数を検討する ・コアの表面が平滑な場合に生じやすいピンでなくプレートで突き出し，ベントピンを設ける ・金型温度を下げ，サイクルを長くする ・射出圧力を下げ，原料の計量を少なくする
成形品の脆化	・乾燥不足 ・金型温度の低すぎ，射出圧力，保圧の高すぎ ・偏肉，離型不良による内部応力の発生 ・ノッチ効果 ・加熱分解 ・異物の混入	・乾燥機，ホッパの管理 ・各条件を適正にする ・偏肉をなくす ・シャープコーナーをなくす，ゲート位置の修正 ・シリンダ温度を下げる ・滞留箇所をなくす ・ホッパ，シリンダの清掃

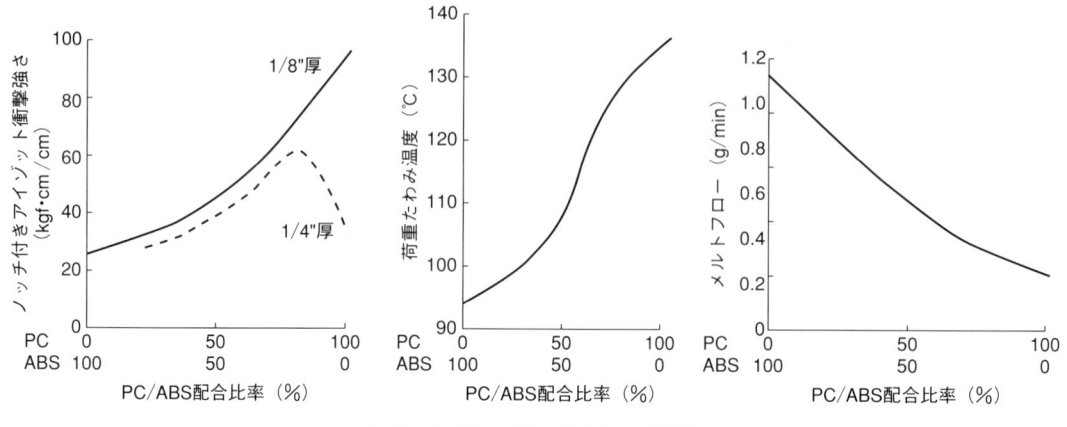

図12 PC/ABS配合比率と各種特性

表6 PCアロイとして利用されるポリマーとその効果

アロイ化ポリマー	改良特性
ABS	流動性，めっき性，ノッチ感度低減
PET	耐薬品性，流動性，耐熱性
PBT	耐薬品性，流動性
HIPS	耐衝撃性
PMMA	真珠光沢
PA	流動性，耐薬品性
ポリオレフィン	ストレスクラック性，耐摩擦性
エラストマー	低温衝撃性
PTFE	摺動性
LCP	流動性，剛性

通常は特別な相溶化剤を用いずに混合される．ABSとアロイ化することによって，PCの耐熱性は低下するものの，流動性が大きく改善され，また耐衝撃性におけるノッチ感度も低減されるという効果を発現する（図12）．PCの成形加工における課題である流動性を向上させる手段としてメリットが非常に大きいため，部品の薄肉化が進むOA用途などを中心に広く利用されている[18,19]．

芳香族ポリエステルとのアロイは，結晶性ポリマーである芳香族ポリエステルを含むことにより，非晶性樹脂としての短所である耐薬品性が改善されるため，ガソリン，オイル類などとの接触の可能性がある自動車部品用途へ展開されている[19,20]．

先述したように，PC/ABSアロイやPC/芳香族ポリエステルアロイは基本的に相溶化剤を必要としないポリマーアロイ系であり，その分散形態は比較的安定ではあるが，成形加工温度が高いときや滞留時間が長いときには，ABSアロイの場合は分散形態の変化やゴム成分の分解・凝集が，また芳香族ポリエステルアロイにおいてはPCとのエステル交換が進みやすくなり，特性の変化をもたらすことがある．また，芳香族ポリエステルアロイの場合，エステル交換反応に対して触媒作用を示す添加剤・着色剤などの影響を受けて，分子量低下や特性変化が促進されることもある．そのため，特性を安定して発揮させるためには，成形条件の適切な管理が必要である．

無機充填材の配合はポリマーアロイ化と並んで代表的な複合化である．機械特性を向上させる目的では，ガラス繊維，炭素繊維に代表される繊維状の補強材が古くから用いられている．また，成形収縮やそりの低減などの寸法精度向上のためには，板状，球状，短繊維状の無機充填材から適した形状のものが選択される．無機充填材の例としては，ミルドファイバ，ガラス

ビーズ，ガラスフレーク，タルクなどの無機鉱物類などがあげられる．

PCの成形加工は約300℃という高温で行われるため，無機充填材として塩基性の強いもの，または表面活性の高いものを配合するとPCの熱分解を促進し，PCの分子量が低下しやすくなることがある．その場合，成形温度を可能な限り低めにし，樹脂の滞留を極力避けるなどの処置が必要である．

7. 今後の展望

PCはバランスのとれたエンジニアリングプラスチックとして年々右肩上がりの成長をとげてきた．その要因としてPCメーカー各社の技術開発による新グレードの開発，新規加工法の開発があげられるが，生産量の拡大とともに価格も下がりその価格帯での用途が加わったことも大きい．今後期待できる用途として表面硬度，耐候性などの問題はあるが車両の窓ガラス，ハードの普及率が急速に上がっているDVDなど有望な市場もありますの拡大が期待できる．

21世紀に入り環境問題，安全問題からハロゲン系難燃剤の規制，リサイクル材料の使用などがいわれているがPCはいずれの対応にも比較的可能性の大きな材料でもあり，今後の技術開発に期待したい．

参考文献

1) 経済産業省化学工業統計，財務省通関統計
2) 合成樹脂新聞他，プラスチックス他
3) 本間精一：ポリカーボネート樹脂ハンドブック (1992)，日刊工業新聞社
4) 松金他：ポリーカーボネート樹脂，日刊工業新聞社
5) 矢野経済研究所，プラスチックス他
6) プラスチックスエージ，**47** (12), 139 (2001)
7) プラスチックスエージ，**47** (12), 144 (2001)
8) Hartmann, B. and Lee, G. F.: *J. Appl. Polym. Sci.*, **23**, 3639 (1979)
9) 帝人化成㈱パンライト技術資料
10) 田中：工業材料，**47** (4), 22 (1999)
11) 金井，柴田：成形加工，**2** (1), 2 (1990)
12) 田中：工業材料，**48** (8), 89 (2000)
13) 大柳康：ポリマープロセッシング・レオロジー入門 (1996)，アグネ承風社
14) Lyu, M-Y., Lee, J. S. and Pae, Y.: *J. Appl. Polym. Sci.*, **80** (10), 1814 (2001)
15) 旭化成アミダス㈱，プラスチックス編集部：プラスチック・データブック (1999)，工業調査会
16) 本間：プラスチックスエージ，**31** (4), 130 (1985)
17) 「実用プラスチック辞典」，368 (1993)，産業調査会
18) 保坂：プラスチックスエージ，**37** (3), 149 (1991)
19) 高木：プラスチックスエージ，**47** (6), 91 (2001)
20) 高木：工業材料，**47** (4), 31 (1999) など

(帝人化成・井上　純一，弘中　克彦)

第3章 汎用エンジニアリングプラスチック
3-4. 変性ポリフェニレンエーテル (m-PPE)

世界の5大エンジニアリングプラスチックの需要量は約570万トン/年であり，電子・電気分野，事務機分野，自動車分野などでその優れた熱的特性，機械的特性，難燃性を利用して多用されている．

変性PPEはこの中の約7%にあたる39万トン/年の需要があり[1]，耐熱性が高い，寸法安定性が優れる，非ハロゲン難燃剤で難燃化できる，リサイクル性に優れるなどの理由で現在も高い伸びを示している．2001～2004年の4年間の需要量の平均伸び率は3.3%であった（表1）．

表1 変成PPEの需要量推移

（単位：1000 t/年）

	2001年	2002年	2003年	2004年
需要量	345	369	381	390

（出典：化学経済2005年3月臨時増刊号）

1. 変性PPEの歴史

1957年に米国のA. S. Hayらによって，フェノール類の酸化カップリング重合法が開発され，この重合方法を使って，1965年に，2,6-キシレノールを重合したポリ（2,6-ジメチルフェニレンエーテル）（PPE）を，ゼネラルエレクトリック社（GE社）が企業化した．しかし，PPEは単体では，ガラス転移温度（T_g）が210℃と高いため，当時，成形加工が技術的に困難で市場展開は進まなかった．1967年に至り，GE社はPPEがポリスチレンと相溶化することを発見し，PPEとHIPSとのポリマーアロイ（変性PPE）を商品化した．PPEとHIPSのポリマーアロイは，PPE単体より耐熱性は低下するが成形加工が容易になり，世に広く受け入れられ，市場は大きく拡がった．その後，PPEと非相溶な樹脂であるポリアミドとのポリマーアロイなども開発され商品化されている．

2. 変性PPEの製法

PPEの重合は，2,6-キシレノールと酸素を原料として銅系触媒を用いて酸化カップリング反応により合成される．その化学反応を単純に書くと図1のようになる[2]．フェノール類の酸化カップリング反応はオルト位とパラ位が反応しやすく，オルト位がメチル基で置換されている2,6-キシレノールを重合すると，パラ位での反応が進み直鎖状ポリマーが得られる．

PPEポリマー単体は，前述したようにT_gが高いため，成形加工領域での粘度が高く，成形加工が困難である．通常は，PPEとポリスチレン（PS），ハイインパクトポリスチレン（HIPS）とを押出機を使用して溶融混合した変性PPEが商品として提供される．必要に応じて，難燃剤，無機フィラー，耐衝撃付与剤，顔料など添加剤が同時に添加される．PPEとPSは，すべての混合割合で完全相溶するとい

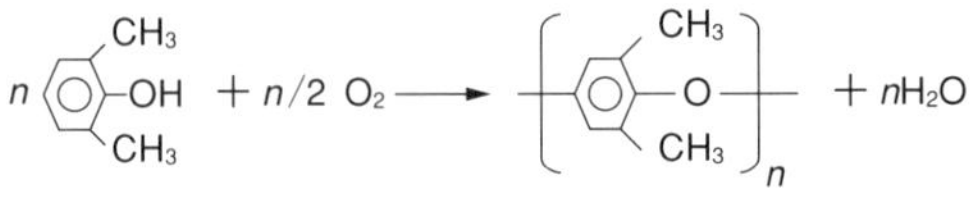

$$n \underset{CH_3}{\underset{|}{\bigcirc}}\!\!-\!\!OH + n/2\, O_2 \longrightarrow \left[\underset{CH_3}{\underset{|}{\bigcirc}}\!\!-\!\!O\right]_n + nH_2O$$

図1 2,6-キシレノールの重合反応

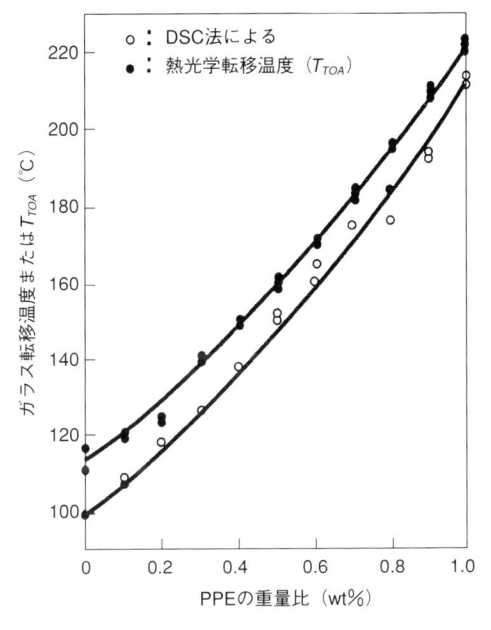

図2 PPE/PS系アロイのブレンド比とガラス転移温度（Schultsら[7]）

うまれな組み合わせであり，混合割合に応じて T_g が PPE 単体の 210℃ から PS 単体の 100℃ までほぼ直線的に変化する（図2）[6]．この性質を利用して，耐熱性と成形流動性とが異なる商品がラインアップされ，用途によって必要とされる耐熱性，成形流動性を満足できる変性 PPE が供されている．

3. 変性 PPE の特性と用途

3.1 変性 PPE の特性

プラスチックは，大きく非晶性樹脂と結晶性樹脂に分類される．非晶性樹脂は，寸法安定性が高く，耐薬品性が低く，融点を持たないため温度に対する溶融粘度の急激な変化がないという特徴を持つ．結晶性樹脂は，耐薬品性が高く，疲労強度が高く，融点を持つため温度に対する溶融粘度の急激な変化があるという特徴を持つ．これらの特徴によって，それぞれ，非晶性樹脂はハウジング，シャーシといった OA・E&E（電気・電子機器）の筐体や，ブロー成形用途などに，結晶性樹脂は，主に自動車部品，ギア，薄肉射出成形用途などに使用される．

変性 PPE は，非晶性樹脂に属する．変性 PPE は，PPE と PS，HIPS が相溶したポリマーアロイである．HIPS とのアロイにする理由は，耐衝撃性を向上させるため（同時に成形流動性も向上する）であり，その衝撃エネルギー吸収機構については，いくつかの報告がある．プラスチックの衝撃エネルギー吸収機構は，プラスチックの種類，環境温度，変形速度によって，クレーズによるか，せん断降伏によるか，あるいはクレーズとせん断降伏の両方によるかが決まる[4]．PPE と HIPS のアロイの場合，クレーズとせん断降伏の両方が同時に発現しているという報告がある[5]．

変性 PPE の特性（耐衝撃性以外）は，PPE に対する PS，HIPS のブレンド割合に応じて，PPE 単体が持つ特性から，PS，HIPS 単体が持つ特性に近づいたものになる．したがって，まず，PPE 単体が持つ特性を把握しておく必要がある．PPE 単体ポリマーは，(1) T_g が高い，(2) 難燃性である，(3) 線膨張係数が小さい，(4) 比重が小さい，(5) 誘電正接が小さいなどの長所を有している．

一方，(1) 耐候変色がある，(2) 非晶性樹脂に共通の特性として，耐薬品性を考慮した設計が必要などの欠点を有している．

各樹脂の特性比較を表2にまとめた（樹脂名の記号は文末にまとめて示す）．上記長所について，データを元に少し解説する．

(1) ガラス転移温度 T_g

図3に示したとおり，樹脂の中では T_g がもっとも高い群に属している．とくに，5大エンジニアリングプラスチック（エンプラ）と呼ばれるポリフェニレンエーテル，ポリカーボネート，ポリアミド，ポリオキシメチレン，ポリブチレンテレフタレートの中では群を抜いて高い T_g を有している．PPE 単体ポリマーの T_g はこのように非常に高いので，PS，HIPS との

表2　各種樹脂の特性比較

項目		PC/ABS					結晶性樹脂			
		m-PPE	PPE	PC	PC/ABS	ABS	PA	PBT	POM	PE	PP
T_g（ガラス転移温度）		◎〜△	◎	○	○	△	×	×	×	×	×
T_m（結晶融解温度）		—	—	—	—	—	◎〜○	○	△	×	△
難燃性		○	○	△	△	×	△	×	×	×	×
寸法安定性		◎〜○	◎	○	○	○	×	×	×	×	×
比重		○	○	○	○	○	×	×	×	○	○
誘電正接		○	◎	△	△	△	×	×	△	○	○
耐候変色		△〜×	×	○	○〜△	○〜△	—	—	—	—	—
耐薬品性	有機溶剤	×	×	×	×	×	○	○	○	○	○
	酸，アルカリ	○	○	△	△	△	×	×	△	○	○

T_g　　◎：>200℃　○：150〜200℃　△：80〜120℃
T_m　　◎：>250℃　○：220〜230℃　△：150〜190℃　×：<120℃
難燃性　○：非ハロゲン難燃実績有　△：一部非ハロゲン難燃実績有　×：非ハロゲン難燃化難度高い
寸法安定性（線膨張係数，K^{-1}）　◎：良好（5〜6×10^{-5}）　○：やや不足（6〜7×10^{-5}）　×：不良（>7×10^{-5}）
比重　○：小さい（≦1.1）　×：大きい（>1.1）
誘電正接　◎：<2　○：2〜4　△：4〜10　×：>10
耐候変色　○：変色ほとんど認められない　△：変色あり　×：強い変色あり
耐薬品性　○：侵されない　△：少し侵される　×：侵される

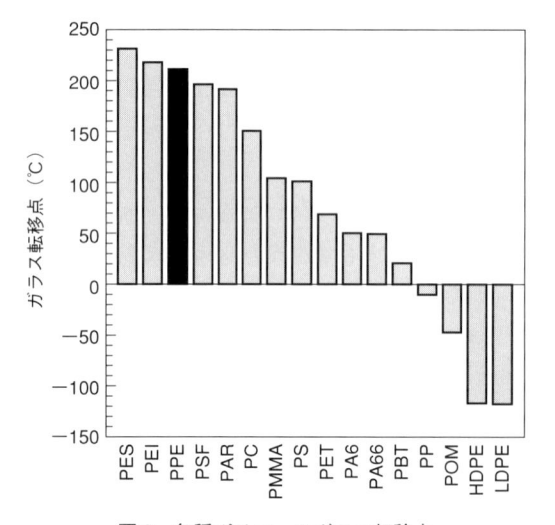

図3　各種ポリマーのガラス転移点

表3　限界酸素指数（LOI）

樹脂	限界酸素指数（%）
PP	17.4
PE	17.5
PS	18.1
PPE/HIPS	21.8
PC	26〜28
PPE	28〜29
PA	29
PPE/HIPS/P	34

ブレンドにおけるPS，HIPSの割合を少なくするか，またはまったく混合しないで使用するとスーパーエンプラなみのT_gの材料となる．最近は，成形加工技術が進歩してきているので，成形流動性の悪さを成形加工技術でカバーすることにより，PPEの高T_gを最大限活かした材料としての使い方が期待できる．

(2) 難燃性

各種樹脂の限界酸素指数（LOI）を表3に示した．PPEのLOIは29であり，ポリアミド，ポリカーボネートと並んで高いLOIを示す．LOIはその樹脂を継続的に燃焼させるために必要な酸素濃度であり，高いほど燃えにくいことを示す数値である．PPEは，その化学構造中に芳香族環と酸素原子を有しているため，燃焼時に炭化層を形成しやすい．特にリン系の難燃剤と組み合わせることにより，この炭化層形成

が促進される．このような難燃化機構を用いて，フィラー強化グレード，非強化グレードのいずれも，難燃グレードが数多く上市されている．環境問題がますます重要視される中，非ハロゲン系難燃材料へのニーズが高まっており，変性PPEはこの点で注目されつつある樹脂である．

(3) 線膨張係数

図4に各種樹脂および各種金属の線膨張係数を示した．PPEの線膨張係数は，$5.2 \times 10^{-5} K^{-1}$でありスーパーエンプラ以外ではもっとも小さい．金属は約$1 \sim 3 \times 10^{-5} K^{-1}$なので，金属の線膨張係数には及ばないが，かなり近い数値を示している．変性PPEでは，PS，HIPSを添加するため線膨張係数が少し大きくなるので，無機フィラーを添加して線膨張係数を下げ，結局$3 \sim 5 \times 10^{-5} K^{-1}$程度の材料として提供されている．OA機器，記録媒体などでは，光学的に情報を読み取ったり，正確な位置にプリントしたりというニーズがあるため，線膨張係数が小さく寸法が安定なことは重要であり，このような材料が使われる．

(4) 比重

表4に各種樹脂の比重を示す．PPE単体ポリマーの比重は1.06であり，5大エンプラの中ではもっとも軽量な樹脂である．PS，エラストマーなどとブレンドしてもこの位置づけは変わらない．これにより，軽量な部品を設計できる．

(5) 誘電正接

PPEは，その分子構造から推定されるように誘電正接が低い．誘電正接は，高周波数の電流を流した時に生じる損失に関係し，値が小さいほど伝送損失が小さいことを示す．図5に示したように，ポリアミドやポリエステルのような極性が高いポリマーの誘電正接が$20 \sim 30 \times$

表4 各種ポリマーの比重

樹脂	比重
PP	0.92
LDPE	0.92
HDPE	0.95
PS	1.05
ABS	1.05
PPE	1.06
PA 6	1.14
PA 66	1.14
PC	1.20
PAR	1.21
PSF	1.24
PEI	1.27
PBT	1.31
PPS	1.34
PET	1.34
PES	1.37
POM	1.41

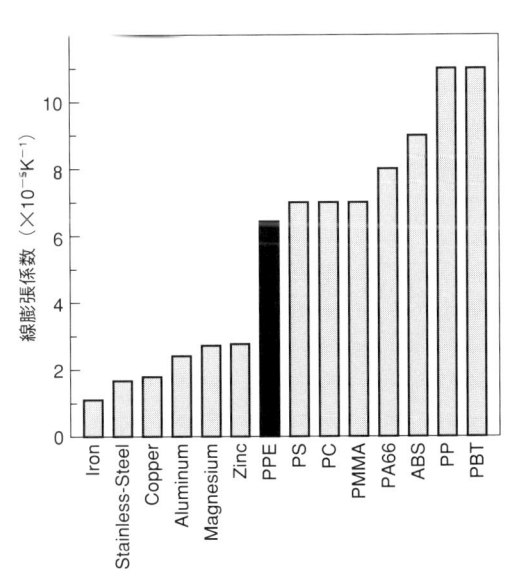

図4 各種ポリマー，金属の線膨張係数

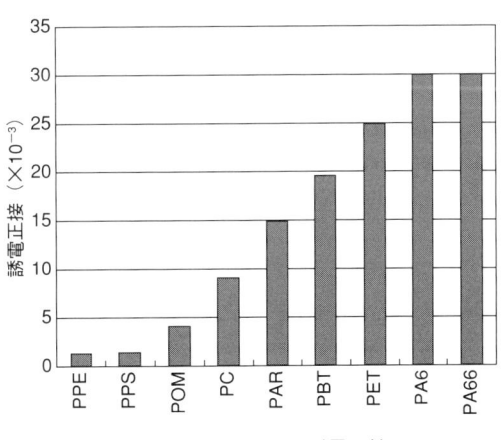

図5 各種ポリマーの誘電正接

10^{-3} 程度であるのに対して，PPEの誘電正接は，$1×10^{-3}$程度であり，5大汎用エンプラ中もっとも低く，テフロンに近い誘電正接を有する[3]．最近のように大量の情報を伝送する必要性が高まってきている環境下では，伝送損失が小さいことは重要な意味を持つ．

3.2 変性PPEの用途

図6に示したとおり，2000年度における変性PPEの用途は，事務機器分野が44%，電気・電子分野が35%，自動車分野が12%であった[1]．

具体的には，事務機器分野ではプリンタ，FAX，コピー，記録媒体などのシャーシに主に使用されている．このことは，変性PPEが，これら用途での要求性能である耐熱性，難燃性，寸法精度を満足しており，適材であることを示している．電気・電子分野では，偏向ヨークなどに主に使用されている．これは，やはり変性PPEがこの用途での要求性能である難燃性，耐熱性を満足しており，適材であることを示している．

4. 難燃化

変性PPEの難燃化はすでにふれたように燐系難燃剤で容易に達成できる．この技術により設計された難燃グレードは，非ハロゲン系難燃材料であるため，最近，環境問題の観点から注目を集めている．従来は，低分子のリン酸エステル化合物が難燃剤として使用されていたが，これは成形加工時にガスが出て金型汚染（MD）を起こすため，最近ではMDがない中分子量のリン酸エステルが主として使用されるようになってきた（図8）．さらには，シリコーン系化合物を難燃剤とする難燃化も研究開発としては行われている．

5. 複合化・アロイ化

変性PPEは，それが持っている高い寸法安定性をさらに高めるため，また，機械的強度（降伏強度，弾性率）や耐熱性（HDT）を高めるため，無機鉱物などのフィラーを添加して複合化することが行われている．実際，事務機器向けのシャーシ材料は，このような無機鉱物と

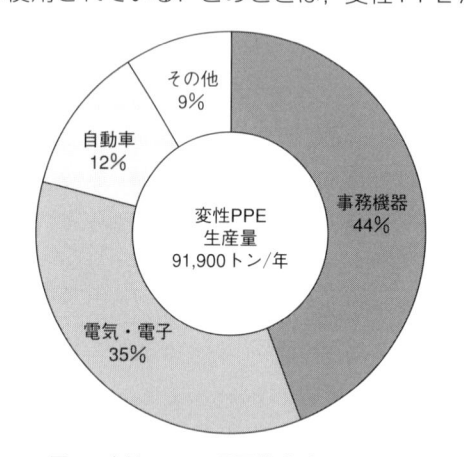

図6 変性PPEの需要構成（2000年度）

変性PPE生産量 91,900トン/年
事務機器 44%
電気・電子 35%
自動車 12%
その他 9%

図7 変性PPEの用途例

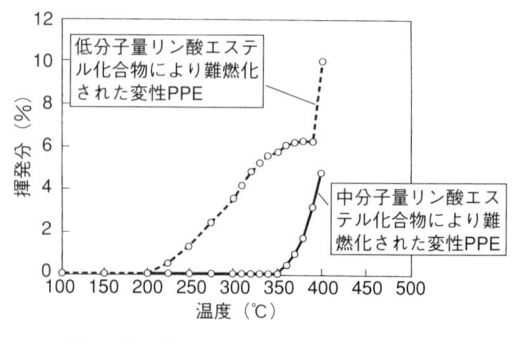

プリンタシャーシ
充電器，電池ケース，アダプタケース
偏向ヨーク
光学ユニット

図8 難燃化された変性PPEの熱重量減少

の複合材料が使用される.

変性PPEに添加されるフィラーは一般のプラスチックに添加されるのと同様のものである.フィラーの線膨張係数は,ガラスが$0.5×10^{-5}$ K^{-1},マイカが$0.9×10^{-5}K^{-1}$であり,m-PPEの1/10～1/6なので,多く添加すればそれだけ線膨張係数の低い材料が得られる.

フィラーは一般にアスペクト比とよばれる長径と短径の比で表現される長さの異方性を有しており,成形品中で配向することによって,成形品の線膨張係数の異方性をもたらす.ガラス繊維に代表される繊維状フィラーを添加したm-PPEは,そのアスペクト比(長さ/直径)に比例して成形品の線膨張係数異方性が大きくなる.マイカに代表される鱗片状フィラーやガラスフレークに代表される板状フィラーを添加したm-PPEは,アスペクト比(長さ/厚み)が大きいにもかかわらず,成形品の線膨張係数異方性はほとんどない(図9).

繊維状フィラーは,成形品中で流動方向に配向する傾向があるため,成形品内でのガラス繊維の向きは均一になりにくい.このためガラス繊維含有樹脂の成形品は線膨張係数異方性が発現する.一方,板状フィラーの場合は,繊維状フィラーと同様に成形品中で流動方向に配向するが,板状であるため,流動方向に平行な断面中と,流動方向に直角な断面中とでフィラーの占める面積の差がほとんどないため,成形品の線膨張異方性がほとんどでないものと考えられる.このような理由で,寸法安定性が要求される部品向けの材料には,マイカやガラスフレークなどのフィラーを添加した材料が使用される.ガラスフレークの方が線膨張係数が小さいのでより好ましい.

また,成形品の寸法安定性は,材料の成形流動性や成形条件によっても影響される.OAシャーシなどの成形品は,一般に成形が冷却律速であることが多く,成形サイクルを短くするとそりが大きくなる.成形サイクルを短くすると成形品冷却が不足し,成形品の温度が高い状態で取り出されるため,残留応力などの影響でそりが大きくなる.ある種の添加剤で流動性を高めたシャーシ材料が上市されており,このような流動性を高めた材料であれば成形温度を低く設定できるため,同じ成形サイクルであれば,通常のm-PPEと比較してそりが小さい成形品が得られる.逆に,同じそりを保って短い成形サイクルで成形できるともいえる(図10).

また,ポリマー同士の複合化であるポリマーアロイも商品化されている.PPE自体が持っている高い耐熱性(T_g),炭化層形成による難燃性付与力などの特長を活かし,PPEの欠点である耐薬品性や成形流動性を他のポリマーでカバーする狙いのポリマーアロイが実用化されている.

具体的な例としては,ポリアミドとPPEとのアロイ(図11),ポリプロピレンとPPEとのアロイなどである.前者は,自動車のフェンダなど外板や,集合コネクタであるリレーブロックなどに実用化され,すでに多くの実績が蓄積され,信頼性が確立された.後者は,最近,ハイブリッドカーの動力源として必須である高

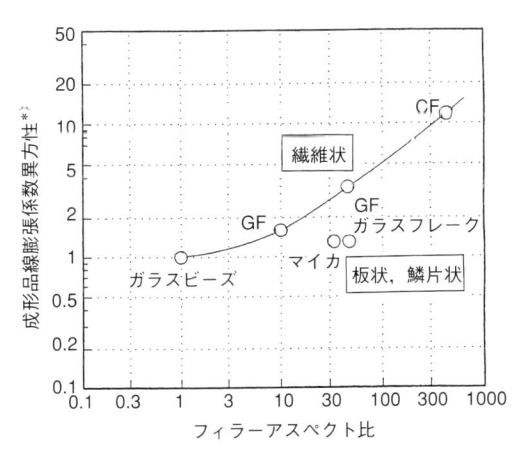

図9　フィラーアスペクト比と成形品の線膨張係数異方性の関係
*)流動に直角方向の線膨張係数/流動に平行方向の線膨張係数

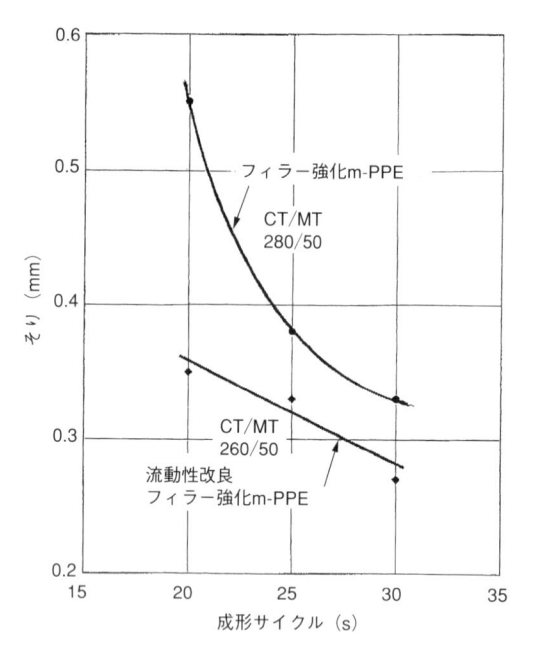

図10 フィラーグレード種，成形条件と成形品そりの関係

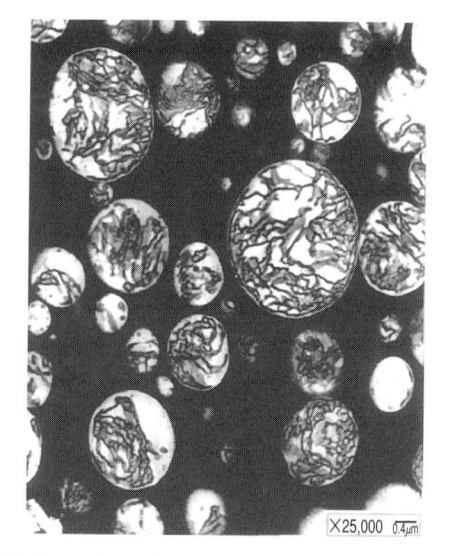

図11 PA/PPE/エラストマーアロイのTEM写真

性能電池のケースなどに実用化され，今後が期待されるポリマーアロイである．

6. 今後の展望

21世紀に入り，IT革命，環境問題などが，ますます重要になりかつ現実の動きとなって迫ってきている．IT革命の動向は知っての通り，データの大容量化と伝送速度の飛躍的高速化，モバイル化である．この動きの中で要求される材料は，伝送損失を抑制できる低誘電正接の材料，非ハロゲン難燃剤で難燃化できる環境適応材料，比重が小さく軽量な材料，リサイクル可能な材料であり，これらすべてを満足できるPPE樹脂は，まさに最適樹脂といえる．今後，コンピュータ，家電，通信機器が融合していき，機器相互に通信によってネットワーク化されていく中で，PPE樹脂が果たす役割は大きい．

参考文献

1) プラスチックス，**52** (6)，55 (2001)
2) 実用プラスチック事典，372 (1994) 産業調査会
3) プラスチック大辞典，231 (1994) 工業調査会
4) プラスチックの耐衝撃性，118 (1994) シグマ出版
5) Bucknall, C. B., Clayton, D. andKeast, W. E.: J. Mater. Sci., 8, 514 (1973)
6) ポリマーアロイ，258 (1993) 東京化学同人
7) Shultz, A. R. andGendron, B. M.: J. Appl. Poly. Sci., 16, 461 (1972)

記号の説明
PES ：ポリエーテルサルフォン
PEI ：ポリエーテルイミド
PPE ：ポリフェニレンエーテル
PSF ：ポリスルホン
PAR ：ポリアリレート
PPS ：ポリフェニレンサルファイド
PC ：ポリカーボネート
PET ：ポリエチレンテレフタレート
PA 6 ：ポリアミド6
PA 66 ：ポリアミド66
PBT ：ポリブチレンテレフタレート
POM ：ポリオキシメチレン
PMMA：ポリメチルメタクリレート
PS ：ポリスチレン
PP ：ポリプロピレン
HDPE ：高密度ポリエチレン
LDPE ：低密度ポリエチレン
P ：難燃剤（リン酸エステル化合物）

（旭化成ケミカルズ㈱機能樹脂開発部・中橋　順一）

第3章 汎用エンジニアリングプラスチック
3-5. ポリエチレンテレフタレート（PET）

ポリエチレンテレフタレートPETの主要な用途は従来繊維，フィルムであったが，特に近年はボトル分野が急激に広がっている．ここではボトル用PETの特徴と製造方法，ボトル成形加工法とそれに要求される樹脂特性を述べ，最後に最近のトピックスを述べることとする

1. 飲料用PETボトル

PETボトルの特徴（図1）は①透明性および光沢のよさが食品容器として適している．②炭酸ガス，酸素などのバリア性がよい．③缶やガラスに比べて軽量で，衝撃強度および剛性に優れ，取り扱いやすい．④食品衛生性に優れる．⑤燃焼時の発熱量が低くかつ有毒ガスを発生しないので焼却炉を傷めない．⑥ほとんどの有機溶剤に耐えられる．これらの特徴を活かしてPETボトルは広く清涼飲料用途に使用されている．

1977年にキッコーマンと吉野工業所が500mlPETボトルの開発に成功し，醤油容器に初めて採用された．これを機に塩ビボトルからの切り替えが始まった．1982年の食品衛生法改正により清涼飲料でのPETボトル使用が許可され需要が飛躍的に増大した．1996年には自主規制されていた清涼飲料用小型ボトル（1リットル未満）が解禁となり需要が爆発的に伸びることとなった．持ち運びできること，リシールできること，飲料の中身が見えることが消費者に受け入れられ，急激に市場が拡大している（図2）．

清涼飲料ボトルは炭酸飲料ボトル・無菌充填ボトルと耐熱飲料（耐熱耐圧ボトル含む）ボトルに大別される．炭酸飲料ボトルは炭酸ガスによるボトルの変形を防ぐため胴部は円筒形状となっている．耐熱ボトルはジュース，お茶などの充填時に85℃程度で高温殺菌する必要がある．そのため，口部においては結晶化させることで，また胴部においては延伸配向結晶化後ヒートセットをかけることでそれぞれ対応している．

2. PETの機械物性

PETは比較的結晶化速度の遅い結晶性の高

図1　PETボトルの特徴

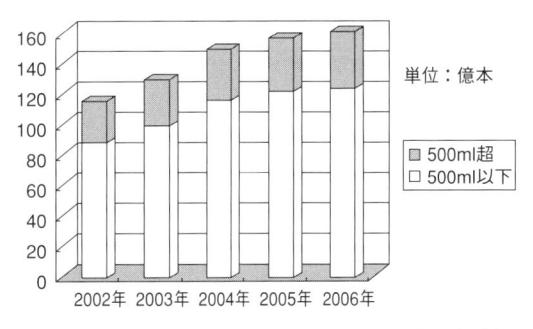

図2　飲料用PETボトル生産量推移（三井化学推定）

分子である．溶融状態から急冷操作により容易に非晶質すなわち透明の成形品が得られる．この成形品を延伸することで配向結晶化が起こり，強度，剛性，耐熱性の性能を有する成形品が得られる（図3）．

表1にPETの急冷された射出成形品（非晶）の機械特性を示す．比較例として汎用高分子のうち非晶性樹脂であるPC，結晶性樹脂であるPE，PPをあげた．融点は260℃，密度は1,340 kg/m³，剛性ももっとも高いことが特徴的である．また酸素透過係数がもっとも低いことは飲料容器として使用する場合，内容物の酸化を遅くする点で有利である．

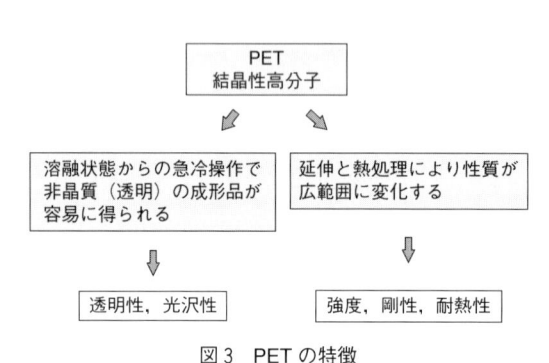

図3　PETの特徴

表1　射出成形品の機械物性（非晶質）

物性項目　単位	PET	PC	PE	PP
融点　　　　　　（℃）	260	—	130	170
ガラス転移温度（℃）	78	150	−120	−10
密度　　　（kg/m³）	1340	1200	950	910
引張り破壊強さ(MPa)	60	60	30	
引張り破壊伸び(％)	300	100	900	500
引張り弾性率(MPa)	2250	2450	780	1120
曲げ強さ　（MPa）	90	90	30	40
曲げ弾性率（MPa）	2640	2250	780	1100
アイゾッド衝撃強さ　　　　　（J/m）	30〜70	120	650	破壊せず
表面硬度（Rスケール）	108	108	50	75
吸水率　　　（％）	≦0.4	0.33	<0.02	<0.02
水分透過係数（g·mm/m²·d）	1.4	4.1	0.4	0.3
酸素透過係数（cc·mm/m²·d）	54	1380	355	810

3．PETの製造方法

(1) 液相重合工程

PETはエチレングリコールとテレフタル酸のエステル化と重縮合による高分子量化で製造される．触媒はSbやGeが使用されている．必要に応じてイソフタル酸などの第三成分が共重合されることも多い（図4）．原料であるエチレングリコールとテレフタル酸のスラリーを240〜280℃におくと触媒なしでもエステル化が進行しビスヒドロキシエチルテレフタレート（BHET）と呼ばれるポリマー前駆体が形成される．

次に高温減圧下で過剰のエチレングリコールを除去することにより重合度を増加させる重縮合反応が行われる．ここで数平均分子量約20,000（重合度約100）程度のPETができ上がる（図5）．ここまでを液相重合工程と呼ぶ．液相重合で得られた粘度の高い溶融PETを冷却水に通して冷却後，カッティングしてチップ（ペレット）にする．

(2) 固相重合工程

フィルムや繊維用途にはこの重合度で十分であるが，ボトル用には肉厚および強度が要求されるためさらに重合度を増す必要がある．液相（溶融）下では重合度が上がるほど溶液粘度が増しエチレングリコールの除去効率が悪くなり，重縮合が進みにくくなる．また，PETを長時

ジカルボン酸	グリコール	重合触媒
テレフタル酸（TPA） HOC—⬡—COH	エチレングリコール（EG） HOCH₂CH₂OH	Ge Sb
イソフタル酸（IPA） HOC—⬡—COH	シクロヘキサンジメタノール（CHDM） HOCH₂—⬡—CH₂OH	

図4　PET樹脂原料

<エステル化>

テレフタル酸（TPA）　エチレングリコール（EG）　ビスヒドロキシエチルテレフタート（BHET）

<重縮合>

触媒（Ge,Sb）

ポリエチレンテレフタート（PET）

図5　PETの重合反応

間高い温度にさらすことになるため熱分解を起こし着色する．そのためにボトル用には次に述べる固相重合と呼ばれる工程がとられている．これは，液相重合で得られた非晶のチップを，結晶化工程で結晶化（次の固相重合工程での融着防止の意味がある）させた後，190～220℃程度の不活性ガス（窒素ガスなど）雰囲気中の固相重合塔に通して，重縮合を行わせる．重縮合の進行に伴い，エチレングリコールが不活性ガスとともに除去される．この時同時に，液相重合時に発生する副生成物アセトアルデヒドが除去される．温度と時間を管理することで目的の重合度（分子量），アセトアルデヒドのレベルを達成させる．固相重合後は冷却を経て製品充填される（図6）．

(3) 副反応（図7）

PET液相重合時にはPETだけでなく副生成物が発生する．主なものはアセトアルデヒド，ジエチレングリコール(DEG)とテレフタル酸とエチレングリコールの環状3量体(CT)である．DEGはエチレングリコールの脱水二量化反応で生じるが，水やエタノールのように簡単に系外に流出することがなく，反応性がエチレングリコールと等しいためポリマー構造中に取り込まれる．このため融点が低下し耐熱性も低下する．CTは耐熱ボトル成形時に金型に析出し[1]，ボトルの透明性を阻害する要因となるので少ない方が望ましい．

アセトアルデヒドについては液相重合で数10 ppm発生するが，固相重合時に除去され1～2 ppm程度に減少する．しかしながら，射出成形のプリフォーム成形時の熱分解によりアセトアルデヒドが再度発生し，10 ppm近くまで上昇する．この発生量は，成形時の熱，滞留時間などに影響される．成形後のボトル中のアセトアルデヒドは，ボトル内の飲料に溶出し味を変える一因になるため，少ないことが望ましい．近年水用途にPETボトルが使用されるこ

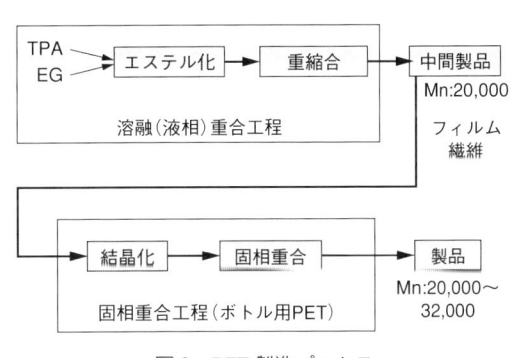

図6　PET製造プロセス

① ジエチレングリコール（DEG）

② アセトアルデヒド（AA）

図7　副反応生成物

とが多くなってきた．他飲料よりも水はアセトアルデヒドの味への影響が大であるためにボトル溶出アセトアルデヒド量を低下させる要求が強くなってきている．このアセトアルデヒドの発生機構についてはPETの熱分解で進行していると考えられている[2〜4]．

(4) 結晶化速度（図8）

PETは結晶性樹脂である．飲料用ボトルとしては透明性が要求されるので，成形加工時の樹脂溶融状態から急冷することで非晶性を発現させ，透明性を得ることができる．しかしながら仮に樹脂中に無機物などの不純物が数ppmでもあるとこれが結晶核となり降温時の結晶化温度（図8の T_{hc} ）を高くし[5]，結晶化して白化することがある．このために製造工程，物流工程，成形工程の中で異物混入を限りなくゼロに近づけるように管理する必要がある．

4. PETボトルの成形加工方法

PETボトルは射出成形によって試験管状のプリフォームを形成した後，これをブロー成形することで二軸延伸させ，最終ボトル形状を得る．

PETの二軸延伸ボトルを製造する技術は1967年頃DuPont社によって見出された．世界で初めて二軸延伸ボトルが市場に登場したのは1974年，Pepsi社がDuPont社技術により炭酸飲料2リットルボトルを販売したときである．これ以来，欧州や日本でもPETボトルの実用化検討が一気に加速されることとなった．

4.1 射出成形工程（図9）

PETペレットを除湿乾燥機で乾燥し，水分を少なくした後，射出成形機にてプリフォームを成形する．成形温度はPETの融点以上の270〜300℃で行われる．ここでの注意点は①白化しない透明なプリフォームを作ること，②成形時の加熱による分子量の低下を起こさせないこと，③アセトアルデヒドの含有量の少ないプリフォームを生産することにある．①プリフォームが白化すると次のブロー工程でも白化が残り，ボトルの透明性が損なわれる．②分子量の極端な低下はボトル強度の低下をまねき，炭酸用途などの特に強度が要求されるボトルではボトル割れの原因となる．通常の成形においても成形時の熱で加水分解が起こり，分子量が低下することは避けられない．この低下量を数%以内に抑えることが必要である．③成形温度が高すぎた場合や，樹脂溶融時のせん断発熱が必要以上に起こった場合には熱分解によりアセトアルデヒド発生量が増えるので注意が必要である．

PETは常温放置において吸湿し，水分含有量が3000ppm程度となる（表1）．これをそのまま射出成形するとこの水分により，①プリフォームが白化する，②PETが加水分解され分子量が低下する，などの悪影響が出る．したがって射出成形前には除湿乾燥により樹脂中の水分を減少させることが必要である（図10，

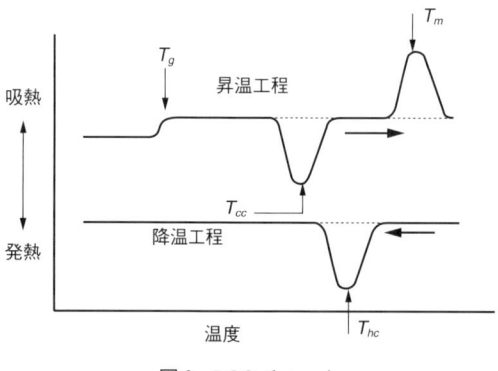

図8　DSCチャート

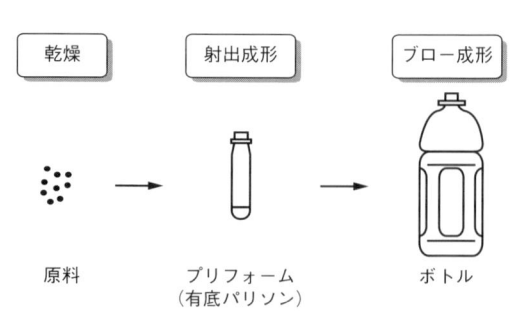

図9　PETボトルの成形プロセス

図11).

現在のPETボトルの生産においてはいかに高速でしかも安定して成形できるかが最重点課題となっている．そのため一つの金型に複数のキャビティを設け，一度に複数の製品を製造する手法が取られている．現在では96個のキャビティが設けられた金型が主流となっており，144キャビティの金型も登場している．当然ながらホットランナが用いられているがキャビティ数が増えるだけ樹脂の流路が複雑になるためキャビティ間のバラツキ（寸法，目付，アセトアルデヒド量など）を抑える工夫がされている．成形サイクルの半分以上の割合を冷却時間が占める．製品を早く取り出せば，徐冷のため白化が生じたり，金型からの取り出し時変形を生じる可能性があるため確実に冷却後製品を取り出す必要がある．このために，いったん外側に金型が移動して冷却され，その間に次の射出が行われるシステムも採用されている．最新のマシーンでの成形サイクルは10秒に近づいているといわれている．

また，PETと他樹脂の組み合わせによる多層射出成形機も登場しており，ナイロンその他樹脂との積層構造とし，ガスバリア性を向上させる手法が採られている．

4.2 ブロー工程（図12）

射出成形で得られたプリフォームは別のブロー成形工程でボトルに仕上げられる．まず赤外線ヒータで内側と外側が同一温度になるように加熱され，その後，ブロー金型に挿入され，延伸ロッドで縦方向に延伸されながら，高圧エアが吹き込まれ横方向にも延伸され，ボトルが形成される．この時プリフォーム加熱温度や，エアの吹き込みタイミング，金型温度などが適切でなければ，製品の肉厚分布や透明性に影響を及ぼす．肉厚分布は製品強度に影響する．

耐熱性（内容物飲料の充填温度が高いもの）が要求される製品においては，この延伸時の分子鎖に残った歪みが高温充填時において緩和され，収縮を起こしてしまう．したがって，この歪みを除去するために成形金型内でヒートセットをかける手法が取られている（図13）．さらに高耐熱にするためには，最終製品形状よりも

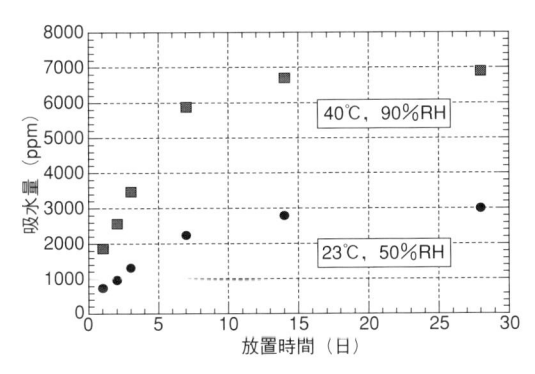

図10 PET吸水量の経時変化（非晶質射出成形品）

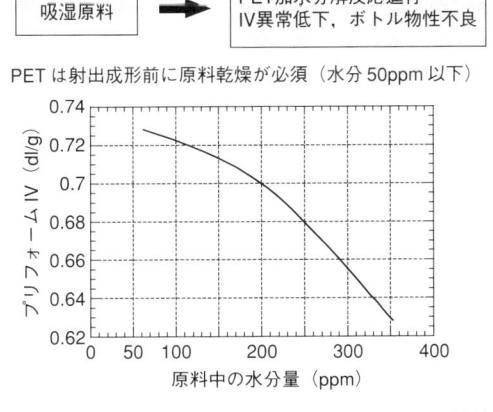

PETは射出成形前に原料乾燥が必須（水分50ppm以下）

図11 原料中の水分含有量とプリフォームIVの関係

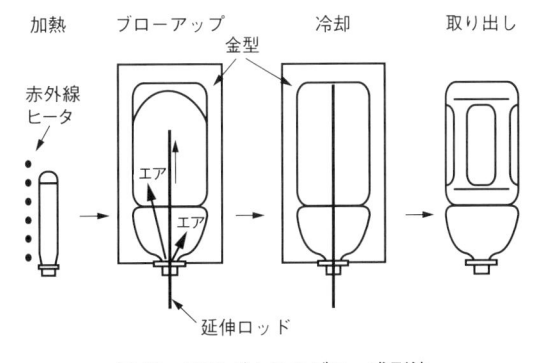

図12 PETボトルのブロー成形法
〜ストレッチブロー〜

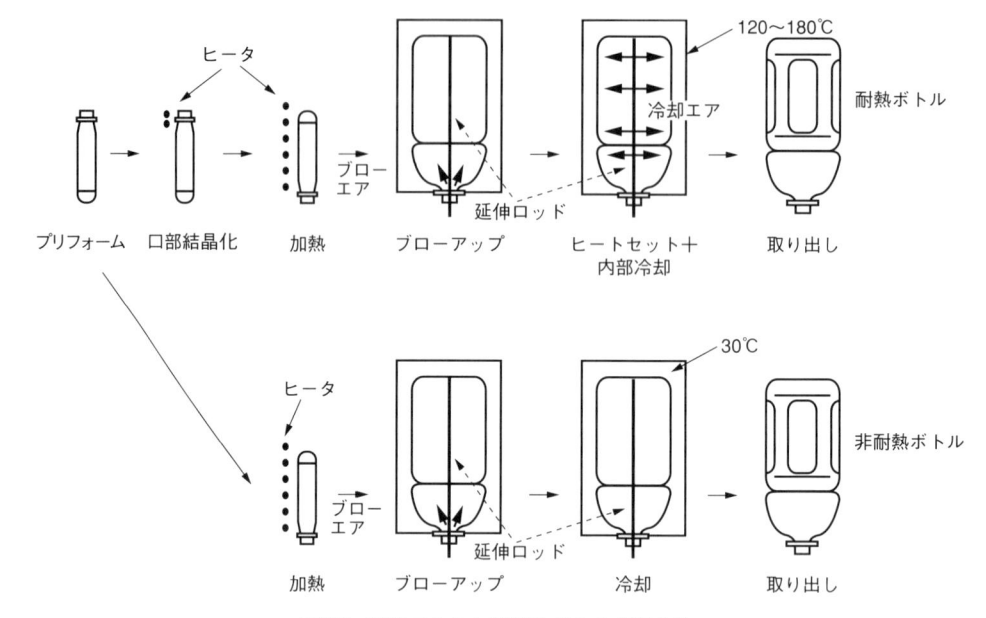

図13 耐熱ボトルと非耐熱ボトル成形方法

大きい金型で成形後,ヒータで加熱して歪みを緩和させ,次に最終形状の金型でブローを行うという手の込んだ手法(2段ブロー)を採用しているメーカーもある.

耐熱性向上のためには金型温度を上げる方向となるが,樹脂製造の項で述べたCTが金型に析出し,ボトル透明性を損ねることとなる.そこでCTが少ないPETも開発されている.

4.3 その他成形方法

以上はコールドパリソン方式と呼ばれ,射出成形とブロー成形が別々の機械で行われるものであり,ボトルの大量生産に適した方法である.このほかにホットパリソン方式がある.これは一つの成形機で射出とブローを行うもので,射出成形時に与えられた熱をブローの前加熱時に利用するためエネルギー効率がよい.しかしながら多数個取り金型には向かないので,少量多品種生産に適した成形方法といえる.

5. 最近のトピックス

(1) ホット飲料

これまでPETボトルは夏場商品といわれ冬季の需要は少なかった.その理由はホット飲料に対応できなかったからである.販売までの保管中(50～60℃といわれる)に酸素ガスが透過し,飲料を酸化させ味を変質させてしまうために,これまでは酸素ガスの透過しない缶が容器材料として使用されてきた.ところがこれだけPETボトルが世の中に認知されてくると,冬場のホット用PETボトルが要望されることとなった.これに応えるべく,日本でも2000年冬から各社ホット用PETボトルが発売されるようになってきた.

種類としては3種類あり,いずれも酸素ガスの透過を抑制したり,酸素ガスをトラップするものである.①ナイロンブレンドPET:ナイロンを数%ブレンドすることにより酸素ガスバリア性を向上させている.ナイロンブレンドのため透明性がやや損なわれている.②積層構造:PET/ナイロン/PET/ナイロン/PET.ナイロンは独立に中間層を構成しており透明性は確保されている.またナイロンには酸素スカベンジャが使用されているといわれている.中間層なので味などの品質に関しては問題がない.

図14 リサイクル例

③カーボン膜コーティング法：PETボトルの内面にカーボンの薄膜が形成されている．薄膜の形成方法は炭化水素ガスをプラズマで分解させ，PET内壁に付着させたもので，SIDELのACTISの技術が代表例である．初期のものはカーボン膜特有の茶褐色であったが，リサイクル法において着色ボトルが使用できなくなったため，カーボン膜を薄くして無色化している．薄くしても酸素透過性は十分確保されているといわれている[6]．

いずれも現在はコンビニエンスストアなどの手売りで，在庫保管期間を管理している．管理が困難な自販機用に対応するためには課題がいくつかあると考えられる．自販機ホット対応が可能になれば，PETボトルの販売量がさらに飛躍的に増加することとなろう．いずれの方法もリサイクルを考えて慎重に進める必要があろう．

(2) 環境対応

PETボトルも環境問題に対応することが求められている．現在PETボトルは自治体で回収され，にさまざまな製品に再生産されている（図14）．このようなマテリアルリサイクルに対して，究極のリサイクルはボトルに戻す方法である．回収PETを使用してPETボトルの原料であるテレフタル酸に戻す試みが検討され，実用化に至っている．また，ボトル1本あたりに使用する樹脂量を減らす試みもなされており，一部はすでに市場に登場している．

飲料用PETの性質と成形方法，最後に最近のトピックスを述べたが，PETボトルはその特徴を活かし，かつ新しい技術により，その用途を広げようとしている．今後はわれわれ樹脂メーカーも高速成形に対応した樹脂の開発と，このような環境対応型の樹脂を製造する必要があるとともに，リサイクルシステムにも対応していかなければならないと考えている．

参考文献

1) A Perovic, P.R.Sundararajan : *Polym. Bullet.*, **6**, 277 (1982)
2) H.Zimmermann : Developments in Polymer Degradation, Applied Science, London, 1984, Vol. 15, Chap. 3
3) E. P. Goodings : *Soc. Eng. Ind.* (London), Monograph, **13**, 211 (1961)
4) J. Marshall, A. Todd : *Trans. Faraday Soc.*, **49**, 67 (1953)
5) J.B.Jackson, G.W. Longman : *Polymer*, **10**, 873 (1969)
6) 包装技術，平成15年11月号，p. 34

（三井化学㈱機能樹脂研究所・主席研究員・唐岩　正人）

第3章 汎用エンジニアリングプラスチック
3-6. ポリブチレンテレフタレート（PBT）

ポリブチレンテレフタレート（PBT）は代表的な熱可塑性樹脂であり，ガラス繊維などによる補強効果が高いこと，難燃剤との相溶性が高く難燃性を付与することができること，耐薬品性，耐熱性が高いことから電気電子用途，自動車部品電機電装用途に広く使用されている．

現在国内の市場は日本国内約120,000トン/年，海外約600,000トン/年の需要があると推定されており，PBTの重合原料であるブタンジオールの生産設備が2000年以降アジア，アメリカ，ヨーロッパで増設され，その主要用途であるPBTも2002年以降アジアを中心に大増設が計画されている状況下で，世界経済が回復する2003年以降10%近い成長があると予測されている．一方，自動車部品，電機部品ともに価格ダウン要求が年々厳しくなり，その対応についても十分考慮しなければならない．

本稿では前半部分で，PBTの射出成形を行う際，知っておきたい基本特性である結晶性，溶融流動性，耐薬品性，寿命についての議論を行う．後半部分で現在の材料開発の考え方について述べるが，特に昨今は樹脂特性改質だけでなく，樹脂成形品を取り巻く環境，材料の規格化など要求内容の変化に対応した材料開発が行われており，ユーザーの製品コスト低減のため射出成形設備投資費用を含め考えた材料開発について，最近の材料開発動向を紹介する．

1. PBTの特徴

1.1 結晶性

PBTの特徴としてまず理解しなければならないのは結晶性である．PBTの結晶とは図1に示したような糸まり中の分子が規則正しく折り畳まれた部分であり，結晶部分と非晶部分とは密度が異なるために結晶化により体積が低下する．PBTの結晶化度は密度を測ることにより，次式で求めることができる．

$$X_c = \frac{\rho_c(\rho - \rho_a)}{\rho(\rho_c - \rho_a)}$$

X_c：試料の重量分率結晶化度
ρ_c：結晶相の密度
ρ_a：非晶相の密度
ρ：試料の密度

非晶相密度：1.28 g/cm^3，結晶相密度：1.404 g/cm^{3}と求められている．通常の成形条件で成形したPBTの成形品平均密度は1.31 g/cm^{3}であり，結晶化度は28%と計算できる．

結晶化は金型内部で溶融ポリマーが冷却されると同時に進むが，温度により結晶化速度が異なるため，成形条件，冷却速度の差によって結晶化度が異なり，製品寸法，強度に影響を与える．結晶部分は弾性率が高く剛直であり，非晶部分は柔軟であり引張り伸度が高い．したがっ

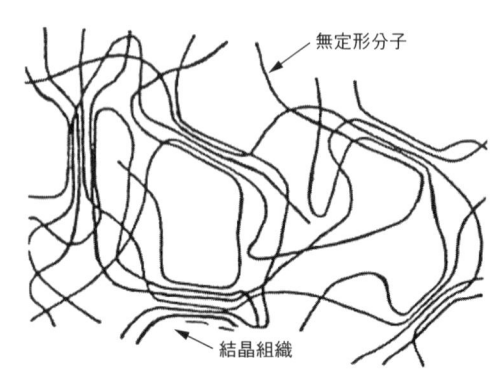

図1　結晶性プラスチックの結晶イメージ[1]

て，製品は同一組成物でも成形条件に依存する結晶化度によって，機械特性，強度が異なる．

成形品は金型との接触面で急速に冷却されるため，結晶が十分成長しないまま固化し，非晶部分が多いスキン層を形成し，さらに遷移層を介して結晶部分が多いコア層に分かれる．スキン層は成形条件，特に金型温度によって厚みが異なり，それぞれの層の特性が異なるために，成形品の強度に与える影響についても十分留意する必要がある（図2）．

結晶化とそりは大きな相関関係があり，一般的に結晶化度の高い成形品はそりが大きい．特にガラス繊維などの剛直な強化材を添加したPBTを成形すると樹脂流動方向にガラス繊維が配向する．一方，PBT部分は結晶化により収縮するため，ガラス繊維との間に応力が発生し，そりが発生する．また，非強化PBTの場合でも固化した後高温雰囲気にさらされると，結晶していない状態で固化された分子が結晶化し（後結晶化），寸法が変化したり，そりが発生したりする場合がある．したがって，寸法精度要求の厳しい製品に対しては成形後アニールを行い，使用環境での寸法変化を小さくする必要がある（図3）．

結晶化は成形サイクルタイムと大きく関係している．結晶相は非晶相に比べて弾性率が高い．したがって，高結晶化材料の方が早く固くなるため，短い冷却時間で金型から取り出せる．PBTがポリエステルとして同系であるPETと成形サイクルの時間が違うのはPBTの結晶化速度が速いため，固化速度が速いからである．図4はPBT，PET，POM，PA6の結晶化速度の違いを示す．それぞれの樹脂を融点からある温度に冷却しその温度で放置し結晶化させる．その温度と融点の差を横軸に結晶化が飽和する

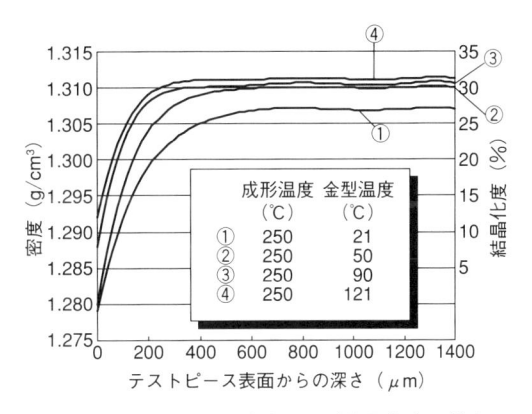

図3 成形品表面からの密度および結晶化度に対する成形条件の影響[3]

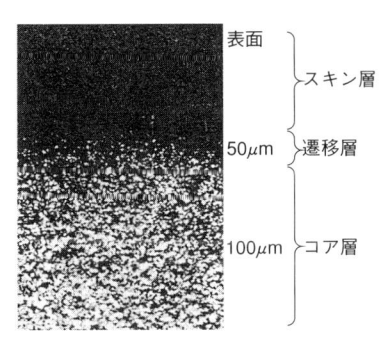

成形温度 (℃)	金型温度 (℃)	スキン層厚さ (μm)
232	21	202
	50	149
	90	70
	121	33
265	21	178
	50	137
	90	66
	121	20

図2 PBT成形品断面の偏光顕微鏡写真[2]
（非晶スキン層と内部球晶の状態）

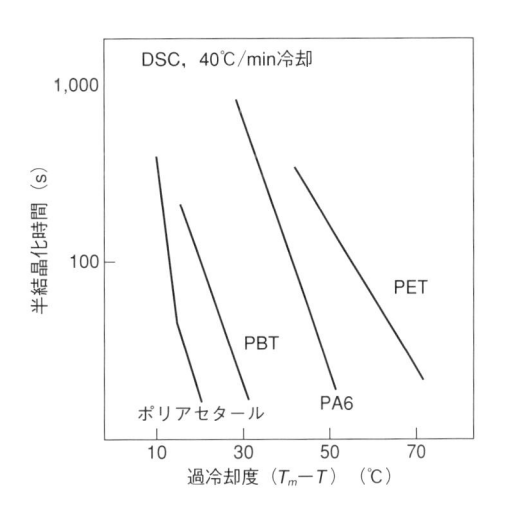

図4 PBTと他のポリマーの結晶化速度の比較[2]

までにかかる時間の1/2の時間（半結晶化時間）を縦軸に示す．PETは溶融状態から50℃近く冷却したあと結晶化が進む．一方，POMでは10℃，PBTは15℃冷却した温度で結晶化が進むため，冷却する時間が短く，結晶化する速度が速い．

1.2 溶融流動性

射出成形する場合溶融流動性は粘度が低い方が射出圧力も低減でき成形しやすいといえる．PBTの溶融流動性はPBTの重合度と溶融温度により決まる．重合度が高いと靭性などに優れるが溶融流動性は低下し成形性が劣る．また，材料の靭性を向上させるためにエラストマー，ゴムを添加する場合があるが，その場合でも溶融粘度は高くなる．溶融流動性は樹脂温度を調整することで対応可能である．

図5はPBTの溶融粘度と温度の関係を示すが，樹脂温度を上げることにより溶融粘度が低下し，バーフロー流動長が増加する．

また，適正な温度で成形しないと本来の材料特性を発現することができない．一般的射出成形をする場合注意したい点が4点ある．

1) PBTの場合水が存在すると加水分解を起こしやすい．樹脂中の水分率が高いと（0.02 wt%以下を推奨する）成形機の加熱筒の部分の滞留で加水分解による重合度低下を起こす場合がある．

2) 高温下では熱分解と呼ばれる分解反応が進む．特に280℃以上では分解速度定数はかなり大きくなるため，溶融状態で滞留すると熱分解し，重合度の低下および物性低下につながる．とくに金型に合わない大きな成形機で射出する場合，成形機内で溶融樹脂の滞留時間が長くなり解重合が促進される．重合度が低下すると衝撃度が低下する．図6に滞留時間の増加によりアイゾット衝撃値が低下する例を示す．

3) 溶融樹脂は成形機のノズルを通過する場合，あるいは細いゲートを通過するときに大きなせん断力がかかり発熱する場合がある．特に溶融粘度が高い場合，成形機設定温度が適正であっても実際の樹脂温度が上がり，重合度が低下し，強度が大きく低下する場合がある．

4) 溶融される樹脂温度が低いために溶融粘度が高く，樹脂が流れ方向に配向し成形品に

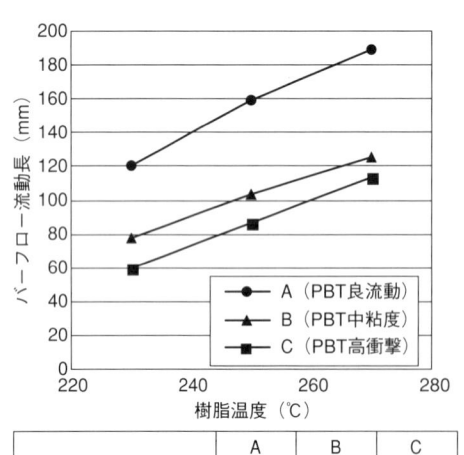

	A	B	C
引張り強度（MPa）	55	55	50
シャルピー衝撃値（kJ/m²）ノッチなし	155	241	>290

図5 PBT種の違いによる溶融粘度の温度依存性[4]

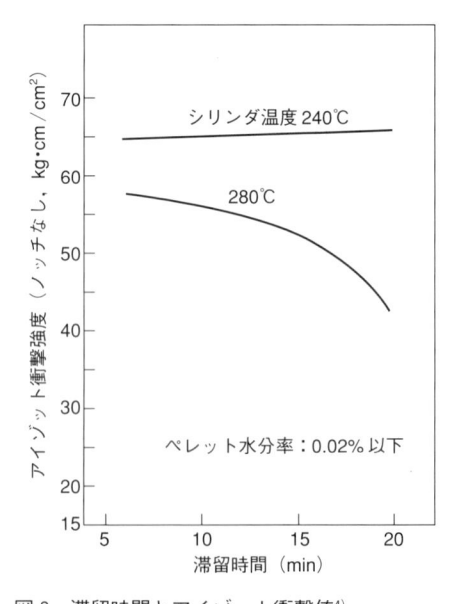

図6 滞留時間とアイゾット衝撃値[4]
（試料：東レ PBT 1101 G 30-PBT-GF 30）

大きなひずみが発生したり，密着不良が発生する場合がある．これらの不良は顕微鏡観察で明確になる場合がある．

1.3 耐熱性，加水分解性

PBTの寿命を予測することは難しいが，強度低下は分子量が低下することによると考えられる．130℃以下の通常使用範囲では熱分解は起きないので，通常環境温度でのPBTの主な劣化は加水分解による重合度低下に起因すると考えられる．したがって，寿命の推定は高温下での促進テストを行って，加水分解速度を求めておき，そのデータから使用環境化での寿命を推定することができると判断する．例えば，図7に示す加水分解挙動から，通常20℃での寿命は120℃で評価したデータの約5,000倍と判断できる．

1.4 耐薬品性

PBT（非強化一般タイプ）の耐薬品性データを表1に示す．結晶性樹脂であり，耐薬品性は非晶性樹脂に比べて高い．とくにオイル，ガソリン類には非常に強く，強度低下も重量変化も非常に少ない．また，酸には強いがアルカリにはやや強度の低下が見られる．ただし，PBT中に含まれる微量なオリゴマー，モノマー類は溶出する．フェノールには5%溶液でも膨潤し，オルトクロロフェノール，フェノール/テトラクロロエタン（60/40）には常温で溶解する．

2. 材料開発のトレンド

2.1 難燃グレード

PBTは電気電子分野の構成比が高く，コネクタ，リレースイッチなど小型部品に用いられている．難燃グレードは難燃剤によってその特性が大きく変わるため材料に求められる要求性能により対応するグレードが必要である．コネクタ用途にはピンを圧入するため，靭性のあるタイプが必要であるし，リレー，ケース類には流動性がよく，成形時に発生するガスが少ないグレードが適当である．

また，環境問題は今後非常に大きなテーマになりつつあり，ダイオキシン，酸性雨に影響を与えるハロゲンを制限する動きが活発である．電気電子製品の廃棄に関する指針（WEEE（Waste Electrical and Electric Equipment）指針）によれば，鉛，水銀など重金属に加え，PBB（ポリブロモビフェニル），PBBE（ポリブロモビフェニルエーテル）を禁止物質として2006年7月までにその他の物質に代替しなければならないと規定し，その他のハロゲン化難燃剤の使用規制はとくにないが，電気電子部品の廃棄に対してはハロゲンを含む部品は分離することを条件にしている．

WEEE指針も現在の技術レベルでは代替不可能とみて，使用を認めてはいるが，ハロゲンを含まない難燃グレードの要求が高い．

このような要求に対応できる非ハロゲン難燃PBTが開発されている．非ハロゲン難燃化技術はハロゲンでの難燃化と異なり，燃焼物の表面に皮膜を形成し，樹脂から発生する可燃性ガスの放出および燃焼サイクルに必要な酸素の供

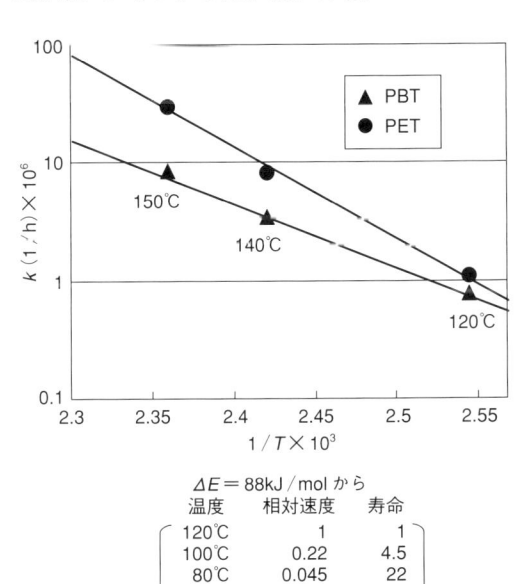

図7 加水分解挙動と寿命推定[4]

$\Delta E = 88\text{kJ/mol}$ から

温度	相対速度	寿命
120℃	1	1
100℃	0.22	4.5
80℃	0.045	22
50℃	0.0028	357
20℃	0.0002	5,560

表1 PBTの耐薬品性（PBT非強化-室温6カ月浸漬）[4]

（％表示は水溶液を表す）

薬品	重量変化（％）	寸法変化（％）	引張り強さ保持率（％）	外観変化
純水	+0.3	0	99	変化なし
3％ 硫酸	+0.3	+0.1	97	〃
30％ 硫酸	+0.2	0	99	〃
10％ 硝酸	+0.3	0	99	〃
35％ 塩酸	+0.5	0	—	やや光沢消失
1％ 苛性ソーダ	+0.3	+0.1	92	〃
10％ 苛性ソーダ	−0.1	+0.1	91	〃
10％ 塩化ナトリウム溶液	+0.3	0	95	変化なし
40％ 無水クロム酸	−0.2	0	100	〃
メタノール	+1.3	+0.4	85	〃
エタノール	+0.3	0	97	〃
アセトン	+3.9	+1.0	72	〃
MEK	+2.9	+0.5	77	〃
酢酸エチル	+2.7	+0.4	80	〃
ヘプタン	+0.1	0	100	〃
シクロヘキサン	0	0	100	〃
氷酢酸	+2.2	+0.2	78	〃
ベンゼン	+3.0	+0.5	70	〃
トルエン	+2.1	+0.3	85	〃
5％ フェノール	+9.6	+1.7	60	黄変膨潤
四塩化炭素	+0.6	0	100	変化なし
二酸化エチレン	+16.8	+4.7	50	膨潤
ジオクチルフタレート	−0.2	0	100	変化なし
ジメチルフォルムアミド	+2.7	+0.3	80	〃
1％ 界面活性剤	+0.2	+0.1	99	〃
ガソリン	+0.2	+0.1	99	〃
オリーブ油	0	0	100	〃
灯油	0	0	100	〃
重油	0	0	100	〃
機械油	+0.1	+0.1	100	〃

給を遮断することにより難燃化させる技術である（図8）．当初，赤リンを用いて難燃化する技術を開発し上市されたが，赤リン以外の難燃剤を使用した難燃グレードが開発され，評価を受けている．

表3に上市されている非ハロゲン難燃グレードの特性を表す．靭性はハロゲンタイプに比べて劣るため，今後も開発は進められるが，発生

表2 難燃PBTグレードの特性（東レ）[4]

性質			単位	試験法 (ISO/IEC)	強化難燃 低ガス 1164 G-30 FE	強化難燃 標準 G 30 1184G-A 30 N 1
機械的性質	密度		kg/m³	ISO 1183	1690	1630
	吸水率	23℃ 水中24時間	%	ISO 62	0.07	0.07
	引張り強度	23℃	MPa	ISO 527-1, 2	140	140
	引張り歪み	23℃	%		2.2	2.5
	曲げ強さ	23℃	MPa	ISO 178	205	220
	曲げ弾性率	23℃	GPa		11.0	9.5
	シャルピー衝撃強さ ノッチ付	23℃	kJ/m²	ISO 179	6.5	9.0
熱的性質	熱変形温度	1.82MPa	℃		207	207
	燃焼性			UL 94	VO (1/64″)	VO (1/32″)
電気特性	耐トラッキング電圧		V		250	250
成形性	成形収縮率	80×80×3 mm（板） 流れ方向	%	東レ法	0.4	0.3
		直角方向	%		1.2	0.9
	流動長	250℃，93 MPa, 1 mm厚	×10⁻³m	東レ法	150	136

表3 非ハロゲン難燃PBTグレードの特性（東レ）[4]

性質			単位	試験法 (ISO/IEC)	赤リン系 4144 G 30	非ハロゲン非赤燐系 EC 44 G 30
機械的性質	密度		kg/m³	ISO 1183	1540	1590
	引張り強度	23℃	MPa	ISO 527-1, 2	135	120
	引張り歪み	23℃	%		2.5	2.1
	曲げ強さ	23℃	MPa	ISO 178	200	165
	曲げ弾性率	23℃	GPa		9.4	10.5
	シャルピー衝撃強さ ノッチ付	23℃	kJ/m²	ISO 179	8.5	3.0
熱的性質	熱変形温度	1.82MPa	℃		205	205
	燃焼性			UL 94	VO (1/32″)	VO (1/32″)
電気特性	耐トラッキング電圧		V		250	750
成形性	成形収縮率	80×80×3 mm（板） 流れ方向	%	東レ法	0.2	0.1
		直角方向	%		0.8	0.6

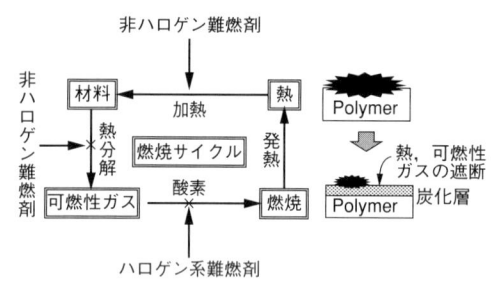

図8 非ハロゲン難燃の考え方

図9 耐湿熱性（PCT：121℃×100％ RH）結果[4]

するガス量が低いこと，トラッキング特性が高いことが特徴であり，新規な用途展開が図られている．

2.2 耐湿熱加水分解グレード

PBTの最大の欠点は耐湿熱加水分解特性であり，冒頭，加水分解定数を用い寿命推定の議論をしたが，ポリマー改質により耐湿熱性を改良する検討が続いている．

従来の技術としてエポキシ系のエラストマーを用い，加水分解速度を抑制したり，加水分解による靱性低下を補う検討がされていた．しかし，エラストマー部分の耐熱性が劣ることから耐熱剛性が低下したり，溶融粘度が高くなることにより薄肉成形品の成形性が損なわれることがあった．それらの欠点を補完すべくポリマー改質が行われ，耐湿熱特性が改良されている（表4）．

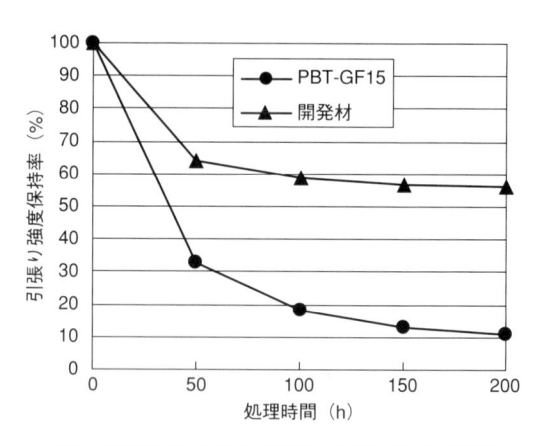

2.3 低そり高強度グレード

結晶性ポリマーは結晶化とともにそりが発生したり，寸法が変化する．とくにガラス繊維で補強した強化材料の場合成形品が彎曲し不具合となる．そのようなそりを低減するためには縦横の比率が小さいガラスビーズ，ワラステナイトなどの無機フィラーや平板状フィラー（マイカ，フレーク状ガラス）を補強材として配合するが，ガラス繊維強化グレードと比較すると引張り，曲げなどの強度が低下し，材料に要求さ

表4 PBT-GF 15％と開発材の物性表[4]

項　目		単位	試験法 （ASTM）	開発材	PBT-GF 15％ 1201 G 15	PBT-GF 15％ （高衝撃） 5101 G 15
比重		—	D 792	1.37	1.42	1.36
GF（ガラス繊維）含有量		％	—	15	15	15
引張り強さ	1/8″	MPa	D 638	95	100	90
破断伸び	〃	％	〃	4.7	4.0	5.0
曲げ強さ	1/4″	MPa	D 790	145	170	145
曲げ弾性率	〃	GPa	〃	5.0	5.6	4.7
PCT[*]200時間処理後の引張り強度保持率	1/8″	MPa	D 256	56	12	25
熱変形温度	0.45 MPa	℃	D 648	224	220	220
	1.82 MPa	〃	〃	208	200	195

＊）PCT：Pressare Cooker Test の略で，121℃，2 atm，RH 100％雰囲気下でのデータ

表5 PBT 1101 GX 65 の基礎物性[4]
（PET-GF 強化比較）

項　　目	単位	1101 G X 65	PET -GF
ベースポリマ	—	PBT	PET
強化材	—	GF	GF
灰分	%	40	45
融点	℃	223	254
比重	—	1.59	1.65
引張り強度	MPa	170	178
湿熱処理後の引張り強度	MPa	140	178
（80℃×95%RH×1000h）			
破断伸び	%	3.3	3.2
曲げ強度	MPa	235	245
弾性率	GPa	12.9	14.8
ノッチ付衝撃強度	J/m	131	168
ノッチなし衝撃強度	kJ/m²	62	69
熱変形温度（高荷重）	℃	211	232
成形収縮率			
流れ（MD）方向	%	0.34	0.26
垂直（TD）方向	%	0.73	0.65

表6 PBT と PET の生産設備投資比較[4]

項　　目	単位	1101 G X 65	PET-GF
乾燥機	—	熱風乾燥機 (100 kg)	除湿乾燥機 (100 kg)
設備費	千円	(830)	(2190)
金型温調	—	温水温調機 (150L/min)	オイル温調機 (150 L/min)
設備費	千円	(700)	(850)
比重	—	1.59	1.65
製品重量	%	96	100
耐湿熱強度	MPa	161	147
(80℃/95% RH×500 hr)			
製品肉厚	%	91	100
合計			
製品重量	%	87	100

れる品質すべてを満たす改良をすることはできない．ガラス繊維強化 PET は結晶性が抑制されているので PBT に比べ，結晶化度が低く，低そり，優れた表面外観が必要とされる用途に展開されている．しかしながら，PET は融点が高いので，成形温度が高く，成形時ガスが多く発生し，金型のベント詰まりなど，連続生産性に問題があったり，良好な表面を得るにはオイル温調による高温金型を用いることが必要で成形に必要な付帯設備費用が高額であった．

PBT をベースに非晶性樹脂をアロイ化することにより，結晶化を抑制し，PBT の特徴を有したまま，ガラス繊維の補強効果を十分に活かせる樹脂マトリクスが開発されている．表5に東レ PBT 1101 GX 65 の物性を紹介し，表6に 100 t クラスの成形機を設備化する場合に考えられる投資額比較，およびガラス繊維の補強効率の違いによる，同等な弾性率を設計したときの，材料の比重差によるメリットを示す．コストダウンは重要なテーマであり，材料単価低減だけでなく部品コストを低減できるための材料の要求特性を設定し開発を進めていきたい．

3. 今後の展望

PBT は非常にバランスの取れた樹脂であり，もっとも大きな弱点である加水分解をうまくコントロールすれば，非常に使いやすい樹脂として今後も拡大が期待できる．今回は射出用途を中心に纏めたが，押出し用途も拡大が期待されている．

国際的な製品価格競争力が要求され，ユーザーからの材料価格に対する要求も非常に厳しい．環境問題，各種規制に対応し，材料メーカーとして，特性の改質だけでなく，製品トータルのコストダウンに関するアイデアをユーザーに提供することが必要であると考えている．

参考文献
1) エンプラ技術連合会,エンプラの本(第3版), p. 11
2) 平井利昌監修，エンジニアリングプラスチックス (第2版), p. 96
3) S. Y. Hoobs, C. F. Pratt：J. Appl. Polymer Sci., 19, 1701 (1975)
4) 東レ㈱PBT 樹脂技術資料より

（東レ㈱樹脂技術部・平井　陽）

第4章　特殊エンジニアリングプラスチック
4-1. 液晶ポリマー（LCP）

　熱可塑性の液晶ポリマー（LCP）は比較的新しく登場したエンジニアリングプラスチック（以下，エンプラ）で，溶融状態で液晶性を発現する特異なポリマーである．射出成形用途向けの工業製品としては耐熱性に応じて，Ⅰ・Ⅱ・Ⅲ型の3種類に便宜的に分類されており，Ⅰ型はDTUL（荷重たわみ温度，1.8 MPaの荷重下）300℃以上の超耐熱グレードであり，Ⅱ型はDTUL 200～240℃以上でSMT（表面実装技術）はんだ対応，あるいは一般はんだ対応で精密成形に適するという特長をもつ．LCPの長所としては，溶融状態で液晶相を形成し流動性が非常に高く，かつ射出成形の際にバリが発生せず，また，成形サイクルがきわめて短いという点があげられる．固体状態においては，強度・剛性が高く，成形時での配向性が高いため成形品の厚みが薄くなればなるほど，強度・剛性がアップする特異な性質を有している．これらの特長が十分に発揮される用途展開としては，近年成長が著しい情報技術（IT）関連の電子部品，コネクタ，リレー，スイッチなどがあり，今後もさらなる需要拡大が期待されるエンプラである．

1. 樹脂の歴史

　歴史的経緯を追えば，1972年，米国カーボランダム社が〈EKKCEL〉の商品名でLCP（p-ヒドロキシ安息香酸，テレフタル酸，4,4'-ジヒドロキシジフェニルの共重合体）を発表したのが最初である．p-ヒドロキシ安息香酸のみの縮合ポリエステルでは溶融しないため，他の芳香族モノマーと共重合させて融点を下げ，成形加工のための溶融流動性を付与することにより工業化された．それ以後，1976年には米国イーストマンコダック社がポリエチレンテレフタレートとp-ヒドロキシ安息香酸をブロック共重合した液晶ポリマー〈X-7G〉を工業化，また，国内では1979年，住友化学工業が独自技術で〈エコノール〉E2000シリーズを開発した．ただし，その当時は一般のエンプラに比較して加工性において難点があったこと，高価格のため市場性が見出せなかったことなどにより大きな展開には至っていなかった．その後，1984年，カーボランダム社の技術はDart社に売却され，その子会社であるDartco社から耐熱性の高いⅠ型LCP〈XYDAR〉が市販される．

　また，同じく1984年には米国ヘキストセラニーズ社が2-ヒドロキシ-6-ナフタレートを用いた共重合液晶ポリマー〈ベクトラ〉を発表し，1989年から米国と日本で上市されるとともに用途展開が進められてきた．LCPが市場に受け入れられ電子部品などに採用されたのは80年代終盤であるから，そのような意味ではかなり歴史の浅いエンプラといえる．

　その後，国内では住友化学，ユニチカ，三菱化学，上野製薬などが参入し市場展開を図るに至った（表1参照）．現在では，用途展開としてSMT対応電子部品（コネクタ，リレー，リレーケース，コイルボビンなど）の需要構成が6割を超えるまでに成長しており，また，出荷市場としてはパソコン部品の生産拠点である台湾が，そして，今後は中国国内へのシフトが予測されている．

表1 LCPメーカー（2004年）[1]

（単位1,000トン／年）

地域・メーカー	生産能力
日本	12.35
ポリプラスチックス	4.8
住友化学	4.5*[1]
上野製薬	1.25
東レ	1.0*[2]
三菱エンジニアリングプラスチックス	0.5
ユニチカ	0.3
アメリカ	12.5
Ticona	6.0
DuPont	3.5
Solvay	3.0
総合計	24.85

（注）*[1] 住友化学は4,500トン能力をさらに2系列で3,000トンを増やし，7,500トン能力とする予定である．
*[2] 東レは2005年に愛媛工場を2,000トンまで能力増強を行う予定である．

表2 VECTRA® S 135（主な物性値）[2]

項目	試験方法	単位	S 135	E 130 i（比較例）
曲げ強さ	ISO 178	MPa	220	220
曲げ弾性率	ISO 178	MPa	16,000	15,000
曲げひずみ	ISO 178	%	2.0	2.3
荷重たわみ温度（1.8 MPa）	ISO 75-1, 2	℃	340	280
流動性	0.3 mm流動長	Pa·s	70	70
燃焼性	UL 94	—	V-0 (0.28 mm$t$)	V-0 (0.8 mm$t$)
成形温度	—	℃	355～380	340～365

2. LCPの製法・用途

各社から上市されているLCPで〈ザイダー〉，〈エコノール〉，〈ベクトラ〉に共通して使用されているモノマーはp-ヒドロキシ安息香酸であるが，これ自体を重縮合すると耐熱性は高いが不溶融のポリマーとなってしまう．そこで溶融し流動性を付与させるために各種モノマーとの共重合が図られるが，用いられる代表的なモノマー成分としては，テレフタル酸，イソフタル酸，2,6-ナフタレンジカルボン酸，ハイドロキノン，p アミノフェノールなどがあげられる．これらの各種モノマーやその誘導体と無水酢酸を加熱し脱酢酸，脱フェノールによる溶融重縮合によりポリマーを得るのが一般的である．また，耐熱性を向上させるために，溶融重縮合に加え，固相重合を追加する場合もある．これらは単純な重縮合反応であるが，モノマー組成，比率の最適化とポリマー分子鎖のシーケンス制御を図ることにより大幅な耐熱性向上が可能となる．例えば，〈ベクトラ〉Sシリーズは，新規に開発された超高耐熱ポリマーをベースにしており，ガラス繊維35％強化の標準グレード〈ベクトラ〉S 135の荷重たわみ温度は340℃（荷重1.8 MPa）と，液晶ポリマー製品としては最高レベルの耐熱性を有している（表2）．従来，このような超高耐熱領域で使用される液晶ポリマーは，約400℃以上の高い成形温度が必要とされたために，成形機内でのポリマー分解に起因する滞留安定性の悪さやガス発生が大きな問題であったが，〈ベクトラ〉S 135は355～380℃の広い温度領域で成形可能であり，成形時の滞留安定性が格段に改善されてガスの発生も少ないポリマーである（図1）．従来，2-ヒドロキシ-6-ナフタレートを成分としたⅡ型の液晶ポリマーの荷重たわみ温度DTULは240～270℃が限界といわれていたが，このように，モノマーの組み合わせや成分比率の最適化だけでなく，製品性能を左右する重合時のシーケンス制御が耐熱性の大幅な向上を約束し，重要な基盤技術となってきている．

3. 構造・物性・成形加工性の関係

LCPが一般のポリマーと大きく異なる点は，溶融時に等方性ではなくネマティック液晶相を発現し，そのために分子の絡み合いが少なく，わずかなせん断力を受けるだけで一方向に配向する性質を有していることである．液状（溶融

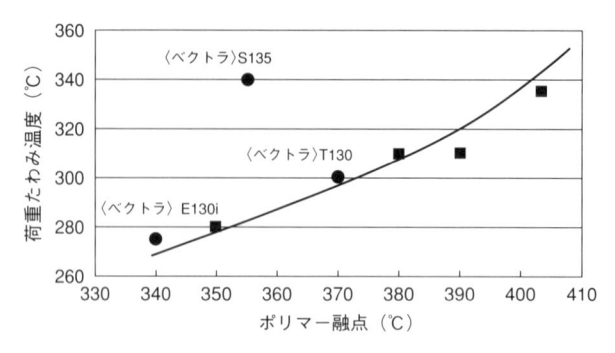

図1 ガラス強化LCP樹脂の荷重たわみ温度とベースポリマー融点の相関[3]

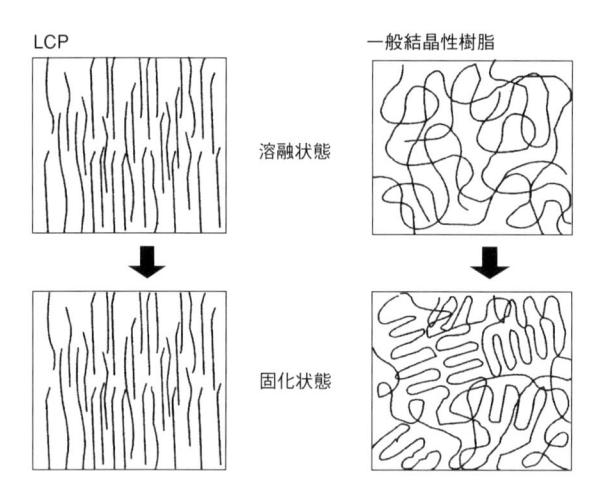

図2 LCPと結晶性樹脂の溶融状態、固化状態の分子構造の模式図[4]

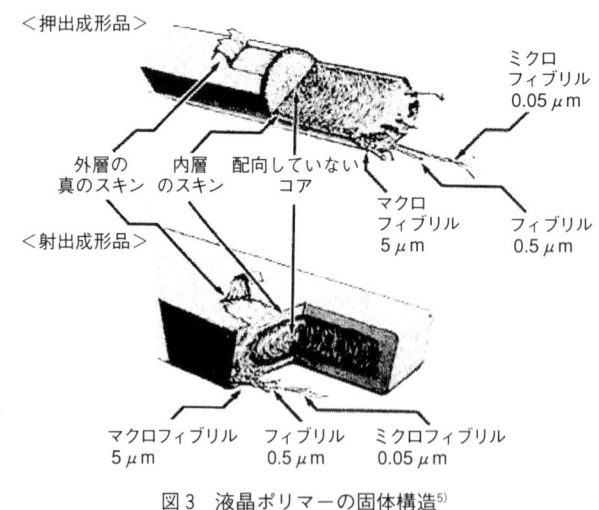

図3 液晶ポリマーの固体構造[5]

状態において）でありながら結晶類似の性質を示すことから、これが液晶ポリマーといわれる所以である．また、冷却・固化するとその液晶状態が安定して保存凍結されたかのような構造を保つ（図2）．

LCPは成形品の内部にフィブリルからなる繊維状構造を有し表面スキン層には分子配向した高強度の層がある（図3）．この配向をX線回折により測定すると、配向関数 f の値は0.45程度、配向軸の平均角度に直すと ϕ は35度くらいであり、この値は繊維の配向度に近く、通常の結晶性ポリマーの射出成形品では観察されないほどの配向性を示している．

$$f = (3\cos^2\phi - 1)/2 \cdots\cdots 配向関数$$

これは流動配向がそのまま凍結されたもので、その厚みは成形品の厚みに依存せず約0.3mm以下と一定である．したがって、成形品厚みが薄くなればなるほどスキン層の強度の寄与が大きくなるため全体としての機械的強度と弾性率が高くなる．このような効果は自己補強効果と呼ばれ、LCPの固体構造特有のものである．

このような特異な構造を呈するには

表3 POMと〈ベクトラ〉A 410（LCP）の熱的特性[4]

項　目	単　位	POM（非強化）	LCP〈ベクトラ〉A 410（フィラー強化系）
熱伝導率（成形時）	W/(m・℃)	0.18	0.38
比熱　平均値	J/kg・℃	3,070	1,270
溶融値	J/kg・℃	2,080	1,460
密度　固体値	kg/m^3	1,410	1,840
溶融値	kg/m^3	1,220	1,760
融　点	℃	165	280
遷移温度	℃	148	241
固化温度	℃	160	229
結晶化潜熱	J/g	−140	−0.71

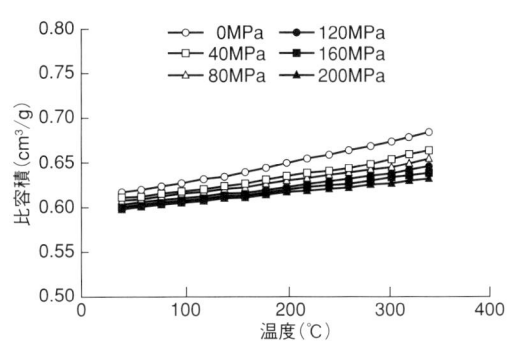

図4　LCPのPVT曲線[5]

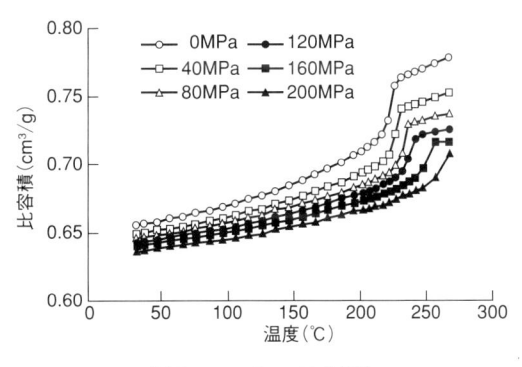

図5　PBTのPVT曲線[5]

溶融状態から固体に至るまでの挙動に大きな原因が存在している．LCPは固化する際の体積収縮が小さく，固化速度も非常に速い特徴を有している．結晶性ポリマーが固化する場合にはコイル状の分子鎖が折りたたみにより結晶ラメラを形成し，この過程で結晶化による体積収縮と結晶化潜熱の発生を伴う．LCPの場合は溶融状態の分子鎖がそのまま凍結されたかのように結晶化する（図2）．LCPの結晶化潜熱は小さく，代表的な結晶性ポリマーPOMと比較した場合（表3），射出成形時の熱収支を支配するパラメーターとして，LCPの結晶化潜熱がPOMに比較してかなり小さいことがわかる．POMも結晶化速度の速いエンプラであるが，それでもLCPは桁違いの熱的特性を示す．この固化過程における構造変化において，熱収支差が非常に小さいことは後述するが，この特性は射出成形における成形収縮率，ハイサイクル成形性などの実用特性にも大きく影響する．一方，LCPは，固化する際の体積変化についても他の樹脂と異なる特異な挙動を示す．図4はLCPの，図5はPBTのPVT曲線である．PBTでは結晶化に伴う体積変化が明確に現われるのに対して，LCPではその変化がほとんど観察されない．つまり，溶融状態で液晶相を形成するため，固化するにしても液晶構造と相似の固体構造へシフトするにすぎないからである．LCPを射出成形する際に技術者がよく「LCPは打った（射出）時にすでに固まっている」と揶揄するようなことを耳にするのもうなづける話である．そして，このような挙動がLCP特有の固体構造に結びつき，表層が高度に配向したフィブリルを形成する理由でもある．

　比熱や結晶化潜熱が小さくなると，固化する際に金型内に流入する熱量が少なくなり，結果的に固化時間が短縮されハイサイクル成形の点で有利となる．これまでLCPは精密成形部品に用途を拡大してきたが，他のエンプラと比較してきわめて短いサイクルで成形することが可能である．

　一例として，箱型状のコネクタモデル試験金型を用いて，種々の樹脂について行った最短成形サイクル評価の結果を図6に示す．ここでは主に狭ピッチコネクタに用いられている樹脂類

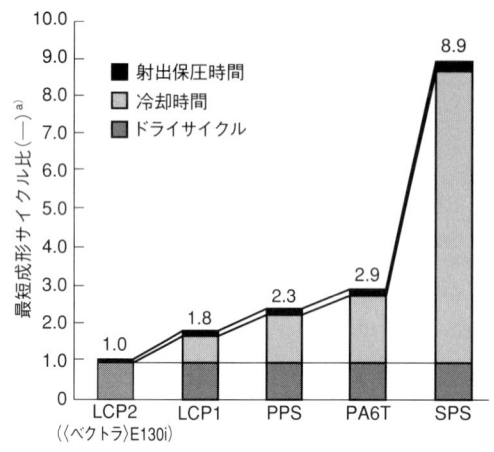

10.0
9.0 8.9
射出保圧時間
冷却時間
ドライサイクル

(注) a) 〈ベクトラ〉E130iの成形サイクルを1.0
としたときの割合を示す．
PPS：ポリフェニレンサルファイド
PA6T：ポリアミド6T
SPS：シンジオタクチックポリスチレン
PPSはガラス繊維40％強化系，他はすべて同30％強化系

図6　最短成形サイクル評価[4]

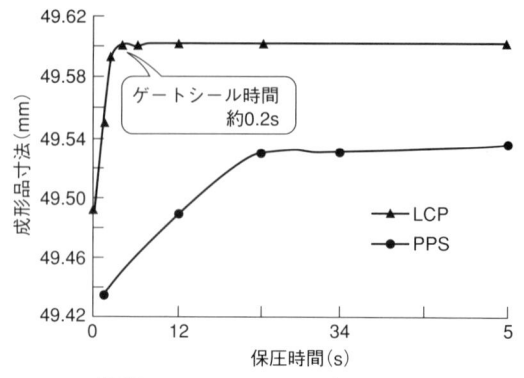

図7　LCPのゲートシール時間[4]

成形品：50×50×1mm$t$平板，ϕ 0.5mmピンゲート
LCP：〈ベクトラ〉E130i（GF30％強化）金型温度80℃
PPS：〈フォートロン〉1140A6（GF40％強化）金型温度135℃

を評価しており，LCPは他の樹脂に比較して冷却時間を非常に短くすることが可能である．ここでLCPとして，高耐熱性一般グレードの〈ベクトラ〉E130iを用いたが，きわめて短い冷却時間で突き出しが可能となる．最短成形サイクルの見極めは，成形サイクルを短くしても成形品の外観・そり変形・寸法と重量のバラツキが安定的で良好であることを基準にしている．LCPの場合は成形サイクルの大半が型開閉などのドライサイクルであり，機械的要因が解消できればさらなるサイクルの短縮が可能となる．LCPが成形サイクルを短縮できる理由は先述の通り，比熱や結晶化潜熱が小さく固化速度が速いことに加え高温剛性が高いという2つの特性によるものである．

高速結晶化の例として1mm厚の平板を成形した場合のゲートシール時間を図7に示す．PPSの場合は結晶化速度が遅いため高温金型で成形する必要があることから，GF40％の強化系でもゲートシール時間は約2秒であるのに対し，LCP（〈ベクトラ〉E130i）の場合は0.2秒であり，際立った特徴を見せている．こ

のようにLCPはもともとハイサイクル成形のしやすい樹脂であるが，溶融状態で構造形成する性質もあってか，特に可塑化時の計量に若干の不安定さを見せる場合がある．これを打消し安定化させるためにも，射出成形機の機能向上は重要である．先に示した限界成形サイクルを評価する際には，高応答速度制御とサーボモータの複合同時動作によりハイサイクル性能を向上させた，ファナック電動式射出成形機ROBOSHOT®Rα-30iAを用いた．このように超ハイサイクル成形を実現するためには材料自体の特性だけでなく，金型構造，射出成形機などにも工夫がなされていなければならない．言い換えると，LCPの優れたハイサイクル性能を発揮させるためには，金型や成形機など周辺機器についても速度律速とならないよう綿密な配慮が必要ということがいえる．

4．成形時の不良と改善手法

実際のLCPの射出成形加工において，ガス抜きは大きな問題であり樹脂から発生するガスや金型内に存在するエアの排気を考えなければならない．適切な充填末端部にガスベントの設置が必要であり，金型構造においてガスベント

が設置可能な部位に流動末端をもってくるゲート位置設計を必要とする．これらの処置によりはじめて充填圧力の低減が可能となる．また，ウェルドはLCPにとって欠点の一つである．ある程度の肉厚があれば樹脂溜りの設置などにより樹脂の流れを変えて改善が可能である．しかしながら，薄肉成形品ではそのような手法での改善効果が低いため，機能上問題とならない位置へウェルドをずらすなどの製品設計が必要である．

5．複合化

LCPは流動性に優れるという特性を有するが，他の樹脂と複合化させて流動特性を向上させることも可能である．一例として，ポリカーボネート（PC）に対してLCPを添加した場合を図8示す．PCの流動性はもともとそれほど高くはないが，剛性アップのためにガラス繊維で補強すると，さらに流動性を低下させることになる．そこで，LCPをPCに添加した場合は剛性を上げながら流動性を改善でき，また，LCPと工業的によく使われる充填材を併用すれば機械物性を大幅に向上させ流動性の改善にも繋がる．このように，LCPは単独の使用だけでなく，複合化した場合にも共存するポリマーにその特有の性質を付与することができる．

6．今後の展望

LCPの基本的性質とその特性について，主として射出成形に関する問題を中心に述べてきたが，工業的には射出成形用途以外にフィルムとしても活用され始めている．クラレからは，LCP特有の配向による欠点（異方性）を克服した高機能フィルムが実用化されており，電子部品の軽量化，通信の高速・大容量化において要求される電気特性，寸法安定性に優れた特性などを活かし，回路基板などの分野へ展開が図られている．

経済的な側面から見れば，IT分野の成長に一時的な陰りがあったことは事実であるが，今後日常生活のあらゆる場面でIT化が進められることを想像すれば，それに伴って電子部品へ供給されるLCPの需要はさらに増すものと期待される．その際に技術的側面から見ると，ポリマー品質の向上を前提に，電子部品の微小化への対応，より高度な製品設計技術，金型を含めた成形技術の工夫など技術的な要求水準はますます厳しくなるものと予想される．

参考文献
1) 富士経済，"2005年 機能性プラスチックコンパウンド市場の現状と将来展望"，255（2005）
2) 塩飽俊雄：JETI, **51**（1），79（2003）
3) 塩飽俊雄：液晶，**8**（1），36（2004）
4) 小林博行：プラスチックスエージ，**46**（5），101（2000）
5) 塩飽俊雄，望月光博：プラスチックスエージ，**46**（10），85（2000）

（ポリプラスチックス㈱研究開発本部研究開発センター・小林　博行，中　道朗）

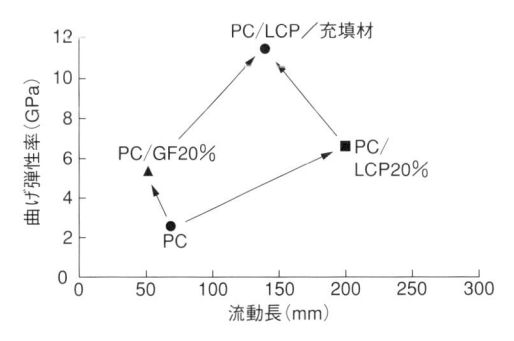

図8　PCマトリクスへのLCPアロイ化の効果[5]

第4章 特殊エンジニアリングプラスチック
4-2. ポリフェニレンサルファイド(PPS)

ポリフェニレンサルファイド(PPS)は,1973年に米国フィリップス石油により工業生産が開始された結晶性のスーパーエンジニアリングプラスチックである.工業的には,硫化ソーダとパラジクロルベンゼンを極性溶媒であるN-2-メチルピロリドン中,高温・高圧下で脱塩反応を行う方法(フィリップス法)によって得られる.図1に示すように,PPSはフェニル基と硫黄から成る構造を有し,融点は280～290℃を示す.PPSはきわめて優れた耐熱性,難燃性,機械特性,寸法安定性,耐薬品性を備えており,200℃以下でPPSを溶解する有機溶媒はなく,フッ素樹脂に匹敵する耐薬品性を示す.また,電気絶縁性および高周波特性にも優れている.

当初,PPSは分子量が低く,わずかにコーティング用途に検討された.その後,酸素存在下で酸化架橋を行うことで,射出成形が可能な程度まで溶融粘度を上げることが可能となり,射出成形用途へ応用が広がった.しかしながら,この架橋タイプのPPSは耐衝撃性が低いなどの欠点を有していた.

その後,国内各社でもPPSの生産が開始され,PPS自体の改良が進んだ.現在では,架橋型,半架橋型,直鎖型の3種類に大きく分けることができる.この内,直鎖型は重合段階において高分子量化したものであり,靭性が大幅に改善された.表1に国内各社および海外各社のPPSレジンの生産能力を示す[1,2].

2004年の全世界コンパウンド需要量は6万4000トン(日本2万6000トン,米国1万1000トン,欧州1万2000トン,アジア1万5000トン)と推定される[2].

PPSの主要用途としては,電気・電子部品分野では,パソコン,通信機器,AV機器などに使用されるコネクタ,各種電子部品がある.また,自動車関連分野では,エンジン周辺部品への応用が進んでいる.今後は電気自動車,ハイブリッド車の開発に伴い,大きな需要が期待される.またファイバーの用途としてバグフィルタでの需要が期待される.

PPSは,今後も年率10%強の伸びが見込ま

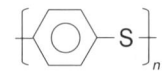

図1 PPSの化学構造式

表1 PPSレジンの生産能力

(単位:トン/年)

	メーカー	架橋型	直鎖型	備考
国内	DIC・EP	10,000		2万トンへの計画あり
	東レ	5,000	3,000	1.4万トンへの計画あり
	クレハ		7,500	06年1万トンへ
	東ソー	2,000		
	国内合計	17,000	10,500	
海外	Chevron Phillips	9,800		
	Fortron Industry		7,500	07年1.5万トンへ
	海外合計	9,800	7,500	
	全世界合計		44,800	

れており，数年後には需給が逼迫する可能性がある．このため，各社は設備投資の時期を探っている状況にある．

1. 重合および製造プロセス

冒頭述べたフィリップス法による PPS の重合反応は，脱水反応（式 1）および重縮合反応（式 2）で表される．

$$NaSH \cdot xH_2O + NaOH \cdot yH_2O$$
$$\rightarrow Na_2S \cdot H_2O + (x+y-1)H_2O \quad (1)$$

$$Na_2S \cdot H_2O + Cl-\underset{}{\bigcirc}-Cl$$
$$\rightarrow \{-\underset{}{\bigcirc}-S\}_n + 2NaCl + H_2O \quad (2)$$

原料はパラジクロルベンゼン（PDCB）と硫黄源である NaSH および NaOH あるいは Na_2S である．アミド系極性溶媒中で高温，高圧下で発熱を伴いながら反応が進行し，NaCl を副生しながらポリマーが生成される．

反応機構は，芳香族求核置換反応により 2 次の重合速度に従う機構で説明される[3~5]．分子鎖成長末端になる Cl 基の反応速度定数が，分子鎖長により大きな影響を受け，2 量体以上の鎖伸長速度が極端に大きくなることが特徴である．そのため，PDCB の反応率が低い場合でも，あるいは原料モノマー比が多少ずれても，計算値よりも遥かに高い高分子量のポリマーが得られる．また，N-2-メチルピロリドンを使用すると，まず硫黄原料と反応して錯体をつくり，それが重合反応に複雑に関与することが報告されている[3~6]．

架橋型 PPS は，低分子量のポリマーを，酸素存在下でポリマーの融点以下の温度で長時間熱処理を行うことで，分子鎖間に架橋構造を導入し，見かけの分子量を増大させたポリマーである．その機構は式（3）のように推定される[7,8]．

$$\{-\underset{}{\bigcirc}-S\}_n \xrightarrow[O_2]{\Delta H} \begin{Bmatrix} \{-\underset{}{\bigcirc}-S\}_n \\ O \\ \{-\underset{}{\bigcirc}-S\}_n \end{Bmatrix} \quad (3)$$

直鎖型 PPS は，重合反応において助剤を使用して高分子量化することが特徴である．助剤としては，カルボン酸金属塩[9]，スルホン酸金属塩[10]，リン酸塩[11]，ハロゲン化リチウム[12]，フッ化カリウム[13]，水[14]などが提案されている．これらの助剤は，通常の触媒と異なり多量に使用される．反応機構は十分に解明されていないが，高分子鎖の分解反応を抑制することにより，直鎖型 PPS では高分子量化ができたと推定される[15]．

架橋型 PPS および直鎖型 PPS の代表的製造プロセスを，それぞれ図 2 および図 3 に示す[6,16,17]．両者とも溶媒と硫黄原料を仕込み，次の重合反応に適する量まで脱水する．その後，PDCB を仕込み反応時間，反応温度を調整することでポリマーを生成する．架橋型 PPS は，

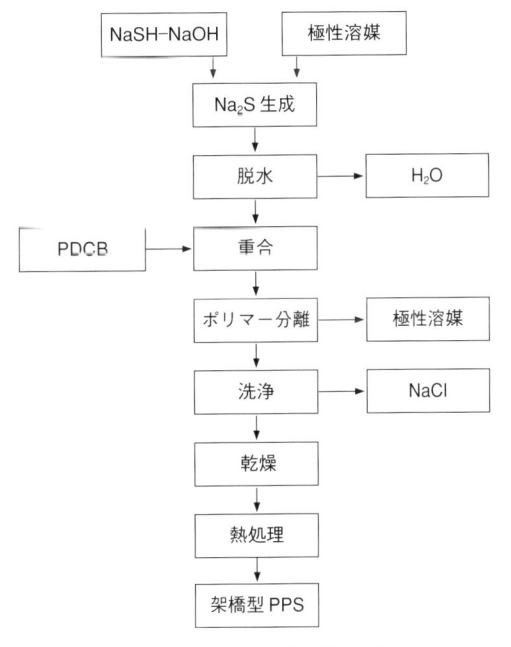

図 2 架橋型 PPS の代表的製造プロセス

第4章 特殊エンジニアリングプラスチック

重合反応工程で生成した比較的分子量の低いポリマーを，洗浄・乾燥後に見かけの分子量を上げる熱処理を行う工程を含むことが特徴的である．一方，直鎖型 PPS は，重合終了後，冷却してポリマーを回収し，洗浄・乾燥を行う．重合終了段階で分子量の高いポリマーが生成することが特徴である．

2. PPS の材料開発

2.1 架橋型 PPS と直鎖型 PPS の材料比較

耐熱性，耐薬品性，寸法精度，機械的特性，難燃性の特徴を生かし各種分野へ広く応用されてきた PPS 樹脂は，先に述べたように架橋型と直鎖型に大別できる．架橋型 PPS は，分子間を酸素で架橋された構造を持つため，高温剛性，耐クリープ変形に優れ，バリが比較的少ない特徴を持つ．一方，直鎖型 PPS は，架橋構造を持たずに分子量が高いため，架橋型 PPS に比べ靭性およびウェルド特性に優れる．それぞれの要求特性により，使い分けられている．架橋型 PPS は靭性が低いため，ほとんどがフィラー強化により使われる．一方，直鎖型 PPS は靭性が大幅に改善されたことから，無充填でも応用範囲が広い．

表2に射出成形用の直鎖型 PPS の無充填材料，直鎖型 PPS および架橋型 PPS の GF 40% 材料の特性をまとめる．

2.2 PPS の品質改善

成形時のバリ，金型腐食性，モールドデポジットは PPS の品質的な欠点としてあげられる．PPS は低せん断領域の溶融粘度が低いこと，結晶化速度が遅いことにより，金型パーティングラインに樹脂が入り込みやすくバリが発生しやすいことが知られている．この対策として，一部ポリマー中に架橋構造を取り入れたり，他樹脂とのアロイ化やフィラーを充填することで PPS の流動挙動の改良が試みられている．他樹脂やフィラー添加は，流動性だけでなく，

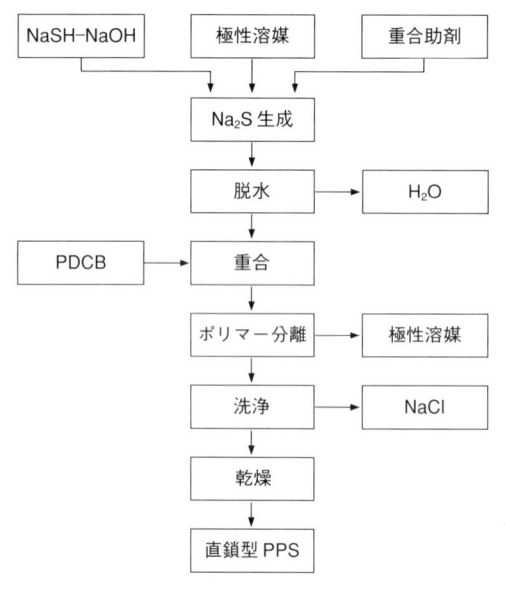

図3 直鎖型 PPS の代表的製造プロセス

表2 直鎖 PPS と架橋 PPS 材料の比較

項目	単位	直鎖 PPS 無充填	直鎖 PPS GF 40%	架橋一般 GF 40%
比重	g/cm³	1.35	1.66	1.66
引張り強さ	MPa	90	185	160
引張り伸び	%	15	1.8	1.2
曲げ強さ	MPa	140	260	230
曲げ弾性率	MPa	3800	13000	13000
ウェルド引張り強さ	MPa	80	70	19
ウェルド引張り伸び	%	3.0	0.7	0.2
エポキシ接着性	N	50	80	30
抽出 Na 量	ppm	<10	<10	>100

エポキシ接着性：接着剤ナガセケムテックス㈱ XNR 3506
　　　　　　硬化条件 150℃，0.5 時間
　　　　　　接着面積 7×7 mm
　　　　　　測定方向 樹脂試験片を十字に接着し，押し剥がし力を測定した．
抽出 Na 量：抽出条件水，125℃，500 時間

PPS本来の物性も大きく変わる場合が多く，この点を考慮する必要がある．

金型腐食問題の原因は溶融時に発生する塩素系および硫黄系の腐食性ガス成分に起因する．モールドデポジットも，PPSのプロセス加工温度が300℃以上と高いため各種添加剤およびベースレジンの熱分解によって発生する有機ガス成分に起因する．これらガス発生に関連する品質問題に対しては，ベースレジン洗浄強化によるレジンの高品質化，コンパウンド時の分解抑制，各種添加剤の最適化を行うことにより改善が行われている（表3）．

なお，これら諸問題はPPSの特性，重合，分子構造の問題と密接に関係しており，材料面からの改善にはおのずと限界があるので，金型構造，金型材質，シリンダ材質，成形条件，成形時のガス低減のための真空ベント手法などによる成形技術を応用した改善と組み合わせることも，きわめて重要である．

2.3 耐ヒートショック（冷熱サイクル）性材料

PPSの代表的な応用例として自動車部品を中心として金属部品がインサート成形された各種センサケースなどがあげられる．これら部品はさまざまな使用環境温度で用いられるため，インサート金属と樹脂の線膨張係数の差によって内部応力が発生し最終的には成形品の破壊に至る．このため長期信頼性である耐ヒートショック（冷熱サイクル）性がこれら金属・インサート部品には求められる．この耐ヒートショック性改善のポイントとしては，線膨張係数が金属に近いことも重要であるが，とくにマトリックス樹脂自身の靭性が重要である．マトリックス樹脂の靭性向上には，前述のように直鎖型PPSを用いる方法がある．しかしながら，成形品厚さの薄肉化などによりさらに高い耐ヒートショック性が求められる場合に対し，エラストマーを併用した耐ヒートショック材料が開発されている．これら耐ヒートショック材料は従来GF 30〜40%添加材料が主流であったが，添加フィラー量の多い高充填材料も開発され，エラストマーおよび添加フィラーとPPS界面の制御によりそれぞれの分散性を最適化することにより，耐ヒートショック性に加え，良寸法精度，良流動性を兼ね備えた特徴が得られている．これら耐ヒートショック材料の特性を**表4**に示す．

2.4 高寸法精度材料

PPSは他の熱可塑性樹脂に比べ無機フィラーを多く添加できる材料である．これら高充填PPSは寸法精度に優れるため，各種光ピックアップベースに採用されている．この部品に要求される重要な特性として，使用温度範囲内で成形品の寸法変化に起因する光軸のずれが少ないこと（光軸の安定性）があげられる．この分野で用いられている代表的な直鎖型の高充填

表3 代表的な直鎖型PPS材料の各種品質

項　目	単位	品質改善 GF 40% 超低バリ，低腐食	一般PPS GF 40% 従来品
密　度	g/cm^3	1.66	1.66
引張り強さ	MPa	200	180
引張り伸び	%	1.8	1.8
バリ特性	μm	50	120
腐食性レベル	目視	B	D
塩素系腐食ガス 発生ガス量	ppm	80	>250
モールドデポジット	μg	20	30

バ リ 特 性：バリ測定法　厚さ20μmのクリアランスでのバリ長さを測定した．
腐食性レベル：SKD 11金属片を350℃，3時間の条件下で材料ペレットから発生するガスにさらし，その後23℃，95% RHで1日放置し，目視で腐食レベルを判定する．判定レベルA（腐食無し）-B-C-D-E-F（著しい腐食）で判定した．
塩素系腐食ガス発生量：樹脂ペレット1g，350℃，30分で発生するガスを水にて捕集しICにて定量した．
モールドデポジット（MD）：MD試験法で採取されるMD重量を測定した．
成形条件はシリンダ温度NH 315-320-305-290℃，500ショット

表4 耐ヒートショック材料の物性一覧

項　目	単位	エラストマー添加 GF 30% 直鎖PPS材料	エラストマー添加 フィラー50% 直鎖PPS材料	(一般) GF 30% 直鎖PPS材料
ヒートサイクル特性	サイクル	150	200	40
引張り強さ	MPa	155	155	170
引張り伸び	%	2.3	1.7	2.0
曲げ強さ	MPa	220	205	245
曲げ弾性率	MPa	8800	11200	10000
シャルピー衝撃	kJ/m^2	12.0	8.0	10.0
溶融粘度	Pa·s	390	250	310

ヒートサイクル特性の評価法
　成形品：金属インサート耐ヒートショック性評価金型
　条　件：−40℃（2時間）⇔ 180℃（2時間）
　　　　　上記条件を1サイクルとし，20サイクルごとにクラック発生の有無を確認した
　　　　　10サンプルの平均寿命（MTTF）を算出した
溶融粘度：樹脂温度310℃，せん断速度1,000 s^{-1}での溶融粘度を測定した

表5 代表的な高充填材料の収縮率異方性の比較

項　目	単位	低そり高充填 PPS材料	低異方性高充填 PPS材料	一般 GF 40% PPS材料
応用分野		低そり一般パワーモジュール等	高寸法精度電子部品等	—
密度	g/cm^3	1.98	1.84	1.66
引張り強さ	MPa	125	65	180
引張り伸び	%	1.0	0.4	1.8
収縮率　流動方向	%	0.2	0.5	0.2
直角方向	%	0.5	0.5	0.8
線膨張係数 流動方向×10^5	K^{-1}	1	2	1
直角方向×10^5		2	2	4

収　縮　率：金型温度150℃，射出圧力59 MPa，80×80×2 mmにて測定した
線膨張係数：引張り試験片を切り出し測定をした（30〜50℃）

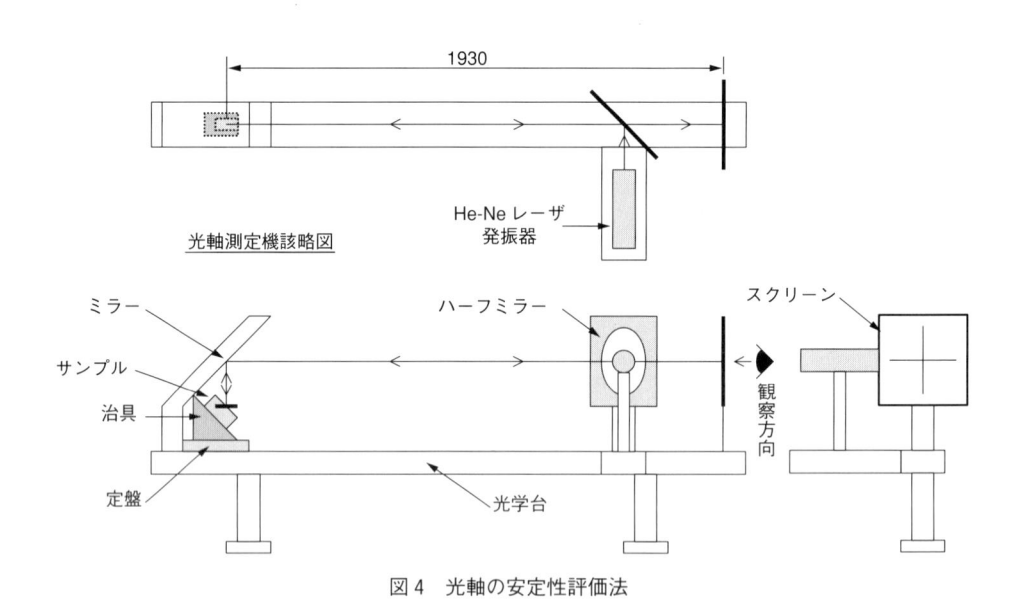

図4　光軸の安定性評価法

PPS，PPSアロイ（相手樹脂PPE）材料，液晶ポリマーの光軸特性の評価法を図4に，評価結果を図5に示す．

さらに特定の電気部品や自動車のパワーモジュールケースのように寸法精度に加え，耐ヒートショック性，エポキシ樹脂との接着性が要求される場合には，直鎖型PPSを用いたり，充填フィラーの種類と添加量を最適化して成形収縮率の異方性をきわめて少なくした高充填材料が開発されている．これら寸法精度が良好な高

図5 光軸安定性の評価結果

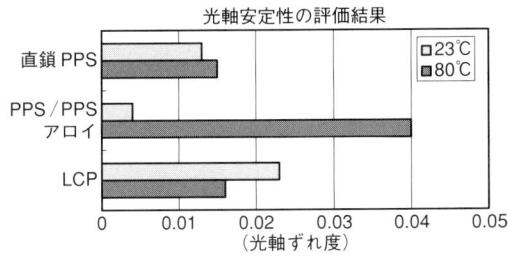

23℃（零点調製後）→80℃→23℃の環境下で光軸のずれを測定した。

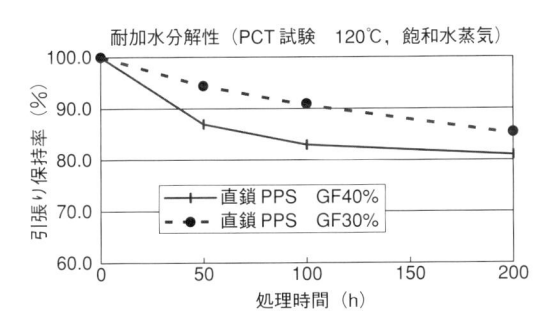

図6 水廻り分野で使用されるPPS材料の耐加水分解性（PCT試験120℃，飽和水蒸気圧下）

表6 各種充填材を添加した特殊機能を付与した材料一覧

機能	手法	性能概要
高熱伝導	高熱伝導フィラー添加	熱伝導率 $1\sim2$ kW/(m・K)
摺動性	良摺動フィラー添加	対鋼摺動摩耗量は1/100，動摩擦係数は1/2
導電性	導電フィラー添加	体積抵抗<1×10^3 Ωcm
耐トラッキング性	特殊フィラー添加	CTI[*]500 V以上

[*] CTI：Comparative Tracking Index

の優れた特性を維持しながら，他特性を容易に付与することができる．たとえば，熱伝導性，導電性，摺動性，耐トラッキング性（耐炭化導電路形成性）が付与できる．これら特性が改善されたPPS材料を表6に示す．

充填PPSの特性を表5にまとめる．

2.5 水廻り部品

PPSは耐薬品性，耐加水分解性に優れているため，燃料，オイル廻りの自動車部品，冷媒，オイル廻りの家電部品，給湯器，ポンプや水道廻りの部品に使用されている．水道関連部品や，給湯器電磁弁に使用されている代表的なPPSのプレッシャークッカー試験（加圧耐湿特性試験）による耐加水分解性を図6に示す．水廻りの分野でより複雑な形状を持つ金属部品のPPS化に対して，DSI（ダイスライドインジェクション）成形を応用した採用例もあり，今後も水道関連部品の複雑な形状の金属部品のPPS化が進むものと考えられる．

2.6 その他のPPS材料

PPSは，各種有機および無機フィラーに対する安定性に優れるため，さまざまなフィラー種を比較的多く添加できる．このため，PPS

3. PPS繊維

直鎖型PPSは架橋型PPSに較べ，靱性が格段に向上したことから，以前は不可能であったフィルム，繊維など押出分野へ広がっている．このうち，PPS繊維はマルチフィラメント，モノフィラメント，不織布などへ加工され，各種フィルタ，コンベアベルトなどへ応用されている．PPSの耐熱性，耐アルカリ性，耐加水分解性などの点から，欧米では製紙用カンバスへの応用が進んでいる．従来は，ポリエステル繊維が使用されていたが，PPS繊維を使用することにより，カンバスの寿命が延び，ラインのメンテナンスが容易になるとの評価が得られている．国内では未だポリエステル繊維が主流を占めており，PPS繊維の使用例は少ないが，国際競争力を維持する点からも今後は国内でもPPS繊維の使用が拡大すると予想される．

PPS繊維の内，直鎖型PPSを使用したモノフィラメントの代表特性を表7に示す．直鎖型PPSの特徴を活かし，架橋型PPSでは困難であった高い靱性をもったモノフィラメント

表7 直鎖型PPSモノフィラメントの特性

項　目	単　位	PPSモノフィラメント
引張り強度	cN/dtex	4.0
引張り伸度	%	60
引掛け強度	cN/dtex	4.8
結節強度	cN/dtex	3.0
ヤング率	MPa	5390
乾湿強度比	%	100
吸水率	%	0.08

が実用化されている．

また，高分子の配向技術を駆使した高靱性のPPS繊維のさらなる応用として，女性のブラジャー用の芯材がある．剛性と柔軟性を併せ持った素材として特色あるものとなっている．

4. 今後の応用／材料開発

PPSの特徴である耐熱性，機械的特性，耐薬品性を生かし，金属部品の代替は進むものと考えられる．ここでとくに重要なことは，金属の代替可能な長期信頼性の向上である．各種長期信頼性を向上することにより新しい部品の開発が進むことが期待される．また，これまで不向きと考えられてきた各種金属筐体の代替も，PPSの優れた剛性を生かしながら加工技術との融合で新規の開発が期待される．従来から環境問題，コストダウンの点より熱硬化性樹脂の置き換えも検討されており，今後も継続して開発は進むものと考えられる．

また，直鎖型PPSの靱性を活かしたフィルム，シート，繊維，パイプなどの押出分野での応用開発も，今後さらに進むと予想される．さらに，FDA（Food and Drag Administration）の許可を受けたPPSも出てきており，耐熱性，耐加水分解性，耐油性などが必要とされる食品加工分野，一部医療分野へも広く応用が進むと期待される．

参考文献

1) Reitzel, G. and P. Radden, P.: *KU Kurststoffe*, (10), 321 (2001)，石油化学新聞，日本経済新聞，化学工業日報　2005年11月
2) 山縣，高野：プラスチックス，57 (1), 90 (2006)
3) Fahey, D. F. and Ash, C. E.: *Macromolecules*, **24** (15), 4242 (1991)
4) Fahey, D. F., Ash, C. E. and Senn, D. R.: *Polymer Material Science*, 67, 468 (1992)
5) Fahey, D. F. and Ash, C. E.: *Macromolecules*, 30, 387 (1997)
6) 佐藤：東北高分子ミニフォーラム予稿集，高分子学会東北支部 (1997)
7) Hill, H. W.: *High Performance Polymers, Their Origin and Development*, 135 (1986), Elsevier
8) 高分子学会編，高分子データハンドブック応用編，211 (1986), 培風館
9) 特公昭52-12240 (1977)；特開昭50-40738 (1975)
10) 特開昭55-43139 (1980)；特開昭58-206632 (1983)
11) 特開昭56-20030 (1981)
12) 特公昭54-8719 (1979)
13) 特開昭57-16028 (1982)
14) 特開昭61-7332 (1987)
15) 飯塚，小林，甲藤：高分子学会予稿集，**39** (6), 1814 (1990)
16) 坂本：エンジニアリングプラスチック辞典，290 (1988), 技報堂
17) Geible, J. F. and Campbell, R. W.: *Comprehensive Polymer Science, The Synthesis, Characterization, Reaction and Applications of Polymers*, **5**, 543 (1989), Pergamon
18) 特許第2878470号

（ポリプラスチックス㈱研究開発センター・若塚　聖／
㈱クレハ　いわき工場・多田　正人）

第4章　特殊エンジニアリングプラスチック
4-3．ポリイミド
（PI）

ポリイミド[1~3]（PI）は各種スーパーエンプラ（特殊エンジニアリングプラスチック）の中でもっとも優れた耐熱性，機械強度，電気的特性，耐環境特性・難燃性を有しており，民生機器から産業機器，さらには原子力関連，航空宇宙領域に至る広範な分野において，精密成形品・フィルム・薄膜コーティング・ワニス・繊維・プリプレグなどの多様な製品形態で実用化が進められている．

ポリイミドのような耐熱性高分子を実用化するには，フィルム，シート，マグネットワイヤ，含浸ワニス，コンポジット，ラミネート，成形モールド品，接着剤，エラストマーなど各種の形態に賦形しなければならず，それぞれの要求特性の多様化・加工性・コストなどが重要なファクターとなる．そのため，過去，幾多の耐熱性高分子の研究開発が試みられたが実用化されたものの数は非常に少ないのが現状である．

数少ないポリイミドの実用化という分野で成功をおさめたといえるのがDuPont社であり，芳香族ポリイミド，Kapton®，Vespel®を市場に送り出している．この成功の要因は，世界に先駆けて研究開発に着手し独占的に特許を獲得し，先行的な工業化投資に注力したこともあるが，マーケット面においても，電気，電子，宇宙航空など先端分野の用途にきわめて明るく，ニーズを引き出すことにも熱意があり，これらをうまく開発に活かしたためではないかと考えられる．

1. ポリイミド

1.1　ポリイミドの種類

1960年代初期にDuPont社が市場に送り出したポリイミドは，芳香族系の鎖状型ポリイミドであった．ポリイミドには大別して鎖状型ポリイミドと熱硬化性を有する付加型ポリイミドの2種がある．一般に芳香族系の鎖状型ポリイミドは高いガラス転移温度（T_g）を有するために加工プロセスに困難をきわめることが多い．そのためガラス転移温度に代表される耐熱性を犠牲にすることなく加工性を改良する手法の一つとして熱硬化性を有する付加型ポリイミドの検討が進められてきた．付加型ポリイミドは付加反応硬化で揮発物を発生しないプロセス上の特徴を有しており，エポキシ樹脂，不飽和ポリエステル樹脂と同様に加工でき，しかも優れた耐熱性を有する樹脂[4]である．付加反応基としてはマレイミド末端，ナディック末端，アセチレン末端，ベンゾシクロブテン末端などが知られているが，実用化されているといえるのはマレイミド末端を有するビスマレイミドとその変性品だけである．ビスマレイミドは優れた加工性とともに耐熱性，機械特性にバランスがとれた樹脂であり，経済性の面からもコンポジット，接着剤などの分野でもっともポピュラーに使用され各種の用途展開が図られている．また，ビスマレイミドの二重結合はラジカル重合やマイケル付加，ディールズアルダー反応などにより，広い範囲のモノマーと共重合化が可能であるためバラエティに富んだ組み合わせによる実用化のための開発が盛んに行われている．しかしながら樹脂自身のタフネスさや可とう性，また熱酸化安定性の面からは鎖状型ポリイミドに劣っているというのが現状である．

一方，鎖状型ポリイミドの合成は古くから検

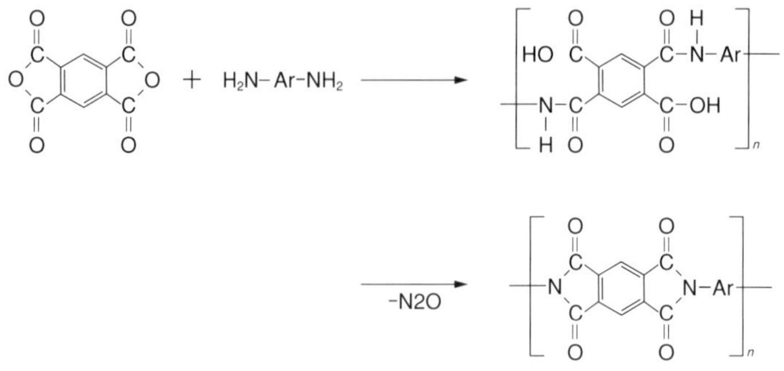

図1 2段階法ポリイミド重合

討されており，芳香族ポリイミドの実用化においては図1に示すように極性溶媒中で無水ピロメリト酸（PMDA）とジアミン化合物の重縮合でポリアミド酸を経てポリイミドを合成する2段階法の発明が発端であることはよく知られている[5]．従来より知られる鎖状型の芳香族ポリイミドは，一般に不溶不融のため芳香族ジアミンと芳香族テトラカルボン酸二無水物を室温において極性溶媒中で反応させ，ポリイミドの前駆体であるポリアミド酸を合成して使用する．可溶性であるこの前駆体の段階で，フィルムや塗膜の形態に形状付与した後，熱的または化学的に，または両者を併用して脱水環化（イミド化）してポリイミドを得る．しかしながら，この前駆体であるポリアミド酸形態での使用法については，ジメチルホルムアミド（DMF），N, N-ジメチルアセトアミド（DMAc），N-メチル-2-ピロリドン（NMP）などの極性溶媒の使用（低濃度，吸湿性，毒性），ポリアミド酸の不安定さ（吸湿による加水分解，カルボキシル基と金属との反応によるゲル化），イミド化反応制御（厚膜不能，収縮率大，反応の不完全さ）の難しさなどが用途の拡大が進むにつれて，成形加工上の問題点としてクローズアップされてきている．このような前駆体であるポリアミド酸の安定性向上を目的として，ポリアミド酸アルキルエステル法[6]，ポリアミド酸アミド誘導体法[7]などが研究されているが実用的には製造工程が増え，製造コストが高くなる問題があり，広く採用されるに至っていない．

1.2 ポリイミドの使用形態

芳香族ポリイミドは，一般的には有機溶剤に溶解しないが，特殊な骨格構造を有したり，あるモノマー組成を含有するポリイミドは溶剤溶解性を有する場合もある．このようなポリイミドの場合，テトラカルボン酸二無水物成分とジアミン化合物を高沸点溶媒中，150～200℃に加熱して重縮合させることにより一挙にポリイミド溶液を得ることもできる．この方法においてもポリアミド酸を経由してポリイミドが得られるのは先に述べた2段階法と同様であるが，得られる溶液がポリイミド溶液であるためにポリアミド酸溶液よりは加水分解安定性に優れた溶液となる．その他，一段でポリイミドを合成する方法としては，ジアミン化合物の代わりにジイソシアネート化合物を用いる方法[8]や，テトラカルボン酸二無水物の代わりにジチオ無水物を用いる方法[9]，さらにはテトラカルボン酸とジアミン化合物から得られる塩モノマーを高温高圧で重合し一挙にポリイミドを得る方法[10]などが報告されているがいずれも実用化に至っていない．

このように不溶不融の芳香族ポリイミドを得るためにその前駆体であるポリアミド酸の安定性向上方法や，ポリイミドの直接合成方法について多くの検討がなされてきてはいるが，実用性の点においては古典的なポリアミド酸を経由する二段階合成法が汎用性のある方法として現在でも広く採用されている．

芳香族ポリイミドはフィルム，成形材料，接着剤の形態で広く用いられている．フィルム形態においては世界で約1500トン/年の使用量が

報告されている．60年代はじめに DuPont 社が開発した Kapton®は長い間唯一のポリイミドフィルムとして市場を独占してきた．Kapton®に代表される PMDA 系ポリイミドは，確かに最高の耐熱性を示す有機絶縁材料であったが，使用される環境が厳しくなるにつれて，また要求特性の高度化に伴い種々の問題点も指摘されるようになってきた．これに対して種々のテトラカルボン酸二無水物，種々のジアミン化合物から多数のポリイミドが合成され，その耐熱性，化学的，物理的特性などが研究されている[11]．

芳香族ポリイミドフィルムの用途としては接着剤を介して銅箔と張り合わせて絶縁層として使用されることが多く，この際，銅の線膨張係数とポリイミドフィルムの線膨張係数が異なると，加熱，冷却などの温度変化で反りなどの問題が発生する．このような問題を解決するためにポリイミドの構造およびポリイミドフィルム成形方法と線膨張係数の関係が検討され分子鎖の剛直性，面配向などの詳細な構造が議論されるようになってきている．現在ポリイミドフィルムは FPC（フレキシブルプリント回路板），フラットケーブルなどの柔軟性が要求される分野や，TAB（テープ・オートメイテッド・ボンディング），半導体関連の寸法精度が要求される分野で用いられている．

また，芳香族ポリイミドの成形材料としては，やはり DuPont 社の Vespel®が知られている．Vespel®はポリイミド粉末を圧縮焼結成形して得られる成形品の名称である．この樹脂は基本的には 4,4′-オキシジアニリンと PMDA とから構成されており基本構造は Kapton®と同じであり融点を持たず優れた耐熱性を有している．Vespel®は特殊な成形条件と設備を必要とするため，原材料売りではなく DuPont 社が自ら成形加工し成形加工品の形態で市場に出ている．そのため価格も高いがワッシャー，シーリング，ブッシング，ベアリングなどの用途に用いられている．この分野の材料は射出成形可能な PEEK（ポリエーテルエーテルケトン）などの高耐熱性のスーパーエンジニアリングプラスチックと市場を分け合っており，その使用量は世界で数千トン/年に達している．この分野の材料は耐熱性と成形性をいかにバランスさせるかがキーポイントであり，日々あらたな材料の創出が望まれている．

近年，携帯型の電子機器の発展は著しく，それを組み立てるために高度な部品の接合技術が要求されるようになってきた．そのため絶縁性，耐熱性を兼ね備えた材料として芳香族ポリイミド系の接着剤が使用され始めている．接着剤の形態としては液状の接着剤と，シート状の接着剤があるが，作業環境，作業効率，品質安定性などの観点からシート状の接着剤が用いられることが多い．使用されるポリイミドには熱硬化型と熱可塑型がある．熱硬化型は一般に作業条件（温度，圧力）はマイルドであるが，耐熱性は劣るものが多い．また熱可塑型は，耐熱性が優れる反面，作業条件が厳しく，接着強度が低いという問題点がある．それぞれ長所短所があり，用途の要求特性により使い分けされている．これら接着剤は LOC（リード・オン・チップ），ヒートスプレッダ，ダイボンディング，層間絶縁層などに用いられている．ボンディングシートとしては接着剤単体で使用されるだけでなくポリイミドフィルムの片側，または両面に接着剤を塗布したものが使用されることも多い．

2. ポリイミドの成形加工性

このように各事業分野において，いろいろな形態でその使用が進められている Kapton®，Vespel®に代表される 4,4′-オキシジアニリン（4,4′-ODA）と無水ピロメリト酸（PMDA）から構成される芳香族ポリイミドは不溶不融の基本特性を有するがゆえに，成形加工性に乏し

く，その前駆体であるポリアミド酸の形態で成形加工に供さなければならなかった．この前駆体であるポリアミド酸は加水分解性が高く，冷暗所での保存が必要であり，またポリイミドに閉環する際に副生成物として水が生成するために，ポリイミドの成形加工品を得るためには多くの労力と設備を必要としていた．このようにポリイミド自身の成形加工性が乏しいという性質がこの優れた樹脂の広範な応用展開を妨げる抑制要因の一つとなっており，ポリイミド樹脂は高性能ではあるが非常に高価な材料であるとの市場評価を受けていた．芳香族ポリイミド樹脂が本来有する優れた特性を保持したまま，この樹脂に成形加工性を付与する技術を確立することが，化学，樹脂メーカーに課せられた長年にわたる課題の一つであった．

ポリイミドに成形加工性を付与する方法としては，大別して図2に示す3つの方法がある．

まず第一の方法は，ポリイミドに溶剤溶解性を付与し，可溶不融の性質を発現させる方法である．この方法は Harris ら[12]をはじめとする多くの研究者により検討された．そしてポリイミド基本骨格に側鎖として嵩高いフェニル基を導入することにより，耐熱性は保持したままで溶剤溶解性を付与した Avimid® が DuPont 社により開発された．

第二の方法は，ポリイミドに溶剤溶解性と熱可塑性の両方の性質を付与し，可溶可融の性質を発現させる方法である．この方法は Takekoshi ら[13]により検討され，その結果，優れた溶解性と溶融流動性を有する Ultem®1000 が GE 社より上市された．しかしながら，この樹脂のガラス転移温度は従来より知られているエンプラの一つであるポリエーテルスルホン（PES）のガラス転移温度 220℃ よりも低い 215℃ であり，また，各種ハロゲン化炭化水素類に 20 wt ％以上もの溶解性を有していることから，現在ではポリイミドとは別の範疇であるポリエーテルイミドとして分類されるようになっている．

第三の方法はポリイミドに熱可塑性を付与し，不溶可融の性質を発現させる方法である．この方法は NASA（米国航空宇宙局）の St. Clair ら[14]や三井化学の Yamaguchi ら[15]により検討された．彼らはポリイミドに熱可塑性を付与する方法は溶剤を併用する必要がないので，環境安全性の面からも生産コストの面からみても，もっとも有利な方法であると考え，その開発に取り組んだ．その結果，1970年代後半には NASA の Langley Reserch Center より LARC-TPI™ と命名された熱可塑性ポリイミドが発表された．その後，この LARC-TPI™ については，高耐熱性のホットメルトタイプの接着剤として多くの応用研究がなされた．

一方，三井化学の Tamai ら[16~19]は熱可塑性発現とポリイミドの繰り返し単位構造との関係について検討することにより，精密射出成形品，フィルム，薄膜コーティング，繊維，プリプレグ，接着剤などの多様な製品形態に適応が可能であり，しかも250℃以上の高ガラス転移温度を有する溶融成形可能なポリイミド AURUM® を見出し1980年代に上市した．以下では，まずポリイミドの熱可塑性発現とその化学構造との関連について述べ，その後，熱可塑性ポリイミド（具体例として AURUM® および SuperAURUM®）の基本的性能を順を追って紹介する．

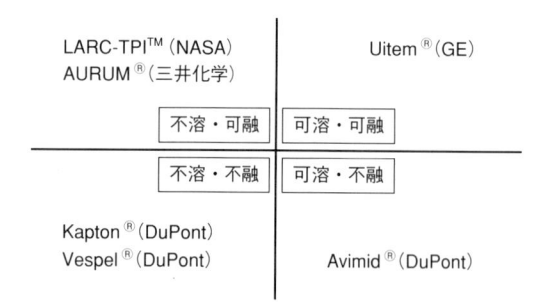

	LARC-TPI™ (NASA) AURUM® (三井化学)	Uitem® (GE)
	不溶・可融	可溶・可融
	不溶・不融	可溶・不融
	Kapton® (DuPont) Vespel® (DuPont)	Avimid® (DuPont)

図2　ポリイミドに成形加工性を付与する方法

3. 熱可塑性ポリイミドとその化学構造

熱可塑性ポリイミドを設計するには基本的には2つの方策が考えられる．一つはイミド基の会合性に関連した方策である．1個のベンゼン環に隣接する1個のイミド基はベンゼン環とともに平面板状構造を構成する．したがってこの単位は複素環の強い極性と高い分極率のために大きな凝集力を生じる．そのためイミド単位間の会合力がきわめて高くなり分子鎖の易動度が低下して，高い結晶融解温度（T_m）やガラス転移温度（T_g）を与える一つの要因となる．したがって熱可塑性を付与するには分子間の凝集力を低減する必要がある．すなわちポリマー鎖中の繰り返し単位中のイミド単位の相対濃度を低下させる必要がある．言い換えればこの方策は，出発原料であるテトラカルボン酸二無水物またはジアミン化合物中にイミド基以外の熱的に安定な官能基や芳香族系原子団を導入して，生成イミド基の繰り返し単位中での濃度を低下させる方策である．

二つ目の方策は分子鎖の屈曲性に関連した方策である．もし平面状の芳香族イミド基が直線的または平面的に配列し剛直分子鎖を形成するなら，繰り返し単位中のイミド基の濃度を減らしても分子の会合状態を解くことは不可能と思われる．ポリイミドのこの強い会合状態に至らせないようにするには，芳香族分子鎖にある程度の自由度をもたせて一様でない立体配置をとらせる必要がある．つまり，分子鎖にできるだけ屈曲性を与えることであり，芳香族分子鎖においては結合を互いにメタ配向させたり，2個の芳香環の面配置を互いに交差させる目的で，スピロインダン骨格を導入させたりする分子設計が一つの指針となる．このように熱可塑性を有するポリイミド設計のための方策にしたがって設計された熱可塑性ポリイミドとしては，耐熱接着剤として用いられているものはいくつかあるが，加熱溶融成形が可能な熱可塑性と耐熱性が両立した性能を有しており，しかも商業的に入手が可能な芳香族ポリイミドとしては三井化学のAURUM®が知られているにすぎない．

表1には各種異なった分子鎖長を有するエーテル系ジアミン化合物から得られたポリイミドの構造とガラス転移温度（T_g）との関係についてまとめてある．P1〜P4はいずれもアミノ基の置換位置がパラ位のジアミン化合物から得られたポリイミドである．P1からP4になるに従い，用いたジアミンの分子鎖長は長くなっている．そしてそれに従い，得られたポリイミドのT_gは低下していく．この傾向はアミノ基の置換位置がメタ位であるエーテル系ジアミン化合物を用いたP5〜P8においても同様であり，用いたジアミン化合物の分子鎖長が長くなるにしたがい，得られたポリイミドのT_gは同様に低下する．テトラカルボン酸二無水物が同一であり，用いるエーテル系ジアミン化合物の分子鎖長が長くなるということは，生成イミド基の繰り返し単位中の濃度を低下させていることを意味する．表1の結果は繰り返し単位中のイミド基濃度を低下させることにより，イミド単位間の会合力が弱まり，分子間の凝集力が低減するためにT_gが低くなり，熱可塑化が進んでいると考えることができる．また，分子鎖長が同一であるにもかかわらず，アミノ基の置換位置がメタ位のエーテル系ジアミンを用いたポリイミドの方が，パラ位のジアミンを用いたポリイミドよりも低いT_gを示すのは，メタ結合導入により分子鎖に屈曲性が与えられ，ポリイミド分子鎖が有する自由度を増加させ，一様でない立体配置をとらせやすくしているためと考えることができる．

図3に，種々の芳香環数，アミノ基置換位置，結合種を有するジアミン化合物と，各種テトラカルボン酸二無水物から得られるポリイミドの熱可塑性（溶融流動性）についてまとめた概略

表1 エーテル系ジアミン分子鎖長とポリイミドの T_g との関係

ポリイミド	テトラカルボン酸二無水物	Y	η (dl/g) *1)	T_g (℃) *2)
P1	ODPA	—⌬—	I.S. *3)	326
P2	ODPA	—⌬—O—⌬—	0.52	242
P3	ODPA	—⌬—O—⌬—⌬—	0.50	222
P4	ODPA	—⌬—O—⌬—O—⌬—	0.45	204
P5	ODPA	—⌬—	0.47	261
P6	ODPA	—⌬—O—⌬—	0.49	205
P7	ODPA	—⌬—O—⌬—⌬—	0.45	189
P8	ODPA	—⌬—O—⌬—O—⌬—	0.54	181

*1) 35℃において混合溶媒(p-クロロフェノール/フェノール=9/1wt/wt)中0.5%濃度で測定した対数粘度
*2) DSCを用い昇温速度16℃/minで測定
*3) η 測定溶媒に不溶

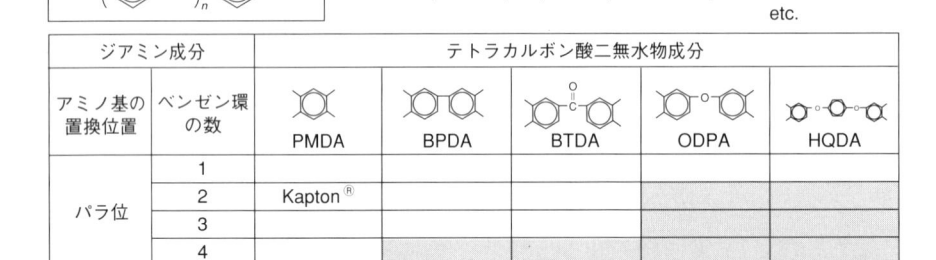

$X = -S-, -CH_2-, -, -CO-, -C(CH_3)_2-, -SO_2-$ etc.

図3 ポリイミド構造と溶融流動性の関係概略図

図を示す．ポリイミドの溶融流動性は高化式フローテスタを用い，荷重下，室温から5℃/分の加熱速度で500℃まで加熱する方法で見積もった．図3中の網点の部分は熱可塑性を有する領域を，白地の部分は熱可塑性を有さない領域を示している．この概略図より，従来からのポ

リイミド構造（Kapton®，Vespel®など）は溶融流動性を有さない領域に含まれていることがわかる．また NASA が開発した熱可塑性ポリイミド LARC-TPI™ および射出成形が可能な AURUM® はともに熱可塑性を有する領域に含有されている．

4．熱可塑性ポリイミド

従来のポリイミド特有の高い耐熱・機械・電気特性を有するとともに，さらに射出・押出成形加工可能である優れた熱可塑溶融流動性を有するポリイミド（AURUM®；三井化学）が開発されている．図4に AURUM® の繰り返し単位構造を示す．AURUM® はビフェニル構造を含有し，メタ位にアミノ基を有するエーテル系ジアミン化合物と PMDA とから構成されるポリピロメリトイミドの一種である．表2に AURUM® と他の射出成形可能なエンプラである，PEEK（Peek®，三井化学），Ultem®1000 および熱可塑性を有さない従来からのポリイミドである DuPont 社の Vespel® のニート樹脂の基本物性をまとめて示す．なお表中の Vespel® の値は Hirai[20]のデータを引用したものである．この表より AURUM® はガラス転移温度 250℃，結晶融解温度 388℃ を有する擬結晶性の熱可塑性樹脂であり，そのガラス転移温度は PEEK（Peek®，三井化学），Ultem®1000 にくらべ格段に高いことがわかる．またその射出成形体の機械物性は PEEK（Peek®，三井化学），Ultem®1000 および焼結成形した Vespel®SP-1 と同レベルであることがわかる．AURUM® は難燃性試験においても UL-94，V-0 および 5VA に合格しており，化学的耐熱性にも優れている樹脂材料である．

AURUM® には溶融粘度に応じて 300 Pa·s 〜1000 Pa·s に3つの品種があり，低溶融粘度の方から #400，#450，#500 と分類されている．図5には #450 の溶融粘度の剪断速度依存性を示している．この図より #450 の溶融流動特性は Peek®450 G とほぼ同レベルであり，優れた溶融流動性を有していることがわかる．表3には室温下，10日間浸漬による耐薬品性試験結果を示す．非晶状態の場合，一部の強酸，

図4　AURUM® の化学式

表2　熱可塑性ポリイミド（AURUM®）の基本物性

項　　目	単位	AURUM®	Peek®	Ultem®1000	Vespel®SP-1*
ガラス転移温度	℃	250	143	215	—
結晶融解温度	℃	388	334	—	—
密度	kg/m³	1,330	1,330	1,330	1,360
引張り強度	MPa	92.2	97.1	105	72.4
曲げ強度	MPa	137	142	145	96.5
曲げ弾性率	GPa	2.94	3.73	3.30	2.48
圧縮強度	MPa	120	120	140	—
アイゾット衝撃値（ノッチ付）	J/m	88	69	49	—

*"Engineering Plastics". Edited by T. Hirai, Plastic Age Press, p 209（1984）より引用

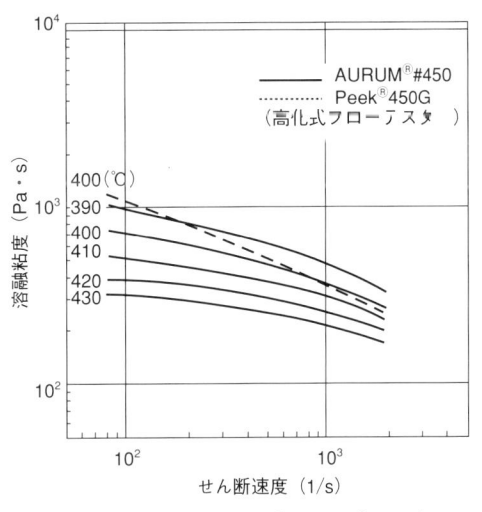

図5　熱可塑性ポリイミド（AURUM®#450）の溶融粘度の剪断速度依存性

強アルカリに犯されるものの結晶状態の場合はほとんどの薬剤に対して耐性があることがわかる．図6に日本原子力研究所高崎研究所で実施された耐放射線性試験の結果を示す．AURUM®は100 MGy（グレイ）のγ線の照射後においてもほとんど強度の低下が認められないという，とくに優れた耐放射線特性を有している．

5．高結晶性ポリイミド

従来の熱可塑性ポリイミドに比べて耐熱性，溶融流動性などの特性がとくに優れている高結晶性，高耐熱性のポリイミド（SuperAURUM®，三井化学）が開発されている．

このSuperAURUM®の30 wt%カーボンファイバ添加グレードXCN 3030の基本物性を表4に示す．Super AURUM®の荷重たわみ温度は395℃と高く，ほぼ400℃のレベルに達しており有機材料では最高峰の部類に属している．図7にはXCN 3030の曲げ弾性率の温度依存性を示している．SuperAURUM®の曲げ弾性率は，250℃以下の温度域においては30 wt%カーボンファイバー添加Peek®，AURUM®に劣っているものの250℃以上の温度域においてはVespel®SP 21よりも高い弾性率を保持していることがわかる．図8にはカーボンファイバー30 wt%添加SuperAURUM®の420℃におけるスパイラルフロー結果を示す．カーボンファイバー30 wt%添加Peek®，AURUM®に比較して優れた溶融流動性を有していることがわかる．

これらの結果は，従来，セラミックや金属に

表3　熱可塑性ポリイミド（AURUM®#450）の耐薬品性
〈耐薬品性（室温下，10日間浸漬）〉

		非晶	結晶
・塩酸	10%	○	○
	conc.	○	○
・硫酸	35%	○	○
	conc.	×	○
・硝酸	35%	○	○
	conc.	×	△
・水酸化ナトリウム	10%	○	○
	40%	○	○
・水酸化カリウム	10%	○	○
	40%	×	○
・エンジンオイル		○	○
・ギアオイル		○	○
・トルエン		○	○
・パークロルエチレン		○	○
・トリクロルエチレン		○	○
・ジクロルメタン		△	○
・クロロホルム		△	○
・ガソリン		○	○
・ケロシン		○	○

（注）○：変化なし，△：若干クレーズ，×：膨潤または溶解

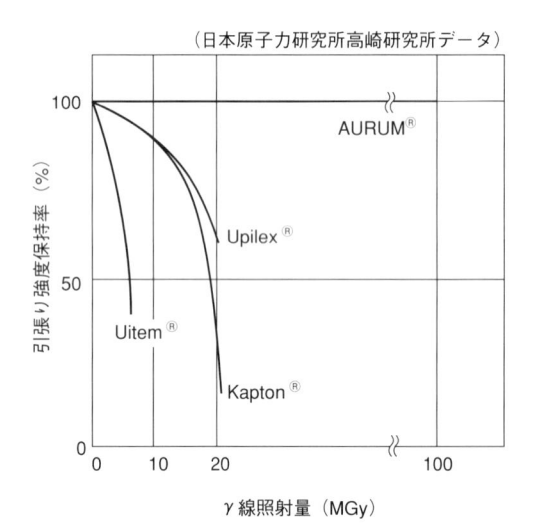

図6　熱可塑性ポリイミド（AURUM®）の耐放射線性

表4　高結晶性ポリイミド（Super AURUMR）の基本物性値*)

項　目	単位	Super AURUM® XCN 3030	AURUM® JCN 3030	Peek® 450 CA 30
荷重たわみ温度	℃	395	248	315
引張り強度	MPa	205	228	224
伸び	%	1	2	2
曲げ弾性率	GPa	20	19	20
曲げ強度	MPa	296	320	355
アイゾット衝撃値	J/m	62	108	88
比重		1.48	1.42	1.44

*)表中の値は全てCF 30 wt%含有品の物性値を示す．

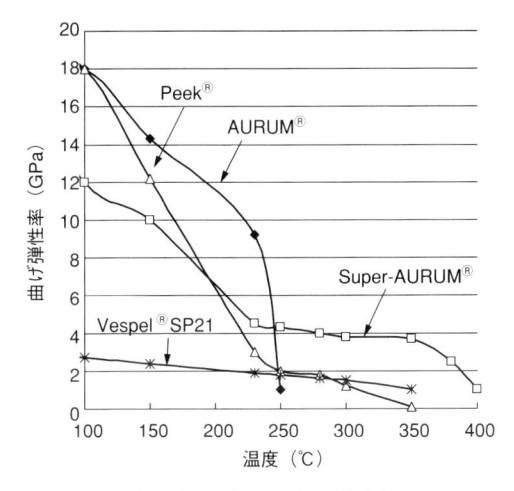

図7 曲げ弾性率の温度依存性

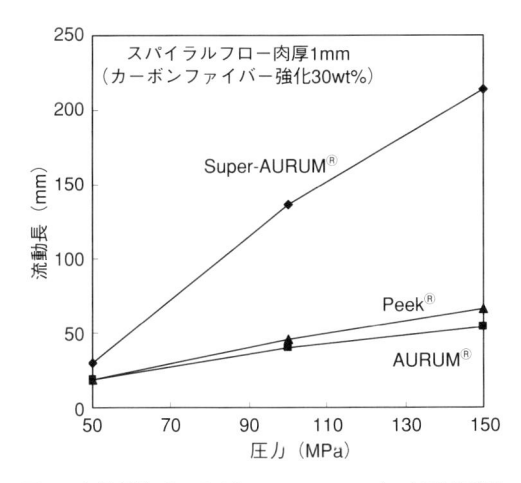

図8 高結晶性ポリイミド（Super AURUMR）の溶融流動性

独占されていた使用温度域が300℃以上の半導体製造部品分野にも，この高結晶性ポリイミド（SuperAURUM®）は参入可能なレベルの耐熱性と優れた溶融流動成形性を併せ持った樹脂材料であることを示している．

熱可塑性ポリイミドは各種産業分野において多方面にわたる用途展開が進められる一方，おのおのの分野においては，さらなる加工性の向上が望まれ，また，有機化合物の限界かと思われるような高いレベルの耐熱性が要求され続けている．熱可塑性ポリイミドもこれら市場の要求に答えるべく確実に進化し続けている．

参考文献

1) Mittal, K. L. (Ed.) : *Polyimides, Synthesis, Characterization, Application* (1984), Plenum Press, NY
2) Wilson, D., Stenzenberger, H. D. and Hergenrother, P. M.(Eds.) : *POLYIMIDES* (1990), Blackie&Son Ltd., NY
3) Ghosh, M. K. and Mittal, K. L.(Eds.):*POLYIMIDES ; Fundamentals and Applications* (1996), Marcel Dekker Inc., NY
4) Critchley, J. P. and White, M. A. : *J. Polym. Sci., Polym. Chem. Ed*., **10**, 1809 (1972)
5) French, Pat. 1239491 (1960)
6) 西崎俊一郎，森脇紀元：工業化学雑誌,**71**, 1559 (1968)
7) Delvigs, P. et al. : *J. Polym. Sci*., PartB, **8**, 29 (1970)
8) Farrissey, W. J. et al. : *J. Elast. Plast*., **7**, 285 (1975)
9) Imai, Y. and Kojima, K. : *J. Polym. Sci*., Part A-1, **10**, 2091 (1972)
10) 今井淑夫：ポリイミド最新の進歩-1994, 2 (1995), レイテック社
11) Shiang, W. R. and Woo, E. P. : *J. Polym. Sci., Polym. Chem. Ed*., 31, 2081 (1993)
12) Harris, F. W. and Lanier, L. H. : *Structure-Solubility Relationships in Polymer* (1977), Academic Press, NY
13) Takekoshi, T and Olsen, C. E., et al. : *Abstract from IUPAC 32 nd Int. Symp. on Macromol.*, Kyoto, 464 (1988)
14) St. Clair, T. L. and Proger, D. J. : *J. Adhesion*, **47**, 67 (1984)
15) Yamaguchi, A. and Ohta, M : *Int. SAMPE Tech. Conf. Series*, **18**, 229 (1986)
16) Tamai, S., Yamaguchi, A. and Ohta, M. : *Polymer*, **37**, 3683 (1996)
17) Tamai, S., Yamashita, W. and Yamaguchi, A. : *J. Polym. Sci. A : Polym. Chem*., 36, 1717 (1998)
18) Tamai, S., Kuroki, T., Shibuya, A. and Yamaguchi, A. : *Polymer*, **42**, 2373 (2001)
19) 玉井正司：最新ポリイミド〜基礎と応用〜（今井淑夫，横田力男編), 242 (2002), エヌ・ティー・エス出版
20) Hirai, T. : *Engineering Plastics*, 209 (1984), Plastic Age Press

（三井化学㈱マテリアルサイエンス研究所
先端材料 G.・玉井　正司）

第4章 特殊エンジニアリングプラスチック
4-4. ポリエーテルサルホン (PES)

ポリエーテルサルホン（PES，T_g 225℃）は非晶性のエンプラの中では最高の耐熱ランクに属し，さらに強靭な機械的性質，寸法安定性，耐熱水性，透明性などの優れた特性から，電気・電子部品をはじめ自動車，医療，塗料などの広範な用途に展開されている．昨今の各産業分野での大幅な景気低迷，国内空洞化傾向のなかで次世代技術分野の製品設計に寄与する材料のひとつとしてますます注目を集めている．

1. PESの歴史

PESは，1972年にICI社が開発・上市した下記(1)式の構造を有する非晶性の耐熱エンジニアリングプラスチックである．その後，ICI社がPES事業から撤退後，住友化学がそのライセンスを受け，1994年にスミカエクセルの商標で国産化している．

一方，海外ではBASF社，Solvay社が生産しており，国内ではビーエーエスエフエンジニアリングプラスチック㈱，三井化学㈱がBASF品を，ソルベーアドバンストポリマーズ㈱がSolvay品を輸入販売している．

BASF社，Solvay社のプラントは，他樹脂生産も兼ねるマルチプラントと推定されるため，正確な生産能力は不明である．住友化学は，2005年現在，2,000トン／年の生産能力のPES専用プラントを有しており，さらなる需要増に対応するため，2006年を目処に2,500トン／年能力への増強が計画されている．

PESの2001年の需要量は，世界で5,000トン強（国内900トン）であり，2002年には5,500トンを超えるものと予想されている．

2. PESの製法，用途

(1) 製法

ジクロルジフェニルスルホン（DCDPS），ビスフェノールS（BIS-S）および炭酸カリウムを高沸点溶媒中で反応させて製造する（式(1)）．後工程としては，塩化カリウム，高沸点溶媒の除去が重要である．製造フローシートを図1に示す[1]．

$$HO-\bigcirc-\overset{O}{\underset{O}{S}}-\bigcirc-OH + Cl-\bigcirc-\overset{O}{\underset{O}{S}}-\bigcirc-Cl + K_2CO_3 \longrightarrow (O-\bigcirc-\overset{O}{\underset{O}{S}}-\bigcirc)_n + 2KCl + H_2O + CO_2 \quad (1)$$

(2) 用途

耐熱性，透明性，寸法安定性等の優れた特性を有するPESは，その加工法についても射出成形，真空成形，射出ブロー成形，ブロー成形，押出成形によるフィルム化，溶液からのコーティング，キャストフィルム化など多岐にわたる成形が可能であり，また，二次加工としてめっき，真空蒸着，超音波溶着なども可能である．以下にPESの代表的な用途例を示す．

①電気電子分野：低アウトガス性，寸法安定性，耐クリープ性，透明性，低バリ性，耐洗浄溶剤性などの特徴が評価され，リレー部品，コイルボビン，スイッチ，ICソケット，コネクタ，ヒューズケース，ICトレイ，プリント基盤，各種センサ，フォトダイオードのケースの用途に展開されている．

②OA・AV機器部品：寸法安定性，クリープ特性，摺動特性に優れることから，複写機や

図1　PES製造フローシート

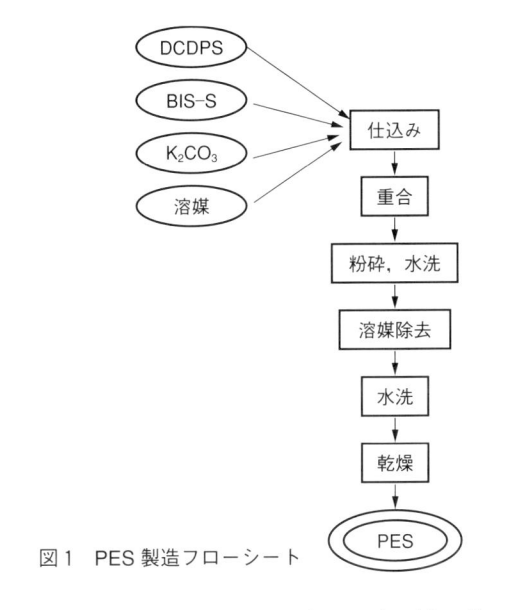

プリンタの各種無給油軸受け，ガイド，ギア類，光ピックアップ部品などの用途に展開されている．また，透明性，耐熱性，機械特性，耐薬品性などを活かし，複写機，プリンタ定着周りの各種部品への応用例も急増中である

③電気機器分野：優れた耐熱性を活かし，高輝度の各種ランプリフレクタ用途へも展開されている．とくにPESはその成形品の表面平滑性に優れているため，アンダーコート処理なしに表面金属処理を施した場合においても十分な反射特性の発現が可能である．トータルコストを考えた場合，アンダーコートを要する材料に比べて有利になるケースも多い．

④耐熱食器，トレイ：PESは，耐熱性，食品安全性，成形品の寸法精度，外観（表面平滑性）に優れることから，耐熱食器，トレイ用途の引き合いが急増している．とくに，電子レンジ用食器として油製品を調理する場合，その温度が180℃まで上昇するため，ポリプロピレン製，ポリカーボネート製食器では変形による不都合を生じることがあるが，PESは200℃を超える耐熱性を有するため問題なく使用可能である．また，ブロー成形性も良好なことから，哺乳瓶などの製品化も容易である．

⑤耐熱水性利用分野：耐熱水性，透明性，食品安全性，高温での機械特性に優れることから，熱水対応の配管用樹脂継ぎ手として，各種分野で好評を得ている．PES製の継手は，透明であることから，施工時に樹脂パイプが適正に装着されているかの確認作業が容易であることも利点のひとつである．さらに，タフネスが必要となる分野では，前述の耐衝撃向上グレードの適用が期待されている．

⑥医療分野：医療分野においては，最近の院内感染問題対応のため，プラスチック備品の滅菌強化が課題となっているが，PESは160℃スチーム滅菌に耐えるため，今後，本用途での適用拡大が期待されている．

⑦半導体製造用工程治具：半導体製造工程で用いられる各種治具に対しては，ウエハへの汚染原因とならないクリーンな材料が要求されている．PESは，種々のエンプラの中でも発生ガスがもっとも少ないものの一つとして知られており，また，その超純水に対する溶出レベルもきわめて低いこと，製品の寸法精度に優れることなどから，本分野ならびにその周辺分野での適用が増加している．その他のPESの特徴を活かした分野として，上記以外に，自動車・機械分野，フィルム，平膜・中空糸膜分野などがあげられる[2]．

3. PESの構造と物性

PESのビスフェノールA残基を有するポリサルホン（式(2)）も構造的にポリエーテルサルホンとなるが，一般的にポリサルホンと称しているのに対し，パラフェニル基がスルホン基とエーテル基で交互に結合しているポリサルホン（式(3)）を一般的にポリエーテルサルホンと称し，ビフェニレン基を有するポリサルホン（式(4)）をポリアリルサルホンと称して3つを区別している．

ポリサルホン (T_g 190℃) 構造式 (2)

ポリエーテルサルホン (T_g 225℃) 構造式 (3)

ポリアリルサルホン (T_g 185℃) 構造式 (4)

PESの構造からくる特徴として脂肪族単位を含まず，パラフェニレン単位がスルホン基とエーテル基とで交互に結ばれているため，高い耐熱性，酸化安定性，耐薬品性を有し，かつ良好な成形加工性を有する．スミカエクセル® PESの基本物性を表1に示す．

(1) 耐熱性

荷重たわみ温度は200～210℃であり，連続使用温度はUL温度インデックスで180～190℃に認定されている．弾性率は−100～200℃までの温度領域ではその温度依存性がきわめて小さく，とくに100℃以上ではあらゆる熱可塑性樹脂よりも優れている（図2）．

また，PESは熱安定性に優れるため，成形時に製品（成形品）に包埋されるガスは，同じ硫黄分子を含むPPSをはじめとする他のエンプラ材料に比べ，きわめて少ないレベルである．

(2) 機械的性質

引張り強度降伏値が84 MPa，曲げ弾性率が2.55 GPa，破断伸び率80%を有するきわめて強靭な樹脂である．また，クリープ特性につい

表1 PESの物性

測定項目	測定方法	単位	非強化 3600 G/4100 G 4800 G/5200 G	ガラス繊維強化 3601 GL 20 4101 GL 20	ガラス繊維強化 3601 GL 30 4101 GL 30
ガラス繊維含有量		wt%	0	20	30
一般物性					
比重	D 792	−	1.37	1.51	1.6
吸水率 23℃, 24 h	D 570	%	0.43	0.36	0.30
成形収縮率　MD	住化法	%	0.6	0.3	0.2
TD		%	0.6	0.4	0.4
機械的強度					
引張り強度	D 638	MPa	84	124	140
破断伸び	D 638	%	40～80	3	3
曲げ強度	D 790	MPa	129	172	190
曲げ弾性率	D 790	MPa	2,550	5,900	8,400
アイゾット衝撃値	D 256				
6.4 t ノッチ付き		J/m	85	80	81
6.4 t ノッチなし		J/m	破断せず	539	353
熱的性質					
ガラス転移温度		℃	225	225	225
荷重たわみ温度	D 648	℃	203	210	216
UL度インデックス	UL 746 B	℃	180	180	190
線膨張係数　MD	住化法	$\times 10^{-5}$/℃	5.5	2.6	2.3
(50～150℃)　TD		$\times 10^{-5}$/℃	5.7	4.8	4.3
熱伝導率	C 177	W/(m·K)	0.18	0.22	0.24
電気的性質					
誘電率（10^6Hz）	D 150	−	3.5	3.7	
誘電正接（10^6Hz）	D 150	−	0.0035	0.0045	
体積固有抵抗	D 257	Ωm	10^{15}～10^{16}	10^{14}	10^{14}
絶縁破壊電圧	D 149	s	16	20	20
難燃性					
UL 94	UL 94	−	V-0 (0.46 mm)	V-0 (0.43 mm)	V-0 (0.43 mm)
限界酸素指数	D 286	−	38	40	41

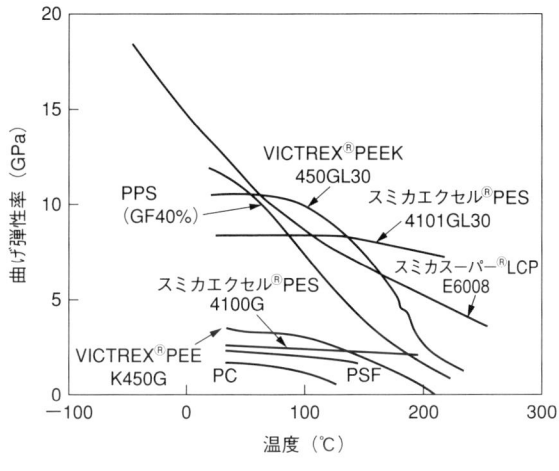

図2 曲げ弾性率の温度依存性

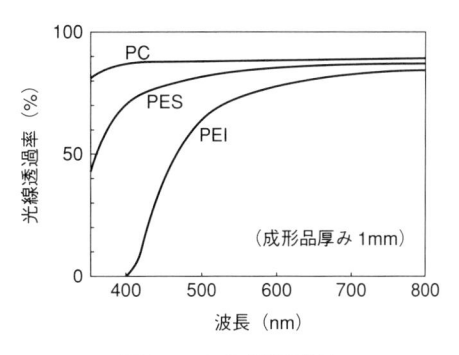

図3 PESの光線透過率

ても，180℃までの温度領域では熱可塑性樹脂の中でもっとも優れたレベルである．

(3) 透明性

わずかにコハク色を帯びた透明樹脂であり，同じく非晶性のエンプラであるポリエーテルイミド（PEI）に比べ，優れた透明性を有している（図3）．

(4) 燃焼特性と食品安全性

PESは難燃剤の添加無しにUL規格で94V-0に認定されている．また，燃焼時の発煙量は，プラスチックのなかではもっとも少ないレベルであることが知られている．

また，食品安全面に関しては，米国のFDA，日本の食品衛生規格（厚生省告示20号）に適合した材料である．

4. 成形加工

PESの代表的な加工方法は射出成形である．標準的な射出成形条件を表2に示す．

PESは耐熱性の非晶性エンプラであるポリサルホン（PSF），PEIに比べて，溶融時の粘度が低いため優れた流動性を示す（図4）．また，PESはPSF，PEIに比べて化学的に安定な分子構造を有しているため，成形時のガス発生，滞留による粘度変化が少なく，とくに大型製品の量産成形性に優れた材料であるといえる．

射出圧力が高すぎたり，金型温度が低すぎると成形品のそりやクラック（割れ）が発生することがある．とくに大型成形品は，金型温度は表面温度で160〜180℃になるように設定する必要がある．また，金型温度分布はできるだけ小さくなるようにする必要がある．このように金型温度を高くすることにより，残留応力の少ない成形品が得られる．また，製品のデザインも成形品の残留応力の低減に重要である．

スミカエクセル®PESは十分乾燥する必要がある．予備乾燥は，熱風循環式オーブン，除湿乾燥機を使用し，160〜180℃で5〜24時間乾燥する．予備乾燥が不十分な場合，成形品表面にシルバーストリーク，フラッシュマークなどが現れることがある．ただし，水分により樹脂は加水分解しないため，上記のような現象が発生した場合は，さらに乾燥を行う

5. 技術開発動向

(1) 耐衝撃グレード，耐熱水グレード

PESは種々のエンプラの中でも耐衝撃性，耐熱水性に優れたものの一つであるが，さらに厳しい性能が要求される用途分野に対応するため，耐衝撃性向上グレードならびに耐熱水性改良グレードが開発され，市場ワーク中である．今後，各用途分野への展開が期待されている．

表2 PESの成形条件

グレード		3600 G 4100 G	4800 G	ガラス繊維充填系
乾燥温度		160〜180℃× 5〜24 h	160〜180℃× 5〜24 h	160〜180℃× 5〜24 h
シリンダ 温度 (℃)	後部 中央部 前部 ノズル	300〜340 320〜370 330〜380 330〜380	320〜340 330〜370 340〜390 340〜390	300〜340 320〜370 330〜380 330〜380
金型温度（℃）		150〜180	150〜180	120〜180
射出圧力（MPa）		100〜200	120〜200	100〜200
保持圧力（MPa）		50〜100	80〜150	50〜100
射出速度		低速〜中速	低速〜中速	低速〜中速
スクリュー回転速度（min^{-1}）		50〜100	50〜100	50〜100
スクリュー背圧（MPa）		5〜10	5〜20	5〜10

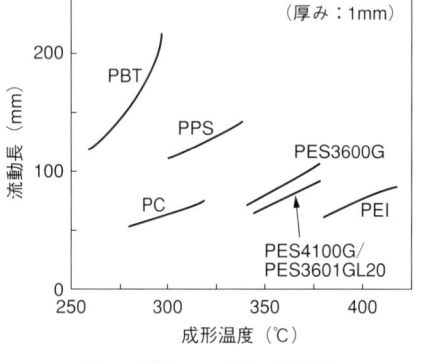

図4 各種エンプラの流動性

(2) 光学用グレード

前述のように，PESは同等の耐熱性を有するエンプラの中ではもっとも透明性に優れたものであるが，各種用途分野からはさらなる性能向上が望まれている．透明性向上，加工時の熱安定性向上を兼ね備えたグレードの開発が進められており，一部，市場ワーク中である．さらに用途によっては，可視光領域での透明性をある程度維持しつつ，紫外線波長を選択的にカットしたもの，あるいは可視光を遮断した状態で赤外線領域波長を透過させるものが要求されており，これに対応したグレードが進められている．

(3) 末端水酸基リッチグレード

5003 PはICI社が開発した分子末端のほとんどが水酸基になっている特殊グレードで，エポキシ/CFコンポジットの靭性付与材として航空機用構造材に認定されている．一方，5003 Pにフッ素樹脂をブレンドした耐熱塗料は，国内中心にガスコンロの天板などの厨房周りで使用されている．5003 Pは焼成中（350〜400℃）に酸化架橋するため，高温での硬度，基材との密着性に優れ，その適用範囲が広がることが特徴である．

6. 今後の展望

以上，PESの特性と技術開発状況を中心に述べてきた．価格的にも，スーパーエンプラの領域から準スーパーエンプラ領域に移りつつあるPESの用途は，従来の電気・電子部品中心の構造から，各種OA機器部品，ランプ周り部品，熱水周り部品，塗料をはじめ，膜，医療部品，エポキシ/CFコンポジットの靭性付与材，LCD用基板，家庭用・業務用雑貨へと広がりを見せている．

参考文献

1) 野村：プラスチック辞典，455 (1993)，産業調査会
2) 野村：プラスチックス，**53** (1), 109 (2002)

（住友化学㈱情報電子化学研究所・前田　光男）

第4章 特殊エンジニアリングプラスチック
4-5. ポリエーテルエーテルケトン（PEEK）

ポリエーテルエーテルケトン（以下 PEEK と略す）はフェニルケトンとフェニルエーテルの組み合わせ構造からなる超耐熱製の結晶性高分子である．ポリエーテルエーテルケトンは溶融成形可能な結晶性樹脂としてはもっとも高い耐熱性を有するもので，しかも耐疲労性，耐環境性，難燃性に優れるため，電気・電子分野，自動車産業，および航空宇宙分野において非常に期待されるポリマーである．

1. PEEK の歴史

最初に商品化されたポリエーテルケトン類は，イギリスの ICI 社によりビクトレックス®として 1977 年に開発された式（1）に示すポリエーテルエーテルケトンである．その後，PES と同様 ICI 社の撤退に伴い，ビクトレックス社が製造を引き継いでいる．日本においても 1982 年に ICI・ジャパン，住友化学によって輸入販売され，ついで三井東圧化学が参入し，ICI の撤退に伴い三井化学とビクトレック社の合弁会社ビクトレックス・エムシーが PEEK を販売し，PEEK 系アロイ材料の販売を住友化学が行っている．

$$\text{-}(\text{O}\text{-}\bigcirc\text{-}\text{O}\text{-}\bigcirc\text{-}\overset{\overset{\text{O}}{\|}}{\text{C}}\text{-}\bigcirc\text{-})_n \quad (T_g 143℃,\ T_m 334℃) \quad (1)$$

一方，1988 年以降，各社から種々の構造を有するポリエーテルケトンの市場参入計画が発表されている．Solvay 社がケーデル®を，DuPont 社が PEEK®を，BASF 社がウルトラペック®をそれぞれ上市している．

2. PEEK の製法，用途

(1) 製法

ポリエーテルケトンの合成方法は，①脱塩重縮合法（芳香族求核置換重合），②フリーデルクラフツ法（芳香族親電子置換重合）に大別される．ここでは，PEEK の重合に使用される脱塩重縮合法について示す．

脱塩重縮合法はビクトレックス社，Solbay 社が採用していると推定されるプロセスである．4,4'-ジフルオロベンゾフェノン，ハイドロキノンおよび高沸点極性溶媒であるジフェニルスルホンを窒素中で 180℃ まで昇温，ついで炭酸カリウムを加え，ハイドロキノンフェノラート化反応を終結させた後，320℃ まで昇温して重合を行う（式（2））．

$$\bigcirc\text{-}\overset{\overset{\text{O}}{\|}}{\text{C}}\text{-}\bigcirc\text{-F} + \text{HO}\text{-}\bigcirc\text{-OH} + K_2CO_3$$
$$\longrightarrow \text{-}(\text{O}\text{-}\bigcirc\text{-}\text{O}\text{-}\bigcirc\text{-}\overset{\overset{\text{O}}{\|}}{\text{C}}\text{-}\bigcirc\text{-}) + 2KF + H_2O + CO_2 \quad (2)$$

その後，冷却，粉砕，洗浄，乾燥操作を行い，PEEK 粉末が得られる．製造フローシートを図 1 に示す．

(2) 用途

PEEK の主な用途として，電気電子部品（コネクタ・キャリア類，トレイ，バーインソケット複写機分離爪，ワイヤ被覆，軸受け），自動車部品（ブレーキシュー，ピストンリング，ベアリングリテーナ，シートアジャスト），産業用機械（パイプシステム，熱水ポンプなど），その他（半導体製造ライン部品，フィルム）な

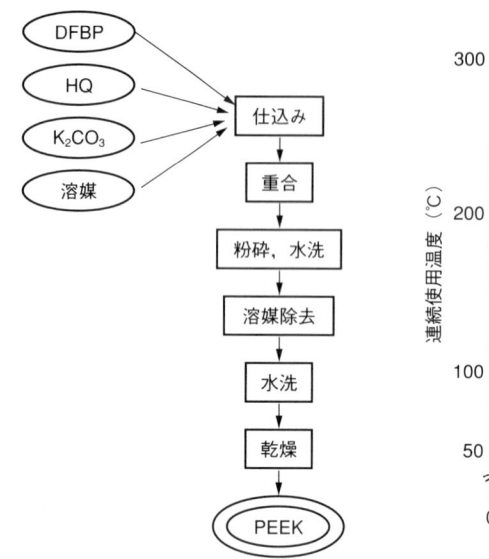

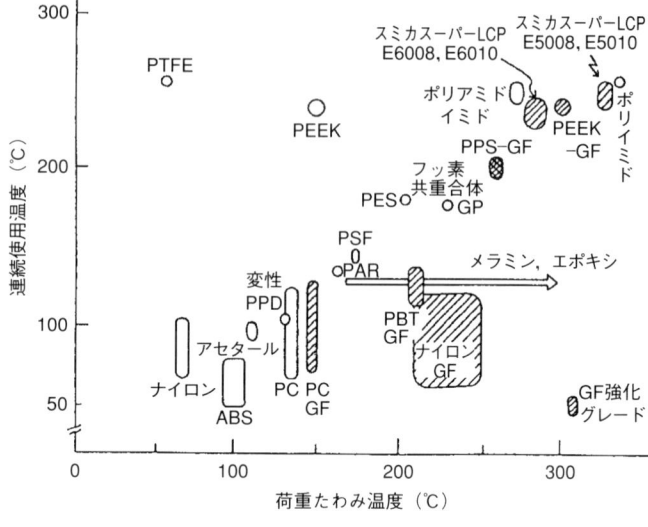

図1 PEEK製造プロセス

図2 連続使用温度と荷重たわみ温度

3. 構造と材料特性と加工

ビクトレックス®PEEKの基本物性を表1に示し、主な特性について以下に記す。

PEEKの一次構造および高次構造を材料特性に絡めて紹介する。

(1) 一次構造

PEEKは式（1）に示すように、その構造中に脂肪単位を全く含まず、パラフェニレン単位がエーテル基とケトン基で規則的に結ばれた構造を持つ。

芳香族C-C間結合エネルギーは脂肪族のそれに比べ20 kcal/mol程度高く、同じ熱分解速度を与える温度が、脂肪族に比べて150～200℃程高くなる。芳香族間をつなぐ官能基の熱安定性は、

(良)なし>CO>O>CONH, COO>CH₂(悪)

であることが知られている。耐熱性の高い芳香族およびエーテル、ケトン基を構造単位として併せ持つPEEKが、きわめて耐熱性の高い樹脂であることがわかる。図2に示すように、GFで強化したPEEKは熱可塑性樹脂の中ではTypeⅠ型の液晶ポリエステルであるスミカスーパー®LCPとともに最高の耐熱樹脂として位置づけられる[3]。

(2) 高次構造

PEEKの結晶形は、斜方晶形で格子定数は $a=0.776$ nm, $b=0.586$ nm, $c=1.0$ nmである。結晶融解のエネルギーは130 J/gと高い。これらの結晶はc軸（分子鎖軸）方向に数nmの積層ラメラ構造をとり、非晶部を挟んでの繰り返し周期（長周期）は15 μm程である。さらにラメラ結晶はb軸方向に成長し、最終的には10～20 μm程度の球晶構造を形成する（図3）。

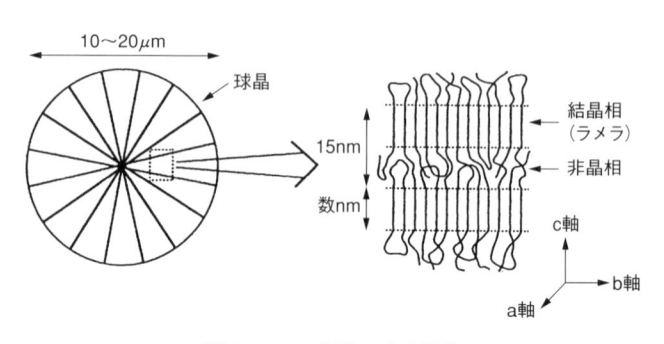

図3 PEEK樹脂の高次構造

表1 PEEKの物性

測定項目	測定方法	単位	非強化 450 G	ガラス繊維強化 450 GL 30	カーボン繊維強化 450 CA 30
フィラー含有量		wt%		30	30
一般物性					
比重	D 792	—	1.3	1.52	1.44
吸水率 23℃ 24 h	D 570	%	0.14	0.06	
成形収縮率　MD		%	0.7	0.2	0.03
TD		%	1.2	1.1	0.3
機械的強度					
引張り強度	D 638	MPa	100	156	224
破断伸び	D 638	%	>60	2.7	2.0
曲げ強度	D 790	MPa	170	250	355
曲げ弾性率	D 790	GPa	4.0	10.0	20.2
アイゾット衝撃値	D 256				
ノッチ付き		J/m	63	98	88
熱的性質					
ガラス転移温度		℃	143	143	143
融点		℃	334	334	334
荷重たわみ温度	D 648	℃	156	315	315
UL度インデックス	UL 746 B	℃	240	240	240
線膨張係数		$\times 10^{-5}/℃$	4.7	2.2	1.5
熱伝導率	C 177	W/(m・K)	0.4	0.22	
電気的性質					
誘電率（10^6Hz）	D 150	—	3.2〜3.3		
誘電正接（10^6Hz）	D 150	—	0.006		
体積固有抵抗	D 257	Ω m	10^{15}〜10^{16}		
絶縁破壊電圧	D 149	MV/m	19		
難燃性					
UL 94	UL 94	—	V−0 (1.6 mm)	V−0 (1.6 mm)	V−0 (1.6 mm)
限界酸素指数	D 286	—	35		

　PEEKのラメラ構造を，同じくラメラ球晶構造を形成するポリエチレンと比べると，PEEKのほうが，分子鎖のフレキシビリティが小さいために，比較的剛直でかつ厚い非晶相を形成する．それにより，PEEKの最大結晶化度は50%を越えることがない．PEEKの優れた靱性，疲労特性の発現は，このようなミクロな構造と密接に関係していると考えられる．PEEKを含めた代表的なエンプラ材料の耐疲労性を図4に示す．PEEKの疲労特性は抜群で60 MPaの繰り返し応力に1000万回以上耐え，GF，CFなどで強化したものはさらに優れた疲労特性を示す．

　また，このように分子鎖のフレキシビリティの小さいPEEKは，結晶化の際，分子鎖のパッキング速度が遅い．そのため，PEEKの成形加工において，金型温度が低い場合には，成形品表層は急冷されるために結晶化度が低くなり，透明となる現象が見られる．したがって，実成形において金型温度を十分高くできない場合には200℃以上でのアニール処理により，厚み方向の結晶化度分布を一定値まで向上させることが重要である．

　PEEKの持つ高い融点は（T_m）は $T_m = \Delta H_m / \Delta S_m$，$\Delta H_m$：融解のエンタルピー変化，$\Delta S_m$：融解のエントロピー変化）の関係から

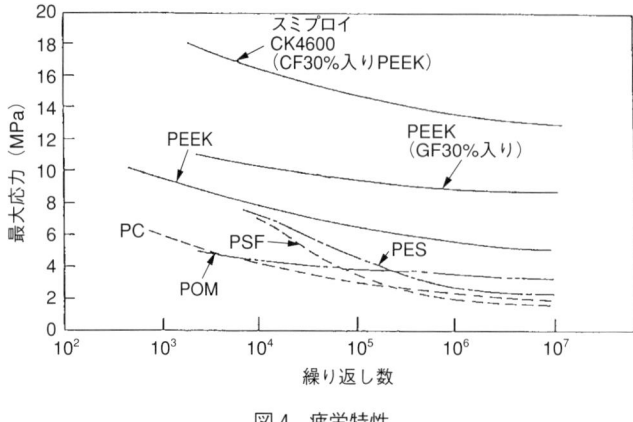

図4 疲労特性

明らかなように，高い融解エネルギーと剛直な分子構造に起因するものであるが，その溶解性についてもほぼ同様な考え方で整理することができる．物質の溶解性は式（3）で示される溶解の自由エネルギーΔG_sが負で，かつ，その絶対値が大きいほど起こりやすい．

$$\Delta G = \Delta H_s - T\Delta S_s \tag{3}$$

したがって，溶解のエンタルピー変化が，ΔH_sが小さく，エントロピー変化ΔS_sが大きいほど溶解しやすいことになる．ところが，PEEKの場合，融解熱（吸熱）が大きく，かつ，前述のようにΔS_sは小さいために溶解性はきわめて悪いことが予想される．そのためPEEKは濃硫酸などの限られた酸，溶媒以外には溶解せず，高温時の耐酸性，耐アルカリ性に優れる．なお，PEEKを溶解しうることが知られている濃硫酸は，その混合時にPEEKの構造中のエーテル結合に挟まれたフェニレン環をスルホン化することにより激しく発熱し，式（3）のΔH_sを小さくすることにより溶解性を高めている．

4．複合化

PEEKは優れた特性を持つにもかかわらず，樹脂価格が高いこと，溶融粘度が高いために成形加工時の流動性が低いことが市場展開の妨げになっている．そのため，アロイ化による改質研究が近年活発化している．PEEKのアロイ化により低価格化，高流動化を成功されたアロイグレードであるスミプロイ®SKシリーズがある．

5．今後の展望

PEEKの今後の課題は，高品質化に対するグレード開発と，標準グレードのコストダウンである．高品質化の要求は，各種機能の複合化があり，ユーザーのニーズにあったスピーディな開発が重要となる[4]．

今後の展開として，半導体，液晶関連分野および自動車分野での拡販があげられ，今後も成長が期待される．

参考文献
1) 野村：プラスチック辞典，461 (1993)，産業調査会
2) 牧原：プラスチックス，**53** (1), 119 (2002)

（住友化学㈱情報電子化学研究所・前田 光男）

第4章 特殊エンジニアリングプラスチック
4-6. ふっ素樹脂

2002年、日本と韓国国内では、サッカーワールドカップで大いに沸いたが、この開催がふっ素樹脂の需要にも大いに貢献した。各サッカー場が新設され、その観客席の屋根材としてガラスクロスにふっ素樹脂をコーティングした膜構造が多く採用された（図1）からである。今までも膜構造材として後楽園ドームに代表されるような競技場に採用されてきたが、このワールドカップでさらに人目を引くようになった。

2000年のふっ素樹脂の国内需要は、約12,000トンで対前年比25%の伸びであったが、景気の低迷によって、2001年では9,000トン（対前年比78%）と落ち込んだ。とくに半導体産業への依存が大きいPFA（パーフルオロアルコキシ）樹脂は落ち込みが大きかった。

2000年の分野別の実績では、半導体、自動車、化学工業、機械部品、電気・電子で約75%を占めているが、その他のあらゆる分野でふっ素樹脂が使用されている。なお、2004年の需給は、生産が前年比4.1%減の21,945トン、出荷が4.4%増の23,352トンとなった（経済産業省化学統計資料）。また、全世界では、アメリカの需要がもっとも大きく、次にヨーロッパ、日本と続く。最近では、今後市場の拡大が期待されている中国での使用量が増加してきている。

1. 樹脂の歴史

1.1 ふっ素樹脂PTFEの発見

アメリカDuPont社の26歳の科学者ロイ・プランケットは、1938年4月のある朝、ジャクソン研究所で新しい冷媒の研究を続けようとして、一晩ドライアイスの上に置いたテトラフルオロエチレンガス（TFE）を入れた加圧円筒のバルブを開けた。しかし、驚いたことに、ガスは何も出てこなかった。その円筒を切って開けてみると、中ではTFEが一晩で自然に重合していた。すぐにプランケットは、この重合したTFE（PTFE）がどんな溶剤にも、たとえもっとも強い酸にも反応したり溶けたりせず、また、確実に製造できることを確認した。

その後、このPTFEは第二次大戦中のマンハッタン計画の中で、ウラン-235の製造で作られた腐食性の酸に耐えるパッキンとして使用され、また、その耐熱性は液体燃料タンクに対する理想的なライニング材料として使用された。そして、その優れた絶縁性は、夜間爆撃用の軍用機レーダ用配線の被覆として使用された。

しかし、PTFEは非常に優れた特徴がある反面、民間用途では、成形が難しいことと、その非粘着性が市場の拡大を困難にしていた。そこで、デュポンの科学者は、PTFEを塗料として層状に塗り、最初の層に接着性を持たせたプライマーとすることで問題を解決した。今日では、その焦げ付かない調理器具のテフロン®は誰もが知っている日常の言葉になった。今では、テフロン®は、電線・ケーブルの絶縁から製造が困難な医薬品の生産に使用する特異な構成の配管に至るまで何百という用途で見ることができる。

図1　静岡総合運動公園「エコパ」

1.2 成形性の改良

PTFEは，高分子量で非常に溶融粘度が高いため，粉末冶金と同様に素材を成形して，それを切削加工により製品に仕上げなければならず，他のプラスチックのような成形性の改善が望まれていた．

単にPTFEの分子量を低くするだけでは，耐熱性，耐薬品性，非粘着性，低摩擦性などの特性はある程度維持されるが，機械特性や耐久性が悪くなり使用に耐えない．そこで，ヘキサフルオロプロピレン（HFP）とのコポリマーとすることで，その欠点を克服し，射出成形や押出成形ができるFEPを開発し，1960年から販売が開始された．しかし，コモノマーの存在で融点が下がり，耐熱性がPTFEより低く，PTFEの代替にはなりえなかった．そこで，次にパーフルオロプロピルビニルエーテル（PPVE）とのコポリマーによりコモノマー量を減らすことにより融点を上げ，さらに機械的強度の向上も行った．この樹脂は，PTFEと同等の耐熱性と物性を持つPFAとして，1972年から販売が開始された．このPFAは，その後も改良が重ねられ，半導体分野で多く使用されている．

また，上記のパーフルオロのふっ素樹脂だけでなく，PTFEの機械特性を向上させたETFE（四ふっ化エチレン-エチレン共重合体）やPVDF（ポリビニリデンフルオライド）などのふっ素樹脂が開発されている．

1.3 その他，使用分野に応じた樹脂の開発

上記ふっ素樹脂は，結晶性ポリマーであり成形品は白色がかっている．しかし，最近では，ユーザーからの要望で非晶質ポリマーが開発された．これは，テフロン®AFと呼ばれ，特殊なパーフルオロ環状重合体で，立体的に剛直な構造で，誘電率や屈折率の非常に小さいTFE/PDD樹脂である．

使用例としては，その特性から半導体分野でペリクルとして使用されている．

2. 樹脂の種類と構造，特性，製法，用途

2.1 樹脂の種類と構造

樹脂の分子構造にふっ素原子が含まれることで，耐熱性，耐候性，電気特性，機械特性のあらゆる特性において，炭化水素系の樹脂では見られない機能が発現する．これらの独特の特性を熟知することがふっ素樹脂を有効に活用する第一歩である．

ふっ素樹脂の種類としては，高分子中に含まれるふっ素の数と重合方法により，樹脂の性質が大きく違う．各樹脂の特性を表1に示す．

現在，PTFEを代表として9種類のふっ素樹脂に分類される．

(1) パーフルオロ系ふっ素樹脂

(a) TFE樹脂（四ふっ化エチレン樹脂）
$-(CF_2-CF_2)_n-$

ふっ素樹脂の中で代表的な樹脂でもっとも多く使用されている．

耐熱性，耐薬品性，電気（高周波）特性，非粘着性，自己潤滑性などに優れる．製造プロセスによって下記のような形態の樹脂ができており，それぞれ成形品，成形法により使い分ける．

・モールディングパウダー
・ファインパウダー
・ディスパージョン
・充填材入りモールディングパウダー

(b) PFA樹脂（四ふっ化エチレン・パーフロロアルキルビニルエーテル共重合樹脂）
$-(CF_2-CF_2)_m-(CF_2-CF(OC_3F_7))_n-$

PTFEに匹敵する特性を持っている．溶融成形が可能，半導体分野での使用が多い．

(c) FEP樹脂（四ふっ化エチレン・六ふっ化プロピレン共重合樹脂）
$-(CF_2-CF_2)_m-(CF_2/CF(CF_3))_n-$

表1 ふっ素樹脂特性一覧

特性		単位	ASTM・試験法	PTFE	PFA	FEP	ETFE	PVDF	ECTFE	PCTFE	PVF
物理的	融点	℃	D 792	327	300–310	260	270	156–170	245	220	203
	比重			2.14–2.20	2.12–2.17	2.12–2.17	1.7	1.75–1.78	1.68–1.69	2.1–2.2	1.38～1.57
機械的	引張り強さ	MPa	D 638	27～34	24～34	22～31	45	34～43	48	31～41	82
	伸び	%	D 638	200～400	300	250～330	100～400	80～300	200～300	80～250	115～250
	衝撃強さ(アイゾット)	J/m	D 256 A	160	破壊せず	破壊せず	破壊せず	160～370	破壊せず	130～140	
	かたさ(ショアー)	—	D 2240	D 50～65	D 64	D 60～65	D 75	D 65～70	D 55	D 75～80	
	曲げ弾性率	GPa	D 790	0.55	0.66～0.69	0.65	1.4	2.0～2.5	0.66～0.69	1.3～1.8	
	動摩擦係数		(0.7 MPa 3 m/min)	0.10	0.20	0.30	0.40	0.39	—	0.37	
熱的	比熱	10^3 J/(kg・K)	D 240	1.0	1.0	1.2	1.9～2.0	1.4	—	0.92	1.0
	線膨張係数	10^{-5}/K	D 696	10	12	8.3～11	5.9	7～14	8	4.5～7.0	7.1～78
	最高使用温度	℃	(無荷重)	260	260	200	150～180	150	165～180	177～200	100
電気的	体積抵抗率	Ω・cm	D 257(50% PH, 23℃)	$>10^{18}$	$>10^{18}$	$>10^{18}$	$>10^{16}$	2×10^{14}	$>10^{18}$	1.2×10^{18}	1.2×10^{14}
	誘電率 10^6Hz	—	D 150	<2.1	<2.1	2.1	2.6	6.43	2.6	2.3–2.5	6.2～7.0
	誘電正接 10^6Hz		D 150	<0.0002	0.0003	<0.0005	0.005	<0.015	0.009–0.017		
耐久性・その他	吸水率 24 h	%	D 570	<0.01	<0.01	<0.01	0.029	0.04–0.06	0.01	0	<0.5
	燃焼性 3.2 mm厚		(UL-94)	V−0	V−0	V−0	V−0	V−0	V−0	V−0	HB
	限界酸素指数	%	D 2863	>95	>95	>95	30	44	60	>95	23
	直接日光の影響	—	—	なし	なし	なし	なし	なし	なし	なし	なし
	酸			◎	◎	◎	○	●	○	○	△
	アルカリ			◎	◎	◎	○	●	○	○	●
	溶剤			◎	◎	◎	○	△	○	●	△

備考：この表は，Modern Plastics Encyclopedia 97 に一部デュポンデータを補充して作成した．
注）◎非常に優れている　○優れている　●やや優れている　△使用可

PTFE に比べ若干耐熱性は劣るが他の特性は PTFE とほぼ同じ，溶融成形が可能，電線被覆材料の用途が多い．

(2) 部分ふっ素系ふっ素樹脂

(d) ETFE 樹脂（四ふっ化エチレン・エチレン共重合樹脂）

$$-(CF_2-CF_2)_m-(CH_2-CH_2)_n-$$

機械的強度が強い，耐放射線性がよい，電線被覆材料に使用される．

(e) PVDF 樹脂（ビニリデンフルオライド樹脂）

$$-(CH_2-CF_2)_n-$$

機械的強度が強い，耐薬品性も優れる．

(f) PCTFE 樹脂（クロロトリフルオロエチレン樹脂）

$$-(CF_2-CFCl)_n-$$

機械的強度に優れる，透明性がよい，低温での寸法安定性がよい．

(g) PVF 樹脂（ポリビニルフルオライド樹脂）

$$-(CFH-CH_2)_n-$$

(h) ECTFE 樹脂（エチレン・クロロトリフルオロエチレン樹脂）

$$-(CF_2-CFCl)_m-(CH_2-CH_2)_n-$$

機械的強度，溶融加工性がよいが，国内ではほとんど使用されていない．

(i) TFE/PDD 樹脂（テトラフロロエチレン・パーフロロジメチルジオキソール共重合樹脂）

非晶質ふっ素樹脂．透明性抜群で屈折率誘電率が低く特定溶剤に溶けるが，非常に高価である．

2.2 樹脂の製法

ふっ素樹脂は，基本的にテトラフルオロエチレンモノマー（TFE）単独での重合（ホモポリマー）と，TFEと他のモノマーとの共重合（コポリマー），または，ふっ素含有モノマーの重合などで製造される．

(1) モノマー

モノマーの出発原料は蛍石であり，現在は海外から輸入している．この蛍石に硫酸を反応させ，弗化水素（HF）を生成させる．このHFとクロロホルムを触媒により脱塩酸反応させ，HCFC（Hydro, Chloro, Fluoro-Carbons）22を生成する．このHCFC 22を熱分解させ，TFEモノマーを生成する．

(2) 重合・後処理

ふっ素樹脂の重合は，懸濁重合，乳化重合，溶液重合で行われている．典型的なTFE懸濁重合では，耐圧オートクレーブに水を仕込み，脱気した後，反応開始剤とTFEを仕込んで0～120℃，1～50気圧で撹拌しながら反応させる．TFEは，加圧状態で連続的に供給され，TFEの消費が一定量に達したところでTFEの供給を停止し，生成したPTFEを取り出す．生成されたPTFEは数mmから数十mmの塊状として取り出されるため，後処理工程で粉砕・造粒・乾燥が行われ，所定の形状にモールディングパウダーとして整えられる．

乳化重合では，通常，ふっ素系の界面活性剤を水媒体に仕込み，その他の重合条件は，懸濁重合とほぼ同じに行われるが，反応中のポリマーラテックスの機械的安定性を高めるために，乳化安定剤として，実質的に連鎖移動性のないパラフィンや，比較的沸点の高いクロロフルオロカーボンなどを反応系に共存させることもある．生成したPTFEは，固形分で約20～50%のポリマーラテックス状として得られるが，ラテックスの平均粒子径は通常0.1～0.4 μm 程度である．重合後のポリマーラテックス分散液から，コーティング用ディスパージョンに調製したり，ポリマーラテックスを造粒・乾燥によりパウダー状にしてファインパウダーとして整えられる．

2.3 樹脂の用途

ふっ素樹脂は，多くの優れた特性を併せ持つユニークな樹脂である．PTFE樹脂が発見されてから半世紀以上経った今日においても，なお，その卓越した特性は多くの新規用途を生み出し続けている．とくにパーフルオロ系ふっ素樹脂では，下記の優れた特性を持っている．

・耐熱性：PTFEおよびPFAの連続使用温度は260℃，FEPは200℃．

・耐寒性：極低温（－196℃）においても，5%の伸びを示す．極低温での耐衝撃性は，他のどのような樹脂よりも優れている．

・耐化学薬品性：ほとんど全ての化学薬品に対し不活性．溶剤に不溶．高温，高濃度の酸，アルカリに不活性．（例外：溶融アルカリ金属，高温・高圧のふっ素ガスおよびふっ素の誘導化合物）

・電気特性：固体絶縁材料中最小の誘電率，誘電正接を持ち，かつ広い周波数，温度にわたって安定．体積および表面抵抗率は最大の値を示す．

・低摩擦特性：固体材料中最小の静摩擦係数．

・非粘着性：固体材料中最小の表面エネルギーにより，優れた非粘着性および離型性を持つ．

・耐候性：長期間の屋外での暴露で不変．

・耐燃焼性：UL 94 V-0．限界酸素指数（LOI）は95%以上．

・純粋性：化学的に不活性で，かつ純粋．汚染

の原因となる可塑剤，安定剤，潤滑剤，酸化防止剤などの添加物は一切含まない．

以上の特性のうち，個々の特性では，ふっ素樹脂より優れている樹脂が開発されているが，たとえば，半導体分野で求められる耐熱性，耐化学薬品性，純粋性を兼ね備えた樹脂は他にないなど，多くの分野で優れた特性を併せ持つふっ素樹脂が使用されている．

(1) 化学プラント

PTFE は，その優れた耐化学薬品性，耐熱性，非粘着性などにより，古くから化学プラント分野にガスケット，パッキング，配管ライニング，バルブ，ポンプなどに使用されてきた．その後，溶融成形できる PFA，FEP の出現および加工技術の進歩により，化学プラントへの応用は，一段と広まり，現在は，図2に示すように，化学プラントの各プロセスにふっ素樹脂成形品およびライニング品が使用されている．

(2) 半導体分野

半導体産業では，デバイスの高集積化とウエハの大口径化に伴い，ふっ素樹脂成形品の使用量が大幅に増加してきた．とくにウェットプロセス，ウエハハンドリング，薬品製造，薬品供給などは，本質的にふっ素樹脂を必要としている．ふっ素樹脂は，耐薬品性，純粋性，耐熱性，非粘着性など，総合的に優れているためにさまざまな形，たとえば，パイプ，チューブ，継手，シンクなどで使用されている．通常，使用されるふっ素樹脂のほとんどが，パーフルオロポリマーである PTFE か PFA である．PTFE は，PFA に比べ耐久性に優れ，角槽などの大型の成形品に使用されるが，成形性が悪いため，キャリア，チューブ，継手やボトルなどの成形品はPFAに取って代わられている（図3，図4）．

(3) 電線

ふっ素樹脂電線は，家庭の電気製品からエレクトロニクス，自動車，航空，宇宙産業に至るまで，極低温から高温域まで幅広く使用されている（表2）．使用される利点として，

・固体絶縁材料中最小の誘電率，誘電正接を持ち，かつ，広い周波数，温度にわたって安定した特性がえられる．

・耐熱性に優れ，かつ体積抵抗率が大きいので，導体径や絶縁体厚さを軽減し，細線化，省スペース化が図れる．

・限界酸素指数（LOI）が95%以上の難燃材であり，災害に対して安全性が高い．

・抜群の耐化学薬品性，耐候性があり，長期の寿命が確保できる．

図2　PTFE シートライニング

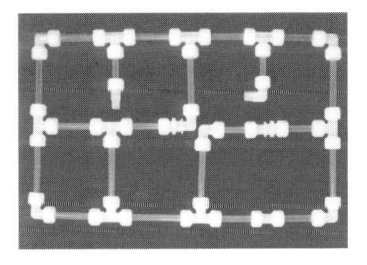

図3　PFA チューブおよび継手

図4　フィルタ

表2 ふっ素樹脂電線の代表的な用途

使用機器	用途および電線	要求される特性
コンピュータ・通信機・無線機・データロガー	○フックアップワイヤ ○2本撚・3本撚 ○光ファイバーケーブル ○フラットケーブル ○同軸ケーブル ○機器間多心ケーブル	低誘電率 カットスルー抵抗 低ロス
モータ・トランス・スイッチ 整流器・制御盤	○リード線 ○内部配線用電線	耐熱性・耐油性 細線・可撓性
計器	○リード線 ○内部配線 ○熱電対 ○補償導線 ○pHメータリード線 ○ロードセル用リード線 ○電磁開閉器リード線	耐熱性 耐油性
電子部品	○コアおよびワイヤメモリ用リード線 ○抵抗コンデンサ用リード線	低誘電率・細線 耐はんだ付け性
家電品	○アイロン・電気釜・半田ゴテ用配線ケーブル ○電子レンジ用配線 ○高周波回路シールド線 ○ボイスコイル用リード線	耐熱性 耐はんだ付け性
レーダ・送信機 テレメータ・マイクロウエーブ	○同軸ケーブル ○多心制御ケーブル ○機器配線 ○電源まわり配線	高周波特性 耐熱性
工作機器・NC機械	○配線用電線 ○リード線 ○多心制御ケーブル	耐熱性 耐油性
製鉄・化学工場 火力・原子力発電所	○制御コンピュータ用ケーブル ○炉まわり配線 ○照明用電線 ○点火バーナリード線 ○燃料・潤滑油調整用電線 ○ヒータケーブル ○クレーン用配線補償導線	耐熱性 耐油性 耐薬品性
航空機・車両・船舶	○制御回路ケーブル ○エンジンまわり配線 ○酸素センサケーブル ○抵抗まわり配線 ○燃料・油圧回路用電線	耐熱・耐寒性 耐熱性・耐油性
ビル	○LAN用FEPケーブル ○非常警報用電線 ○特殊照明具リード線 ○ボイラまわりリード線	耐熱性，誘電特性 難燃性
その他	○地層検知用ケーブル ○沃素灯用リード線 ○ロケット用電線 ○UL認定"テフロン"線 ○ヒーティングケーブル ○電極用リード線	耐熱性 耐食性

などが上げられる．また，PTFE電線では，予期せずに融点を超える高温にさらされる場合，たとえば，近くで火災が発生したような緊急事態の時や，動力回路にオーバーロードが加わって，電線が過熱した時，また，宇宙ロケットが大気圏に突入した時など，その機能を維持できる．これは，耐熱性が高く，難燃性で，かつ溶融粘度が非常に高いため，絶縁被覆が溶融流動せず，導体が露出しないためである．

また，近年，米国では情報通信の急速な発展に伴い，パソコン間を結んだLAN通信にFEPケーブルが高速信号伝送，低減衰量，高難燃化などの優れた特性により使用されている（図5,図6）．

(4) 機械分野

この分野では，ピストンリング類，ベアリングなどの摺動材としての用途が圧倒的に多い．PTFE単独またはフィラー入りPTFE系の複合材料が各種使用されている．高温での耐クリープ性，高荷重での耐摩耗性などの特性の向上が課題となっている．

また，汎用エンプラやPPS（ポリフェニレンサルファイド），PI（ポリイミド）などのスーパーエンプラの市場拡大が著しいが，それら

図5 FEP LAN ケーブル

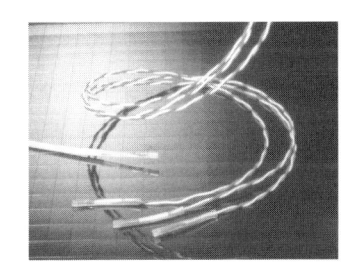

図6 センサーケーブル

図7 ブッシュ

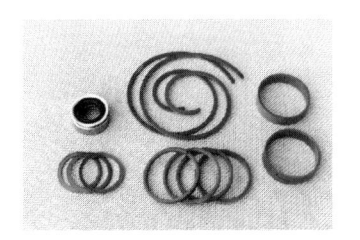

図8 シールリング

図9 定着ロール

の摺動グレード用に低分子量 PTFE を添加したものが増大している．PTFE ディスパージョンと金属との複合めっきもこの分野で多く使用されている（図7，図8）．

(5) OA機器分野

オフィスオートメーションでの代表的な機器は，複写機，ファクシミリ，コンピュータ，プリンタなどがあげられる．これらは一見小さく，操作も簡単であるが，その内部にある機構と機能は最高水準の機械的・電気的および化学的な技術を結集したものであり，複雑なものである．これらのOA機器には，ふっ素樹脂製部品が使用されており，高機能性を発揮している．

一例として，複写機では，高温部の軸受など潤滑油を用いないで駆動できる充填材入りPTFE 製軸受が各所に使用されている．また，高温でしかも瞬間的に粉末状インキ（トナー）を紙面に焼き付ける操作を連続して行うには，PFA でコーティングあるいは PFA チューブを覆せた非粘着性の良好なフューザ（定着）ロールが欠かせない（図9）．

(6) 自動車

ふっ素樹脂の優れた特性は，自動車性能の高機能化指向に伴い，使用されるふっ素樹脂部品はコーティングも含め，種類も多くなっている．エンジン回り付近での耐熱性，油圧用流体に対する耐食性，スティックスリップ現象を起こさない低い静摩擦・動摩擦係数，また，使用できる温度範囲がきわめて広いことなどが相まって，シールリング，ピストンリング，ショックアブソーバ，コントロールケーブルなどに使用されている．最近では，排ガス規制などにより，酸素センサへの PTFE 電線の使用が大幅に増大してきている．

(7) 建築・構造

PTFE 含浸ガラスクロス膜材は，自然光を適度に通すとともに，耐候性がよく，柔軟性をもち，軽量で丈夫であるため，恒久的な建築物の屋根材として好適であり，需要を伸ばしている．

また，照明費，空調費が低減できる，メンテナンス費が少ない，建築工期が短い，建築費のコストダウンができる，燃えないなどの利点もある．東京ドームやW杯サッカーで使用されたスタジアムの観客席の屋根材が代表的な例である．

建築構造物，橋梁の支承あるいはパイプラインなどにおいて，夏冬，朝昼の温度差や高温流体通過などによる熱膨張，またはその他に起因する膨張・収縮の動きを逃がしてやる必要がある．その方法として構造物の一端は，固定せずにスライディングパッド（可動支承）を使用することが広く行われている．そのスライディングパッド材には，高荷重，低速度において優れたすべり特性を示し，振動吸収性もある充填材入りPTFEが適している．また，最近日本の各地で大規模な地震が発生しているが，ビルだけでなく一般住居などの建物にもスライディングパッドが使用されるようになってきている．

(8) 食品

食品を扱う分野では，食品の形態が粘着質であって，加熱される場合が多い．このような用途に対して，ふっ素樹脂の非粘着性と耐熱性が効果を発揮している．さらに誘電率・誘電正接が小さいことから，高周波発振を利用した電子レンジの部品にも使用されている．その他，食品関連には，IH（電磁誘導加熱）ジャーやフライパンに代表される各種ふっ素樹脂コーティング，流体用のチューブやホース，各種PTFE成形品などが使用されている（図10）．

また，最近発生した食中毒問題などから，表面に残留物が付着し難い，添加剤などがなく純粋である点から，ふっ素樹脂製品が再度見直しされてきている．

(9) その他

最近，電力供給用の発電システムとして燃料電池の開発が進められている．この特徴は，公害のないクリーンなシステムであり，発電効率がよく，経済的にも優れているものである．ふっ素樹脂は，燃料電池に使用される触媒を優れた耐化学薬品性，撥水性により保護する目的で使用される．また，PTFEディスパージョンあるいはFEPディスパージョンは，電極基板である炭素材のバインダーとしても使用されている．

3. 樹脂の物性と成形加工

ふっ素樹脂は，その分子構造から，きわめて耐熱性の優れた樹脂であるが，それぞれ特徴があり，成形加工上よく理解しておくことが必要である．とくにPTFEは，加工温度における溶融粘度が$10^9 \sim 10^{11}$Pa·sと非常に高く，一般的熱溶融成形加工が困難である．そのためPTFE独自の加工方法がとられている．また，PCTFEも溶融粘度が10^6Pa·sと他のふっ素樹脂と比較して高く，加工が難しい材料とされている．

3.1 PTFEの成形法

PTFE樹脂は，通常の熱可塑性樹脂に用いられる射出成形や溶融押出成形などが適用できず，金属やセラミックスの粉末冶金に似た特殊な成形法が用いられる．そのため，原料はペレットではなく粉末状のもので，成形法に応じ各種そろえられている．

PTFEの成形法は，基本的には次の3工程からなる．

(a) 予備成形

原料粉末を所定の形状に押し固め，より緻密

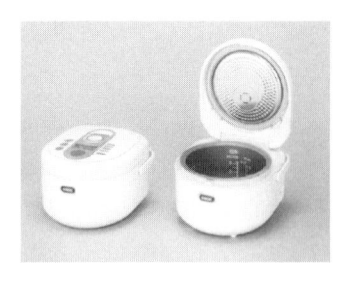

図10 IHジャー

化する．この状態では，強度が弱く衝撃により簡単に破壊される．

(b) 焼成

予備成形物を融点以上に加熱して，粒子同士を融着する．融点前後で，白色不透明の状態から半透明になり，溶融粘度が高いため流動化せず，ゴム状弾性体のままである．PTFEの融点は未焼成状態で約343℃で，焼成された成形品では327℃となる．

(c) 冷却

冷却速度を変化させることにより，結晶化度を調節する．

(1) 圧縮成形（図11）

PTFEの素材用ビレットやシート，スリーブなどの成形に用いられる．成形は，次の工程で行われる．

　(a) 金型へ粉末を充填する．
　(b) プレスにより圧縮し，予備成形物を製作する．
　(c) 熱風循環炉の中で焼成する．
　(d) 冷却して炉の中より取り出す．

なお，ダイアフラムバルブのダイアフラムのように薄肉でやや複雑な形状のものを成形するときは，金型内で焼成・圧縮しながら，あるいは焼成後金型内で圧縮しながら，加圧下で冷却するホットコイニング法を用いる．

(2) 自動圧縮成形（図12）

小型で多量に生産するバルブシート，シールリング，パッキンなどの成形法である．原料粉末の金型への充填，圧縮，予備成形品の取り出しを自動化した成形機を使用する．この成形法では，成形時間を短縮し，生産性を上げるため，一般圧縮成形

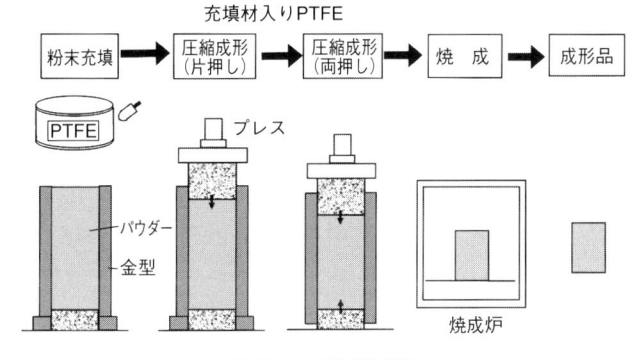

図11　一般圧縮成形

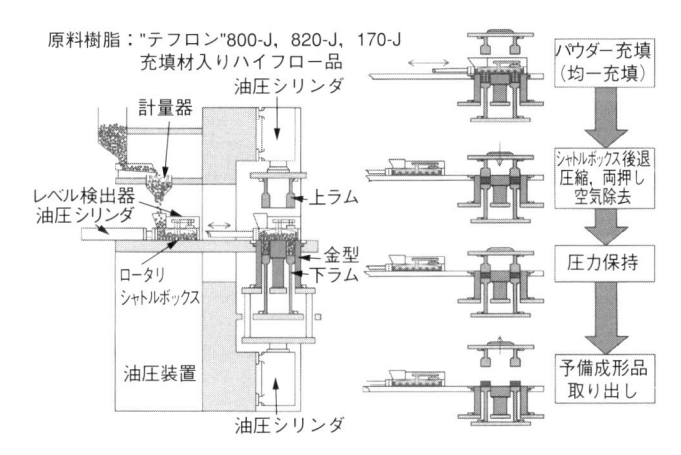

図12　自動圧縮成形

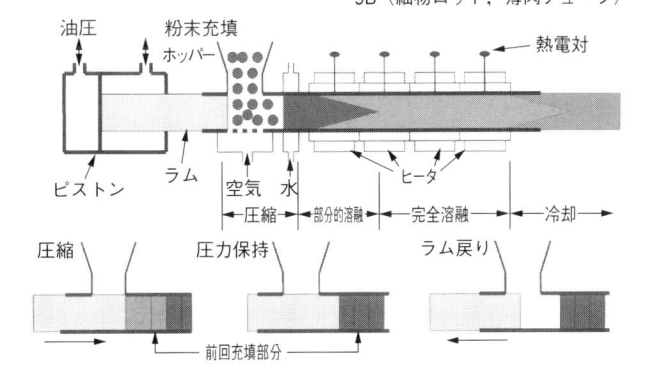

図13　ラム押出成形

に比べて成形圧力を高くし、保持時間を短くする。また、この自動圧縮成形では、粉末流動性がよく、見掛密度が高い造粒タイプの原料を使用する。

(3) ラム押出成形（図13）

圧縮成形の応用の一つであり、粉末の充填、圧縮（予備成形）、焼成、冷却をシリンダ内で連続して行う方法で、丸棒やパイプなどの長尺の成形に用いられる。ラム押出成形機には、縦型と横型の2種類があり、また多本取りもある。

(4) アイソスタティック成形（図14）

原料粉末は、ゴム膜を介して圧入された流体で圧縮され、予備成形物となる。図14はスリーブの成形で、ゴム膜が外側にセットされた例であるが、角槽の成形などでは、ゴム膜が内側にセットされる。

(5) ペースト押出成形（図15）

PTFEの中でも、重合方法が違うファインパウダーは、圧縮せん断応力によって、繊維化を伴って変形する性質を持っている。この性質を利用したのがペースト押出法であり、パイプ、チューブ、電線被覆、生テープ、フィルムなどの成形に用いられる。

成形は、ファインパウダーに適量の押出し助剤を加えた後、ビレット状の予備成形物を作り、それを常温～70℃の温度で押出機のダイスから押し出す。その後、加熱炉を通して押出し助剤を

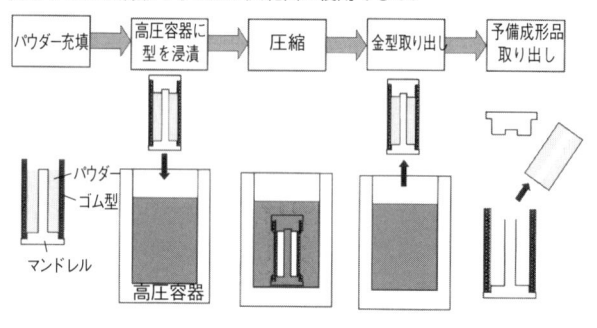

図14 アイソスタティック成形

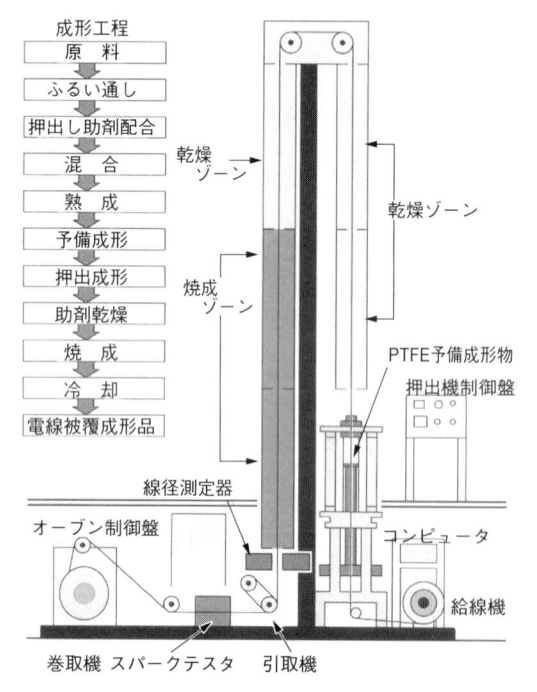

図15 ペースト押出成形（電線）

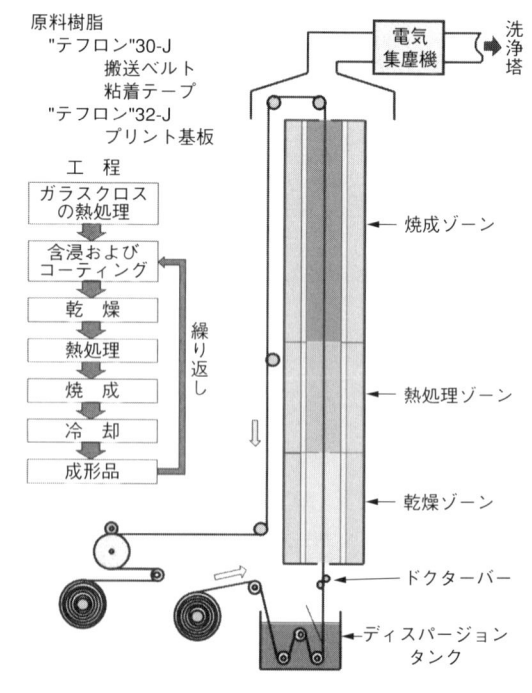

図16 ガラスクロスコーティング

乾燥除去した後，引き続き焼成し，冷却する．

生テープは，押出し後，乾燥・焼成せずに，圧延ローラでテープにし，それから助剤を除く．また，生テープを焼成することにより，フィルムも製造できる．

(6) ディスパージョンの成形法（図16）

(a) ガラスクロスコーティング法

ガラスクロスを連続してPTFEディスパージョンの中に通し，含浸およびコーティングした後，加熱炉を通して乾燥・焼成を行う．1回の操作での膜厚が薄いため，通常この操作を繰り返して所定の厚さにする．

(b) 含浸法

ガラス繊維，炭素繊維などの編組パッキンへの含浸あるいは織布への含浸は，ディスパージョンを含浸した後，乾燥する．この場合は焼成しないのが普通である．

3.2 溶融タイプふっ素樹脂の成形法

PTFEと違い，融点以上で溶融流動性を示すPFA，FEP，ETFE，PVDFなどは，一般の熱可塑性樹脂と同様の成形法が適用できる．ただし，PFA，FEPでは，成形時の樹脂温度が非常に高く，通常320℃～400℃であり，しかも溶融粘度が高く流動性が非常に悪い．また，溶融時に微量ながら分解物が発生し，金属を腐食しやすい性質がある．そのため，押出成形機や射出成形機などの設計に当たっては，金属の材質，デザインなどに留意するとともに適切な成形条件を選ぶ必要がある．

(1) 溶融押出成形（図17）

半導体の薬液供給チューブ，ロール被覆用の熱収縮チューブ，フィルム，シート，モノフィラメント，電線被覆などが溶融押出成形により製造されている．また，通常PFA，FEPに使用される押出機の仕様を次に示す．

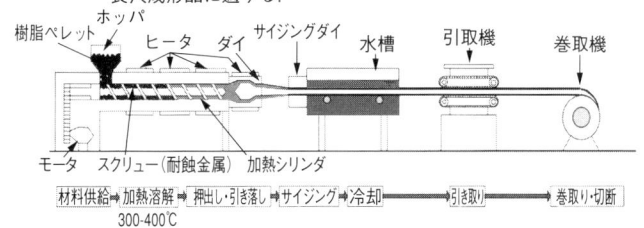

図17 溶融押出成形（チューブ）

(a) 溶融樹脂と接触する部分には，高温耐食性金属を使用する．（例：ハステロイC-276）

(b) スクリューは，フルフライトの急圧縮タイプを使用する．$L/D=24〜30$，圧縮比 $2.5〜3.0$ が望ましい．

(c) 最低450℃まで加熱できるヒータ容量で，シリンダー各ゾーン，ヘッドダイ各部分を独立して加熱制御できることが必要である．

また，PFA，FEPチューブの押出し条件を表3に示す．

(2) 射出成形（図18）

半導体製造で使用されるウエハキャリア，薬液供給ラインで使用される継手，バルブ，フィルタハウジングの他，電気の絶縁カバーなどの一般成形品にも使用される．

射出成形機の材質とスクリュー形状は，押出成形と同じであるが，スクリューの先端は，樹脂の滞留・劣化のないスミアヘッドを使用する．その他の仕様は次の通りである．

(a) スプルー径は，ノズル出口径と同じかそれ以上の逆テーパー形状とする．(b) ランナーは，断面形状を円形とし，なるべく太く短くする．

(c) ゲートは，できるだけ断面積を大きくし，ピンゲートなどは使用しない．

(d) 金型材質は，耐食鋼などが使用され，溶融樹脂が接触する部分には硬質クロムめ

表3 PFAチューブの押出成形条件

			PFA 350-J	〃	〃	〃	PFA 340-J
温度 (℃)	シリンダ後部	C1	300	300	300	350	300
	中央部	C2	350	350	350	380	330
	中央部	C3	380	380	380	380	340
	前部	C4	380	380	380	380	340
	ネック	N	380	380	380	380	340
	ヘッド	H	380	380	380	400	340
	ダイ	D	380	380	400	400	340
溶融樹脂温 (℃)-ネック			371	371	372	378	338
溶融樹脂温 (℃)ダイ			383	—	—	392	—
圧力 (kgf/cm²)			3	3	13	—	—
スクリュー回転速度 (rpm)			8.4	5.6	2.6	20.0	12.0
巻取速度 (m/min)			1.83	2.28	0.37	0.50	0.80
ダイ (mmφ)			30	30	30	60	25
マンドレル (mmφ)			20	12	25	50	20
サイジングダイ (mmφ)			7.50	7.50	12.5	26.0	12.5
チューブ径 (mmφ)			6.94	6.9	12.08	25.4	12.0
厚み (mm)			0.97	0.51	0.98	1.61	1.0
DDR (Draw Down Ratio；引き落とし率)			21.6	38.5	6.32	22.7	5.0
DRB (Draw Ratio Balance；引き落としバランス)			1.08	1.29	1.01	1.61	1.04
コーン長さ (mm)			45	25	30	40	30
空気			—	—	—	—	—
真空度 (mmHg)			−430	−512	−437	−540	−600
水温 (℃)			27	27	31	30	30
備考							

っき，ニッケルめっき，用途によっては耐食性金属が使用される．また，各種ふっ素樹脂の成形条件は**表4**に示す．

(3) トランスファ成形

ライニングなど，厚肉で複雑な形状をしたバルブ，ポンプ，配管類の成形で少量生産に適する．一般的なトランスファ成形は，ペレットをポットの中で溶融させた後，プレスで加圧して，あらかじめ樹脂の融点以上に加熱した金型に注入し，加圧したまま冷却する．また，最近では，スクリュー（押出機）で溶融した樹脂をポットに注入する押出（射出）トランスファ成形法が使用されている．

使用原料は，耐ストレスクラック性のよい（高粘度の）原料を使用し，成形温度は，長時間加熱による樹脂の熱劣化を防ぐため，極力低い温度（PFAでは，350～360℃）で成形する．

(4) ブロー成形

薬液を貯蔵・移送する小型（20 L以下）のボトルの成形に使用される．成形手順を次に示す．

（a）押出機で溶融樹脂をチューブ状（パリソン）に下方に押し出す．
（b）このパリソンを二つ割りの金型間に垂らす（金型の移動も可能）．
（c）金型を閉じてパリソンを挟み込む．
（d）パリソンのボトルの口側から圧縮空気を送り込む．
（e）冷却，固化させる．

きわめて薄肉の中空形状の製品が短時間で得られるが，製品肉厚を均一にすることが難しく，シャープなコーナー部，ピンチオフ部の強度に注意が必要である．

(5) 回転成形

回転成形には，原料として粒状粉末を使用する．大型容器，ボトルなどの成形，また，金型に接着させ金属容器などのシームレスなライニングをすることも可能である．

各種サイズ，形状の製品が成形でき，肉厚の

調整も原料の投入量で可能である．ただし，成形時間が長いため少量生産となる．成形の概略を図19に示す．

(a) 金型内に原料粉末を投入し，加熱炉に入れる．
(b) 金型を二軸で回転させながら，樹脂を溶融し，金型内面を均一に溶融樹脂で覆う．
(c) 均一な樹脂層ができるまで十分に加熱，回転を続ける．
(d) その後，金型を回転させながら炉から出して冷却する．成形品が固化したところで取り出す．

3.3 コーティング加工方法

金属やセラミックなどの表面に，ふっ素樹脂の薄い皮膜を形成し，その表面にふっ素樹脂の優れた諸特性（非粘着性，耐食性など）を与える方法である．塗料の形態は，液状と粉体に分けられる．液状のものは，一般にエナメルと呼ばれるディスパージョン型塗料が用いられ，コーティング方法はエアスプレー法が広く用いられる．粉体塗料は，静電塗装法が用いられる．

4. 樹脂の開発動向および最近の成形技術

一般の樹脂の開発と同様，ふっ素樹脂も既存の用途から，原料の品質向上と新銘柄の要求を受けて開発される場合と，新規用途で要求される成形品を成形する技術が確立され，それに伴ってその成形法に合う原料が開発される．

4.1 半導体分野での新規PFAの開発

PFAは，1972年に開発されてから広い分野で使用されてきたが，1990年代になって半導体産業からの要請に応えてNewPFAとSuper-PFAが開発された．現在では，半導体で使用されているPFAの多くが，New PFAとSuper PFAで作られている．

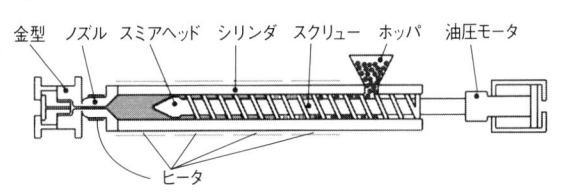

デバイスの高集積化とともにPFAに対する要求品質が高くなってきており，優れた特性を持つPFAといえども下記のような問題点が指

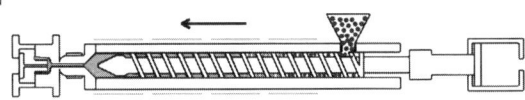

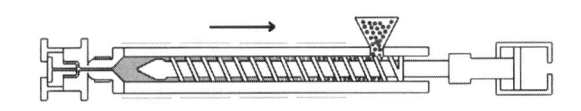

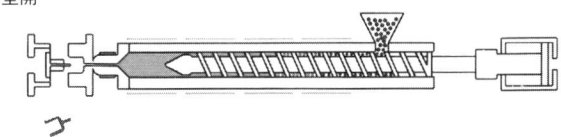

図18 射出成形

表4 各種ふっ素樹脂の射出成形条件

項 目	FEP	PCTFE	ETFE	PVDF	PFA
シリンダー温度(℃)					
後部	300	260〜275	275−300	205	300〜330
中部	350	260〜275	300〜330	240	360
前部	380	275〜290	300〜340	275	380
ノズル	380	280〜295	300〜340	275	380
金型温度（℃）	150〜200	200〜150	90〜170	80〜140	150〜250
射出圧力（MPa）	30〜70	98〜196	20〜147	98〜147	30〜70
成形サイクル（min）	0.5〜1	0.5〜3	0.5〜2	0.5〜2	0.5〜2
成形収縮率（％）	3〜6	1〜1.5	2〜5	3	4〜6

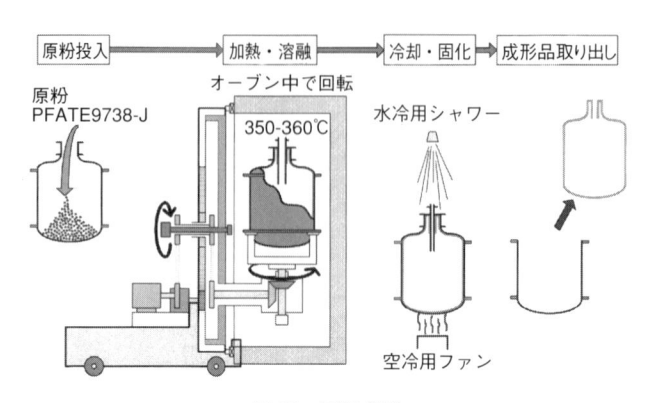

図19 回転成形

摘されるようになった.

〈半導体産業からのPFA改善要求〉
1. 溶出ふっ素イオンの削減
2. 薬液耐透過性の改善
3. 溶出金属の低減
4. パーティクルの低減
5. 成形品表面の平滑化
6. 帯電特性の改善
7. 機械特性の改善

これらの問題点に対して,従来品PFAからNew PFAへ,New PFAからSuper PFAへの改良により問題点を解決してきたが,まだ,十分ではない.また,最近アメリカ市場で,ふっ素系界面活性剤を添加した薬液により射出成形品でクラックが発生したことや,環境問題から,従来の薬液に代わるオゾン水やオゾンガスの使用が進められており,年々PFAの使用条件が厳しくなってきている.そのため,昨年,DuPont社よりこれらの状況に対応するためのPFA HP Plusが,次世代PFAとして開発された.

4.2 化学プラントでのライニング

近年,薬品の高純度化や厳しい条件下での反応工程が増えており,パイプ,反応塔,タンクなどの高耐食・長寿命化が求められている.その中で,薬液の耐透過性を向上させたPTFEのシートライニングが増えてきている.シートライニングには耐熱性と溶接個所の問題が存在するが,それよりも高品質のPFAロトライニングが見直され始めている.パイプなどのライニングでは,高速ロトライニングにより成形時間の大幅な短縮が可能になった.

また,最近では,重防食のための1mm以上の厚塗りが可能なPFAスラリー塗料が開発されている.

ふっ素樹脂は,PTFEが発見されてから,あらゆる分野で使用されてきたが,今後もふっ素樹脂の需要はさらに増加すると見られている.しかし,他の樹脂と同様に需要の拡大とともに,価格の低下による製造コストの低減や,環境問題も考慮することが必要である.

その中で,ふっ素樹脂の品質改良の手段として超臨界プロセスによる重合が行われているが,このプロセスでは,廃棄物が非常に少なく,しかもエネルギーの消費も少ない.まさに環境に対してやさしいプロセスである.

今後は,このように環境に配慮した原料の開発,成形法の開発が必要になってくると考えられる.

参考文献
1) 里川孝臣編:ふっ素樹脂ハンドブック(1990),日刊工業新聞社
2) 技術情報協会:ふっ素系ポリマーの開発と用途展開(1991)
3) 日本弗素樹脂工業会:ふっ素樹脂ハンドブック(1994.10.第六版)
4) 三井・デュポンフロロケミカル㈱:テフロン®実用ハンドブック(1999 第二版)

(三井デュポンフロロケミカル㈱
テクニカルセンター・西尾 孝夫)

第4章 特殊エンジニアリングプラスチック

4-7. シクロオレフィンポリマー (COP)

シクロオレフィンポリマーは，光学レンズ，光ディスク，光学フィルムなどの光学用途向けに開発されてきた透明プラスチックである．

近年光学用途を中心に需要が伸びているシクロオレフィンポリマーの特徴的な物性および用途について，ポリマーの分子設計の観点も含めて紹介する．

1. シクロオレフィンポリマーとは

ポリオレフィンがポリプロピレン（PP）やポリエチレン（PE）に代表されるように鎖状オレフィン類（不飽和炭化水素）をモノマーとして重合したポリマーであるのに対して，シクロオレフィンポリマーは図1に示すような環状構造を有するシクロオレフィン類をモノマーとして重合した，ポリマー構造中に環状構造を持つことを特徴とする非晶性ポリマーである[1]．

1.1 製品化されているシクロオレフィンポリマー

シクロオレフィンポリマーの合成は，反応性の高いノルボルネン類をモノマーとして用いている．合成時の重合方式やモノマーの組成の違いから数種類のシクロオレフィンポリマーが市販されている．具体的には図1に示すノルボルネン類の開環重合体水素化ポリマー，およびノルボルネン類とエチレンとの付加型共重合体が実用化されている[2]．

1.2 シクロオレフィンポリマーの特徴と機能化

製品化されているシクロオレフィンポリマー（ZEONEX®，ZEONOR®，日本ゼオン）について以下にポリマー設計の考え方と特徴について説明する．

(1) 非晶性である

PE，PPなどの汎用ポリオレフィンは部分的に結晶化し，その部分で光が散乱するため透明性が悪い．また，結晶化部分の収縮率の違いによって寸法安定性が悪いという問題がある．

それに対して，シクロオレフィンポリマーは立体障害の大きい脂環構造を有しており結晶性を持ちにくいため，透明性や寸法安定性に優れる．

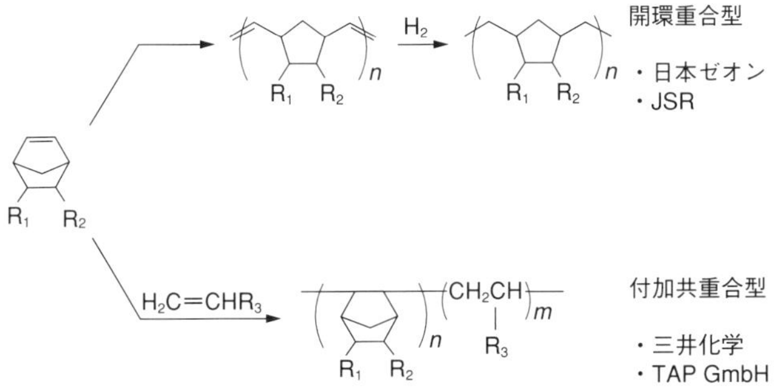

さらに，モノマー繰り返し単位の立体規則性（タクチシチー）の制御や，エチレン連鎖を導入しないことで完全な非晶性にすることができる．

(2) 飽和炭化水素系である

酸素原子や窒素原子などを含有する極性基をポリマー中に含むと，吸湿による寸法変化や屈折率変化，酸・アルカリによる変質，低波長領

図1 製品化されているシクロオレフィンポリマーの種類

域での光の吸収による透明性の悪化などの問題が生じる場合がある．同様に二重結合をポリマー中に含むと，酸・アルカリによる変質，低波長領域での光の吸収による透明性の悪化，光や熱による劣化，またわずかな吸湿も嫌う光学材料ではわずかな吸湿性による屈折率変化などの問題が生じる場合がある．

それに対して，シクロオレフィンポリマーは極性基や二重結合をほとんど含まないため，上記のような問題がほとんど起こらない．同様な理由で透明なプラスチック材料の中で低波長領域だけでなく，近赤外・赤外領域においても光の吸収が少ないことも飽和炭化水素系の大きな特徴である．

さらに，ポリマー製造過程時に生じる二重結合を水素付加反応などでなくすことで上記特性を向上させることができる．

(3) 脂環構造である

脂環構造にすることで立体障害が大きくなり分子鎖の運動が制限されるため，耐熱性が高い（ガラス転移温度が高い）特徴がある．

また，ほとんどのポリマーが流動方向に屈折率が高くなる傾向にあるが，シクロオレフィンポリマーは脂環構造を有しており，ノルボルネン環による分極率異方性が小さいため低複屈折性に優れる特徴がある．

図1に示すRの部分の構造を選択することによって，いくつかのグレードではプラスチックの中でもっともガラスに近い超低複屈折性を示す．

一方，脂環構造は三級炭素が比較的多いため，300℃近い高温状態で酸素が存在するとラジカルが発生し，ポリマー劣化を引き起こす可能性がある．添加剤の最適化で成形加工時の劣化を抑制しているが，成形時に酸素遮断を行うことで高い光線透過率を示すことができる．

2. シクロオレフィンポリマーの物性評価

評価するシクロオレフィンポリマーとしてZEONEX®およびZEONOR®を用いた．

樹脂ペレットは成形直前に100℃で4〜6時間乾燥し，ペレット中に含まれる微量な水分や溶存酸素を除去した．また，成形機のシリンダー内をN_2ガスでパージすることで空気を遮断して成形を行った．

(1) 分光光線透過率による透明性の評価

図2に光学用ポリマーの光線透過率を示す．シクロオレフィンポリマーは400〜800 nmの可視光領域で高い光線透過率を示し，さらに380〜400 nmの低波長領域においても高い光線透過率を示した．C–C結合とC–H結合のみから構成され，結晶性をまったく持たず，また，不純物が非常に少ないためと考えている．

(2) 吸湿による屈折率分布の評価

図3に，光学材料として一般的なポリメチルメタクリレート（PMMA）とシクロオレフィンポリマーの吸湿による屈折率分布の変化を示す．図中のピークトップの値を屈折率として読み取ることができる．試験片をVブロックプリズム状に切削加工し，成形品内部の微小な屈

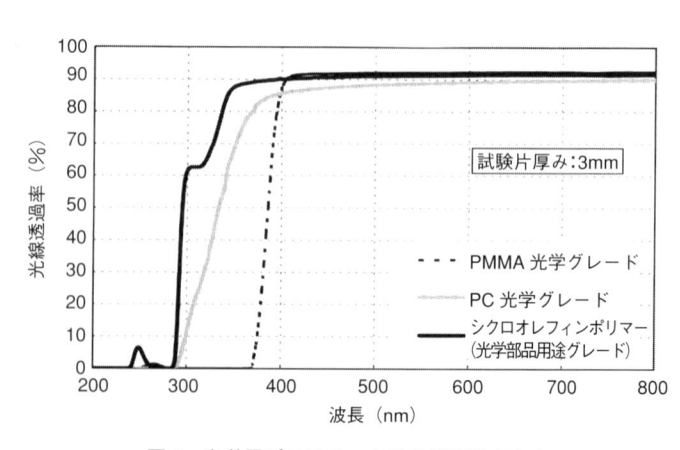

図2　光学用プラスチックの光線透過率比率

シクロオレフィンポリマー（光学部品用途グレード）の50℃90%RHでの屈折率分布変化（nd）

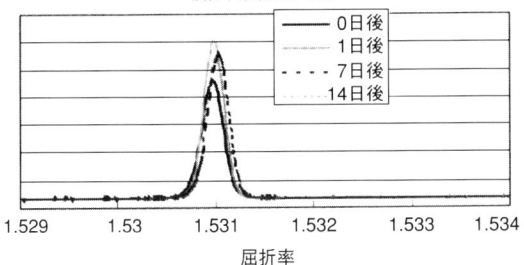

PMMAの50℃90%RHでの0屈折率分布変化（nd）

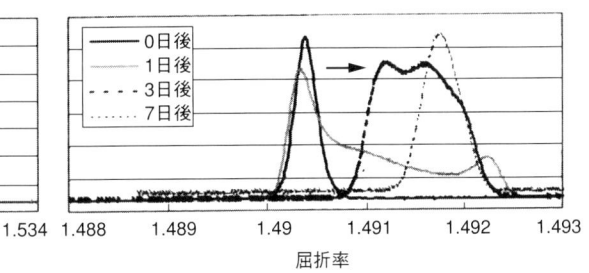

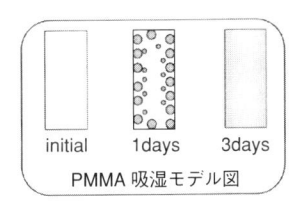

図3 吸収による光学レンズの屈折率分析の変化

折率分布を評価することができる．試験中のアニール効果などの影響をなくすため，前処理としてポリマーのガラス転移温度より約15℃低い温度で24時間アニール処理した．

シクロオレフィンポリマーは高湿下でもシャープな屈折率分布を維持し，屈折率の変動もない．一方，PMMAは吸湿によってブロードなピークになり，吸湿の飽和に伴い，一定の期間で一定の屈折率へと収束していくことがわかった．吸湿は急激に起こらず，非常にゆっくりと徐々に吸湿して内部へと浸透するため，吸湿初期は水分の影響で成形品表面の屈折率が高くなり，内部へ浸透，均一化することで屈折率や屈折率分布が収束しているためと推測する．また，この現象は外部の湿度によって可逆的に同様な変化をすることが確かめられている．

吸湿による材料への影響は大きく，形状変化や，屈折率変化に加えて，屈折率分布によっても大きく光学特性が変わることがわかってきた．そのため，シクロオレフィンポリマーは，透明性や複屈折性だけでなく吸水率を低くすることを特徴としたポリマー設計をしている．

(3) 加熱時放出ガス量によるクリーン性の評価

ポリオレフィンを含めた成形品を80℃で加熱し，放出されるガスを捕集して放出ガス量をDHS-GC-MS（ダイナミックヘッドスペースサンプリング法，ガスクロマトグラフ質量分析）にて測定した．シクロオレフィンポリマーとしてZEONOR®を用いた．結果を図4に示す．

シクロオレフィンポリマーは放出ガス量が非常に少ないことがわかった．

放出ガスの成分としては，80℃試験下では，ポリマーの分解物よりもむしろ，添加剤，未反

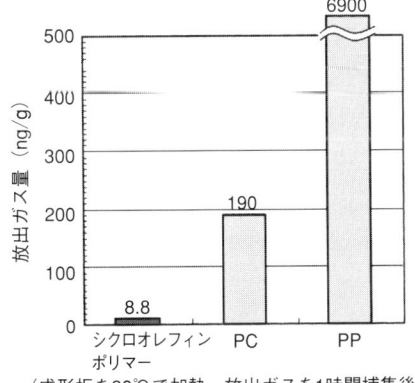

（成形板を80℃で加熱，放出ガスを1時間捕集後，放出ガス量をDHS-GC-MSにて測定）
シクロオレフィンポリマー；汎用透明部品用途グレード
（住化分析センター測定）

図4 加熱したときの樹脂からの放出ガス量

応モノマー，オリゴマー，残留溶媒などに起因する場合が多い．すなわち，製造工程に関わる部分が多く同じ素材でもメーカーによって変わりうる．

シクロオレフィンポリマーの放出ガス量が他材料に比べて非常に少ないのは，ここで用いられた ZEONOR®が放出ガスや異物を嫌う光学材料用に開発された ZEONEX®と同様な製造方法で製造されているためで，放出ガス成分の原因となる低分子量成分を極限まで除去しているからである．

使用環境下でのポリマーからのガスの放出は，周囲の環境を汚染したり，併用される蒸着膜や接着剤の密着性を落としたりと慢性的な不具合を生じさせる恐れがある．そのため，クリーンな環境を必要とする用途などでは低放出ガス性は非常に重要である．

(4) パターン転写性による精密成形性の評価

図5に，導光板用の金型を用いてシクロオレフィンポリマーとポリカーボネート（PC）の転写性を比較した結果を示す．シクロオレフィンポリマーの転写性が非常に優れているのは非晶性であり流動性が非常に優れているためだと考えている．

金型設計技術の進歩とともに，デザインの再現や精密微細成形性を必要とする用途では，とくに高い転写性が求められている．

(5) デュポン衝撃強度による強度の評価

図6に，代表的な透明材料のデュポン衝撃強度の比較を示す．一般的にシクロオレフィンポリマーはエンジニアリングプラスチックの中で強度が弱いとされるが，図1中のR置換基の最適化や分子量を制御することでPC並みの強度を発現することができる．

(6) 電気特性の評価

図7に，各種プラスチックの電気特性を示し

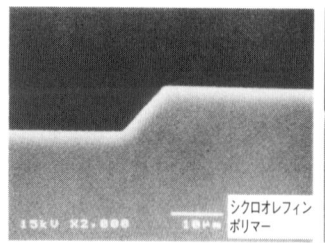

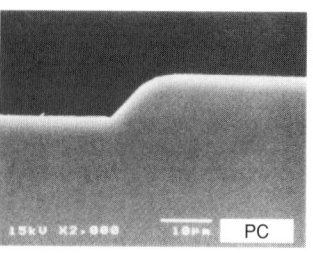

図5　導光板金型を用いた転写観察

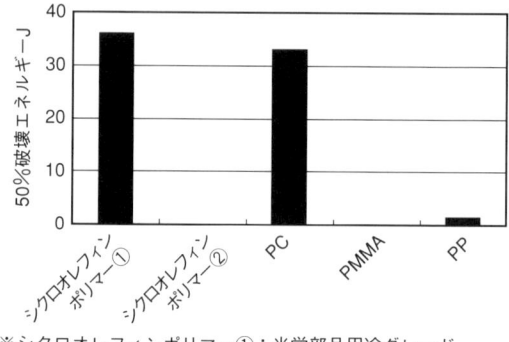

※シクロオレフィンポリマー①；光学部品用途グレード
　　　　　　　　　　②；汎用透明部品用途グレード
50％破壊エネルギー　1/2 inch 鋼球　試料3mm厚板

図6　透明材料の衝撃強度比較

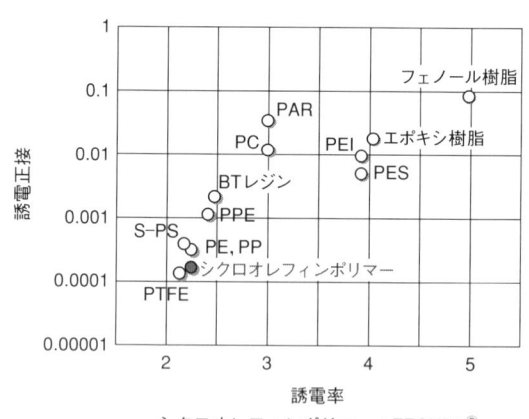

シクロオレフィンポリマー；ZEONEX®

図7　各種プラスチックの電気特性（1 MHz）

た．LCRメータを用い1 MHzでの誘電正接と誘電率を求めた（ASTM-D 150に準拠）．

シクロオレフィンポリマーはポリテトラフルオロエチレン（PTFE）に近い低誘電正接と低誘電率を示すことがわかった．

さらにトリプレート線路共振器法によって1

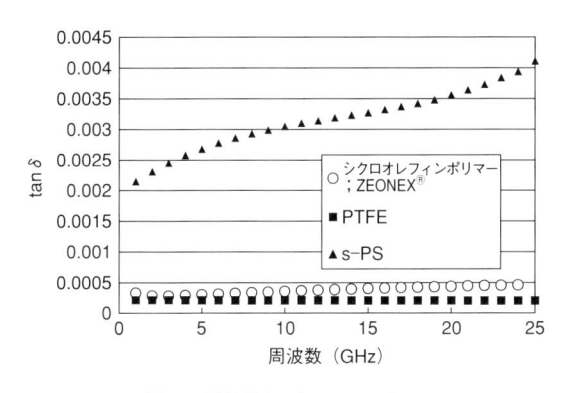

図8 代表的なプラスチックの高周波領域での誘電正接

～25 GHz高周波領域での誘電正接をPTFE, シンジオタクチックポリスチレン（s-PS）とともに測定し，その結果を図8に示した．

シクロオレフィンポリマーは高周波領域でも低誘電正接性を示し，周波数依存性も非常に小さいことがわかった．また，電気特性の温度依存性や耐湿試験前後での変化も少ないことが確認できており，上記を含めてシクロオレフィンポリマーが電気特性に優れるのは極性置換基を持たず，分子内の電荷の偏りがないことや，吸水による水分の影響を受けないことが原因と考えている．

3. シクロオレフィンポリマーの物性のまとめ

前述した結果を含めシクロオレフィンポリマーZEONEX®，ZEONEX®の特徴をまとめる．

(1) 透明性；非晶性で二重結合などを持たないため380～800 nmの広い波長での高い透明性．
(2) 低複屈折性；極性置換基を有さず，分子内の電荷の偏りがない設計による低複屈折性．
(3) 吸湿性；極性置換基や二重結合がないことによる低吸湿性．
(4) 高耐熱性；モノマーの選定により100～160℃程度までの高いガラス転移温度．
(5) 電気絶縁性；極性置換基を持たず，分子内の電荷の偏りもないことにより低電気絶縁性．
(6) クリーン性；原料起因，環境起因の不純物除去を徹底した製造プロセスによるクリーン性．
(7) 良成形性；非晶性による良成形性
(8) 耐酸・アルカリ性；極性置換基など反応性のある置換基を持たないことによる耐薬品性

4. シクロオレフィンポリマーの実用例

シクロオレフィンポリマーの特性とそれを活かした用途の実例を以下に示す．

・高い光学特性：カメラやCD/DVD機器の各種レンズ，光ファイバケーブル部材，SACD（スーパーオーディオCD）などのディスク，液晶ディスプレイに用いられる導光板や拡散板，位相差フィルム，拡散フィルム，プリズムシートなど各種光学フィルム．

・耐薬品性やクリーン性：シリンジ，バイアル，血液検査セル，点眼薬などの医薬品容器や半導体容器，給食食器．

・耐熱性や光学特性，軽量性など：ランプ周辺部品，センサ部品，サンルーフなどの窓材，エクステンションリフレクタや各種ミラー部品．

・精密成形性や高周波特性：携帯電話の内蔵アンテナなどの各種アンテナ用途や高周波コネクター．

参考文献
1) オプトエレクトロニクス材料の開発と応用技術, 技術情報協会（2001）
2) 夏梅伊男, 小原禎二, 大島正義, 西島徹, 筧大紀, 日本化学会誌, (2), 81 (1998)

（日本ゼオン㈱ 総合開発センター・
小松 正明, 小原 禎二, 南 幸治）

第4章　特殊エンジニアリングプラスチック

4-8. エチレン酢酸ビニル共重合体（EVOH）

エチレン酢酸ビニル共重合体けん化物（EVOH）は，1972年に㈱クラレがエバールの商標にて操業して以来，高ガスバリア性プラスチック素材として，その需要を順調に伸ばしている．従来プラスチック食品包装材料のバリア層として，主に多層構成を有する成形品の一部に用いられてきたが，近年他用途への展開も進み，自動車用ガソリンタンク[1,2]や床暖房パイプ[3,4]へも幅広く用いられている．また，90年代初頭に欧州を始めとして巻き起こった，環境問題を背景とするプラスチック素材からの脱塩素化も追い風となり，塩化ビニリデンの代替素材としても採用され，現在日米欧を主要市場として約8万トン／年が全世界で消費されている．表1に現在製造されているEVOH樹脂エバール®の主要銘柄とその用途ならびに，代表的樹脂特性を示す．

1. EVOHの成形加工

こうした市場背景をもとに，EVOHをより使いやすく，より多機能化し，付加価値の高いバリア性包装材料をできるだけ安いコストで提供することが，研究開発従事者の使命であった．成形加工用の樹脂として，EVOHを使いこなすためには主に次の点での配慮が必要である．

（1）EVOHの基本特性に基づいた成形加工製品の設計
（2）EVOHの一次成形加工適性（主に溶融成形加工）
（3）EVOHの二次成形加工適性

上記（1），（2）に関しては数多くの出版物[5,6]もあるため，ここでは（3）のEVOHの二次成形加工適性に関して述べたい．

表2にEVOHが用いられる成形加工製品の

図1　二次成形加工伴う加工製品例

表1　EVOH（エバール）の基本銘柄と用途

銘　柄	エチレン共重合比率 (mol%)	メルトインデックス[*1] (g/10 min)	融点 (℃)	ガラス転移温度[*3] (℃)	酸素透過量[*4] (cc·20μm/m²·day·atm)	用　　途
L 171	27	4.1[*2]	191	60	0.2	ハイバリヤー
F 171	32	1.6	183	57	0.4	ボトル，シート，フィルム
H 171	38	1.7	172	53	0.7	ボトル，シート，フィルム
E 105	44	5.5	165	55	1.5	シート，フィルム
G 176	47	6.5	160	49	3.2	ストレッチ・シュリンクフィルム

（注）　[*1] 190℃, 2160 g,　　[*2] 210℃, 2160 g,　　[*3] dry,　　[*4] 20℃, 65% RH（ASTM D 3985）

表2 二次成形加工を含む EVOH 成形品例と二次成形加工上の技術課題

成形品形態	一次成形加工方法	二次加工方法	技術課題 （二次加工面）
深絞りフィルム 代表的構成： 　PA/EVOH/PA//PO 　EVOH//IO/Ad/PO 　PET//PO//Ad/EVOH/Ad/PO	ドライラミネーション 共押出ラミネーション 共押出キャスト成形 共押出インフレーションの成形	Form Fill Seal 成形 スキンパック成形 ドーム成形	均一延伸性 深絞り限界 シワ，内容物への型添い
シュリンクフィルム/パック 代表的構成： 　EVA//EVOH//EVA 　LLDPE//EVOH//PO	共押出インフレーション成形	ダブルバブル延伸	延伸限界 延伸速度 均一延伸性 シュリンク特性 （収縮率，収縮力）
二軸延伸フィルム 代表的構成： 　PA/EVOH/PA//PO 　PP//EVOH//PO	共押出キャスト成形	テンターフレーム延伸	延伸限界 延伸速度 均一伸性
カップ 代表的構成： 　HIPS//EVOH//HIPS 　HIPS//EVOH//PO 　PP//EVOH//PO	共押出しキャスト成形 （シート成形）	真空圧空成形 （メルト／SPPF）	絞り限界 均一絞り性
ボトル 代表的構成： 　PET/EVOH/PET 　PET/EVOH/PET/EVOH/PET	共射出プリフォーム成形	ストレッチブロー成形	均一延伸性 基材樹脂 （主に PET との接着性）

（注）//：アンカーコート剤を使用

中で二次成形加工を含むものと，一般的な技術課題に関してまとめた．二次成形加工を伴う代表的な加工製品の例を図1に示した．

2. EVOH の二次成形加工上の課題

プラスチックの「二次成形加工」の言葉の定義はまちまちであるが，ここでは「樹脂原料をいったん溶融し，シート原反やプリフォームを成形（一次成形）した後，再加熱し，目的とする成形物に賦形する加工方法」として本稿では用いる．こうした，溶融押し出しで代表される一次成形加工に続いて，真空圧空成形のような二次成形加工という二段階の成形を経るプロセスは，用いられる樹脂（高分子）素材固有の性能を最大限に引き出すため，さらに，最終の成形品をより低コストで提供するために幅広く用いられている．とくに，二次成形加工の部分は，樹脂（高分子）素材をガラス転移温度以上かつ融点以下にて延伸配向させることが主目的であり，これにより優れた，機械特性，光学特性，バリア性を得ることができる．ポリプロピレンの逐次二軸延伸により透明フィルムを得る方法，SPPF（Solid Phase Pressure Forming）成形[7]により透明かつ形状安定性に富んだカップ成形物を得る方法，PET をコールドパリソン法によりストレッチブロー成形することによ

表3 二軸延伸によるEVOHの性能向上

フィルム	EF-F (未延伸エバールフィルム)	EF-XL #15 (二軸延伸エバーフィルム)
厚み（μm）	15	15
酸素透過係数 (cc/m²·day·atm) 20℃, 65% RH	0.5	0.3
酸素透過係数 (cc/m²·day·atm) 20℃, 100% RH	25	6
水蒸気透過係数 (g/m²·day)	100	40
透明性［ヘイズ］(％)	1.5	0.5

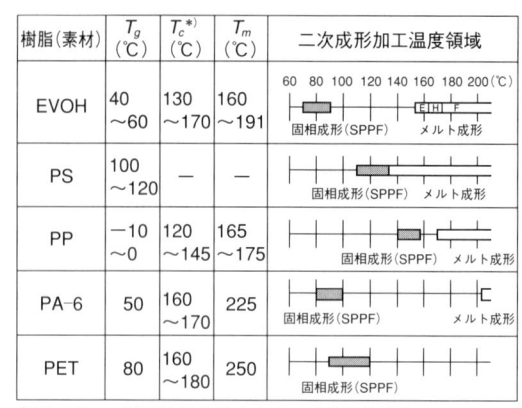

樹脂(素材)	T_g (℃)	$T_c^{*)}$ (℃)	T_m (℃)	二次成形加工温度領域
EVOH	40～60	130～170	160～191	固相成形(SPPF) メルト成形
PS	100～120	—	—	固相成形(SPPF) メルト成形
PP	−10～0	120～145	165～175	固相成形(SPPF) メルト成形
PA-6	50	160～170	225	固相成形(SPPF) メルト成形
PET	80	160～180	250	固相成形(SPPF)

（注）*) T_c：低温結晶化温度または冷結晶化温度

図2 EVOHおよびその他の樹脂の熱的特性と二次成形加工温度

り，薄膜でバリア性や光学特性の高いプラスチックボトルを得る方法などは，バリア性プラスチック包装材料の製造法として広く用いられている．参考までに表3にEVOHを二軸延伸した場合のフィルム性能の向上を示す．

従来，単一の高分子素材に対し多層化技術を応用し，EVOHをその構成層の一つとして導入することにより，EVOHの特徴ともいうべきガスバリア性を付与した高付加価値の成形品を得る試みがなされてきた．とくに一次成形加工／二次成形加工といった二段階のプロセスを経る成形加工方法に関しては，主基材として用いられるポリプロピレンやポリスチレンなどの成形状態に追従させることが重要であり，各主基材に適した成形プロセス条件にてEVOHを薄膜化した形で組み込み，高生産性で成形することが開発上の課題であった．

EVOHは，その高分子側鎖に存在する水酸基同士の水素結合力のため，安定した結晶構造を呈する．また，非晶部分においても，分子間水素結合が分子鎖の運動を抑制している．これがEVOHが高ガスバリア性を呈する主因となっている[4]．一方，かかる分子特性がEVOHの二次成形加工面においては「固く伸ばし難い」という性質をも同時に産み出しているともいえる．

各高分子素材の熱的特性，動的粘弾性特性を調べると，EVOHと類似の挙動を示すPETやポリアミドなどは，二次成形加工上，延伸や熱成形という観点では，成形に適した温度がEVOHと近傍の80～120℃付近に位置する（図2）．このため，多層系においても同様の成形条件において，比較的良好な成形性を示す．事実，これらの構成を有する多層バリア素材は広く用いられている．PA/EVOH/PA構成の二軸延伸ハイバリアフィルムやPET/EVOH/PET構成のストレッチブローボトルはその例である（図1右）．一方，汎用プラスチックであるポリプロピレン，ポリスチレン，HDPEなどを主基材に用いた場合，実用加工上，二次成形加工に適した成形温度域はEVOHの軟化温度（80℃付近）以下あるいは結晶化温度（130℃以上，融点以下の領域）と一致する．このためポリプロピレンなどとの多層系にて，EVOH層を含んだ原反を用い二軸延伸や熱成形を実施すると，EVOH層は有効に付形されず，EVOH層の裂断やネッキングによる不均一延伸が発生する．図3にこうして発生したEVOH不均一延伸の断面写真を示す．

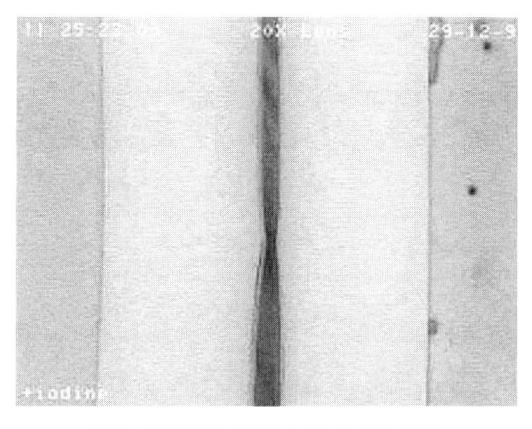

図3 多層構成品におけるEVOH層の
ネッキング延伸

一般的にバリア性包装材料の製造に広く用いられている二次成形加工プロセス（プラグアシスト真空圧空成形，フィルム延伸，プリフォームストレッチブローなど）における高分子素材の変形プロセスを追うと，そのほとんどが逐次二軸延伸型である（図4参照）．最初に一方向に延伸配向された高分子鎖が主に配向軸に垂直方向に再度延伸される，本来こうしたプロセスを経て分子鎖が二つの配向軸からなる平面に均一に面配向することにより，方向性が少なく，形状の安定した成形体が得られるのに対し，被成形体としてEVOH層を含んだ多層原反を用いると，前記一番目の延伸においてEVOHは配向に沿った形で配向結晶化（結晶のフィブリル化）を起こすため，二番目の垂直方向の延伸において，前記のようにEVOH層の裂断やネッキングが発生する．このプロセスを模式的に図5に示す．こうしてできた成形体はひび割れ状の模様が発生し，バリア性も損なわれるため本来期待された商品価値が得られない．

3．二次成形加工適性の向上

前述2項で述べた技術課題を解決する方針として次の事項が考えられる．
(1) EVOHの改質…成形時の挙動を主基材に追従成形するように改質する．

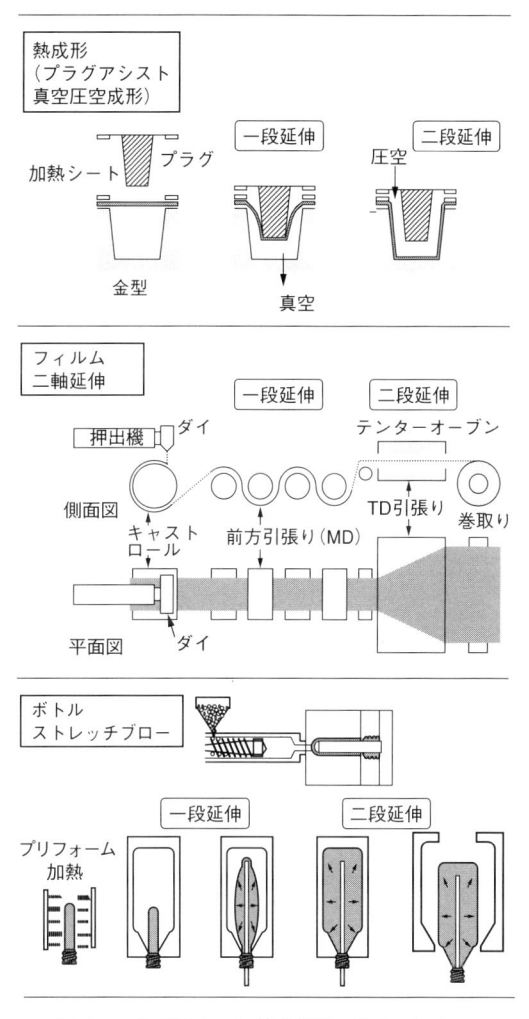

図4 二次成形加工に伴う樹脂の延伸プロセス

(2) 主基材の改質…主基材がEVOHに追従成形できるように改質する．
(3) 成形方式の改善

本来(2)，(3)に示した部分はおのおのの製造業者が取り組んでいる．とくに(3)に関しては，ハードウェア面で，素材をより成形しやすい条件でプロセスする方式が考案されており，一例として，Brückner社（ドイツ）のLISIM®プロセス[8]はEVOHを逐次ではなく，同時延伸により二方向に延伸できるため，より高倍率で共押し出し，共延伸が可能であると期待される．ここでは(1)のEVOHの改質に対する

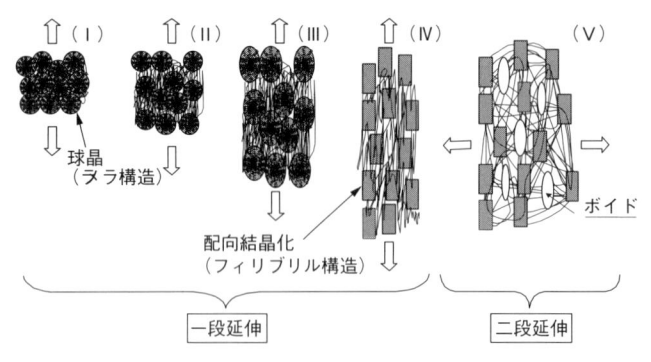

図5 逐次二軸延伸によるEVOHの固体構造の変化（模式図）

取り組みに関して簡単に述べたい．前述の一段目の延伸配向結晶化を抑え，二段目の延伸でより容易に延伸できるような方策として，可塑剤や二次成形加工特性の良好な柔軟な樹脂をEVOHにブレンドすることが実施されている．このような手段により得られた改質樹脂は，EVOHに本来ガスバリア特性を有さないものを配合することになり，成形性の向上とは反対に，本来EVOHに期待されるバリア性を犠牲にするというジレンマがあった．かかる課題に対し，ガスバリア性阻害を最小限に抑え，かつ最大限の成形特性を安価にて提供する技術開発が行われており，いくつかの商品が上市されている．最近新たに上市したエバール®SPシリーズ（表4）では，新規の改質技術により，課題を解決しつつPVDC並みの延伸性を可能にした．エバール®SPの延伸性に関し，図6に逐次二軸延伸での応力変化を示す．通常のEVOHに比べ，二次加工温度で低い応力を示し，二軸方向での伸びも大きく改善していることがわかる．また，図7の写真では，二軸延伸において通常のEVOHが延伸しづらくフィルムに割れが生じているのに対して，エバール®SPでは均一な延伸フィルムが得られている．本銘柄の設計時の着眼点は次のごとくである．

① バリア性を低下させない基本分子設計
② 二段目延伸時のフィブリル化を避けるためのモルフォロジー設計

現在この技術により下記の分野でのさらなる用途展開を期待している．

(1) より深い絞り比を有するプラグアシスト型真空圧空成形より得られるバリア性熱成形カップ（PP，ランダムPP，HIPSを基材に使用）
(2) 従来不可能であった逐次二軸延伸プロセス

表4 EVOH（エバール®SPシリーズ）の主要銘柄と用途分野

銘柄	MI[*1] (g/10 min)	酸素透過率[*2] (cc・20 μm/m²・day・atm)	用途
SP 521 A/B[*3]	1.8	0.3	深絞りシート成形（ハイバリア銘柄）
SP 482 A/B	2.1	0.6	シュリンクバック／フィルムシート／フィルム成形 共延伸成形
SP 474 A/B	4.6	0.6	同上（高MI銘柄）
SP 434 A/B	4.6	0.5	PET/EVOH共射出（耐デラミネーション）
SP 292 A/B	2.1	2.2	シュリンクバッグ／フィルム（超高延伸，高湿バリア性）共延伸成形
SP 295 A/B	5.6	2.2	同上（高MI銘柄）

[*1] MI 190℃，2.16 kg
[*2] 酸素透過度 20℃，65% RH
[*3] Aタイプ：滑材未添加タイプ，Bタイプ：滑材添加タイプ

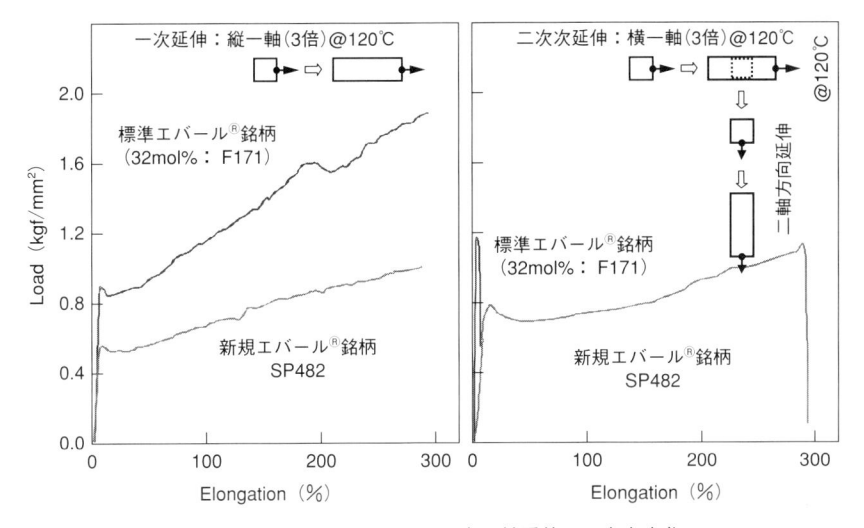

図6 EVOH単層フィルムの逐次二軸延伸での応力変化

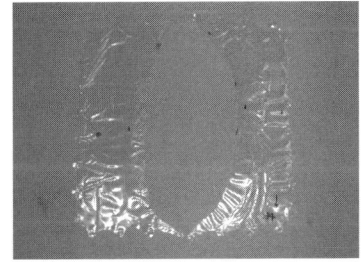

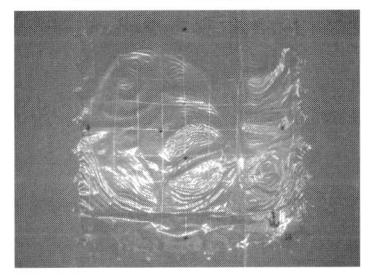

図7 EVOH単層フィルムの二軸延伸性：150 μmEVOH単層フィルム同時二軸延伸

（三菱重工，Brucknerなど）によるPP/EVOH系二軸延伸フィルムの製造
(3) 塩化ビニリデンのみが主なバリア材として使用可能であったEVA（エチレン-酢酸ビニル共重合体）を主基材として，タフルバブル延伸プロセスを，シュリンクバッグ，シュリンクフィルム

参考文献

1) Taichi Negi, Hisao Okata, Nobuhiro Hata, Ronald H. Foster, and Tomoyuki Watanabe：Proceeding of Recycle '95, Envoironmental Technologies, Davos, Switzerland, 17-3. 2, May (1995)
2) Scott Lambert：Proceeding of SPE conference, Dallas TX, USA May (2001)
3) Carl-Ludwig Kruse：Schaden prisma, Korrosion in Warmwasserheizungs anlagen als Folge von Sauerstoffdiffusion durch Kunststoffrohe, May (1982)
4) DIN Standarad 4726
5) T. Okaya and K. Ikari：Polyvinylalcohol (Edited by C. A. Finch), 196 (1992), John Wllet & Sons Ltd.
6) クラレエバール®カタログ
7) Marilyn Bakker：パッケージ大百科（越山了一，大形進，小野賢太郎，葛良忠彦，平田明，前沢栄一，三浦秀雄 監訳，450 (1994)，朝倉書店
8) Brückner社ウェブページ：www.brueckner.de

㈱クラレ エバールカンパニー倉敷事業所
研究開発部・渡邊　知行，
㈱クラレ グローバルマーケティングG.・田井　伸二

第4章 特殊エンジニアリングプラスチック
4-9. 接着性ポリオレフィン

　ポリエチレンやポリプロピレンなどのポリオレフィンは各種プラスチックの中でもインフレーション成形，押出成形，ブロー成形，および射出成形など各種成形が可能で，かつ機械物性，耐熱性，耐薬品性，食品衛生性，易焼却性および価格のバランスに優れていることから，フィルム，シート，およびボトルなどの食品包装材や工業部品などの広範囲な用途に使用されている．しかし，単体では性能面で限定があるため，ポリオレフィンと異種の樹脂，金属あるいは無機物と組み合わせることによる高機能化，高性能化製品の需要が増加している．

　たとえば，水蒸気バリア性の高いポリオレフィンと他のガスバリア性の高いエチレン-ビニルアルコール共重合樹脂（以下，EVOHと略す）やポリアミド（以下，PAと略す）との積層体は，食品用各種包装材／容器や自動車用ガソリンタンクなど従来ガラス瓶や金属罐が用いられてきた用途に使用されてきている．

　また，耐食性や装飾性付与のために金属／ポリオレフィン積層材やポリオレフィンと異種材料をブレンドした複合材料も増えてきている．これらの高性能な複合材料には，接着性ポリオレフィンが層間接着材や相容化材などの幅広い用途に使用され，重要な役割を果たしている．

　なお，接着性ポリオレフィンの定義は接着に寄与する極性基をもつポリオレフィンである．極性基としては酸（カルボン酸，カルボン酸無水物）がもっとも一般的であるが，エポキシ基や水酸基などが用いられる場合もある．また，極性基の導入方法としては，主鎖に共重合で導入する方法と，グラフト（重合）反応によって導入する方法がある．一般に共重合で導入するほうが，多くの極性基を導入できる．一方，グラフト反応による方法は，極性基の導入量は比較的少ないが，種々のポリオレフィンに比較的簡便に導入することができ，少量の極性基でも優れた接着性能を発揮しやすいなどの利点がある．共重合型とグラフト型は，同じように用いられたり，用途によって使い分けたりする場合がある（表1）が，本稿ではとくに製法面のバリエーションが多い，グラフト型で接着性ポリオレフィンの中でもっとも一般的な酸を持つタイプに焦点を当てて解説する．

表1　代表的な極性基と特徴および用途

代表的な極性基	特徴	主な用途
酸無水基	アミノ基や水酸基への高い反応性 金属への高い接着性	グラフト型と共重合型 　EVOH，PAへの共押出接着樹脂 　金属および極性基材へのラミネート樹脂
カルボン酸基	金属への高い接着性 アミノ基や水酸基への反応性 特定金属イオンとのイオン結合の形成	共重合型 　金属および極性基材へのラミネート樹脂 　アイオノマー
エポキシ基	カルボキシル基への高い反応性 金属への高い接着性	共重合型 　熱可塑性エンジニアリングプラスチック改質樹脂 　金属への接着樹脂

1. 化学構造と接着機構

　一般にポリオレフィンは化学的に安定した無極性構造を有しており他の素材とまったく接着しない．そこで，ポリオレフィン主鎖に極性基を持つビニルモノマーをグラフト付加させ，ごく少量の極性基を導入することで接着性を付与することができる．極性基を持つビニルモノマーとしては扱いやすく比較的グラフトしやすく，接着性も優れることから，無水マレイン酸（以下 MAH と略す）が一般的に使用される．無水マレイン酸グラフトポリオレフィンの化学構造と代表的な被着体である EVOH，PA および金属への接着機構を図1に示す．ポリオレフィンに導入された酸無水物基が EVOH の水酸基，PA のアミノ基，金属の表面水酸基と水素結合や化学反応して共有結合を形成することで接着力が出現する．とくに PA とは一部がイミド結合の形成まで進むといわれている．

　また，接着性ポリオレフィンとポリオレフィンとは溶融時の分子絡み合いによって接着する．この極性基グラフトポリオレフィンを主成分として添加剤などを配合したものが接着性ポリオレフィンである．

2. 接着性ポリオレフィンの特徴

　接着性ポリオレフィンは EVA，LDPE，LLDPE，HDPE および PP を骨格としており，次の特徴を有している．

①PA や EVOH などのガスバリア樹脂と溶融状態で積層することできわめて強い接着強度が得られ，エージング，温水処理およびレトルト処理に対して優れた耐久接着性を示す．

②鉄，アルミおよび銅などの各種金属，およびガラスなどの固体に対しても接着性ポリオレフィンを溶融状態で積層し十分な熱量と時間を与えることで強い接着強度が得られる．

③極性基を持つビニルモノマーはポリオレフィン主鎖骨格を変えず，かつごく少量導入されているため，ポリオレフィン本来の優れた物理特性および化学特性はそのまま保持される．

④同じ理由でポリオレフィン本来の成形加工性が保持されており，共押出成形，押出コーティング成形，および粉末コーティング法などで成形でき，ユーザーニーズに合わせて幅広く適用できる．

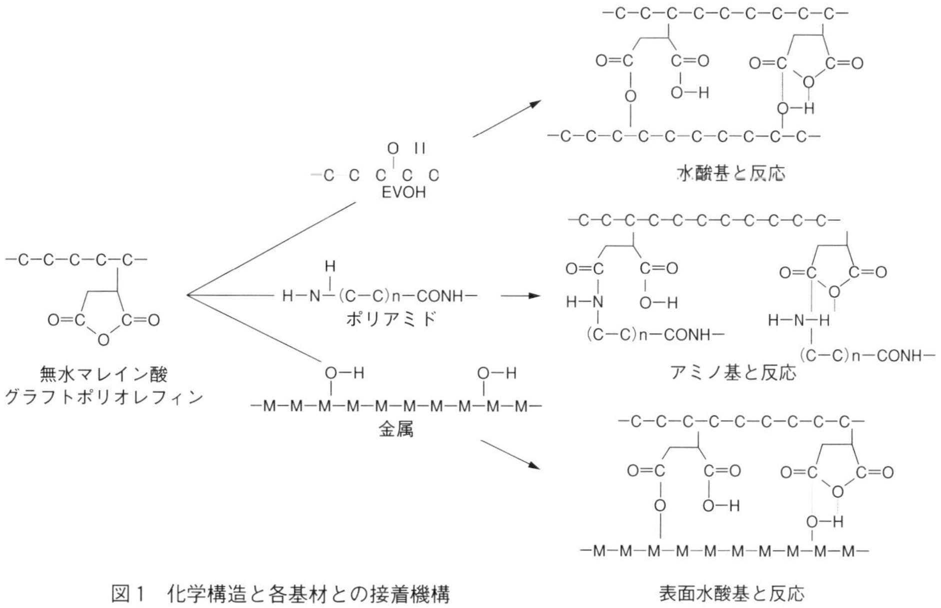

図1　化学構造と各基材との接着機構

⑤食品衛生法に適合しており，各種食品包材に使用できる．

3. グラフト変性

接着性ポリオレフィン製造に用いられるグラフト変性はポリオレフィンに極性基を持つビニルモノマーと反応開始剤である有機過酸化物を加えて加熱することで行う．

図2に簡素化した反応機構を示す．まず，有機過酸化物の分解により一次ラジカルが生成し，これがポリオレフィンから水素を引き抜きポリマーラジカルを生成する．このポリマーラジカルとビニルモノマーが反応してグラフト生成物を得る主反応と，ビニルモノマーのホモ重合やポリオレフィン同士の架橋などの副反応が平行して起こっていると考えられている．

これらの副反応は接着性ポリオレフィンの性能を低下させるが，ホモ重合性の低いモノマーの選択，適切な有機過酸化物および最適な反応条件を選ぶことで抑制することができる．

代表的な製造方法として，原料ポリオレフィンを有機溶剤に溶解した溶液にビニルモノマーと有機過酸化物を加え，80～180℃の温度で1～10時間反応させる溶液グラフト法，押出機を用いて，無溶剤で原料ポリオレフィン，ビニルモノマーおよび有機過酸化物を180～350℃，滞留時間0.5～10分で混練反応させる溶融グラフト法があげられる．前者は，有機溶剤への溶解／グラフト反応／有機溶剤からの析出／ろ過などによる分別と製造プロセスが多く生産性も低いため製造コストが高くなるが，高いグラフト量が得られ，後者はグラフト量こそ及ばないが，押出機のみで短時間で生産できるため製造コストは低くなる．

これらの反応で生じる残存未反応モノマーの除去方法として，モノマーへの溶解性の高い有機溶剤による洗浄やベント付き押出機による脱気混練などがある．

4. 接着性への影響因子

4.1 成形条件の接着性に及ぼす影響

前述のように接着強度の発現は化学反応によって生じるため，成形時の温度，時間，および全膜厚が接着強度に影響してくる（図3～5）．いずれも化学反応を促進する条件で接着強度が高くなっているのがわかる．しかし，成形温度を高くすると樹脂の劣化，架橋およびフィッシュアイなどが生じやすくなる．成形速度を遅くして反応時間を長くする方法は生産性に影響を及ぼし，全膜厚は製品仕様やコスト面の制約を受ける．これらの点を考慮してバランスの取れた成形条件をとる必要がある．

4.2 接着界面の挙動

接着性ポリオレフィン中に導入された極性ビニルモノマーの量はごく少ないにもかかわらず接着強度は大きい．接着性ポリオレフィン／アルミ箔の溶融積層物よりアルミ箔を酸で溶解除去した表面の極性基濃度は独立した接着性ポリオレフィンシート表面の3倍になっている（図6）ことから，大西らにより極性基の接着界面への拡散によって接着強度が増大する機構が提案されている[1]．

成形温度および成形時間は接着界面での反応だけでなく極性基の拡散にも影響し，接着性ポリオレフィン層の膜厚は拡散可能な極性基総量

```
I      + 熱    → 2I・        有機過酸化物の分解
I・     + M    → M・         モノマーのラジカル化
I・     + R    → R・         ポリオレフィンのラジカル化
R・     + M    → R-M・       ポリオレフィンラジカルと
                              モノマーの反応
M・     + M    → M₂・        モノマーの重合
R-M・   + R    → R-M+R・     ポリオレフィンへの連鎖移動
R-M・   + M・  ⎫
R・     + M・  ⎬            停止反応
R-M・   + R-M・⎭

I：有機過酸化物，M：ビニルモノマー，R：ポリオレフィン
```

図2　グラフト変性の反応機構

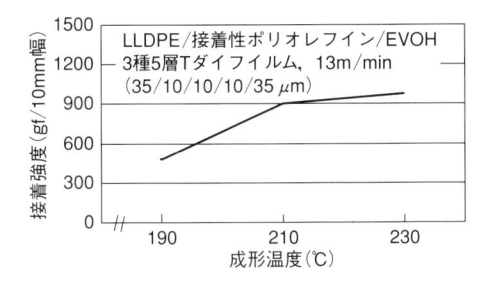

図3　成形温度の接着強度への影響

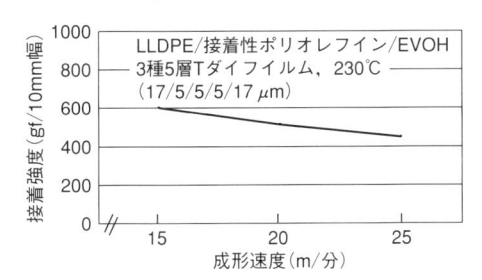

図4　成形速度の接着強度への影響

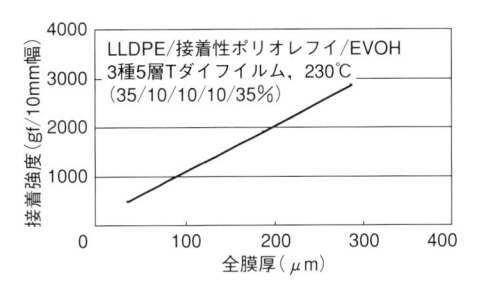

図5　全膜厚の接着強度への影響

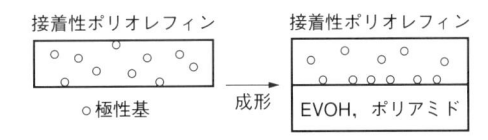

図6　接着界面への極性基の拡散

を決定することになる．

5. 用途および成形法

　接着性ポリオレフィン（本稿では，ADと略す）の用途は幅広く，大きく3つに分類すれば共押出し，被覆，相容化になる．以下に各用途別の代表的な構成と成形法について説明する．表2に各用途向けの構成についてまとめる．

5.1　共押出多層フィルムおよびシート

　ADを用いたポリオレフィンとEVOHあるいはPAとの共押出法による多層フィルムは酸素バリア性と水蒸気バリア性に優れ，各種食品包装材料やハードディスクなどの電子部品包装材に使用され，内容物の酸化劣化を防止する．当初はPA/AD/LDPE（EVA）の構成をもつ3種3層，またはLLDPE（LDPE，PP）/AD/EVOH/AD/LLDPE（LDPE，PP）の3種5層構成が主で，さらに最近では，耐ピンホール性を改良するためPA層を分割[2]する構成や表面傷付き性と酸素バリア性の両者を確保するためPA/AD/EVOH/AD/LLDPE（LDPE）構成などさまざまな製品が開発されている．なお，成形法は用途に応じ，インフレーション成形（図7），Tダイ成形（図8）が使用される．Tダイ成形は各層の溶融樹脂を合流後，単層Tダイにより広幅化するフィードブロック法と各層の溶融樹脂を広幅化したあと合流するマルチマニホールド法があるが，接着性ポリオレフィンが使われる用途は層数が多くなるため構造が簡単なフィードブロック法によることが多い．

　PP/AD/EVOH/AD/PPからなる3種5層シートをTダイで成形し，このシートを加熱真空圧空成形して得られるカップやトレイは味噌容器や米飯などの電子レンジ調理食品容器に使用されている．近年では，高ガスバリア容器用に還元鉄系脱酸素剤とPPからなる層を加えたアセプティック（無菌）共押出多層構成も商品化されている[3]．

5.2　共押出多層チューブ

　LDPE（LLDPE）/AD/EVOH/AD/LDPE（LLDPE）の3種5層構成とAD/EVOH/ADの2種3層構成が一般的である．ブロー成形もしくは押出成形で胴の部分を成形し，射出成形による口部と熱融着する方法で製造される．代表的な用途は練りわさびなどの香辛料チューブや化粧品チューブである．

表2 接着性ポリオレフィンの主な用途と層構成

分類	層構成	用途
多層フィルム	PA/AD/LDPE	ハム，ソーセージなどの食肉包装 佃煮，煮豆など保存用食品包装
	AD/PA/AD	ハム，ソーセージなどの食肉包装 佃煮，煮豆など保存用食品包装 ＊非カール性付与
	PA/AD/PA/AD/PE	ハム，ソーセージなどの食肉包装 佃煮，煮豆など保存用食品包装 ＊耐ピンホール性強化
	LDPE/AD/EVOH/AD/LDPE LLDPE/AD/EVOH/AD/LLDPE	ハードディスクなど電子部品包装 かつお節など保存用食品包装
	PA/AD/EVOH/AD/LLDPE PA/EVOH/AD/LLDPE	食肉包装用延伸フィルム
多層カップ	PP/AD/EVOH/AD/PP PP/AD/EVOH/AD/RC/PP	味噌容器，電子レンジ食品容器
	PP/酸素吸収剤入りPP/AD/ EVOH/AD/PP	アセプティック(無菌)米飯容器
多層チューブ	EVA/AD/EVOH/AD/EVA LDPE/AD/EVOH/AD/LDPE AD/EVOH/AD	香辛料チューブ 化粧品チューブ
多層ボトル/タンク	HDPE/AD/EVOH/AD/HDPE HDPE/AD/EVOH/AD/RC/HDPE HDPE/AD/PA/AD/HDPE PP/AD/EVOH/AD/RC/PP	スナック菓子容器，業務用食品容器 食用油ボトル プラスチック製自動車燃料タンク
共押出コーティング	LDPE/AD/鋼管 EVOH/AD/PB-1 など	パイプライン用鋼管，ガス管 水道管外面被覆 床暖房パイプ
接着フィルム	HDPE/ADインフレフィルム (感熱接着)鋼板	特殊被覆鋼板
共押出ラミネート	PPフィルム/(PP/AD)/アルミ箔	ボイル/レトルト用食品包材
粉末塗装	AD粉末/絵金属	水道管内面被覆，継ぎ手 金属ドラム内面塗装 ネックフィラーチューブ
親和剤/相溶化剤	PP+AD+各種フィラー PP+AD+ポリアミド	フローリング材 建装材

PA：ポリアミド，LDPE：LLDPEも含む，AD：接着性ポリオレフィン，RC：リサイクル層

5.3 共押出多層ボトル

代表的な構成はHDPE（PP）/リサイクル材/AD/EVOH/AD/HDPE（PP）の4種6層構成で，ブロー成形により製造される．ブロー成形では一成形あたり製品換算で20〜50%の不要部（バリ部）が生成するため，これを回収／粉砕して，再度成形工程に戻す場合がある．前述のように通常はリサイクル材を1層設ける場合が多いがリサイクル材をHDPE(PP)層に混合して3種5層で使用することもある．代表的な用途は食用油ボトル，調味料ボトルなどの小型容器のほか，国内で急速に立ち上がりつつあるプラスチック製自動車燃料タンクが上げられる．

5.4 共押出コーティング

LLDPE/ADを共押出コーティングして防食性を付与した鋼管（図9）は，原油パイプライン，ガス管および上下水道管に使用される．また，EVOH/ADを架橋ポリエチレン，ポリブテン管に共押出コーティングした酸素バリア管は水中溶存酸素を低減し系内防食性を改善した床暖房パイプとして欧州で広く普及している．

5.5 接着フィルム

ADをインフレーション成形やTダイ成形でフィルムに加工し，各種金属板に加熱したロールで熱圧着することで良好な接着強度が得られる（図10）．防食鋼板やフレキシブル地中埋設管などに使用される．

5.6 共押出ラミネート

ADのラミネート成形性はポリオレフィン同等の良好なものであり，AD単体またはPP/ADをPPフィルムとアルミ箔にサンドラミネートし，さらに熱処理することでレトルト処理

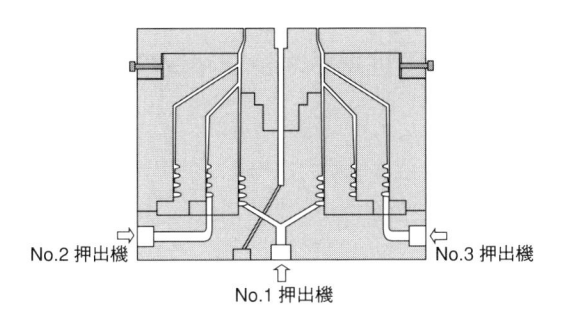

図7 共押出インフレーション法

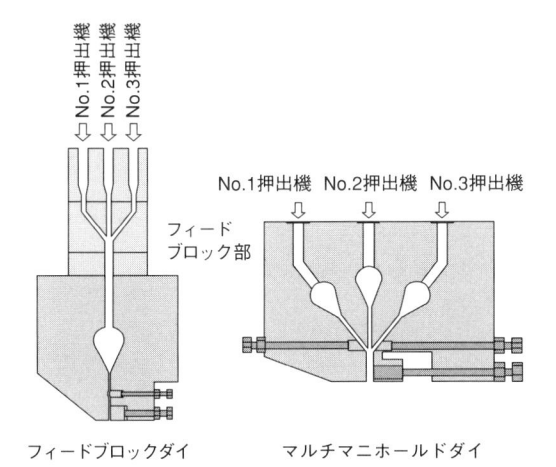

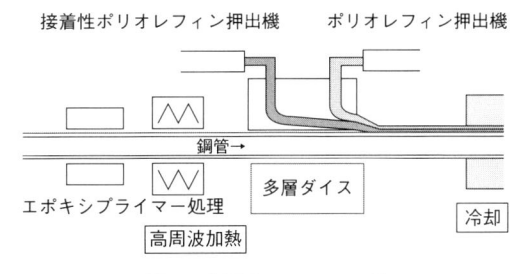

図8 共押出ダイ法
フィードブロックダイ　マルチマニホールドダイ

図9 共押出コーティング

図10 接着フィルムを用いた熱圧着法

熱プレス法を用いた各金属との接着強度例

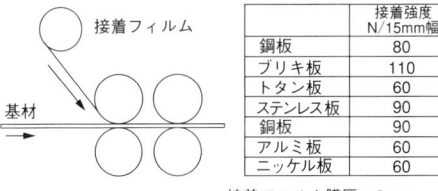

	接着強度 N/15mm幅
銅板	80
ブリキ板	110
トタン板	60
ステンレス板	90
鋼板	90
アルミ板	60
ニッケル板	60

接着フィルム膜厚：2mm
各金属板膜厚：0.6mm
熱プレス条件：220℃, 5MPa, 5分プレス

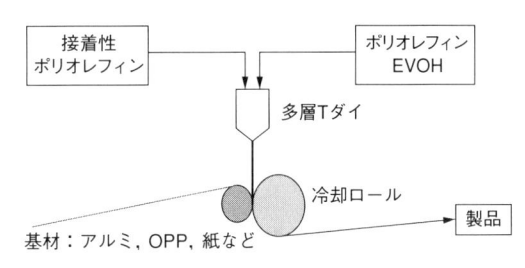

図11 共押出ラミネート

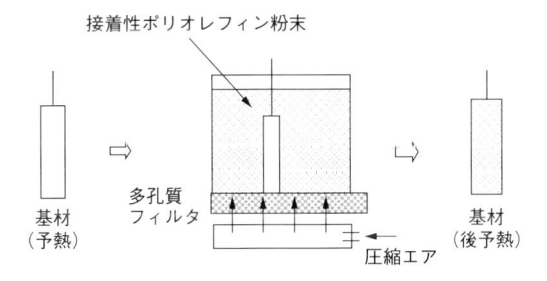

図12 流動浸漬塗装法

(120℃, 30〜60分) 可能な包装材原反が得られる (図11). また, LLDPE/AD/EVOH/AD/LLDPE の3種5層を紙基材に共押出ラミネートしたものはオレンジジュースの紙容器などに展開されている[5].

5.7 粉末コーティング

ADの粉末は複雑な形状の金属基材や鋼管内面のコーティングに用いることができる. コーティング方法としては, 空気吹き込みで流動化させた粉末槽にあらかじめ加熱した基材を入れ, コーティングする流動浸漬法 (図12), 粉末に数十kVの高電圧を与えて帯電させ, これを高電界中に飛散させて金属基材の表面にクーロン力で付着させ, 後加熱で粉末を溶融させて接着させる静電塗装法 (図13) などがあり, 水道管やドラム缶に防食性を付与する内面コーティングに使われる.

5.8 親和剤／相容化剤

ADはガラス繊維やタルクなどの無機フィラーや木粉とポリオレフィンとの親和性を向上するほか, PP/PAアロイの相容化／分散化剤として用いられる. フローリング材や電気部品などに使用される.

表3に，ポリプロピレン-炭酸カルシウム複合系における接着性ポリオレフィンの添加効果について示した．

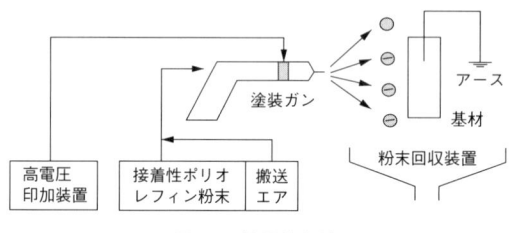

図13 静電塗装法

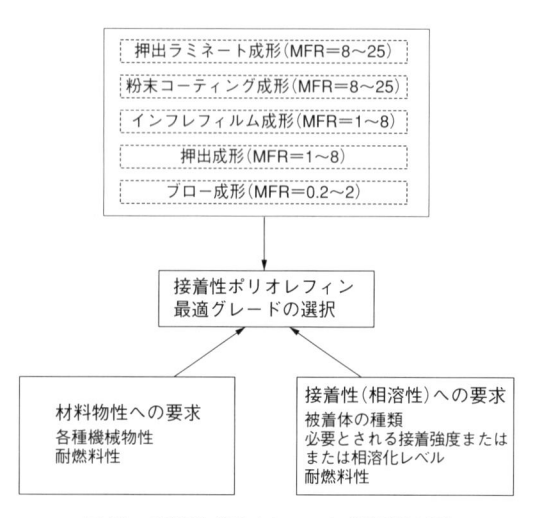

図14 接着性ポリオレフィン選択概念図

6. 接着性ポリオレフィンの選択

以上のように接着性ポリオレフィンはさまざまな構成／用途に使用されるが各用途の要求性能に応じた接着性ポリオレフィンの選定が必要になる．要求性能は柔軟性，耐熱性および耐薬品性などの材料物性と，被着体の種類や必要とされる接着強度レベルなどによる接着性能（相容性も含む）の2つがある．さらに成形法を加味して選定を行う必要がある（図14）．

自動車用プラスチック製燃料タンク（以下PFTと略す）の例を説明する．

PFTは，従来金属製であったが防錆性，軽量化，設計自由度，および燃料透過防止の面からプラスチック化が進み（表4），欧米では70％以上の普及率となっている．一方，国内では永らく10％未満の普及率であったが主要輸出先であるアメリカの燃料透過防止規制強化（表5）や軽量化の要請に伴い急速にプラスチック化が進みつつある．PFTはブロー成形で作られ，現在にいたるまでに5種類の層構成が開発されてきた（図15）が，前述の燃料透過規制の制約から現在ではEVOH多層が主流となっている．

6.1 PFT用途に求められる接着性ポリオレフィンの特性

EVOH多層PFTの構成は，HDPE層，接着性ポリオレフィン層，EVOH層およびリサイクル層（HDPE，EVOH，接着性ポリオレフィンの混合物）の4種6層となっている（図16）．自動車の重要部品で長期の信頼性を必要とされるPFTに使用される接着性ポリオレフィンは以下の特性が要求される．

①ブロー成形可能
②アルコール系燃料も含めた各種

表3 接着性ポリオレフィンを用いた樹脂改質例

配合（％）	炭酸カルシウム	50	←	←	←	←
	PP	50	48.8	47.5	45.0	40.0
評価項目	接着性ポリオレフィン	0	1.2	2.5	5.0	10
MFR（230℃）	g/10 min	5.3	4.7	4.2	3.7	3.5
アイゾット衝撃強度	23℃ kJ/m^2	3.0	3.0	3.0	4.5	4.5
	−10℃ kJ/m^2	2.4	2.5	3.0	3.8	4.2
加重たわみ温度	℃	123	133	134	136	133
引張り特性	降伏強度 MPa	16	19	22	25	26
	破断強度 MPa	13	16	18	21	24
	破断伸び ％	25	12	9	11	10

表4 プラスチック製燃料タンクの優位性

項 目	鉄 製	プラスチック燃料タンク単層,フッ素処理,バリアー材分散型単層,ポリアミド多層	プラスチック燃料タンク EVOH多層
防錆	×〜△	○	○
軽量化	△	○	○
形状自由度	△	○	○
燃料透過防止	○	△	○

表5 米国の自動車燃料透過規制

項 目	規制値(g/day・台)	タンク保証期間
現状	2.0	10年,10万マイル
LEV-Ⅱ*	0.5	15年,15万マイル

*カリフォルニア州で実施予定(2004年)

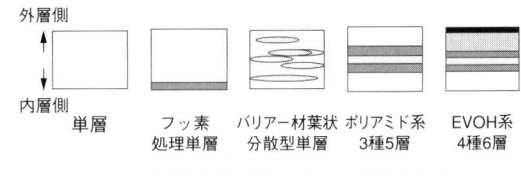

図15 自動車用プラスチック燃料タンク
（外層側／内層側：単層／フッ素処理単層／バリアー材葉状分散型単層／ポリアミド系3種5層／EVOH系4種6層）

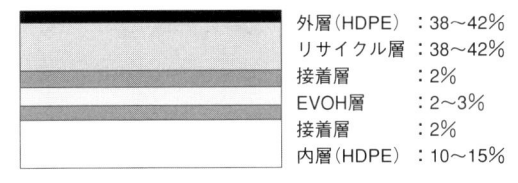

図16 EVOH多層自動車用燃料タンクの構成
- 外層(HDPE)：38〜42%
- リサイクル層：38〜42%
- 接着層：2%
- EVOH層：2〜3%
- 接着層：2%
- 内層(HDPE)：10〜15%

燃料浸漬下での材料強度の長期安定性
③同じく,接着強度の長期安定性
④接着層における耐低温衝撃性の確保
⑤リサイクル層の低温衝撃性に影響するHDPEマトリクスへのEVOH分散性(相容性)がよいこと

これらを満足するために,分子量や結晶化度などの物性と極性基量を考慮した材料設計を行った接着性ポリオレフィン選択が必要となる(図17).

世の中の軽量化,利便性,易廃棄物処理性の向上のために,今後ともさまざまな構成のポリオレフィン系複合製品が増えていく.文字通りこれらの継ぎ役である接着性ポリオレフィンは,今後も多くの用途に使われ,重要な役割を担っていくと思われる.

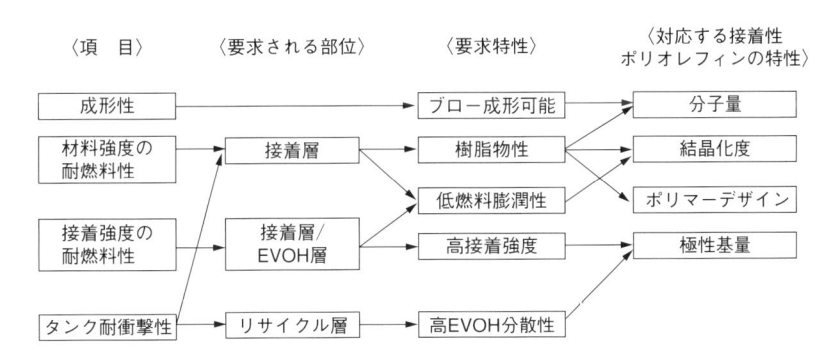

図17 PFT用に要求される接着性ポリオレフィンの特性

〈項目〉→〈要求される部位〉→〈要求特性〉→〈対応する接着性ポリオレフィンの特性〉
- 成形性 → ブロー成形可能 → 分子量
- 材料強度の耐燃料性 → 接着層 → 樹脂物性 → 結晶化度
- 接着強度の耐燃料性 → 接着層/EVOH層 → 低燃料膨潤性 → ポリマーデザイン
- → 高接着強度 → 極性基量
- タンク耐衝撃性 → リサイクル層 → 高EVOH分散性

参考文献
1) 大西俊一,服部正文：コンバーテック,(8),37(1989)
2) 栗原清一：コンバーテック,(5),80(1995)
3) 葛良忠彦：プラスチックスエージ,**48**,(6),106(2002)
4) 重本博美：成形加工,**10**(6),412(1998)

(三菱化学㈱機能性樹脂研究所・山口　辰夫,
昭和電工㈱有機工業製品部・青木　昭二)

第5章 熱可塑性エラストマー
5-1. ポリエステル系熱可塑性エラストマー

 ポリエステル系熱可塑性エラストマー（TPEE）は，ゴムとエンジニアリングプラスチックの両方の特性を有しており，その特性や多様性から，近年注目を浴びている材料の一つである．とくに，他の熱可塑性エラストマーに比較して，使用可能な温度領域が広く，また，耐久性に優れることから，自動車・機械・電子・電気・建築・土木などの幅広い工業分野において優れた特性を生かした用途が拡大している．最近では，環境問題から塩ビ製品やゴム製品の代替用途としても検討が進められている．

 その歴史[1]は，1972年に米国においてDu Pontが「Hytrel®」を，国内において東洋紡績が「ペルプレン®」を開発上市し，そして，数年後には欧州においてAkzo plasticsが「Arnitel®」を開発上市し，現在では，ワールドワイドな市場の展開と拡大により，高性能エラストマーとしての地位を築いている．

 本報では，ペルプレンを例にTPEEの物性と成形[2,3]およびCAE解析による製品設計について解説する．

1. 分子構造と物性

 TPEEの分子構造は，結晶性の硬質なポリエステル（ハードセグメント）と，非晶性の柔軟なポリエステルあるいはポリエーテル（ソフトセグメント）からなるブロック共重合ポリエステルである．一般に，ハードセグメントには，溶融温度が高い結晶性の芳香族系ポリエステルが，また，ソフトセグメントには，ガラス転移温度が低い非晶性の肪族系ポリエーテルやポリエステルが用いられている．ペルプレンを例に，ポリエステル－ポリエーテルタイプ（Pタイプ）とポリエステル－ポリエステルタイプ（Sタイプ）の化学構造式を図1に示す．

 TPEEの力学的・化学的特性は，ハードセグメントとソフトセグメントの種類や構成比率で異なる．構成成分の種類や比率により図2に示す特徴が発揮でき，多様な性能を示す．また，構成成分と材料の硬度・剛性の関係を図3に示す．ハードセグメントとソフトセグメントの構成比率を変更することで，柔軟なものから硬質なものまで，幅広い力学的特性を示す．ハードセグメントの構成比率が高い場合には，エンジニアリングプラスチックの特性である強度・剛性・耐熱・耐薬品性などに優れ，また，ソフトセグメントの構成比率が高い場合には，エラストマーの特性である反発弾性・柔軟性・耐衝撃性・消音性などに優れる特徴を示す．

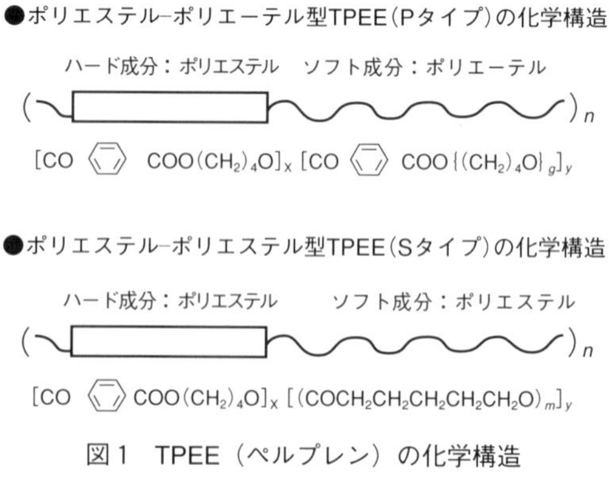

● ポリエステル－ポリエーテル型TPEE（Pタイプ）の化学構造

ハード成分：ポリエステル　ソフト成分：ポリエーテル

$(\sim\!\square\!\sim\!\sim)_n$

[CO⬡COO(CH$_2$)$_4$O]$_x$ [CO⬡COO[(CH$_2$)$_4$O]$_g$]$_y$

● ポリエステル－ポリエステル型TPEE（Sタイプ）の化学構造

ハード成分：ポリエステル　ソフト成分：ポリエステル

$(\sim\!\square\!\sim\!\sim)_n$

[CO⬡COO(CH$_2$)$_4$O]$_x$ [(COCH$_2$CH$_2$CH$_2$CH$_2$O)$_m$]$_y$

図1　TPEE（ペルプレン）の化学構造

図2 TPEE（ペルプレン）の特徴

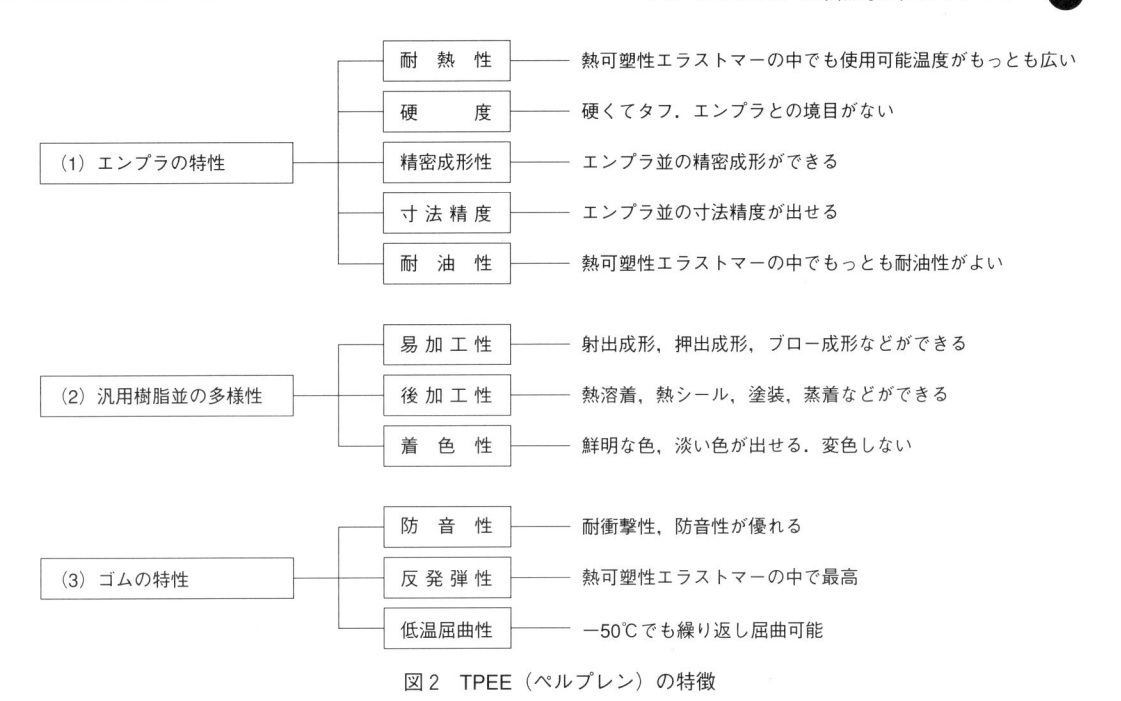

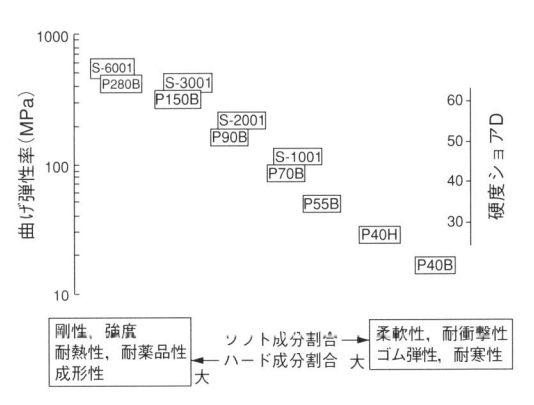

- (1) エンプラの特性
  - 耐熱性 ── 熱可塑性エラストマーの中でも使用可能温度がもっとも広い
  - 硬度 ── 硬くてタフ．エンプラとの境目がない
  - 精密成形性 ── エンプラ並の精密成形ができる
  - 寸法精度 ── エンプラ並の寸法精度が出せる
  - 耐油性 ── 熱可塑性エラストマーの中でもっとも耐油性がよい

- (2) 汎用樹脂並の多様性
  - 易加工性 ── 射出成形，押出成形，ブロー成形などができる
  - 後加工性 ── 熱溶着，熱シール，塗装，蒸着などができる
  - 着色性 ── 鮮明な色，淡い色が出せる．変色しない

- (3) ゴムの特性
  - 防音性 ── 耐衝撃性，防音性が優れる
  - 反発弾性 ── 熱可塑性エラストマーの中で最高
  - 低温屈曲性 ── $-50°C$ でも繰り返し屈曲可能

図3 TPEE（ペルプレン）の構成成分割合と物性の関係

（グラフ：曲げ弾性率(MPa)／硬度ショアD、グレード S-6001/P280B、S-3001/P150B、S-2001/P90B、S-1001/P70B、P55B、P40H、P40B。剛性，強度，耐熱性，耐薬品性，成形性 ← ハード成分割合大 ／ ソフト成分割合大 → 柔軟性，耐衝撃性，ゴム弾性，耐寒性）

2. 成形と用途

2.1 成形加工

TPEEは，成形時において温度条件の範囲が広いため，射出成形・押出成形・ブロー成形などの成形方法により容易に加工ができ，また，インサート成形・発泡成形・回転成形・カレンダ成形・複合成形などにも応用できる．また，成形品への塗装・印刷・蒸着や成形品の熱溶着などの後加工も容易に行える．

ペルプレンにおける標準の射出成形温度と押出成形温度を表1に示す．樹脂温度や金型温度などの成形条件は，樹脂の溶融温度や結晶化温度などの熱的特性が構成成分により異なるため，おのおのの材料において最適値が設定される．シリンダ温度は，柔軟なグレードでは低く，硬質なグレードでは高く設定される．次に，射出成形における成形品の肉厚と成形収縮率の関係を図4に示す．成形収縮率においても構成成分の影響を受け，各グレードのハードセグメントとソフトセグメントの種類や構成比，分子量分布などで変化する．また，成形収縮率は，一般の結晶性樹脂と同様に分子配向や結晶化の影響を受けるため，成形品肉厚の依存性を示す．成形品の肉厚が薄い場合には，収縮率が小さくなり，肉厚が大きい場合には，収縮率が大きくなる．このため，成形加工における成形収縮率の設定は，使用する材料や成形品の形状，加工方法などの条件によって，おのおのに行われている．

また，TPEEはリサイクルが可能な材料で

表1 TPEE（ペルプレン）の標準成形条件

標準射出成形温度（℃）

銘柄	P 30 B～P 40 H	P 55 B～P 90 B S 1001	P 150 B～P 280 B S 2001～S 3001	E 450 B S 6001～S 9001
シリンダー温度 1	160–180	190–210	200–230	220–240
2	180–200	200–230	200–240	230–250
3	180–200	200–230	200–240	230–250
金型温度	20–40	20–60	20–60	20–60

標準押出し成形温度（℃）

銘柄	P 30 B～P 40 H	P 55 B～P 90 B S 1001	P 150 B～P 280 B S 2001～S 3001	E 450 B S 6001～S 9001
シリンダー温度 1	160–170	190–200	200–220	220–230
2	180–190	200–220	220–230	230–240
3	180–190	200–220	220–230	230–240

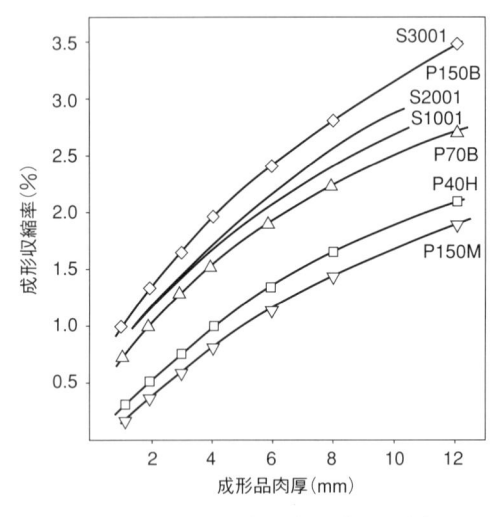

図4 TPEE（ペルプレン）の成形収縮率

あり，スプル・ランナ・ロス品などの再生材が使用できる．再生材は前乾燥が必要であるが，一般に30％程度であれば成形上問題はない．

2.2 用途例

次に，TPEEの用途について，ペルプレンを例に表2に示す．また，使用されるタイプと成形方法について次に紹介する．

2.2.1 ポリエステル－ポリエーテル型エラストマー（ペルプレンPタイプ）

ハードセグメントがポリブチレンテレフタレート（PBT），ソフトセグメントがポリテトラメチレングリコール（PTMG）で構成されており，PBTには耐熱性があり結晶化速度が大きく，PTMGはガラス転移温度が低い特性を持つため，Pタイプは，柔軟性・耐熱性・耐寒性・耐薬品性などのバランスに優れている．その用途は，精密ギア・ジョイントブッシュ・ホットカラー・携帯電話部品・スキー部品・ダンパ部品（射出成形・インサート成形）や，ジョイントカバー・ダストカバー（ブロー成形）や，チューブ・ホースインナー材・シール材（押出成形）などに幅広く利用されている．また，おのおのの成形品は，各用途に適した成形加工方法が採用されている．

2.2.2 ポリエステル－ポリエステル型エラストマー（ペルプレンSタイプ）

ハードセグメントがPBT，ソフトセグメントが脂肪族ポリエステルとしてポリカプロラクトンで構成されており，Sタイプは，Pタイプに比較して，力学的特性などの特性がほとんど同じであるが，ポリラクトンの使用により，耐熱性や耐候性が大幅に向上する．図5はペルプレン代表銘柄の耐熱寿命であり，Sタイプは優れた耐熱性を持つことが示されている．このため，エンジンルーム内の部品・電線被覆材・耐熱チューブなどTPEEの中でも，高い耐熱性

が要求される用途で使用されている．また，成形性はPタイプと同様に良好であり，押出成形や射出成形などのさまざまな成形加工方法がおのおのの成形品で採用されている．

2.2.3 高耐熱タイプ

高耐熱タイプは，ハードセグメントにポリブチレンナフタレート（PBN）を使用することにより，従来のPタイプの耐熱性，耐薬品性をさらに向上させたTPEEである．一般的なTPEEでは，ハードセグメントがPBTで構成されるが，高耐熱タイプは，PBNで構成することにより，Sタイプ以上の耐熱性を有している．その用途は，クーラント・工業用排水などの高耐熱・耐薬品性が必要な環境下の成形品である．その成形は，Pタイプより溶融温度が高いため，高温の樹脂温度の設定になるが，射出成形・ブロー成形などの一般的な方法が採用されている．

2.2.4 高耐久タイプ

高耐久タイプは，高分子量化と結晶化の改良により，従来のPタイプの屈曲疲労性をさらに向上させたTPEEである．この用途で代表的なものは，自動車の駆動軸用のダストカバーである等速ジョイント（CVJ）ブーツである．CVJブーツは，ゴム製品が従来から使用されていたが，成形品の高温耐久性・耐グリース性・耐疲労性の向上，軽量化やトータルコストダウンを目的として，TPEE製品への代替が世界的に進んでいる用途の一つである．成形

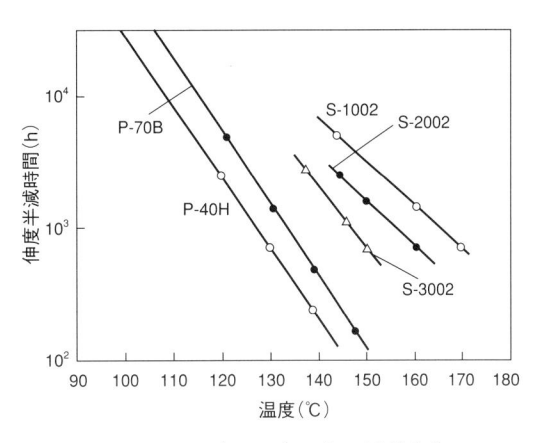

図5　TPEE（ペルプレン）の耐熱寿命

表2　TPEE（ペルプレン）の用途例

成形法	用　　途	採用理由
中空成形	R&Pブーツ	生産性，強度，低温性
	サスペンションブーツ	強度，成形性，耐油性
	等速ジョイントブーツ	強度，耐オゾン性，耐久性
	フロート	シール性，耐油性，成形性
射出成形	ギア	防音性，成形性
	ジョイントブッシュ	耐荷重性，クッション性
	シートベルト部品	防音性，耐疲労性
	エンブレム	柔軟性，スナップ性
	スキー靴	低温屈曲性，耐候性
	ドアラッチストライカー	防音性，強度，耐摩耗性
	リバウンドストッパー	防音性，強度，耐油性
	ダストシール	成形性，耐油性，耐熱性
	バックアップリング	成形性，剛性，耐油性
	ホットカーラー	耐熱性，着色性
	時計バンド	成形性，耐黄色性
	瓶栓（キャップ）	シール性，回復性，着色性
	ダイヤフラム	生産性，軽量化
	櫛	柔軟性，耐薬品性
	トルコン車スライドプレート	柔軟性，耐摩耗性
押出成形	車用ケーブルカバー	柔軟性，耐熱性，低温性
	油圧用ホース	耐油性，柔軟性，耐熱性
	空圧用ホース	強度，耐圧性，柔軟性
	コルゲートチューブ	耐熱性，柔軟性
	電話線カールコード	柔軟性，スプリング性
	コンベアベルト	衛生性，耐熱性，軽量性
	消防ホース	軽量性，生産性
	ガス管内張り	生産性，耐薬品性，強度
	他樹脂改質材	耐衝撃性，柔軟性

方法は，射出成形・ブロー成形・射出ブロー成形・プレスブロー成形など多様な方式が各国から提案され，グローバルな市場が展開している．

3. CAEによる製品設計

熱可塑性エラストマー成形品の変形挙動をCAE（Computer Aided Engineering）によって予測することは，新規の用途開発や製品設計において，開発の効率化や成形品の高性能化のために，重要な項目である．しかし，TPEEなどのエラストマーの変形挙動は，その使用方法や評価試験などにおいて，著しい非線形性を示す場合が多く，CAEにおいて精度良く予測することが困難な場合も多数存在している．本稿では，TPEE（ペルプレン）を使用した製品を対象に，変形挙動などの非線形性の考慮により，解析精度を改善した事例について以下に紹介する．

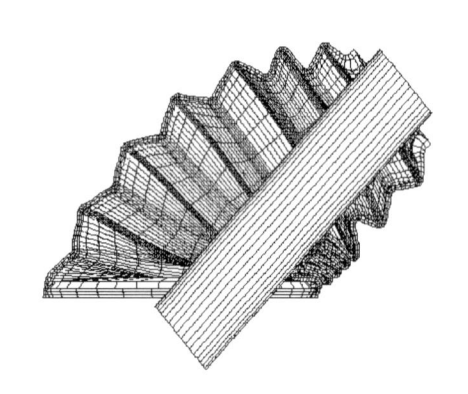

図6　CVJブーツの変形解析

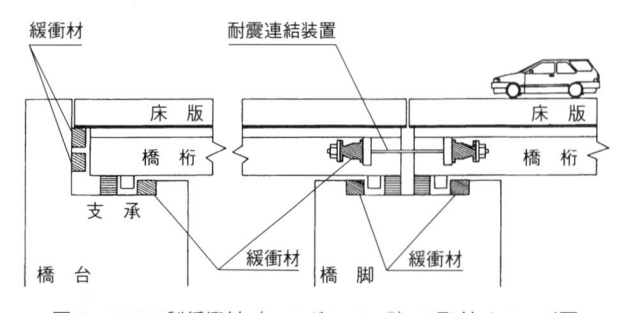

図7　TPEE製緩衝材（ペルダンパー®）の取付イメージ図

3.1　CVJブーツの変形解析

前述のCVJブーツの大変形挙動を数値解析で予測した事例を図6に示す．この成形品の変形挙動の予測において，複雑な蛇腹状の形状や駆動軸などの干渉のために，三次元接触の考慮が必要である．さらに，成形品が接触する状態において，材料に作用する歪み量が大きくなるために，材料の非線形性も考慮する必要がある．材料の構成方程式は，Mooney-RivlinモデルやOgdenモデルに代表される非線形弾性構成則が一般的に用いられるが，この事例においては，TPEEの大変形領域における塑性変形を考慮した弾塑性構成則を用いている．その結果，変形挙動や歪み量分布の予測精度が向上し，製品設計に応用できる数値解析が可能になった成功事例の一つである．

3.2　落橋防止装置用緩衝材の変形解析

1995年に起こった兵庫県南部地震では，道路橋に予想外な被害を与え，その後，大規模な地震に対しても道路橋を落下させないという基本思想のもとに，既設橋の改良・補強などの検討や新規の道路橋の設計が進められている．その一つである落橋防止装置は，大地震時に想定される道路橋の損傷を軽減し，上部工が下部工（橋脚，橋台）から逸脱しないことを目的としている．従来，この用途の緩衝材には，ゴム製品が用いられていたが，剛性の不足により既設橋に設置するのが困難な場合も生じていた．そこで，小型・軽量で，かつ，衝撃エネルギー吸収能力が高いペルプレンを用いた新規の緩衝材「ペルダンパー®」[4]について，著者らは開発を進めてきた．

新規のTPEE製の緩衝材は，さまざまな道路橋の条件下で使用することが可能であり，図7に示すようにハニカム型の緩衝材では，上部工と下部工間等の遊間に設置し，また，セル型の緩衝材では，連結ケーブル

の両端に設置する．ハニカム型およびセル型の緩衝材において，製品設計の最適化のために，大地震時に想定される変形挙動と圧縮特性の予測を行っている．これらの成形品について，大変形領域まで変形挙動を予測した事例を図8，9にそれぞれ示す．セル型では，中空円筒型構造物の座屈と接触を伴った変形挙動[5,6]の予測が，ハニカム型では，面外座屈と構造物間の接触を伴った変形挙動[7]の予測が数値解析の課題である．解析方法として前述のCVJブーツと同様に材料の弾塑性構成則を適用することで，変形挙動と圧縮特性を精度よく予測することでき，製品設計の最適化が行われた事例である．

3.3 緩衝工の変形解析

船舶が航行する海域の橋脚や，船舶が停泊する岸壁などには，船舶と橋脚，船舶と岸壁との直接的な衝突を緩和し，互いの損傷を軽減させるための緩衝工が設置されている．緩衝工の要求性能は，橋脚や岸壁を防御するための衝突エネルギーの向上と，船舶を防御するための反発力の低下であり，相反する特性の両立が課題である．これらの特性を満足すべく，TPEEを用いた緩衝工「ペル緩衝工®」の開発が進められてきた．その製品設計では前述の解析方法を応用し，圧縮変形時における面外座屈の制御により，ある程度変形が進んだ段階（座屈変形が開始した段階）で，荷重が一定になる圧縮特性の形状を考案し，反発力を抑制し，かつ，衝突エネルギーの吸収能力を向上する成形品を開発するに至っている．

また，緩衝工に船舶が衝突する場合を想定した変形挙動について，予測した事例[8~11]を図10に示す．この事例では，複雑（空隙率が大きい）な形状をした緩衝工に体積変化を許容するフォームモデルを適用している．成形品を均質材として仮定することにより，形状モデルを簡略化でき，船舶の衝突が容易に予測できる．この解析が，樹脂選定や緩衝工の敷設領域の最適化に応用された事例である．

本稿では，ポリエステル系熱可塑性エラストマーの物性から成形，そして，CAEによる製品設計への応用について述べた．ポリエステル系熱可塑性エラストマーは，高性能エラストマーとして各分野で使用され，大きく発展している．しかし，おのおのの用途において材料や製品設計や成形加工などの課題も多い．筆者らもこれらの課題に対し，材料開発・成形加工・

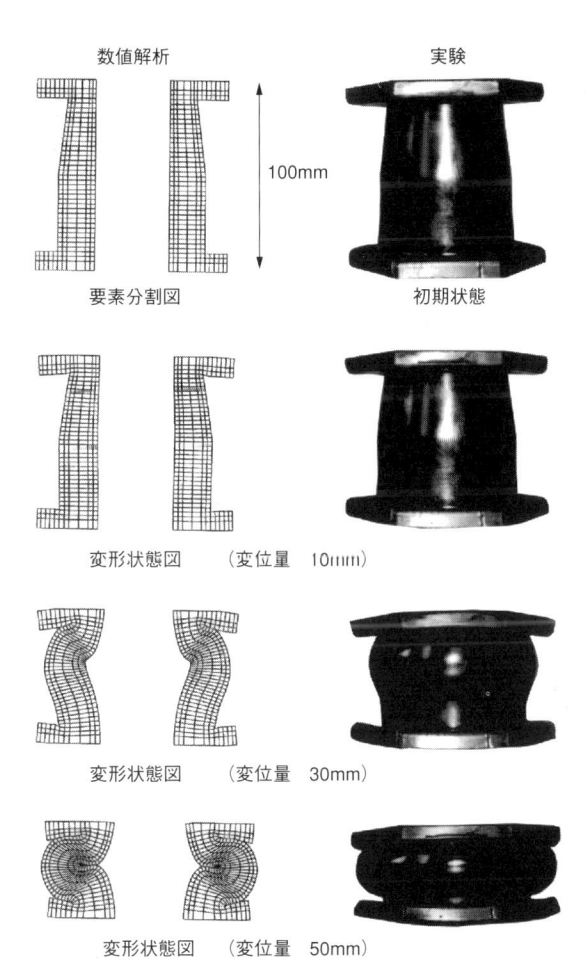

図8 セル型TPEE製緩衝材の変形解析

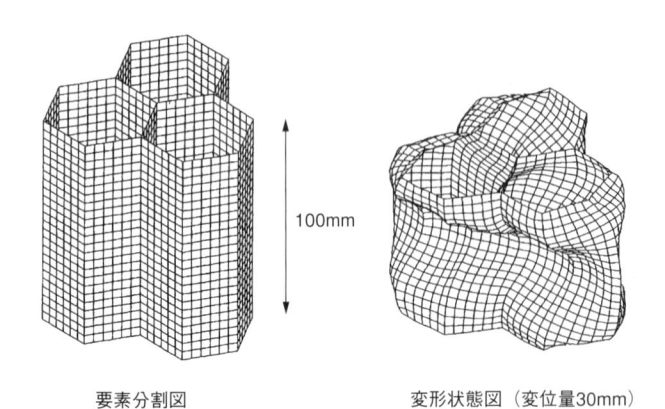

要素分割図　　　　変形状態図（変位量30mm）

変形状態図（変位量10mm）　　変形状態図（変位量50mm）

図9　ハニカム型TPEE製緩衝材の変形解析

数値解析　　　実験

変形状態図　（圧縮量　25%）

変形状態図　（圧縮量　75%）

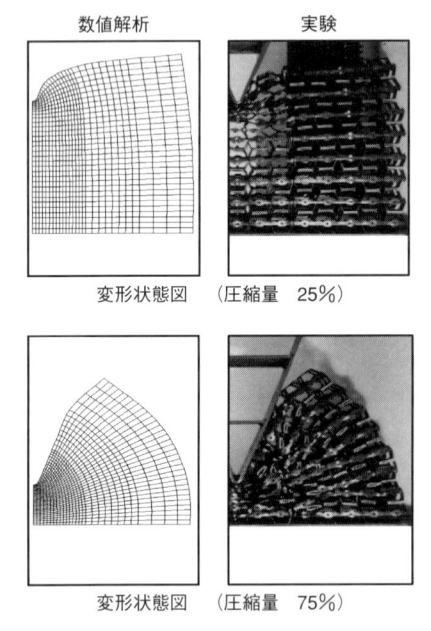

図10　船舶用TPEE製緩衝材の変形解析

CAEなどのさまざまな方面で提案を行い，さらなる発展に貢献していきたい．

また，熱可塑性エラストマーは，そのおのおのの特性を生かした用途や市場の拡大が今後も期待されており，本稿が読者の参考になれば幸いである．

参考文献

1) 小松公栄：" 熱可塑性エラストマー", 日刊工業新聞社, 187 (1995)
2) 今中弘：日ゴム協誌, **57** (11), 694 (1984)
3) 今中弘：合成樹脂, **39** (8), 48 (1993)
4) 野々村千里, 鎌田賢, 野島昭二：土木技術, 55 (3), 75 (2000)
5) 根岸聖司, 野々村千里, 山下勝久, 鎌田賢, 荒木良夫, 松山雄二郎：成形加工, **12** (7), 451 (2000)
6) 野々村千里, 根岸聖司, 山下勝久, 鎌田賢, 荒木良夫, 松山雄二郎：成形加工, **12** (8), 516 (2000)
7) 根岸聖司, 山下勝久, 野々村千里, 鎌田賢, 小林卓哉, 三原康子：成形加工 '00, 335 (2000)
8) 庄司邦昭, 三田重雄, 野々村千里, 高林時子：日本航海学会誌, **138**, 96 (1998)
9) 三田重雄, 庄司邦昭, 野々村千里：日本航海学会論文集, **99**, 125 (1998)
10) Shoji, K., Mita, S. and Nonomura, C.: *The Polymer Processing Society Fourteenth Annual Meeting PPS-14 Extended Abstracts*, 202 (1998)
11) Shoji, K., Takabayashi, T., Mita, S. and Nonomura, C.: *Intern. J. of Offshore and Polar Eng.*, 10 (3), 217 (2000)

（東洋紡績㈱総合研究所・
山下　勝久，野々村　千里）

第5章 熱可塑性エラストマー
5-2. オレフィン系熱可塑性エラストマー

近年，熱可塑性エラストマー（TPE）は，省エネルギー，省資源，高生産性，低環境負荷といった最近の市場ニーズに応え得るエラストマー材料として，高い成長を遂げている．今日ではさまざまなタイプの熱可塑性エラストマーが上市されているが，その中でも軽量性，製造工程の簡略化，易リサイクル，脱ハロゲン，低コストなどの観点から，オレフィン系熱可塑性エラストマーが，加硫ゴムや軟質ポリ塩化ビニルの代替材料として注目されている．

オレフィン系熱可塑性エラストマー（TPO）は，ハードセグメントとしてPP，PEなどのオレフィン系樹脂，ソフトセグメントとしてEPDM，EPRなどのエチレン・α-オレフィン系共重合体ゴムを構成要素とするのが一般的であり，架橋タイプと非架橋タイプに分類することができる．

架橋タイプはゴム部分を化学的に架橋したもので，非架橋タイプに比べてゴム弾性や耐熱性に優れる．加硫ゴムが一般に，静的条件で架橋されるのに対して，架橋タイプのTPOは押出機中などの混練状態下で架橋反応させる，いわゆる動的架橋技術により製造される．

一方，非架橋タイプには，樹脂とゴムとのコンパウンドである単純ブレンドタイプや，重合工程で樹脂とゴムを製造するリアクタタイプがあり，耐熱性など性能面では架橋タイプに劣るものの，低価格である．

TPO分野でもっとも多く用いられているのは，PP-EPDM系の架橋タイプオレフィン系熱可塑性エラストマー（以下，TPV）であり，最近では，特に自動車産業分野などで地球環境問題への取り組みが本格化する中で，加硫ゴムや軟質ポリ塩ビニルに代わって，TPVが採用される事例が増えてきている．

本項では，オレフィン系熱可塑性エラストマーについてTPVを中心に，その特性，成形加工性および複合成形技術と最近の応用事例について述べる．

1. TPVの特性

図1に典型的な架橋タイプTPOであるPP-EPD系TPO（ミラストマー®，三井化学）のモルホロジーの模式図を示す．ミラストマー®はPPの海相と架橋されたEPDMの島相からなる海島構造を有しており，島相の平均分散粒径は数μm程度である．海相と島相の界面には化学結合が存在し，界面を強化することで機械特性やゴム弾性を向上させる役割を果たしている．

1.1 一般的特性

表1に各種エラストマーおよび樹脂の硬度を示す．

TPVは，樹脂成分とゴム成分の比率を変えることでJIS硬度で50程度から初期曲げ弾性

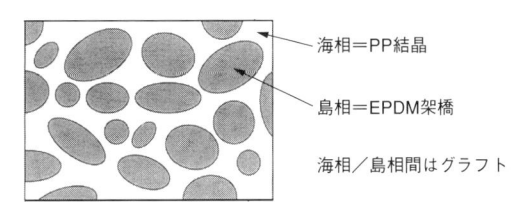

海相＝PP結晶
島相＝EPDM架橋
海相／島相間はグラフト

図1　ミラストマーのモルホロジーの模式図

率500MPa程度まで幅広い硬度の樹脂を用意することができる．柔らかい樹脂ほどゴム的性質が優れ，硬い樹脂ほど耐熱性に優れている．

図2に各種エラストマーの密度を示す．TPVは，汎用エラストマーの中でもっとも低密度であり，加硫ゴムや軟質ポリ塩化ビニルに比べておよそ三割の軽量化が可能である．

表1 各種エラストマーおよび樹脂の硬度

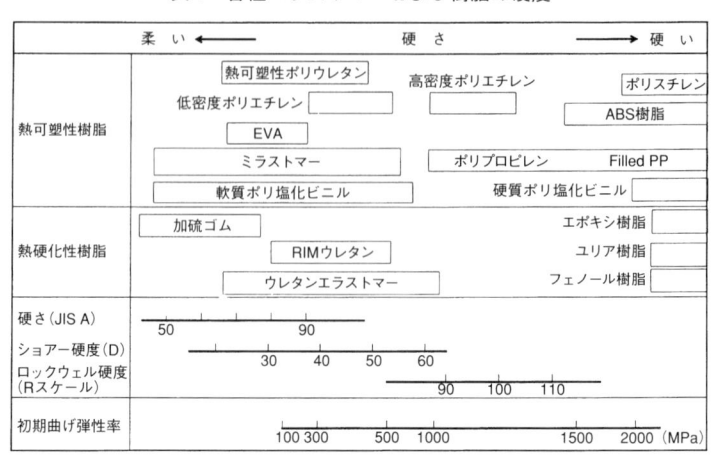

	柔い ←		さ	→ 硬い
熱可塑性樹脂	低密度ポリエチレン / EVA / ミラストマー / 軟質ポリ塩化ビニル	熱可塑性ポリウレタン	高密度ポリエチレン / ポリプロピレン / 硬質ポリ塩化ビニル	ポリスチレン / ABS樹脂 / Filled PP
熱硬化性樹脂	加硫ゴム	RIMウレタン / ウレタンエラストマー		エポキシ樹脂 / ユリア樹脂 / フェノール樹脂
硬さ（JIS A）	50 90			
ショアー硬度（D）		30 40 50 60		
ロックウェル硬度（Rスケール）			90 100 110	
初期曲げ弾性率	100 300 500 1000		1500 2000 (MPa)	

1.2 熱的特性

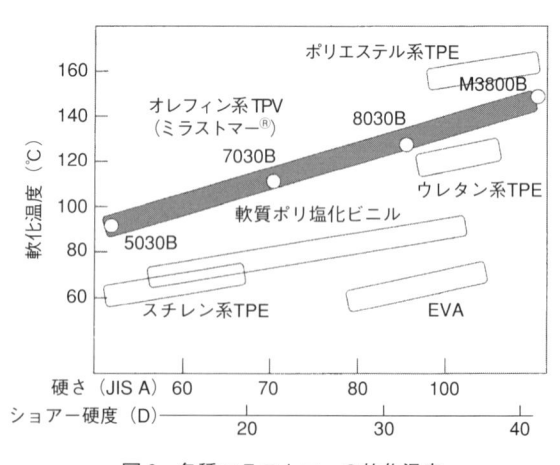

図3に各種エラストマーの軟化温度を示す．TPVは，他の熱可塑性エラストマーに比べて耐熱性に優れており，比較的高温下での使用が可能である．

図4にTPV，硫黄加硫したEPDM，耐熱ポリ塩化ビニルの圧縮永久ひずみの温度依存性を示す．TPVは，室温付近でのゴム弾性では加硫ゴムに劣るものの，高温下では硫黄加硫EPDMより優れる．また，TPVの脆化温度は－60℃以下であり，低温特性にも優れている．

1.3 耐久性

図5，図6にTPV，硫黄加硫のEPDMおよび耐熱ポリ塩化ビニルの耐熱老化促進試験結果を示す．硫黄加硫EPDMや耐熱ポリ塩化ビニルでは，エイジング時間の経過とともに伸び残率の低下や硬化が見られるのに対して，TPVでは劣化による物性の変化がほとんど見られない．

サンシャインウエザメータによる耐候促進試験結果，および屋外暴露試験結果においても，TPVは耐候性が優れており，屋外の長期使用が可能である．

また，TPVは主鎖中に二重結合を有するポリマーを含有しないため，耐オゾン性にも優れている[1,2]．

1.4 高性能化，高機能化

TPVに限らずTPOの欠点は，加硫ゴムと比較した場合にはゴム弾性が劣ることであり，

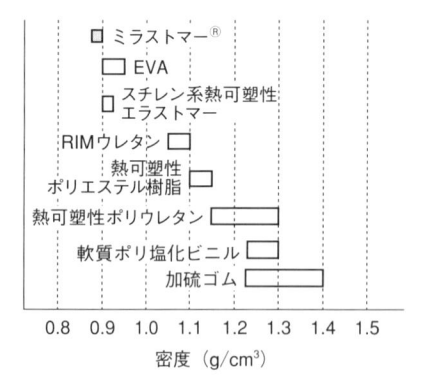

図2 各種エラストマーの密度

図3 各種エラストマーの軟化温度

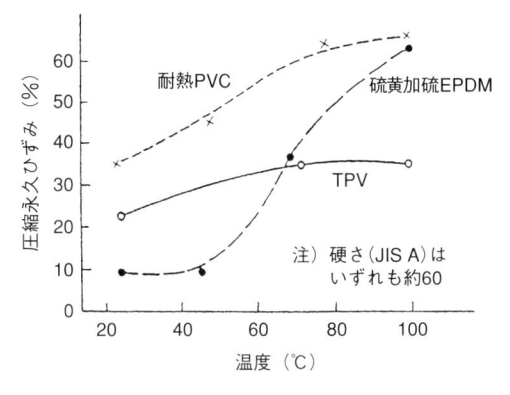

図4 圧縮永久ひずみの温度依存性（25％圧縮）

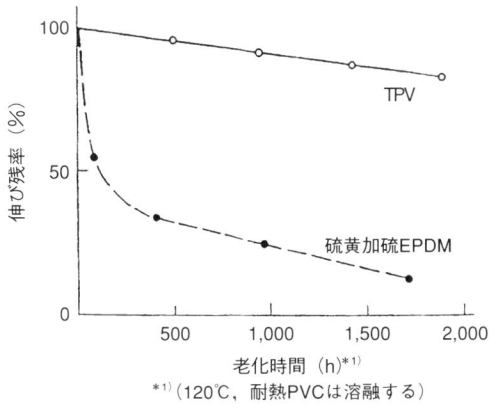

図5 熱老化による伸びの変化

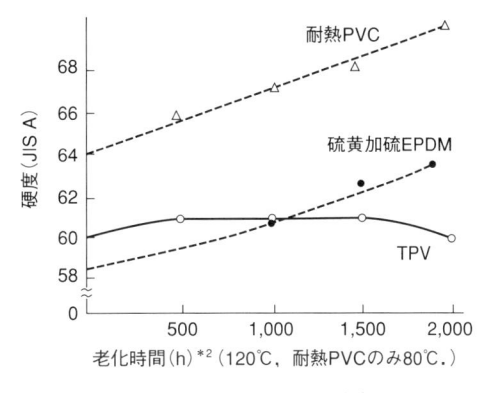

図6 熱老化による硬度変化

軟質ポリ塩化ビニルと比較した場合は耐傷付き性，耐摩耗性，光沢，耐油性などが劣る点である．

　ゴム弾性については，従来は加硫ゴム並の性能に到達することは困難であったが，最近開発したTPVの高ゴム弾性銘柄では，加硫ゴムに匹敵する変形回復性を有し，自動車のグラスランチャネルや建築シール材の用途での採用実績が増えている．図7に，TPVの高ゴム弾性銘柄と硫黄加硫したEPDMの長期圧縮永久ひずみ試験の結果を示す．短時間の変形に対してはEPDMの方が回復性に優れているが，長時間の変形ではTPVが圧倒的に優れる．

　また，耐傷付き性，耐摩耗性，光沢，耐油性についても，後述する，オレフィン系樹脂との複合成形技術で解決することができている．

2．TPVの成形加工性

　成形加工性に優れることもTPVの特徴の一つである[3,4]．

　図8にTPV，PP，高密度PE 3種の材料のスパイラルフローとMFRの関係を示す．TPVのスパイラルフローは，MFRの割に高く，低MFR領域においてもスパイラルフローの低下は少ない．このため，TPVは射出成形において低MFRであっても流動性に優れている．さらに，TPVは熱安定性がよく，たとえ熱分解しても腐食性のガスが発生することがないので，成形機は一般に用いられている汎用機で十分である．

　また，TPVは低せん断領域での溶融粘度が大きくかつ粘度の温度依存性が小さいため，またダイスウェルが小さいため押出後（ダイを出た後）の形状保持性が良好である．したがって，TPVは従来のポリオレフィン樹脂では難しかった複雑な形状の異形押出成形が比較的容易にできる．ポリオレフィン用の成形装置でのパイプ成形・シート成形も可能である．

　押出成形は汎用機で十分であり，スクリューは圧縮比3～4，L/Dは20以上のメタリングタイプが最適である．なお，軟質塩化ビニル用の押出機は一般にL/Dが小さく，圧縮比も小さいため，TPVの押出成形には適さない場合

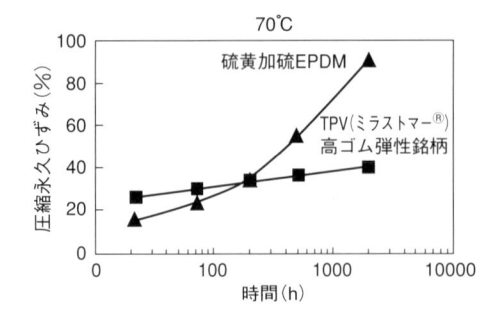

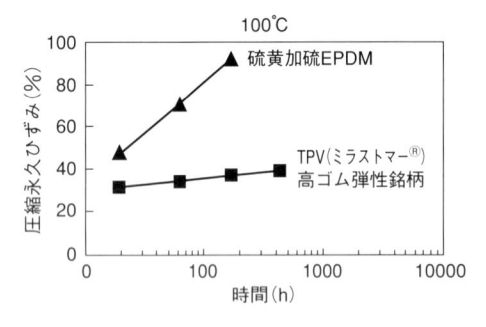

図7 TPV（ミラストマー®）高ゴム弾性銘柄と硫黄加硫EPDMの長期圧縮永久ひずみ

図8 スパイラルフローとMFRとの関係

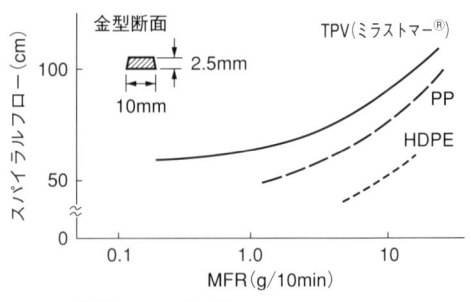

装置 IS-50P（東芝）
条件 金　型：スパイラル金型（T＝2.5mm）
　　 樹脂温度：210℃
　　 射出圧力：一次/二次＝80/64 MPa
　　 金型温度：30℃
　　 射出速度：10/10（FCV）
　　 サイクル：一次/二次/冷却＝5/5/10（s）

があるので、注意されたい。そして、良好な成形品肌、シャープなエッジ部外観を得るには、スクリーンパック（80～120メッシュ）を入れるなどして、樹脂を十分かつ均一に可塑化することが必要である。

さらに、加硫ゴムでは難しいブロー成形やポリ塩化ビニル用のカレンダ装置によるシート成形も可能である。

成形時に発生した、スプルー、ランナー、バリ、スクラップなどは、粉砕して簡単に再使用することができる。このようなリサイクルによる物性低下はほとんどない。

TPOの中には、無機充填材を含有するために、成形前に乾燥をして水分を除去する必要があるものもあるが、TPVは無機充填材を一切含まないため、成形前に乾燥の必要はない。さらに、無機充填材を使用していないために、鮮やかな色に容易に着色でき、カラフルな製品が得られる。

3. TPVの複合成形技術

TPVは熱可塑性であるため、各種オレフィン系樹脂と接着剤を使用することなく、熱融着によって容易に複合化することができる。

TPVの複合成形技術としては図9に示すような熱融着だけでなく、図10に示すように、サンドイッチ射出成形などのダブルインジェクション、あるいは2層共押出成形などの方法が実用化されている。さらに、多層ブロー成形（チェンジブロー成形）、TPVシートの真空成形による複合成形技術（スタンピング成形）も開発されている[5～7]。

表2にこれまでの成形法別の応用事例を示す。従来はバンパー、マッドガードなどの樹脂とゴムの隙間を埋める分野への応用が中心となって伸長・定着してきたが、最近は自動車、建材などの軟質塩化ビニル分野や加硫ゴム分野への応用検討が活発化してきている。

複合成形技術の活用は、従来の発想では両立困難であった製品や部品の高性能化と製造コストの低減（工程の簡略化、部品点数削減）を同時に達成するために大変有効である。さらに、オレフィン系材料だけで製品や部品を構成することによって軽量化やリサイクルしやすくなる

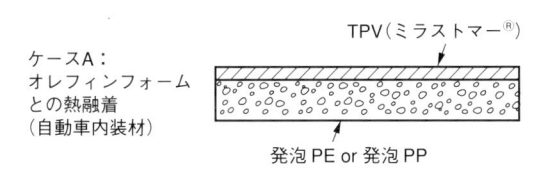

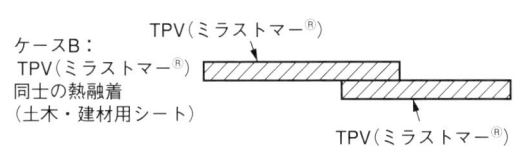

図9 TPV（ミラストマー®）の熱融着例

ケースA：オレフィンフォームとの熱融着（自動車内装材）
TPV（ミラストマー®）
発泡PE or 発泡PP

ケースB：TPV（ミラストマー®）同士の熱融着（土木・建材用シート）
TPV（ミラストマー®）
TPV（ミラストマー®）

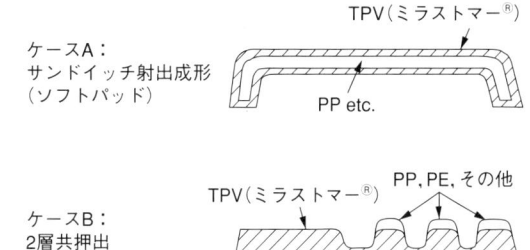

図10 TPV（ミラストマー®）の複合成形技術

ケースA：サンドイッチ射出成形（ソフトパッド）
TPV（ミラストマー®）
PP etc.

ケースB：2層共押出（サイドモール，パッキン）
TPV（ミラストマー®）
PP，PE，その他

といったメリットもある．

4. TPVの最新の応用事例

最近の市場ニーズを満たすために，ミラストマーに課せられた課題は，以下の3点であると認識している．
①地球環境問題への積極的な対応
②ゴム加工工程の合理化（トータルコストダウン）
③高性能化，高機能化

これらの中でもとくに地球環境問題から，プラスチック，ゴム製品について脱ハロゲン，軽量化，リサイクルなどの強い要求から，さまざまな分野での軟質塩化ビニルや加硫ゴムからTPVへの材料代替が進められている．

そして，これらの課題を解決するために，新しい高性能銘柄や複合成形技術などの開発が行われている．ここでは，複合成形技術を中心に最新の応用事例を紹介する．

4.1 自動車内装表皮材

自動車内装表皮材（ドアトリム）は従来，その材料構成は，軟質ポリ塩化ビニルの表皮／ポリウレタンの発泡体／木質基材が一般的であったが，十数年前から，TPV製表皮／PPの発泡体（PPF）／PPの基材からなるオールポリオレフィンドアトリムが提唱されてきた．すべてPP系の材料で構成されるため，リサイクルの際に材料を分離することなく粉砕し，それを基材に混ぜて容易に再使用することができる．図11にオールポリオレフィンドアトリムの加工工程およびリサイクル工程を示す．

さらに，オールポリオレフィン化することにより接着剤を用いることなく，熱融着による複合成形が容易にでき，成形コストを削減できることも特徴の一つである．現在このようなTPV製表皮を使用した自動車内装部品は国内外で広く使用されている．

4.2 グラスランチャンネル

グラスランチャンネルも従来，軟質塩化ビニ

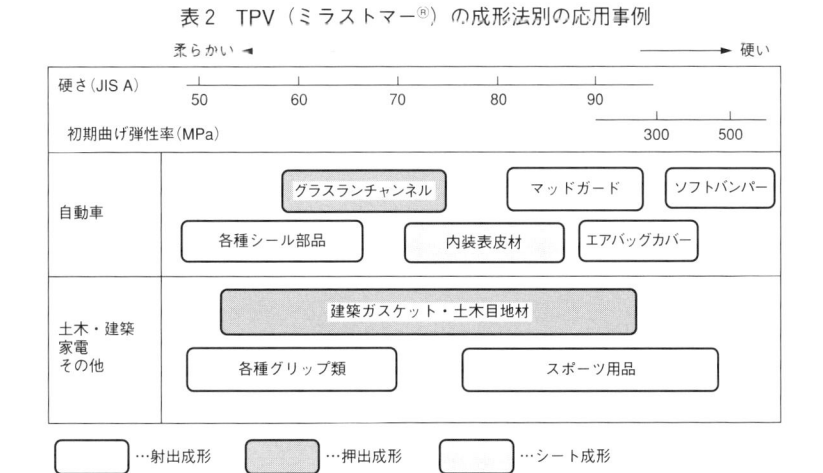

表2 TPV（ミラストマー®）の成形法別の応用事例

	柔らかい ← 硬さ(JIS A) → 硬い
	50　　60　　70　　80　　90
	初期曲げ弾性率(MPa)　　　　　　　300　　500
自動車	グラスランチャンネル　マッドガード　ソフトバンパー 各種シール部品　内装表皮材　エアバッグカバー
土木・建築 家電 その他	建築ガスケット・土木目地材 各種グリップ類　スポーツ用品

□…射出成形　▨…押出成形　□…シート成形

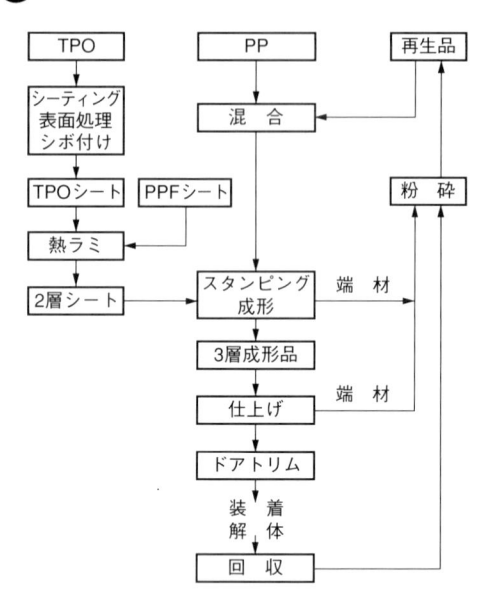

図11 オールポリオレフィン製ドアトリム

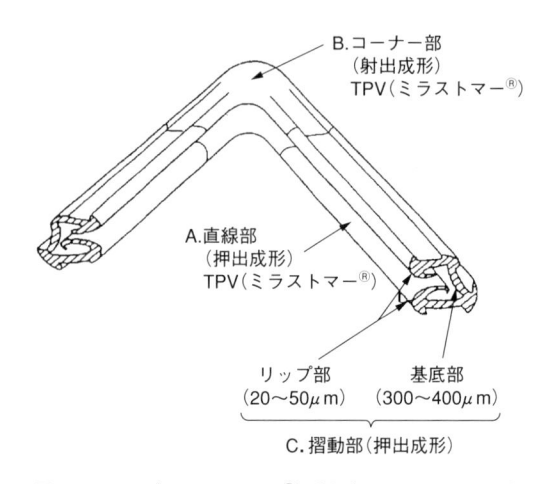

図12 TPV（ミラストマー®）製グラスランチャンネルの構成

ルや加硫ゴム製であったが，近年オールポリオレフィングラスランチャンネルへの材料代替が積極的に進められている．

図12にTPV製グラスランチャンネルの構成を示す．TPV製グラスランチャンネルでは，基底部やリップ部のガラスが摺動する部分に，超高分子量ポリオレフィンをベースにした高摺動・高耐摩耗材の層Cを，高ゴム弾性を有する直線部TPV（ミラストマー®A）との共押出成形によって形成することにより，高耐久性が実現されている．そして，コーナー部TPV（ミラストマー®B）の射出成形によって，二つの直線部と熱融着させることで製品ができあがっている．

とくにコンパウンド工程，加硫工程を必要としないTPVは，加硫ゴムに比べて原材料費は割高であるものの，加工費が安く，リサイクルも可能なため，トータルコストで有利となる．

4.3 ルーフモール

ルーフモールも従来，軟質塩化ビニル製であったが，近年，耐傷付き性，耐摩耗性，光沢を有するTPVの表皮層／高ゴム弾性を有するTPVのリップ部／樹脂製基材からなるオールポリオレフィンルーフモールへの材料代替が積極的に進められている．

ここでも多層押出成形による製品加工が行われており，2種のTPVによる機能分担により，高性能化，高機能化が達成されている．

オレフィン系熱可塑性エラストマーは軽量，高生産性，省資源・省エネルギー，易リサイクル，非ハロゲン，低コストなどの特徴から，とくに加硫ゴムや軟質塩化ビニル樹脂の代替分野で着実に成長しており，今後もこのような動きがさらに加速されると予測されている．オレフィン系熱可塑性エラストマーは単なる材料特性だけでなく，複合成形技術を用いた製品特性においてもますます発展が期待される．

参考文献
1) 内山晃：プラスチックスエージ，**42** (2)，121 (1996)
2) 内山晃：工業材料，**44** (6)，46 (1996)
3) 内山晃：プラスチックス，**41** (10)，50 (1990)
4) 内山晃：プラスチックス，**48** (3)，30 (1997)
5) 酒井忠基：成形加工，**8** (8)，503 (1996)
6) 向井浩，寺本泰庸：成形加工，**8** (8)，532 (1996)
7) 桝井捷平，松本正人：成形加工，**8** (8)，511 (1996)

（三井化学㈱　機能樹脂研究所・水本　邦彦）

第5章 熱可塑性エラストマー

5-3. スチレン系熱可塑性エラストマー

スチレン系熱可塑性エラストマー（スチレン系ブロック共重合体）は商品として世の中に出てから30年以上の歴史を有しており，その間にリビングアニオン重合技術を高度に活用してポリマー構造，ポリマー性能の面での新技術開発，高性能化が活発に行われている．

さらにスチレン－ブタジエン系，スチレン－イソプレン系の欠点であった熱安定性，耐候性などが水素添加によって大幅に改良され，また，他素材との親和性，接着性を改良するための各種の変性技術が開発されて，応用範囲が多方面に広がっている．

スチレン系熱可塑性エラストマーには，軟質成形材料，樹脂改質，粘接着剤，アスファルト改質の4つの大きな用途分野があり，いずれの用途に対してもポリマー設計の自由度の広さを応用して最適なデザイン・性能のエラストマーが開発されている．

表1に基本的構造で分類した各種スチレン系熱可塑性エラストマーとその代表的メーカーを示す．

本稿においては，第1項でアニオン重合によ

表1 スチレン系熱可塑性エラストマーの分類と代表的メーカー

分類	ハードセグメント	ソフトセグメント	メーカー	商品名
スチレン系	ポリスチレン	ポリブタジエン または イソプレン	旭化成ケミカルズ 日本エラストマー JSR 電気化学 日本ゼオン クレイトンポリマージャパン	タフプレン アサプレンT JSR-TR, JSR-SIS 電化STR クインタック KratonD, Cariflex TR
		水添ポリブタジエン （エチレン-ブチレン）	旭化成ケミカルズ クレイトンポリマージャパン	タフテック Kraton G
		水添ポリイソプレン （エチレン-プロピレン）	クラレ クレイトンポリマージャパン	セプトン，ハイブラー Kraton G
	ポリスチレン ポリエチレン	水添ポリブタジエン （エチレン-ブチレン）	JSR	ダイナロン
	ポリスチレン-水添ポリブタジエン系 ポリスチレン-水添ポリイソプレン系 ベースのコンパウンド		三菱化学 アロン化成 住友化学 住友ベークライト 理研ビニル クラレ	ラバロン エラストマーAR 住友TPE-SB スミフレックス レオストマー，アクティマー セプトンコンパウンド

って得られる各種ブロックコポリマーについて，ポリマー設計の立場から整理，説明し，第2項で代表的なスチレン系熱可塑性エラストマーであるSEBSを用いたポリマーアロイの最近の技術について，第3項でもっとも新しいタイプのブロックコポリマーであるSBBSの構造と特徴について述べる．

1. スチレン系熱可塑性エラストマー

スチレン系熱可塑性エラストマーは，基本的にはそのポリマー構造がきわめて高いレベルでコントロールされたブロック共重合体であり，SBS構造（ポリスチレン-ポリブタジエン-ポリスチレントリブロック構造）を基本としながらも，ブロック構造の改良による高性能化が行われている．スチレン系熱可塑性エラストマーのハードセグメントはポリスチレンであるが，ソフトセグメントにはジエン系あるいはオレフィン系のエラストマーが用いられ，また，各種変性品も上市されている．したがって，使用に当たってはそのポリマーの構成・構造をよく理解・把握しておくことが重要である．

以下に各種のスチレン系熱可塑性エラストマーについての構造的分類とその特徴を簡単に説明する．

1.1 スチレン含有量，分子量

SBSが開発された当初のグレードはスチレン含有量と分子量で整理でき，硬さ，強度，加工性などを決定する重要な因子である．この2つの項目は，現在でもスチレン系熱可塑性エラストマーのグレード設計における基本であることに変わりはない．

1.2 ブロック構造

SBS構造を基本構造としながらも，リビング重合の特徴を生かしてカップリング技術，スチレンとブタジエンの重合速度差を利用したテーパー重合技術，重合開始剤分割添加技術などが開発され，これによりラジアルテレブロックコポリマー，マルチブロックコポリマー，バイモダルコポリマー，テーパーブロックコポリマーなどが設計・上市されている．

同じスチレン含有量・同じ分子量の完全ブロックタイプに比べて，テーパーブロックタイプの方がポリスチレン改質における透明性と耐衝撃性のバランスに優れることや，マルチブロックタイプの方が低粘度化できることなどが知られている[1,2]．

1.3 ソフトセグメント

物性・ゴム弾性の点のみならず，各種樹脂との相溶性・相容性に関係する因子としてソフトセグメントはきわめて重要である．ソフトセグメントには構成，ミクロ構造，変性の有無の3つの要素があり，以下に説明する．

(1) ソフトセグメントがポリブタジエンであるSBS，ポリイソプレンに変えたSIS，ポリブタジエンを水素添加したSEBS，ポリイソプレンを水素添加したSEPSが代表的なスチレン系熱可塑性エラストマーである．

特殊なものとしてはSBSのポリブタジエンの一部を水素添加したポリマー（ソフトセグメントはブタジエン・エチレン・ブチレン共重合体）があり，その中でポリブタジエンのビニル結合部を選択的に水素添加したポリマー（ソフトセグメントはブタジエン・ブチレン共重合体）が旭化成からSBBSという名前で紹介された．この新しいブロック共重合体については第3項で詳しく述べる．

その他にもブタジエンとイソプレンを共重合したものおよびその水素添加品，あるいはポリブタジエンとポリイソプレンをカップリング技術により1分子内に結合させたものおよびその水素添加品などがある[3]．

(2) 最近は基本的な4種類のソフトセグメントをベースとして，ミクロ構造のコントロー

ルによる高性能化が盛んに行われている．従来型のSBSとSISの特性の違いをもたらすポリマー構造因子の1つとして側鎖の数があり，通常はポリイソプレンを用いたSISの方が側鎖が多い．しかしポリブタジエンでもビニル結合割合をコントロールすることにより側鎖を増やすことが可能である．

水素添加系のエラストマーにおいてもポリブタジエンのビニル結合量（水素添加後はブチレン量）によりエラストマーとしての各種の特性を変化させることが可能であり，高ブチレン含有量のSEBSはPPとの相容性が高まることから特異なモルホロジーを形成し，透明・軟質のオレフィン系樹脂分野に展開され始めている．

(3) スチレン系熱可塑性エラストマーにおいては，グラフト反応などによるソフトセグメントの変性が行われている．グラフト変性としては，カルボン酸変性が代表的ではあるが，エポキシ変性品もある．これらの変性品はもともとは極性基を有していないスチレン系熱可塑性エラストマーに酸やエポキシなどの極性基を導入することによって，各種樹脂との相容性，各種材料との接着性，各種化合物との反応性などの向上が図られ，極性を有する樹脂の改質剤あるいは極性樹脂と非極性樹脂とのポリマーアロイにおける相容化剤として用いられている．

1.4 ハードセグメント

スチレン系熱可塑性エラストマーのハードセグメントは，本来はポリスチレンであるはずだが，アニオン重合によるブロックコポリマーという視点では，最近になって新しいハードセグメントが登場している．その1つがビニル含有量の少ないポリブタジエンブロックを水素添加して得られる結晶性ポリエチレンをハードセグメントとして用いる技術であり，SEBC，CEBCというようなブロックコポリマーが開発・上市されている．

2. SEBSを用いたポリマーアロイ

SEBSは，そのポリマー構造からPPを始めとするポリオレフィンおよび，PS，PPEとの相容性に優れている．また，変性などの技術によって極性基を導入することにより，PA，PBTなどに対する相容性を大幅に向上させることができる．

2.1 SEBSによるPPの改質

PPは強度，剛性，高温特性，加工性やその他の多くの特性に優れ，安価であることから，代表的な汎用樹脂であるが，PPのホモポリマーは耐衝撃性，低温特性にやや難があり，エラストマーによる改質がもっとも有効な樹脂の1つである．

スチレン系熱可塑性エラストマーはオレフィン系エラストマーと並んで代表的なPPの改質剤であり，とくにSEBSはソフトセグメントがオレフィン系エラストマーであってPPとの相容性に優れることから，改質効果はもっとも優れている．

PPをSEBSで改質する場合，SEBSのE/B比の違いによりPPとの相容性が変化し，B（ブチレン）量が増加するにしたがって相容性が向上して分散粒子径が小さくなる．

E/B比をコントロールすることにより，PPの剛性/耐衝撃性バランスの最適化から低弾性率化・透明化までの幅広い改質を行うことができる[5,6]．

PPの剛性，高温特性を極力保持して耐衝撃性，低温特性を改質する場合は，一般には中ブチレンタイプ（B量＝35～50 wt%／全EB量）のSEBSが用いられる．図1および図2に一般的なSEBS（B量＝40 wt%）で改質したPPの耐衝撃性と低温特性のデータをEPMによる改質のデータと比較して示す．また，この系の

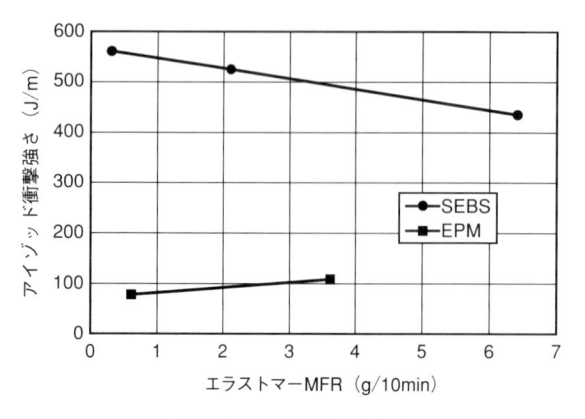

図1 PP/SEBS の耐衝撃性

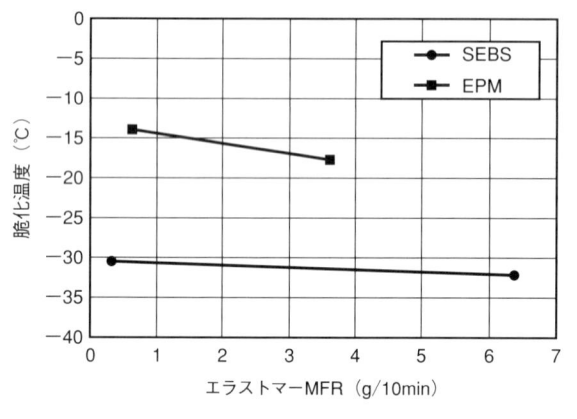

図2 PP/SEBS の低温特性

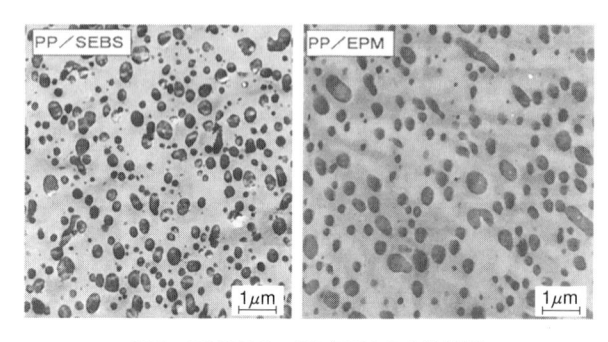

図3 PP/SEBS, PP/EPM の分散状態

TEM（透過型電子顕微鏡）写真を図3に示す．SEBS と EPM で，PP 中での分散形態がほぼ同じでも改質効果に差が生じる理由は，SEBS の方が分子の絡み合いも含めた PP との界面接着性に優れるためと考えられており，PP 改質用の SEBS としては，分散不良を起こさない範囲で分子量が高い方が望ましい．

高ブチレンタイプ（B量>70 wt%）の水素添加ポリブタジエンをソフトセグメントとする SEBS は，PP とブレンドした場合特異なモルホロジーを形成することが確認されている[6]．表2に物性を，図4に TEM 写真を示す．この高ブチレン SEBS 改質 PP は，PP 単体に比べて弾性率がきわめて低く，透明性，耐応力白化性に優れており，軟質 PVC に代わる新しいソフト材料として期待されている．

2.2 PP/SEBS/オレフィン系エラストマー

SEBS は単独でも PP に対する高い改質効果を有するが，オレフィン系エラストマーと併用して PP を高度に改質することも可能である．図5に SEBS と EPM を併用して改質した PP の耐衝撃性と低温特性のデータを，図6に SEBS/EPM＝50/50 の時の TEM 写真を示す．この系に対して最適化された SEBS を用いた場合，TEM 写真から判るように SEBS は PP とオレフィン系エラストマードメインの界面に存在し，界面接着強度を高めていると考えられる．

2.3 変性 SEBS による PA, PBT の改質

無水マレイン酸変性の SEBS は，SEBS 自体の持つ各種プラスチックとの相溶性に加えて，極性を有する PA，PBT などとの相溶性も向上する．

PA および PBT をスチレン系熱可塑性エラストマーで改質する場合，無水マレイン酸変性の SEBS を用いることによりエラストマーの分散粒子径を細かくすることが可能であり，図7に示したように最適粒子径に制御されたブレンド物は高い耐衝撃性を有する．このアロイにおいて，変性 SEBS の官能基は PA あるいは

表2 SEBSの種類と組成物（PP/SEBS＝80/20）の特性

組成物	SEBS ブチレン量 (in EB) wt%	引張り弾性率 MPa	特性 応力白化 $\Delta Tt\%$ *1)	透過率 (Injection) Haze (%)	ゴム粒径 (TEM) (nm)
A	36	840	33	76.9	500
B	47	750	38	61	120
C	60	460	9	82.5	50
D	68	450	7	86.6	45
E	76	400	3	84.8	20
ホモ PP		1260	—	—	—

*1) ΔTt：デュポン衝撃（ミサイル径：1/2インチ，荷重0.5 kg，高さ30 cm）試験前後の全光線透過率の差

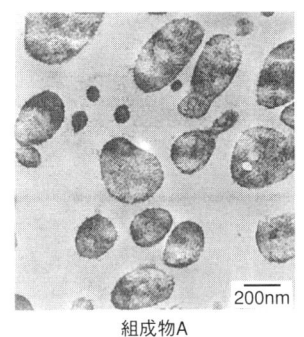

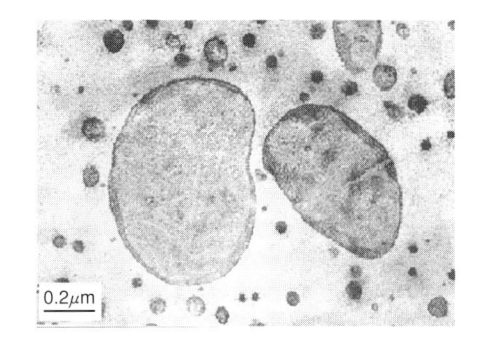

図4 PP/高ブチレンSEBSの分散状態

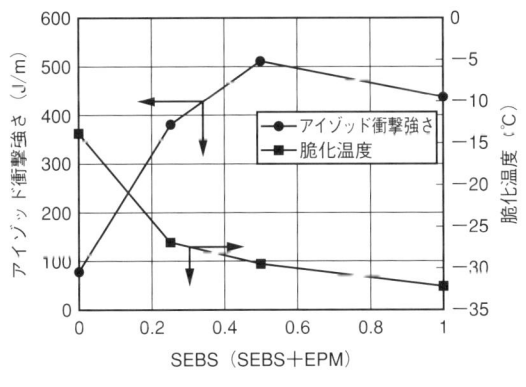

図5 PP/SEBS/EPMの特性（PP/エラストマー＝80/20）

図6 PP/SEBS/EPMの分散状態

PBTと反応してグラフト体を形成し，このグラフト体がマトリクスポリマーとSEBSの相容化剤として作用すると考えられている[7]．変性SEBSのPAとの相容性を応用した例としては，PA/PPアロイがあり，変性SEBSによってアロイの微分散化と分散の安定化が達成される．

2.4 リサイクルへの応用

スチレン系熱可塑性エラストマーはオレフィン系樹脂，スチレン系樹脂を始めとする多くの樹脂に対して，耐衝撃性や伸び特性のような強靱化に必要な特性を改良する改質剤であると同時に，多くの樹脂に対する相容化剤でもあり，リサイクル分野への応用の拡大が期待される．

すでにPEとPA繊維またはPET繊維からなるカーペットを変性SEBSを用いてリサイクルする技術などが確立されており，今後はさらに幅広い分野，組み合わせで展開されると考えられる．

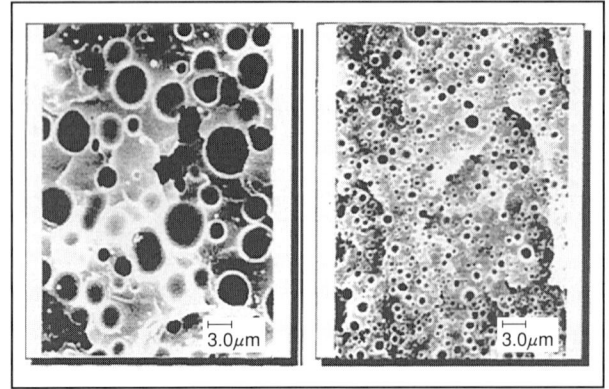

図7 PA/SEBSの分散状態とアイゾット衝撃強さ
（左：PA6/SEBS（アイゾット5）、右：PA6/変性SEBS（アイゾット85））

3. 新規特定選択水添型エラストマー SBBS

スチレン系熱可塑性エラストマーのソフトセグメントの重要性と設計に関してはすでに記述したが，その熱安定性に関しては従来詳細な議論がされてこなかった．SBSの熱安定性の低さは，ソフトセグメントのポリブタジエン部分に含まれる二重結合に起因する．この二重結合にはポリブタジエンの1,4結合構造に含まれるものとビニル結合（1,2結合）に含まれるものの2種類があり，これらの違いに関しては良く理解されていなかった．しかし最近，特異な選択性を有する水添触媒を用いてビニル結合を選択的に水添することにより製造された，1,4-結合ポリブタジエン構造を残したポリスチレン-ポリ（1,4-ブタジエン-ブチレン)-ポリスチレン（SBBS）が紹介され，その熱安定性が報告された[8]．

3.1 SBBSの熱安定性

SBSは高温時に架橋反応が起こり，ゲル化するというのが熱安定性における最大の問題である．とくに樹脂改質では，このゲル化によりエラストマーとしての補強効果が低下したり，樹脂との相容性が変化しモルホロジーの変化をもたらす．さらに高温での加工や保存時に，粘接着剤用途では組成物粘度が上昇し，成形材料用途では異物が発生するなどの問題を生じる．

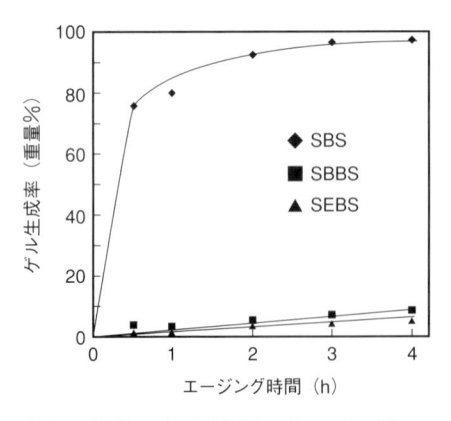

図8 220℃における各種スチレン系可塑性エラストマーのゲル生成率の比較

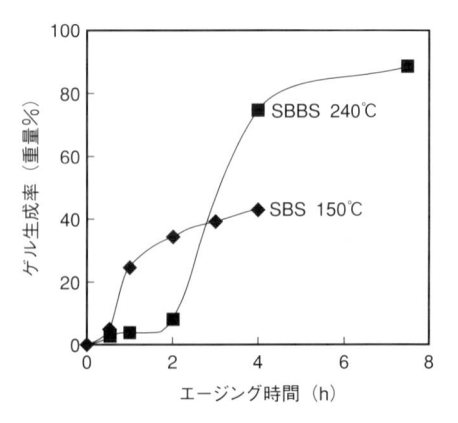

図9 150℃におけるSBSと240℃におけるSBBSのゲル生成率の比較

そこでSBS，SEBS，SBBSの空気雰囲気下，高温静置時のゲルの形成状況を見ると，図8に示した通り，220℃での比較ではSBBSはSEBSとほぼ同等の熱安定性を示している．図9には，SBBSの240℃，SBSの150℃の比較を示したが，SBSに関しては150℃においても急激なゲル化が起こり，SBBSも240℃まで温度を上げると誘導期間の後，急激なゲル化が観察された．なお図には示していないが，SEBSは240℃においても急激なゲル化は起こっていない．このようにSBBSは完全飽和型のSEBSには劣るものの，220℃という高温まで良好な熱安定性を示し，SBSに比べて熱安定性が大幅に改良されていることがわかる．

3.2 SBBSのその他の性能

エラストマー性能として重要なソフトセグメントのガラス転移温度は1，4-ポリブタジエン構造の導入でSBBSはSEBSより10℃程度低くすることが可能で，低温性能の改良が期待される（SBBS，SEBSのガラス転移温度は－30～－70℃であり，組成により異なる）．

さらに加工性に関してもSBBSはSEBSとの比較で改良が期待される．これはブロックコポリマーの加工性すなわち溶融粘度が溶融状態におけるミクロ相分離構造（秩序・無秩序状態）によって大きく変化することに起因する．第10図に示した200℃でのMFR（メルトフロート）では，同一分子量，同一スチレン含有量でも，ミクロ相分離構造の秩序状態の安定性に対応してSBS，SBBS，SEBSの順に小さくなり，SBBSではSEBSに比べて大幅な流動性改良が見られた．

SBBSはそのソフトセグメントの設計の自由度が増し，ゴム性能，PPを中心とする他樹脂との相容性，加工性などのバランスにおいて

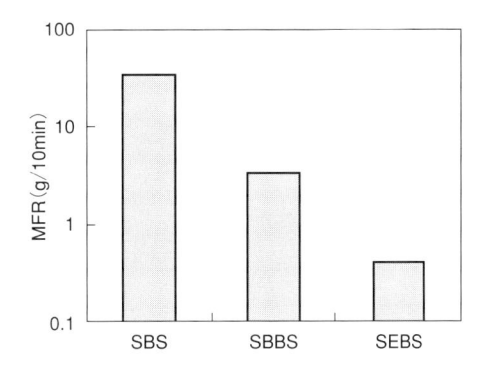

図10 同一分子量，スチレン含有量の各種スチレン系熱可塑性エラストマーのメルトフローレート（200℃，荷重5 kgf）

SEBSを越える可能性が高い．

スチレン系熱可塑性エラストマーはそのポリマー構造を高度に制御することが可能であり，学術的にもその構造および物性発現メカニズムなどの研究が行われている．その成果が材料面，実用面で具体化され，今後ますます重要度と利用範囲が拡大していくことが期待される．

参考文献

1) たとえば，特公昭53-417号公報．
2) 米沢順，加藤清雄，須田義和：第46回高分子学会年次大会予稿集，**46** (5)，962 (1997)
3) たとえば，特開平8-337625号公報．
4) 加藤清雄：高分子，**46** (11)，820 (1997)
5) Kato, K., Yonezawa, J., Sato, T., Sasaya, E. and Suda Y., : TPOs IN AUTOMOTIVE, Session 5 (1998)
6) 仲二見裕美，米沢順，加藤清雄，須田義和：第47回高分子討論会予稿集，**47** (11)，2928 (1998)
7) 加藤清雄，仲二見裕美，山本五郎，須田義和：第43回高分子討論会予稿集，**43** (9)，3206 (1994)
8) 栄秀司，高山茂樹，白木利典：第49回高分子討論会予稿集，**49** (8)，2089 (2000)

（旭化成ケミカルズ㈱樹脂研究センター・
須田 義和，高山 茂樹）

第6章 熱硬化性樹脂
6-1. エポキシ樹脂

エポキシ樹脂は一分子中に炭素，酸素原子からなる3員環構造（エポキシ基，オキシラン基）を持ち，分子量が数百のオリゴマーから数万のポリマーの総称である．この樹脂は反応性に富むエポキシ基を有するので用途，目的に応じた硬化剤と組み合わせて硬化反応（橋かけ反応）を行うことにより，さまざまな特性を持った硬化樹脂を得ることができる．とくに，接着性，耐熱性，機械特性，電気特性および耐食性などに優れることや成形の容易なことから，塗料，電気・電子，土木建築，接着剤，複合材料などの分野で幅広く用いられており，各用途分野で重要な役割を果たしている．

1. 種類と製造法

エポキシ樹脂には多くの種類があり，エポキシ基を導入する官能基の種類（製造原料の種類）で区別するのが一般的である（表1）．

1.1 グリシジルエーテル型エポキシ樹脂

現在市販されているエポキシ樹脂の大部分はこのタイプである．なかでもビスフェノールAから合成されるものが，国内で生産されている全エポキシ樹脂の60%強を占めており，単にエポキシ樹脂といえば一般にこのタイプの樹脂を指している．

この型のエポキシ樹脂は図1に示すように，ビスフェノールAとエピクロルヒドリンとを強アルカリの存在下に反応させて製造し，分子量（重合度，n）に応じて液状のものから固形のものまでさまざまなグレードが品揃えされている．nが1未満のものは常温で液状である．nが約1以上になると固形となる．nが100程度に大きいものはフェノキシ樹脂と呼ばれ，熱可塑性を示すので，射出や押出しによって成形することもできる．

なお，高分子量物や低臭素化樹脂を得る目的で低分子量のエポキシ樹脂にビスフェノールAのような2価の活性水素化合物をさらに反応させる方法もあり，一般にはFusion法，Advanced法，あるいは2段反応といわれている．

表2に現在市販されている代表的なビスフェノールA型エポキシ樹脂を例示した．

その他のグリシジルエーテル型エポキシ樹脂としては，粘度低下を目的としたビスフェノールF型，難燃性を目的とした臭素化ビスフェノールA型，耐候性を目的とした

表1 エポキシ樹脂の分類と製造方法

分類	合成方法	エポキシ基周辺の構造
グリシジルエーテル型	～〇-OH + CH₂-CH-CH₂-Cl	～〇-O-CH₂-CH-CH₂
	～OH + CH₂-CH-CH₂-Cl	～O-CH₂-CH-CH₂
グリシジルエステル型	～C-OH + CH₂-CH-CH₂-Cl	～C-O-CH₂-CH-CH₂
グリシジルアミン型	～NH₂ + CH₂-CH-CH₂-Cl	～N(CH₂-CH-CH₂)₂
環状脂肪族型	(構造式) → (構造式)	

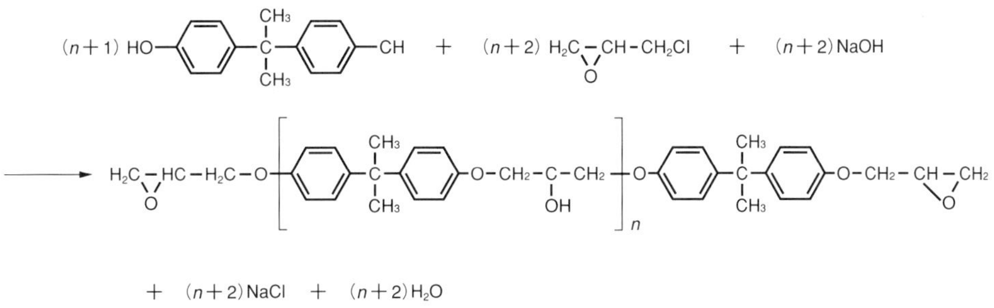

図1 ビスフェノールA型エポキシ樹脂の製造反応

表2 代表的なビスフェノールA型エポキシ樹脂

性状	グレード名 [エピコート]*1)	分子量（約） [M_n]*2)	重合度 (n)	エポキシ当量*3) (g/eq.)	粘度 (Pa·s)@25℃	軟化点 (℃)*4)
液状	825	345	≒0	172〜178	4〜6	—
	828	380	0.1	184〜194	12〜15	—
	834	470	0.5	230〜270	約4,000	—
固形	1001	900	2.0	450〜500	—	64
	1002	1060	2.5	600〜700	—	78
	1004	1600	4.4	875〜975	—	97
	1007	2900	9.0	1750〜2200	—	128
	1009	3750	12	2400〜3300	—	144
	1010	5500	18	3000〜5000	—	154

*1) ジャパンエポキシレジン社商品名，*2) GPCによる測定値
*3) エポキシ基1g当量あたりのエポキシ樹脂の重量 (g数)；Weight per epoxide equivalent (WPE)
*4) Ball&Ring法

水添ビスフェノールA型，耐熱性を目的としたノボラック型，結晶性を有するビフェニル型，エポキシ樹脂の希釈剤として使用されるアルコール型など各種のエポキシ樹脂が市販されている（表3）．また，近年は電気・電子分野を中心とした厳しい要求に応えるためにさまざまな骨格を持った新規なエポキシ樹脂が開発・市販されている．

1.2 グリシジルエステル型エポキシ樹脂

フタル酸誘導体や合成脂肪酸などのカルボニル基とエピクロルヒドリンを反応させて合成されているエポキシ樹脂である．このタイプの樹脂は一般に粘性が低い，可撓性に優れる，耐候性がよいなどの特徴があるので耐候性が要求される絶縁材料，可撓化剤として主に使用されている．

1.3 グリシジルアミン型エポキシ樹脂

1級あるいは2級アミン類をエピクロルヒドリンと反応させたものがグリシジルアミン型エポキシ樹脂と呼ばれている．このタイプの樹脂は耐熱性が高く，剛直性があるので複合材料，接着剤などに使用されている．

1.4 環状脂肪族型エポキシ樹脂

このタイプのエポキシ樹脂は，相当する2重結合を過酢酸などのパーオキサイドで酸化し，エポキシ化することにより製造される．爆発性の強い薬品を使用することもあり，製造できるメーカーはきわめて限定されている．

このタイプの樹脂は一般に低粘度，耐光性，耐熱性に優れ，酸無水物と組み合わせ電気絶縁材料として主に使用されている．また，カチオン硬化性に優れるため，紫外線硬化型塗料や成

表3 代表的なグリシジルエーテル型エポキシ樹脂

名称	化学構造	WPE (g/eq.)	粘度(Pa·s) @25℃
ビスフェノールA型		186	13
ビスフェノールF型		165	3
臭素化ビスフェノールA型		390	65℃（軟化点）
水添ビスフェノールA型		210	2
ビフェニル型		180	105℃（融点）
フェノールノボラック型		178	半固形
オルトクレゾールノボラック型		210	68℃（軟化点）
トリスヒドロキシフェニルメタン型（3官能型）		176	53℃（軟化点）
テトラフェノールエタン型（4官能型）		196	92℃（軟化点）

形材料としても注目されている．

2. 硬化反応と物性

2.1 硬化剤

エポキシ樹脂は一部の用途を除いて単独で使用されるケースは稀であり，通常は硬化剤を用いて3次元化し，架橋構造を形成させることによってその性能を発現させる．

エポキシ樹脂は化学的にきわめて活性なエポキシ基や骨格中に水酸基を有している．したがって硬化剤としては，これらの官能基と反応し橋かけを形成する化合物が選択される．エポキ

シ樹脂の硬化剤は非常に多くの種類があり，同じエポキシ樹脂でも，組み合わせる硬化剤の種類によって硬化物の特性が大幅に異なるため，硬化条件，要求性能，用途，目的などに応じて使い分けられる．硬化剤は，エポキシ樹脂と硬化剤を使用する時に混合する顕在型（2液型）と，最初から配合されている潜在型（1液型）とに大きく分類される．図2に硬化剤の体系を取りまとめた．また，エポキシ樹脂の硬化反応としては，

①付加重合型；エポキシ基あるいは水酸基を利用した重付加反応によるもの
②重合型（触媒型）；エポキシ基の開環重合によるもの
③縮合型；水酸基を利用した脱水または脱アルコールによる縮合反応によるもの

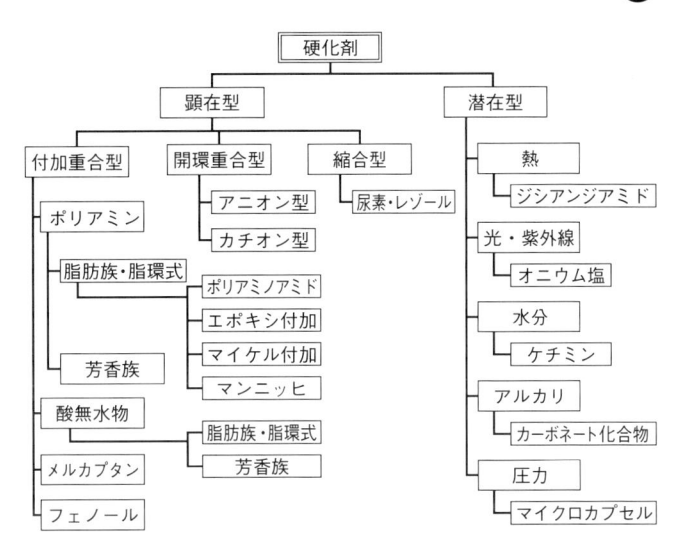

図2 硬化剤の体系

2.2 硬化物の構造と物性

エポキシ樹脂は前述した種々の硬化剤と反応し，3次元橋かけ構造を形成する．エポキシ樹脂硬化物の性能に影響する要因は，次のようにまとめられる．

①エポキシ樹脂および硬化剤の化学構造，および官能基あたりの分子量
②エポキシ樹脂／硬化剤の配合比
③硬化の環境（硬化条件，成形法）
④副資材の種類と量
⑤各構成成分の相溶，分散状況

代表的なエポキシ樹脂と硬化剤の組み合わせによる硬化物の物性値を表4および表5に示す．

3. 市場動向

2000年から2004年まで，過去5年間の需要実績を表6に示した．2000年には電気用途の好調と東南アジアの需要増に支えられて，過去最高の実績が得られている．しかし，一転して2001年には世界的なIT不況で半導体需要の減少で電気・電子分野の後退が大きく響き，対前年比で内需が14%減，輸出が37%減となった．その後も大きくは回復していない．

2005年3月にエポキシ樹脂工業会が公表した需要予測によれば，2002年以降の輸出は横這いで国内需要が年率1%減に留まるとの慎重な見通しを発表している．表7に各社のエポキシ樹脂生産能力を示す．

以下に主要な用途について解説する．

4. 塗料用途

エポキシ樹脂は種々の硬化剤，充填剤，顔料などの組み合わせにより，耐熱性，耐薬品性，密着性に優れた塗料を得ることができ，主に，金属，コンクリート，木材，プラスチックなどの防食，保護，美粧用に使用されている．

エポキシ樹脂は塗料分野で数多くの用途に用いられているが，その用途は次のように分類される．

①缶用塗料，②重防食・船舶塗料，③自動車用塗料，④粉体塗料

4.1 缶用塗料

この用途は主に，高分子量ビスフェノールA

表4 ビスフェノールA型エポキシ樹脂（*1）の硬化物物性

項　目	単位	硬化剤			
		脂肪族ポリアミン（IPDA）*2)	芳香族ポリアミン（DDM）*3)	イミダゾール（EMI 24）*4)	酸無水物（HHPA）*5)
比重		1.10〜1.15	1.18〜1.23	1.23〜1.30	1.10〜1.20
引張り強度	MPa	81	82	47	73
引張り伸び	%	3.6	4.4	1.5	3.3
曲げ強度	MPa	107	121	54	125
曲げ弾性率	MPa	2430	2650	3260	2840
圧縮強度	MPa	108	118	147	112
アイゾット衝撃強度	J/m	16	26	11	22
硬度（ショアD）		95	95	95	92
熱変形温度	℃	130	160	170	140
線膨張率	K^{-1}	$6.0〜6.5×10^{-5}$	$5.5〜6.5×10^{-5}$	$5.5〜6.5×10^{-5}$	$5.5〜6.5×10^{-5}$
備考	*1) エピコート828（ジャパンエポキシレジン社商品名）				

表5 多官能エポキシ樹脂の硬化物物性

エポキシ樹脂[エピコート®]	1032 S 50*1)(100)	154*2)(100)	180 S 65*3)(100)
硬化剤	NMA*4)(90)	NMA(88)	NMA(75)
硬化促進剤	EMI 24*5)(0.5)	EMI 24(0.5)	EMI 24(0.5)
硬化条件	100℃2時間＋200℃4時間		
ガラス転移温度（℃）	228	227	215
曲げ強度（MPa）	73	125	120
曲げ弾性率（MPa）	3550	3260	3360
吸水率（％）100℃　1時間	0.38	0.11	0.13

（注）*1) トリスヒドロキシフェニルメタン型エポキシ樹脂（ジャパンエポキシレジン社商品名）
*2) フェノールノボラック型エポキシ樹脂（ジャパンエポキシレジン社商品名）
*3) オルトクレゾールノボラック型エポキシ樹脂（ジャパンエポキシレジン社商品名）
*4) 無水メチルナジック酸
*5) 2-エチル-4-メチルイミダゾール（ジャパンエポキシレジン社商品名）

型固形エポキシ樹脂を溶剤希釈したものに尿素，レゾール，メラミンなどの架橋剤を配合し，比較的高温（150〜200℃）で焼き付ける．最近は環境へ与える影響から，溶剤型塗料から水系塗料への移行が急速に進行している．とくに飲料缶の内面に使用されているエポキシ樹脂系塗料は水性化が進んでいる．塗料の水性化については，アクリル変性エポキシ樹脂としてアクリルグラフトエポキシのエマルジョンや高酸価アクリル樹脂とエポキシ樹脂のハイドロゾルと，架橋剤として水溶性アミノ樹脂やレゾール樹脂を用いた水性塗料がツーピース缶の内側スプレー塗装を中心に幅広く使用されている．また，最近イージーオープン蓋用に使用されている塩ビオルガノゾルの代替として，分子量を従来のエポキシ樹脂より格段に大きくしたフェノキシ樹脂による水性塗料が採用されてきている．さらに環境ホルモン問題に対応すべく，残存ビスフェノールA量を検出限界外まで低減した高純

表6　エポキシ樹脂の用途別需要実績

（単位：トン／年，下段は前年比％）

用途	2000年	2001年	2002年	2003年	2004年
塗料	50,050 101	48,300 97	47,750 99	49,260 103	49,700 101
電気	65,360 109	47,700 73	52,800 111	51,520 98	52,590 102
土木・建築接着他	38,920 100	36,900 95	34,360 96	34,150 96	34,500 101
内需計	154,330 104	132,900 86	136,010 102	134,930 99	136,790 101
輸出	42,780 109	2,700 63	25,900 96	25,810 100	26,000 101
総合計	197,110 105	159,900 81	161,910 101	160,740 99	162,790 101

（注）数量には溶剤を含む．非加盟会社の推定需要量を含む
（エポキシ樹脂工業会）

表7　各社のエポキシ樹脂生産能力[1]

メーカー名	能力（トン／年）	商標名
ジャパンエポキシレジン	40,000	エピコート
東都化成	46,000	エポトート
旭化成ケミカルズ	37,100	AER
大日本インキ化学工業[2]	43,800	エピクロン
ダウケミカル日本	35,000	DER
三井化学[2]	11,000	エポミック
旭電化工業[2]	15,500	アデカレジン
日本化薬	10,000	
住友化学	7,500	スミエポキシ
合　計	245,900	

（注）[1] 化学工業日報2002年7月25日
　　　[2] 日本エポキシ樹脂製造㈱分を含む

度グレードの開発や，ビスフェノールF型樹脂の開発も進んでいる．図3に用途例を表8に缶用塗料に開発されているエポキシ樹脂を示す．

図3　飲料缶（スチール缶，アルミ缶などの内面，外面，缶蓋に数ミクロンの膜厚でコーティング）

4.2　重防食・船舶塗料

主に常温硬化型のエポキシ／アミン系，あるいはタール変性エポキシ系塗料が使用され，橋梁，タンク，船舶などの防食用に利用されている．主として使用されるエポキシ樹脂は，低分子量ビスフェノールA型エポキシ樹脂で，溶剤，希釈剤，充填剤，顔料などを加え塗料化し使用される．

4.3　自動車用塗料

ボディーの下塗りに使用される水系のカチオン電着塗料が主体である（図4）．この塗料は，低分子量ビスフェノールA型エポキシ樹脂へアミン類を付加し，得られたアミノ基をセミブロック化イソシアネートで焼き付け硬化する．

表8　新しい缶塗料用樹脂

タイプ	構造	グレード名[1]	重量平均分子量	WPE	特徴
フェノキシ樹脂	ビスフェノールA	1256	50,000	7,800	反応性 末端エポキシ基
	ビスフェノールA&F	4250	59,000	8,200	
	ビスフェノールA&F	4275	60,000	9,000	
ビスフェノールF型樹脂	ビスフェノールF	4007P	21,000	2,270	加工性 密着性
	ビスフェノールF	4010P	45,000	4,200	

（注）[1] ジャパンエポキシレジン社商品名　エピコート®

図4 電着塗装（自動車の第1層の塗装）

図5 電子回路（積層板・半導体封止材）

4.4 粉体塗料

中分子量ビスフェノールA型固形エポキシ樹脂や多官能の固形ノボラック型樹脂をジシアンジアミド，イミダゾール類，固形の酸無水物類，変性フェノール樹脂などの硬化剤を用い硬化させる．主な用途は，プレハブ鉄骨，パイプ，バルブ，家電機器などがあり，技術課題としては生産性の点から高加工性，低温速硬化性が，また使用環境の点から耐候性，耐水性などが求められ，表9にその開発樹脂を示す．

5. 電気・電子用途

エポキシ樹脂は優れた電気特性，機械特性，耐湿性，耐熱性を有するため電気・電子部品の用途に広く用いられている．この用途は要求特性が多様である上に厳しく，使用されるエポキシ樹脂の種類はきわめて多い．

5.1 積層板

積層板（プリント配線基板）用樹脂は電気用エポキシ樹脂の約半数を占める．この用途には，低中分子量ビスフェノールA型，臭素化ビスフェノールA型，ノボラック型などのエポキシ樹脂と，ジシアンジアミド，フェノール系樹脂などの硬化剤が使用されている．組み合わせる基材は，ガラス繊維が中心である．

成形法としては基材に樹脂を含浸させたプリプレグをプレス成形する方法が主流であるが，より配線密度を高くするためコア材の上に絶縁層を積み上げるビルトアップ法も増加している．

この方法には，感光性樹脂やフェノキシ樹脂などの新しい樹脂が用いられている（表10）．

また，信号の高周波化に対応して低誘電率化も求められており，盛んに研究開発が行われている（図5）．

5.2 封止材

集積回路（IC）や発光ダイオード（LED）などの半導体素子を熱や湿気から守るためにエポキシ樹脂の硬化物を用いて保護している．

半導体封止は固形樹脂を用いた低圧トランスファ成形で行われる場合と，液状樹脂を用いてポッティング，アンダーフィルなどで行う場合があるが，大量生産に適した前者が圧倒的に多く用いられている．固形封止材には主に，オルトクレゾールノボラック型エポキシ樹脂と，硬化剤としてのノボラックフェノール樹脂，溶融シリカ，硬化促進剤，シランカップリング剤，離型剤などが配合されているが，低応力化や耐ハンダクラック性の向上の面で，ビフェニル型エポキシ樹脂と特殊なフェノール樹脂（フェノールアルキル樹脂など）を採用するケースも多くなってきた（表11）．

この分野では，BGA(Ball Grid Array)，CSP(Chip Size Package)などの新しいパッケージや成形方法に対応するため新規樹脂の研究開発が盛んに行われている．小型化，薄型化に伴い溶融粘度の低い結晶性樹脂の採用が増えると考えられる．液状封止には，液状のビスフェノール型エポキシ樹脂や環状脂肪族型エポキシ

表9 粉体塗料用材料

1. エポキシ樹脂（エピコート®）

タイプ	グレード名*1	代表的性状			構造	特徴	開発段階
		WPE (g/ea)	粘度 G-H	軟化点 (℃)			
速硬化型	545	828	V-	104	多官能共重合ビスフェノールA	低温，速硬化，高架橋性	コマーシャル
耐水性型	YL 6689	880	V	120	特殊ビフェニル共重合ビスフェノールA	高耐水性，耐沸水性	ラボ
耐候性型	4505	1378	R-S	96	水添ビスフェノールA 共重合ビスフェノールA	高耐候性	ラボ（プラント実績）
ビスフェノールF型	4004 P	880	N	85	ビスフェノールF（2核体純度99%＞）	高加工性，表面平滑性	コマーシャル
	4005 P	1130	S	92	ビスフェノールF（2核体純度99%＞）	高加工性，表面平滑性	コマーシャル
	4007 P	2270	Z-	108	ビスフェノールF（2核体純度99%＞）	高加工性	コマーシャル

2. 硬化剤（エピキュア®）

タイプ	グレード名*1	構造			特徴	開発段階	代表的性状
		Ph-OH (meq/g)	粘度 G-H	軟化点 (℃)			
フェノール端末	YL 6492	1.9	W-	116	ビスフェノールA	加工性，低揮発物	ラボ
	YL 7068	2.5	J+	81	ビスフェノールF	加工性，密着性*2	ラボ

（注）*1)ジャパンエポキシレン社商品名　*2)開発中

表10　ビルトアップ配線板用に開発された超高分子量エポキシ樹脂（フェノキシ樹脂）

構造	グレード名 [エピコート]*1)	固形分*2) (%)	M_w/M_n*2)	T_g*2,*3) (℃)	特徴
臭素化型	5580 BPX 40	40	31,000/7,400	111	臭素化難燃
特殊ビスフェノール型	YX 8100 BH 30	30	30,000/13,000	151	高耐熱，高接着
特殊ビスフェノール型	YL 6954 BH 30	30	38,000/	131	低誘電率，高耐熱

（注）*1)ジャパンエポキシレジン社商品名　*2)代表値　*3) DSC

樹脂と，硬化剤として酸無水物の組み合わせが使用されることが多い．

近年，高輝度青色LEDが開発されたことにより，LEDは光源用途で非常に注目されている（図6）．変色しにくい水添ビスフェノール型エポキシ樹脂の高純度化が近年可能になり，この封止用に検討されている（表12）．

5.3 注型・含浸

多くの電気・電子機器・部品が注型方式で絶縁されている．重電関係では，ガス絶縁開閉器，遮断機，変圧器などにこの方法が用いられている．含浸による成形法は，発電機用大型回転機器のロータ部の絶縁などに適用されている．使用されるエポキシ樹脂はビスフェノールA型

表11 半導体封止材用エポキシ樹脂

構造	グレード名 [エピコート]*1)	エポキシ当量*2) (g/eq.)	溶融粘度*2) (mPa·s)@150℃	融点*2) (℃)	特徴
クレゾール ノボラック型	(180 S 62)	212	250	64*3)	汎用
ビフェニル型	YX 4000	186	20	107	低溶融粘度，低応力
	YX 4000 H	193	25	105	低溶融粘度，高純度
	YL 6121 H	173	15	*4)	低溶融粘度，高反応性
	YL 6640	195	40	*4)	低溶融粘度，コストパフォーマンス
	YL 6677	162	40	*4)	低溶融粘度，高耐熱
ビスフェ ノール型	YL 6810	171	6	45	超低溶融粘度，高反応性
3官能型	1032 H 60	170	160	62*3)	高耐熱

(注) *1)ジャパンエポキシレジン社商品名，*2)代表値，*3)軟化点；Ball&Ring法，*4)常温で固形

表12 高純度脂環式エポキシ樹脂

脂環式エポキシ樹脂	YX 8000*1)	YL 6753*2)	従来品
エポキシ当量（g/eq）	205	180	213
色相（APHA）	8	7	14
粘度（Pa·s）@25℃	1.8	0.2	2.1
可鹸化塩素（ppm）	200	210	430
加水分解性塩素（ppm）	700	1,100	16,000

(注) *1)，*2)ジャパンエポキシレジン社商品名

液状樹脂や環状脂肪族型樹脂が中心であるが，重電用には低分子量の固形樹脂も用いられる．硬化剤は酸無水物類が多く用いられている．

5.4 絶縁粉体

電気絶縁に用いられる粉体塗料は絶縁粉体と呼ばれ，小型電気・電子部品の絶縁に用いられている．エポキシ樹脂は，中分子量ビスフェノールA型固形樹脂やオルトクレゾールノボラック型樹脂などが使用されている．

5.5 環境対応

(a) ノンハロゲン化

電気・電子機器には通常難燃性が要求されるため，臭素化エポキシ樹脂が難燃剤として添加されている．しかし，環境意識の高まりからハロゲン系難燃剤は，規制対象物質でなくても排除しようとする動きがある．

難燃エポキシ樹脂のノンハロゲン化は，難燃剤をリン系，金属水酸化物系，窒素系などに置き換える方法と難燃剤を用いなくとも自消性が得られる配合系にする方法がある．前者は，耐湿性，電気特性，耐熱性などの特性悪化が避け

図6 LED（透明エポキシ樹脂による封止）

られず，それを最小限にする検討が行われている．後者の方法は主に封止材において，シリカフィラーの充填量を極端に上げ可燃成分を減らす方法や，燃焼時に炭化発泡層を形成して自消するタイプの樹脂系が開発されているが，コストアップなどにより適応範囲が限られる問題がある．また，無機フィラーを通常配合しない積層板ではこの手法は適応が難しい．

高性能と低コストが同時に要求される電気・電子用途では，ノンハロゲン難燃化は非常に困難な課題となっている．

(b) 鉛フリー化

ハンダの鉛フリー化は，ノンハロゲン難燃化より先行して実現されつつある．鉛フリーハンダは，通常融点が従来のはんだより高いため，エポキシ樹脂には耐熱性の向上が求められる．また，リードフレームなどの表面処理が変化するため難接着性物質への接着性の改良も求められている．

6. 土木建築・接着・複合材用途

6.1 土木建築

土木建築分野におけるエポキシ樹脂の利用は接着性，耐食性を生かし，コンクリート構造物の補修，新旧コンクリートの打継，補修鋼鈑の接着，各種ライニングなどに用いられている．使用される材料は塗料用などと同じで，ビスフェノールA型またはビスフェノールF型の低分子量エポキシ樹脂と，硬化剤として各種のアミン硬化剤を組み合わせ，さらに充填剤，希釈剤，揺変剤，顔料などを配合して用いられる．これらの用途では現場工事が多くとくに冬季でも施工できる低温速硬化性や，外的環境の影響を受けやすいため耐候性が求められている．また，作業環境面から非劇毒物や環境ホルモン物質除外などの傾向も加速しつつある．図7に用途例を表13にこれらの開発品を示す．

また，環境面から水系エポキシ樹脂が注目さ

図7 透水舗装材（雨水などを地中に返すため，自然石を「おこし状」に接着）

れているが，水系エポキシ樹脂は溶剤系と比べ，乾燥が遅く，硬化物の硬度が低いなどの性能の低下が指摘されている．最近は，固形エポキシとアミン系の硬化剤をノニオン系の乳化剤により水中にそれぞれ分散された状態で存在させ，ひとたび接触すれば容易に相溶し，反応が速やかに開始されるため，従来タイプに比べ硬化が速く，優れた硬化物が得られる水系エポキシ樹脂システムが開発されている．

6.2 接着剤

エポキシ樹脂は幅広い被着体に接着可能であり，その強い接着力とともに，耐熱性，耐薬品性，電気絶縁性にも優れるためさまざまな分野に接着剤として使用されている．とくに，自動車，航空機などの信頼性を必要とされる構造用接着剤，一般用の2液型接着剤がよく知られている．この用途に使用されているエポキシ樹脂は各種液状樹脂が中心であり，多官能樹脂や可撓性樹脂が併用されている．この分野に使用される硬化剤はアミン類，イミダゾール類，速硬化性のメルカプタン類などが使用される他，1液型接着剤にはジシアンジアミドが用いられることが多い．

6.3 複合材料

エポキシ複合材料とは主に，ガラス繊維，カ

表13 土木建築用材料

タイプ	グレード名[1]	代表的性状			構造	特徴	開発段階	化審法
		WPE (g/eq.)	粘度 mPa·s/25℃	H当量				
低粘度エポキシ樹脂	806, 806 L[1]	165	2000	——	ビスフェノールF型エポキシ樹脂	低粘度, 高純度	コマーシャル	有
	YED 216	155	20	——	1,6 HDDGE	低粘度, 高純度		有
	YED 111 N	290	7	——	高級アルコールモノGE	低結晶, 耐水性, 接着性		有
非劇物硬化剤	3012 PF[2]	——	700	85	MXDAマンニッヒ	環境対策 <5% フェノール	コマーシャル	有
	3025 PF[2]	——	1100	85	MXDAマンニッヒ			有
速硬化システム	816 B[1]	180[3]	800	——	ビスフェノールA/アクリレート	<5℃ 硬化, 低粘度型無溶剤, 速乾床材, 土木用短期寒冷工事用	コマーシャル	無
	YL 7300	110[3]	550	——	ビスフェノールF型変性樹脂		ラボ	有
	RX 221 PF	——	330	65	変性脂肪族ポリアミン		コマーシャル	有
耐候性システム	801 B[1]	162[3]	800	——	ビスフェノールA/アクリレート	接着性, 耐薬品性維持耐候性 (低黄変) 向上床材, 透水性舗装材	コマーシャル	有
	YLH 1198	——	2600	56	NBDAアダクト		ラボ	有
	YX 8000[1]	205	1800	——	水添ビスフェノールA型エポキシ樹脂		ラボ	有
耐酸性システム	807[1]	170	3500	——	ビスフェノールF型	10% H$_2$SO$_4$, 40℃1ケ月 <10 mg/cm^2, 耐水白化性, 下水ライニング材, 温泉塗料, 食品工場床材	コマーシャル	有
	3160 S[2]	——	500	80	MXDAアダクト夏型			有
	3075 W[2]	——	1000	81	MXDAアダクト冬型			有
可撓性システム	816 C[1]	190	3000	——	ビスフェノールA型/希釈剤	高伸び率, 耐水白化性, 透水性舗装材, ニート工法用舗装材	コマーシャル	有
	FL 0529[2]	——	2500	243	可撓性アミンアダクト, 加熱硬化			有
	FL 240[2]	——	200	135	可撓性アミンアダクト, 室温硬化			有

(注) ジャパンエポキシレジン社商品名　[1]エピコート®,　[2]エピキュア®,　[3]官能基当量

ーボン繊維, アラミド繊維などで補強した材料を指し, ゴルフシャフト, テニスラケット, スキーなどのスポーツ用品から, パイプ, 防食タンクなどの産業用材料, 航空機, ロケット, 宇宙関連機器などの先端複合材料まで, 幅広い分野に使用されている (図8). その成形方法はプリプレグを用いたオートクレーブによる成形が古くから行われているが, この他にも用途に応じ引抜き, FW (Filament winding), RTM (Resin transfer molding), RIM (Reaction injection molding) など種々の成形法がとられている. また, 使用される材料もおのおのの

図8 スポーツ用品（テニスラケット，ゴルフシャフト，釣り竿，自転車フレーム／スポーク）

成形方法に適した材料が開発され，たとえば引抜き，FW，RTM用には低粘度，長可使時間でありながら速硬化という特徴を有する材料が，速硬化成形法としてのRIM用にはビスフェノールAあるいはF型液状樹脂とアミン系硬化剤の組み合わせが用いられる．これら以外にも各種3官能型あるいは4官能型エポキシ樹脂やグリシジルアミン型エポキシ樹脂が耐熱用樹脂として開発され，硬化剤としてジシアンジアミド，ジアミノジフェニルスルホンやジアミノジフェニルメタンなどの芳香族ポリアミン，無水メチルナジック酸やヘキサヒドロ無水フタル酸などの酸無水物類を組み合わせる例が多い．表14にその代表例を示す．

7. 今後の展望

エポキシ樹脂は，非常に古くから重要な材料として使用されてきた．今後も上述のような多様性，性能・コストバランスから，新たな要求に応えつつ使用されていくと考えられる．一方，市場のグローバル化に伴い，国際的な価格競争力が求められている．コストダウンを含めた研究・開発が，活発に行われていくと考えられる．

参考文献
1) 垣内弘編著：新エポキシ樹脂（1985），昭晃堂
2) 新保正樹編：エポキシ樹脂ハンドブック（1987），日刊工業新聞社
3) 実用プラスチック事典（1993），産業調査会
4) 26回公開技術講座：エポキシ樹脂及び応用技術の動向（2002），エポキシ樹脂技術協会
5) JETI：エポキシ樹脂の技術開発（2002），幸書房
6) 複合材料の応用と商品設計セミナー，セッション5（1987），日本能率協会

(ジャパンエポキシレジン㈱開発研究所・佐藤 義雄，村田 保幸)

表14 複合用材料

タイプ	グレード名	代表的性状			構造	特徴	開発段階
		WPE (g/eq.)	粘度 mPa·s/25℃	H当量			
引き抜き・FW・RTM	6003[*1]	233	140		ビスフェノールA型変性エポキシ樹脂	高粘度，長可使時間，高耐熱性	コマーシャル
	150 D[*2]	—	高粘度	51	芳香族ポリアミン硬化剤		
	827[*1]/YED 111	192	1800	—	ビスフェノールA型エポキシ樹脂／反応性希釈剤	低粘度，高耐熱性	コマーシャル
	FW 822[*2]		9500	50	変性芳香族／脂環族ポリアミン硬化剤		
RIM	828[*1]	186	13000	—	ビスフェノールA型エポキシ樹脂	速硬化，強靱性	ラボ
	YLH 006[*2]	—	1000	48	変性脂肪族ポリアミン硬化剤		

(注) [*1]ジャパンエポキシレジン社商品名 エピコート®，[*2]エピキュア®，[*3]エポメート®

第6章 熱硬化性樹脂
6-2. シリコーン樹脂

1940年にGE（ゼネラルエレクトリック）社のロコー博士が"直接法"として有名な，従来のグリニヤー法に替わるシリコーンの経済的な製造方法を発明し，この画期的な方法によりシリコーンの工業化の道が開かれた．シリコーンは，珪素-酸素結合を骨格としたシロキサン結合からなっており，炭素-炭素結合を骨格とする一般の有機材料とは異なり，優れた耐候性，耐久性，耐熱・耐寒性，電気特性などを保持している．また，その形状も直鎖状に重合したオイルまたは生ゴム（粘土）状のもの，またはそれらが架橋したゴム状のもの，あるいは3次元的に重合したレジン状のものまでさまざまである．本稿では，圧縮成形，射出成形，押出成形など種々の加工方法が存在する"シリコーンゴム"について紹介し，特に近年その伸びが著しい液状シリコーンゴムの射出成形について詳しく記したい．

1. シリコーンゴムの基本的性質[1,2]

表1にSi原子と他の原子との結合エネルギー，結合間距離を示す．シロキサンの結合エネルギーは443 kJ/molであり，炭素-炭素結合の結合355 kJ/molと比較して大きく，また，結合間距離も0.161 nmと計算値0.176 nmより縮まり，結合力が強められている．このことは，熱や紫外線などのエネルギーでは主鎖切断が容易には起こらず，耐熱性・耐候性などに優れた性質を持つことを示す．また，シロキサン結合は，原子価角（140°）がエーテル結合の原子価角（110°）に比べて大きく，イオン結合性も炭素-炭素結合の0%，炭素-酸素結合の23%に対して，珪素-酸素結合は51%である．回転エネルギーも，表2にあるように炭素-炭素結合の15.1 kJ/mol，炭素-酸素結合の11.3 kJ/molに対して，珪素-酸素結合は，0.8 kJ/mol以下と非常に小さい．これらは，シロキサン分子の自由度が非常に高いことを示し，耐寒性に優れることや，表面張力が低く，離型剤や消泡剤への応用が可能であることがわかる．

以上の性質から，一般の有機ゴムに比較して，高温・短時間での成形が可能になるばかりでなく，複雑な形状でも型離れがよいことが期待でき，成形加工面でも優れた材料であるといえる．さらに高温での物性低下が小さいため，ゴム破壊などの心配なく脱型できることも期待できる．

2. シリコーンゴムの分類[3]

図1にシリコーンゴムを性状および加硫方法

表1 シロキサン結合の性質

	結合エネルギー (kJ/mol)		イオン結合性 (%)		結合距離 (nm)	
	C	Si	C	Si	C	Si
C	356	368	0	11	0.154	0.193
Si	768	300〜330	11	0	0.193	0.234
H	410	334	4	3	0.109	0.149
O	338	443	23	51	0.143	0.161
Cl	326	377	6	30	0.176	0.202

表2 回転エネルギー

	C (kJ/mol)	Si (kJ/mol)
CH$_3$	15.1	6.7
O	11.3	0.8>

の点から分類した例を示す．シリコーンゴムは，加硫温度からまず室温硬化（Room Temperature Vulcanization）タイプと加熱硬化（HTV）タイプに大きく分類できる．RTVと一般的に呼ばれる室温硬化タイプの性状は，液状で，コーティングやポッティングなどに使用される低粘度ものから，チューブやカートリッジに充填される比較的高粘度で流動性を抑えたものなどさまざまである．また，これらにはそのまま使用できる1液タイプのものと，あらかじめ主剤と硬化剤（またはA剤とB剤）を混合してから使用する2液タイプのものがある．これらRTVゴムの硬化反応は，縮合反応と付加反応が一般的で，縮合反応は空気中の湿気と反応することで架橋を進行させるもので，反応する際に生成する化合物の種類によって，脱アルコール型，脱酢酸型，脱オキシム型，脱アセトン型などと呼ばれる．これらは室温で反応するため屋外での作業に適し，その代表例はビルの窓枠に使用されるシリコーンシーラントである．

一方，付加反応は2液を混合後，触媒の作用によりヒドロシリル化反応が開始し架橋が進行するもので，硬化時間が短く副生成物を発生しないことから電気電子，自動車，事務機など多方面での使用が可能である．また，加熱タイプは，ミラブルタイプと液状タイプに分類され，ミラブルタイプはHCR（High Consistency Rubber）とも呼ばれ，生ゴム（高重合度シロキサン）を主成分とする粘土のような性状で，ロールミルにより混練，分出しなどの作業を行う．ミラブルタイプは，さらに過酸化物硬化と付加反応硬化に分類され，それぞれ用途に応じて使い分けられている．液状材料については，以下の項で詳述する．

3. 射出成形用液状シリコーンゴム材料

1970代より徐々に普及し，現在ではシリコーンゴムの成形の一方法として認知され，広く一般的に使用されるようになったLIMS（液状シリコーンゴム射出成形）についてまず解説する．

LIMSを一言でいえば，付加硬化型の液状シリコーンゴムをポンプ移送で射出成形機へ導き，金型内で硬化させることにより成形するシステムである．比較のためにLIMSと一般のシリコーンゴム（過酸化物硬化ミラブルゴム）成形法の違いを図2に示す．これらシステム的な面，および硬化反応の違いからLIMSの特徴として次の点があげられる．

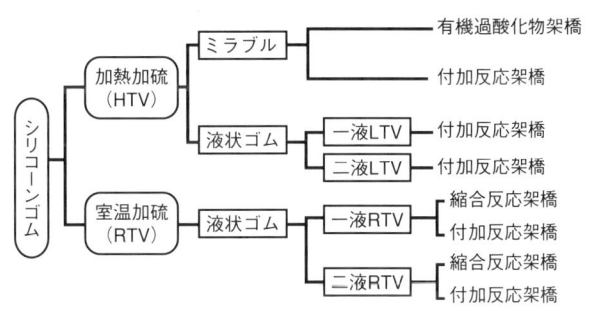

図1 シリコーンゴムの分類

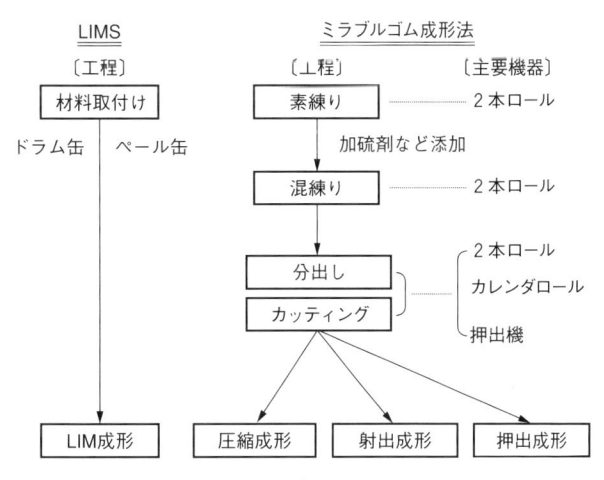

図2 LIMSとミラブルゴム成形法の比較

①省力化：材料移送，計量，混合，射出などの工程の連続自動化や所要動力の低減ができる．
②生産性の向上：高速硬化により成形サイクルの短縮化が図れる．
③高品質化：反応副生成物がない．異物の混入がない．
④複合成形への適用：材料の流動性，低圧成形，硬化温度範囲が広いためインサート成形他複合成形が可能となる．

4．LIMSの最近の技術動向[4]

上記メリットを生かした単純なミラブルタイプ→LIMSという流れだけではなく，最近ではさらに次の2方向への展開が盛んになっている．
①完全自動成形：ノーバリ・ランナーレス・自動脱型

人が関与するのは材料の交換時のみというLIMSの利点を最大限に生かした最先端の技術です．射出機・金型・材料の各方面から検討が進んでおり，作業工程の省力化だけでなく，無駄な硬化物を生じないため，材料コストの削減，環境問題への配慮という面からも注目されている．自動車に使用されるワイヤシールのような小物成形では，成形サイクル（射出から次の射出まで）が10秒以下という極短時間での成形も可能になっている．
②複合成形：インサート成形・2色成形

付加硬化を架橋反応としているため比較的低温での成形が可能であること，過酸化物分解残渣など副生成物の発生がないため原則として2次キュアを必要としないことなどから，樹脂との一体成形が可能で，プライマーを塗布することによるインサート成形，嵌合によるシール部とハウジング部を一体化する2色成形などが普及し始めている．

以下，それぞれ最近の動向に合った材料について紹介する．

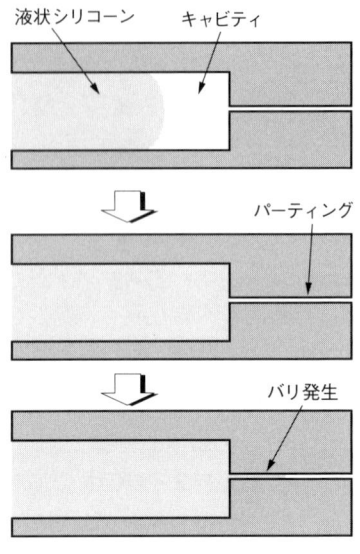

図3　バリの発生要因

4.1　ノーバリ・ランナーレス自動成形用材料

近年，液状シリコーンの射出成形においてノーバリ・ランナーレス成形という方法が普及し始めている．これは，無駄な硬化物が発生せず2次加工が不要な成形，すなわちスプルー・ランナーは存在せず（あるいは存在しても硬化しない），バリは生成しないという成形方法である．この成形方法を行うには，金型の構造やパーティング面などの精度，射出機の計量・吐出精度に加え，材料においてもバリの生成しにくい材料が必須となる．図3のようにキャビティ内に吐出された材料が，キャビティ充填終了後も計量過多，あるいはシリコーンの熱膨張などにより，パーティング面まで流れ込んだものが，硬化してバリとなってしまう．パーティング面を狭くすればバリは発生しにくくなるが，同時にエアが逃げにくくなり，成形物に気泡を巻き込む原因となってしまう．

図4は，ノーバリ成形に適した材料の硬化性を示したもの．従来品と比較して硬化カーブがシャープ（硬化の開始から終了までが短い）になっている．このような材料を使用し適切な射

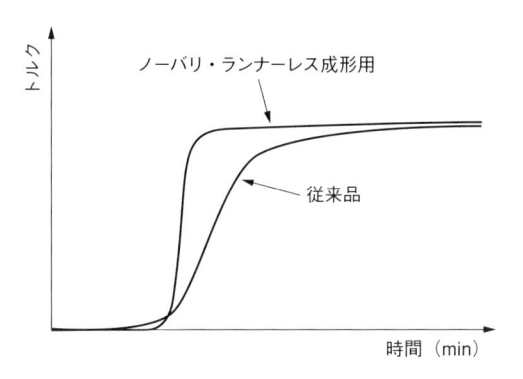

図4 ノーバリ成形用材料の硬化性

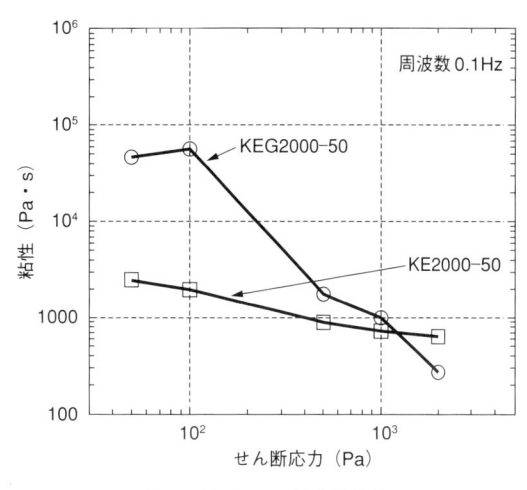

図5 粘性-せん断応力曲線

出条件を選ぶことにより，材料がキャビティを充填するまでは硬化が開始せずに流動性がよく，かつ充填後は硬化がすぐに終了して残圧などがあってもパーティング面に材料が流れ込まず，バリの発生を抑える成形が可能になる．

さらに，硬化性のみではなく，材料の流動性（粘度）もバリの発生に影響が大きいことが知られている．特にLIMS成形は，液状シリコーンゴムが流動性に優れることから，キャビティの僅かな隙間でも材料が充填されるため，ワイヤーシールなどの微細加工やダイヤフラムなどの薄物加工などによく使用される．ところが，流動性がよいということは，同時にパーティング面に流れ出てバリになりやすいという欠点を併せ持つことになる．図5のKEG 2000-50は，従来のKE 2000-50のそのような欠点を改良するために開発されたものである．すなわち，グラフのように静置やポンプによる材料供給のような低せん断応力下（低応力下）では低い流動性（高粘性）を示し，射出時や金型充填時などの高せん断応力下（高応力下）では高い流動性（低粘性）を示すように設計されている．したがって，金型キャビティ充填後は，せん断応力が瞬時に減少し，流動性が低下するためバリの発生を抑えることが可能になるというものである．

4.2 選択接着材料[5]

液状シリコーンゴムは，付加（ヒドロシリル化）反応で硬化するため，比較的低温での成形が可能であり，かつ2次キュアを必要としないことからプラスチックとの複合成形が可能である．しかしながら，シリコーンゴムとプラスチックとが一体化した成形物を得るにはプライマーを使用する必要があり，その際プライマーの塗布，乾燥といった煩雑な工程が必要になる．

これを解決するために，最近"液状シリコーン選択接着材料"が上市された．

この選択接着材料はプラスチックに接着する一方で金型には接着せず，かつ接着性の発現が短時間であるという従来のシリコーン接着剤とは異なる特徴を持つため，インサート成形や2色成形への応用が可能である．すなわち，シリコーンゴムとプラスチックとの2色成形や，プライマーを使用せずにインサート成形を行うことにより，ゴムと樹脂とが接着し一体化した成形物を得ることができる．一方，プライマー塗布によるインサート成形では，樹脂とプライマーの濡れ性によるはじき・塗りむらの問題，乾燥工程における形状と乾燥条件の問題など種々の成形不良・接着不良となる要因に加え，多量の溶剤を使用することによる作業環境への問題も無視できない．また，2色成形においても従来のタイプでは，樹脂界面との接着性を持たな

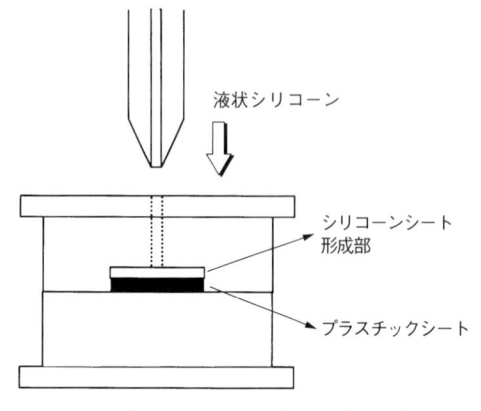

図6 プラスチックインサート成形概略図

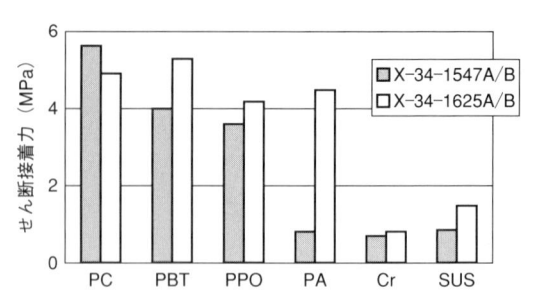

図7 インサート成形による成形物の接着強度

いため，嵌合（組み込み）により一体成形物を得る必要があり，金型・成形物の構造上の制約が問題となっていた．以上の点においてこの選択接着材料を使用することにより，プライマーを使用しないインサート成形や，構造上の制約を受けない2色成形が可能になる．

〈選択接着材料の実際〉

以下に選択接着材料について，実際にインサート成形を行った結果を記す．

インサート成形：市販の各種熱可塑性樹脂および金属のテストピースについて図6のような方法でインサート成形を行った結果を示す．それぞれ樹脂または金属を金型にセットし，［金型温度120℃−硬化時間120秒］で一般用選択接着材料 X-34-1547 A/B を，［金型温度165℃−硬化時間60秒］でポリアミド用選択接着材料 X-34-1625 A/B を成形し，せん断接着試験を行った結果を図6に示す．図7に示すとおり金型あるいは金型の表面処理材質であるSUS（ステンレス）やCr（クロム）にはほとんど接着性を示さず，各種のプラスチックには強固に接着していることがわかる．

以上，シリコーンゴムの基本的性質，とくに液状シリコーンゴムの最近の動向およびそれらに適する材料について紹介した．液状シリコーンゴムは，省エネ・環境への負荷が小さいなどの点から，近年，一般のシリコーンゴムが成長率を鈍化させる中で，堅調な伸びを示している．しかしながら，それら液状シリコーンゴムの性能を十分に引き出すには，それに見合う金型や射出成形機の能力や精度も必要である．材料の性能向上とともに，成形加工技術の進歩が今後もよりいっそう期待される分野である．

参考文献

1) Stark, F. O. et. al. : *Comprehensive Organometallic Chemistry*, **2**, 305 (1982), Pergamon Press
2) 井上凱夫：日ゴム協誌, **62** (12), 803 (1989)
3) 熊田誠，和田正：最新シリコーン技術, 107 (1986), シーエムシー
4) 黛哲也編，島本登：シリコーンの応用展開, 246 (1998), シーエムシー
5) 廻谷典行：プラスチックスエージ, **46** (1), 137 (2000)

（信越化学工業㈱　シリコーン電子材料技術研究所
第2部開発室・廻谷　典行）

第6章 熱硬化性樹脂
6-3. フェノール樹脂

フェノール樹脂（PF）は「古くて新しい樹脂」とよくいわれる．その意味は，最初に生産され実用化されたプラスチックであり100年の歴史を有しているが，その間に常に新しい用途が開発され現在においても建設・機械などの基幹産業を支えさらにハイテク産業といわれる自動車・電気・電子機器産業などの需要分野でも揺るぎない地位を占めている点にある．

1. 樹脂の歴史

1872年　A. von. Bayer（ドイツ）がフェノールとアルデヒドから樹脂状物ができることを見出す．

1907年　Leo. Hendrik. Bakeland（アメリカ）がフェノール樹脂の製造法特許を出願する．

1910年　Bakelite Gmbh 社（ドイツ）設立．世界で始めて合成樹脂プラント完成．General Bakelite 社（アメリカ）設立．

1914年　フェノール樹脂製造技術がアメリカより日本に入る．

その後1949年までは日本のプラスチックの第1位を占めてきた．

2. フェノール樹脂の基本的性質

フェノール類とホルムアルデヒドの反応速度はpH 1〜4では水素イオン濃度に比例し，pH 5以上では水酸イオン濃度に比例する．このことは反応機構が変わることを示している．pHによって2種類のプレポリマーが得られる．

酸性サイドでは求電子的芳香族置換（ヒドロキシメチレンカルボニウムイオンとフェノールの反応→ベンジルカルボニウムイオンの生成）に相当し，ノボラック樹脂が得られる．また，アルカリサイドでは求核的なフェノキシドがメチレングリコールと反応し，レゾール樹脂が得られる．

ノボラック樹脂は熱可塑性であり，ヘキサミンなどの硬化剤を添加し，熱硬化を行う．

レゾール樹脂は熱硬化性であり，熱により，また，酸などを添加することにより，常温硬化を行う．

フェノール樹脂は実用上，紙，布，有機繊維，無機繊維などに含浸，またはいろいろな種類の充填材を配合し，最終用途に応じた製品形状において最終硬化反応を行うのが一般的である．

製造条件や原料配合を調整することにより樹脂特性を広く制御できる上，硬化すると機械特性，耐熱性，難燃性，耐薬品性，耐候性，電気絶縁性など優れた性能が得られる．反面，赤褐色に着色するため，自由な着色ができない，耐アーク性，耐アルカリ性に劣るなどの欠点もある．

各種の合成樹脂に比べてもフェノール樹脂ほどコスト，諸特性，加工性，耐久性などのバランスの取れた樹脂は少なく，機能性材料として各方面で使用されている．

3. 樹脂の製法と種類，構造，特徴，用途

3.1 樹脂の製法と種類

フェノール樹脂は主原料のフェノール類とホルムアルデヒド類のモル比および触媒の種類により熱硬化性のレゾール樹脂と熱可塑性のノボラック樹脂に大別される．

表1 フェノール類

名称		分子量	融点(℃)	沸点(℃)
Phenol	hydroxybenzene	94.1	40.9	181.8
o–Cresol	1-methyl-2-hydroxybenzene	108.1	30.9	191.0
m–Cresol	1-methyl-3-hydroxybenzene	108.1	12.2	202.2
p–Cresol	1-methyl-4-hydroxybenzene	108.1	34.7	201.9
p–tert. Buthylphenol	1-tert-butyl-4-hydroxybenzene	150.2	98.4	239.7
p–tert. Octylphenol	1-tert-octyl-4-hydroxybenzene	206.3	85	290
p–Nonylphenol	1-nonyl-4-hydroxybenzene	220.2	—	295
2,3–Xylenol	1,2-dimethyl-3-hydroxybenzene	122.2	75.0	218.0
2,4–Xylenol	1,3-dimethyl-4-hydroxybenzene	122.2	27.0	211.5
2,5–Xylenol	1,4-dimethyl-2-hydroxybenzene	122.2	74.5	211.5
2,6–Xylenol	1,3-dimethyl-2-hydroxybenzene	122.2	49.0	212.0
3,4–Xylenol	1,2-dimethyl-4-hydroxybenzene	122.2	62.5	226.0
3,5–Xylenol	1,3-dimethyl-5-hydroxybenzene	122.2	63.2	219.5
Resorcinol	1,3-dihydroxybenzene	110.1	110.8	281.0
Bisphenol–A	2,2-bis(4-hydroxyphenol)propane	228.3	157.3	—

(1) モノマー

①フェノール類（表1）

フェノール類はベンゼンに水酸基が直接結合した芳香族化合物である．アルコール類と異なる点は弱酸であり，一般に無色の固体である．

②アルデヒド類（表2）

ホルムアルデヒドは工業的なフェノール樹脂の合成に使用されている事実上唯一のカルボニル化合物である．

(2) ノボラック樹脂

ノボラック樹脂の製法には一般に酸触媒を用いてフェノール／ホルムアルデヒド比（F/P比）が1以下で合成される．合成方法としては一般に常圧100℃で数時間縮合反応し，その後常圧脱水，減圧脱水を行い水分やモノマー類を除去し樹脂を得る．

酸触媒としてシュウ酸，塩酸，硫酸，トルエンスルフォン酸，およびリン酸などがあげられる．よく使用される触媒としてはシュウ酸二水和物であり，シュウ酸は真空中では約100℃，常圧では157℃で昇華する．さらに温度が高くなると（180℃）一酸化炭素，二酸化炭素および水に分解するので触媒除去工程を必要としない．また，シュウ酸は還元作用があり非常に明るい色の樹脂が得られる．

表2 ホルムアルデヒド類

名称	構造式	融点(℃)	沸点(℃)
Formaldehyde	$CH_2=O$	−92	−21
Acetaldehyde	$CH_3CH=O$	−123	20.8
Propionaldehyde	$CH_3-CH_2-CH=O$	−81	48.8
n-Butyraldehyde	$CH_3(CH_2)_2-CH=O$	−97	74.7
Isobutyraldehyde	$(CH_3)_2CH-CH=O$	−66	61
Glyoxal	$O=CH-CH=O$	15	50.4
Furfural	CH=CH-O-CH=C-CH=O	−31	162

(3) レゾール樹脂

レゾール樹脂は一般にアルカリ触媒を用いてF/P比1以上で合成される．合成方法としては100℃以下の常圧または減圧下で付加反応および縮合反応する．その後，触媒を中和し常圧および減圧下により水分やモノマー類を除去し，樹脂を得る．

アルカリ触媒としては水酸化ナトリウム，炭酸ナトリウム，アルカリ土類金属と水酸化物，アンモニア，ヘキサメチレンテトラミン（HMTA），および三級アミンなどがあげられる．

(4) 製造装置

フェノール樹脂の製造装置は原料タンク，計

量器，反応釜，コンデンサ（凝縮器），レシーバタンク，減圧機から構成される．製造された樹脂は性状により取り出し方法が異なる（図1）．

3.2 樹脂の構造

フェノール樹脂は2官能性モノマー（アルデヒド）と3官能性モノマー（フェノール）との段階成長重合により得られる．

フェノール類とアルデヒドが反応する時pHと温度が生成物の特性に大きな影響を及ぼす（図2）．

フェノール樹脂は用途および特性により製品の性状が異なる（図3）．

3.3 樹脂の特徴および用途

フェノール樹脂は電気絶縁性，機械的強度，耐薬品性，耐熱性，耐燃焼性に優れることから電気・電子，自動車，住宅産業などの備品や結合材，接着剤，塗料などの用途に広く使用されている．

(1) 木質系複合材料

フェノール樹脂で結合した木質系材料（パーティクルボード，合板，ファイバーボード，接着木質系構造材）はフェノール樹脂によるボンドの耐水性と耐候性がよく，その比強度が高いので屋外の構造物や湿度の高いところで使用される

こういった木質系複合材料が使用されるにいたった根拠としては，
① 天然木材の強さの異方性を少なくする
② 低品質の木材および木工廃材の利用度を高める
③ 天然木材よりも品質が良く，かつ経済的な木質造形品を作る

木材工業が他産業に伍し発展することは熱硬化性樹脂にとってもっとも重要なことである

(2) 成形材料

フェノール樹脂成形材料は最初の本当の意味でのエンジニアリングプラスチックといえる材料であり，次の基本特性を有している．
① 耐熱性がある
② 高温まで弾性率を維持している
③ 耐炎性，耐アーク性がある

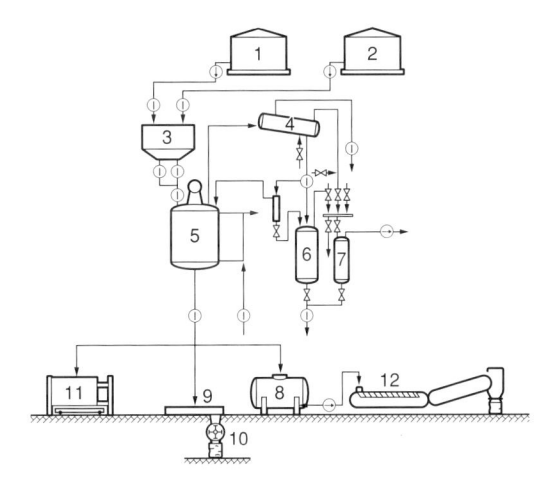

1：Phenol，2：Formaldehyde，3：Scale，4：Condenser，5：Reactor，6：Condensate receiver，7：Vacuum，8：Resin receiver，9：Resin though，10：Mill，11：Cooling carriage，12：Coolingbelty

図1　フェノール樹脂の反応装置

図2　フェノール樹脂の生成と分子構造

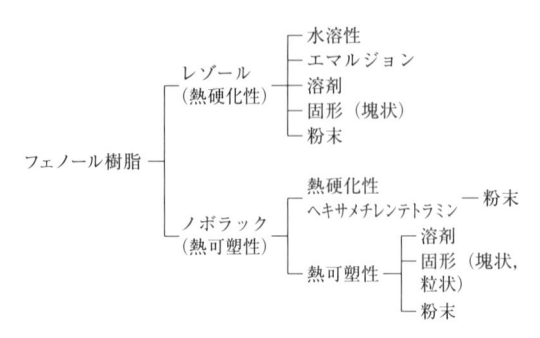

```
フェノール樹脂 ─┬─ レゾール       ─┬─ 水溶性
                │   (熱硬化性)      ├─ エマルジョン
                │                   ├─ 溶剤
                │                   ├─ 固形（塊状）
                │                   └─ 粉末
                │
                └─ ノボラック     ─┬─ 熱硬化性
                    (熱可塑性)      │   ヘキサメチレンテトラミン ── 粉末
                                    │
                                    └─ 熱可塑性 ─┬─ 溶剤
                                                  ├─ 固形（塊状,粒状）
                                                  └─ 粉末
```

図3　フェノール樹脂の分類

④薬品および洗剤に侵されない
⑤表面硬度が高い
⑥電気特性がよい
⑦低コストである

　このような特徴を生かしフェノール樹脂成形材料は家庭用その他の電気器具，電気工業用部品，および自動車産業など広範囲の分野で使用されている（図4）．

(3) 無機繊維断熱・防音材料

　断熱材および防音材の用途にフェノール樹脂はミネラル繊維やガラス繊維用バインダーとして使用される．

　フェノール樹脂で結合された無機繊維断熱材が成長した理由としてはエネルギーコストの上昇やポリスチレンに置き換わる機会が増えたことによるものである．

　建築分野へ応用する場合の望ましい諸特性としては，

図4　成形材料

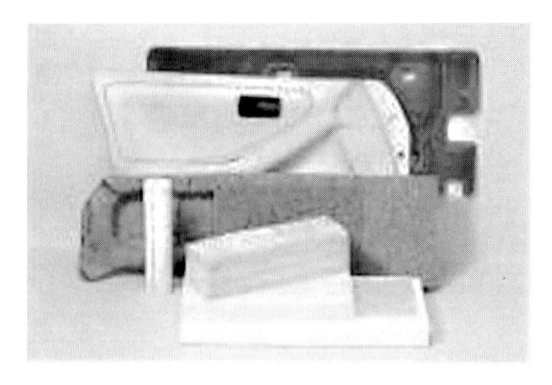

図5　断熱および防音材料

①耐熱性が高く，熱伝導率が低いこと
②熱分解温度が高い
③難燃性に優れる
④煙の発生速度が低く，量が少ないこと
⑤燃焼によって発生するガスの毒性が低いこと

　フェノール樹脂結合繊維複合材は有機発泡プラスチックに比べ使用可能な温度域の上限が著しく高いという利点がある（図5）．

(4) 積層材および樹脂含浸

　電気用積層材，化粧板用積層材，成形品，ろ紙およびバッテリセパレータを作るのに使われる紙や綿布の含浸にフェノール樹脂が適している．その理由は未硬化のフェノール樹脂が親水構造を持っているためで，低分子量のフェノール樹脂はセルロース繊維の毛細空間に浸透する．一方，高分子量の樹脂は繊維の表面を覆って繊維は撥水性を持つようになる．

　フィルタの用途では多孔質紙で充填材の入っていない紙にフェノール樹脂を含浸させ，自動車産業において，オイルや燃料のフィルタとして使用される．紙にフェノール樹脂を含浸させることで多孔性を減少させずに強度と耐膨潤性が得られる．

(5) 塗料

　フェノール樹脂系塗料は金属との接着力が高く，水蒸気および酸素の透過性が低いなどの優れた性能を持つ．さらに，耐薬品性および耐アブレーシブに優れ，高い温度での耐熱性を有す

図6 缶用塗料

る．未変性のフェノール樹脂は硬化するとリジッドな構造となり，塗膜がもろくなるためエポキシ樹脂，アルキド樹脂，天然樹脂，ポリビニルブチラールのような柔らかい疎水性の樹脂と組み合わせて用いられる（図6）．

(6) 研磨布紙

研磨布紙は木工から重研削用，ドライ研削用，耐水用など，その用途は広く種類も多く生産されている．フェノール樹脂は強度のあるタフなタイプや硬くて脆いタイプ，あるいは柔軟性に富んだタイプなど，樹脂単体や変性により要求性能に応じて使用される（図7）．

(7) 摩擦材

摩擦材にはブレーキライニング・ディスクパッドおよびクラッチフェーシングなどがあり，これらは自動車・鉄道・産業機材の分野に使用されている．

摩擦材の要求特性は，
①摩擦係数が適度に高く，かつ温度に影響を受けないこと
②耐熱性が高いこと
③高い強度と適度な弾性があること
④摩耗が少なく，相手を摩耗させないこと
⑤"鳴き"がないこと
があげられる．

こうした要求特性を満たすバインダーとしてフェノール樹脂が多く用いられており，無機系または有機系繊維と各種フィラーと配合し，使用されている．

摩擦材に用いられるフェノール樹脂は，いろいろな種類があり，たとえばノボラック，レゾール，ノボラック／レゾール混合物，ゴム変性ノボラックおよび亜麻仁油，桐油などのオイル変性樹脂などが用いられる（図8）．

(8) 鋳物

鋳造とは溶融した金属をあらかじめ作製してある型（鋳型）に流し込み，鋳造品を得る技術であり，その歴史は数千年に及んでいる．

鋳型は通常珪石をはじめとする耐火物（砂）が用いられ，バインダーは古くは粘土，セメント，近代では水ガラス（珪酸アルカリ）といった無機系が主流であったが，現代では生産性の高い有機系に変わってきている．その中で特に高品位用にはフェノール樹脂が使われている．

高品位な鋳物を経済的に量産するのに必要な特性は，
①崩壊性がよいこと
②砂を回収・再生して使用できること
③鋳型の寸法精度が高く，鋳物欠陥の少ないこと

図7 研磨布紙 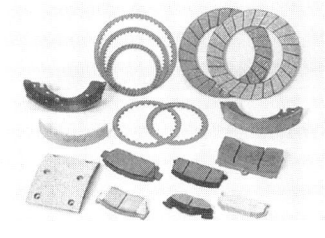　　図8 摩擦材 　　図9 鋳物

④鋳型の硬化時間が短く生産性がよいこと

一般にフェノール樹脂を使用した鋳型造型方法には熱硬化鋳型（シェルモールド法）と自硬性鋳型（ノーベーク法）がある（図9）．

(9) 接着剤

クロロプレン系接着剤，NBR系接着剤などのゴム系接着剤のタッキファイヤー（粘着性付与剤）としてフェノール樹脂が使用される．フェノール樹脂を添加することで，接着強度，耐熱性，耐クリープ性が向上し，なかでも耐熱性では樹脂の中でトップクラスに位置する．樹脂の種類としてはアルキルフェノールを使用したものが一般的であり，用途としては製靴，自動車内装，家具，建築分野がある（図10）．

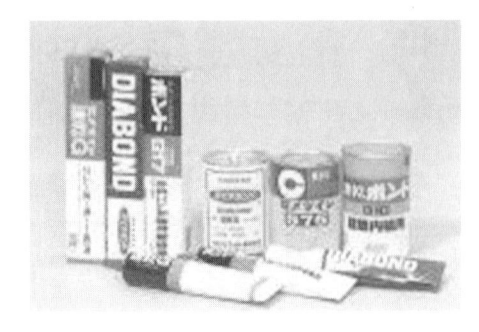

図10　接着剤

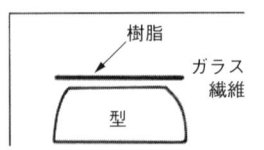

図11　ハンドレイアップ法

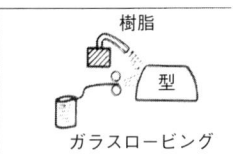

図12　スプレイアップ成形法

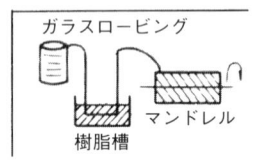

図13　フィラメントワインディング成形法

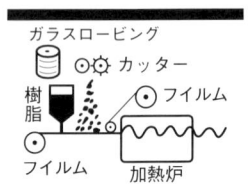

図14　連続成形法

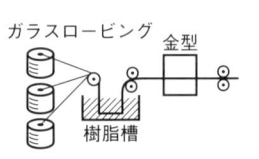

図15　引き抜き成形法

図16　レジンインジェクション法

4. 各種成形方法

これまでに述べたフェノール樹脂の用途は一般にバインダーとしての使用が主であるがフェノール樹脂を主剤として使用し，その特長を生かした用途がFRP，発泡である．

4.1 FRP用フェノール樹脂

FRPとは，繊維を強化材とし熱硬化性樹脂をマトリックスとした複合材で，一般的にはガラス繊維と不飽和ポリエステル樹脂の複合材のことをいう．

①特徴：軽量であり他の材料と比べて一定重量での比強度，比剛性に優れ，成形が容易でデザインの自由度がある．

②用途：建設機械，住宅用機器，船舶，自動車，車両，タンク容器，工業材料などがある．

(1) FRPの成形方法

FRPの主な成形法には次のような各種の方法がある．成形品の形状，寸法精度，物性，数量，コストなどを勘定して適当な成形方法が選択される（図11～16）．

(2) フェノールFRP

フェノールFRPとは，繊維（ガラス繊維，カーボン繊維）を強化材とし液状レゾール型フェノール樹脂をマトリックスとした複合材料をフェノールFRPという．

特徴としては軽量でポリエステルFRPと同様な成形法が可能であり，難燃，耐熱性に優れているため，ポリエステルFRPおよび金属の代替が可能である（表3）．

(3) フェノールFRPの特徴

1）高難燃性

フェノールFRPはプラスチックの中でもっ

表3 特性比較

種　別	比　重	引張り強さ (MPa)	比抗張力 (MPa)	弾性率 (GPa)	アイゾット衝撃強さ (J/m²)	難燃基準
アルミニウム	2.7	150〜200	56〜74	70	600〜900	不燃性
鋼材（ss-41）	7.8	400〜500	51〜64	209	1500	不燃性
ポリエステルFRP	1.8-1.9	100〜480	167〜252	8〜40	40〜120	準難燃性
フェノールFRP	1.4-1.8	100〜400	214〜222	8〜40	40〜120	準不燃性
硬質塩ビ	1.4	40〜70		3	4〜5	

とも燃え難い材料で，建築基準法の規定で「準不燃」，国交省法では「不燃性」のグレードを取得でき，また酸素指数も高いことから，各種試験で高い難燃性能を示す．

① 建築関係

　フェノールFRPは，国交省施工例（第一条第五項）に規定する準不燃に合格している．また，準不燃の通則認定を取得している（9社）．

　　施工番号：準不燃材料 QM-9810
　　申請者：社団法人強化プラスチック協会

② 鉄道車両関係

　フェノールFRPは，国交省例第151号5節83条の鉄道車両用燃焼試験の不燃性に合格している．

　　登録番号：車材燃試 3-734 K
　　（社団法人日本鉄道車両機械協会において試験実施）

2）低発煙性

　フェノールFRPは，燃焼時はきわめて発煙性が低く，人体に悪影響を及ぼす有害ガスの発生はしない．

3）耐熱性

　他のFRPと比較して，高温時において高い強度保持率を示す．

4）耐薬品性

　フェノールFRPは，耐酸性に優れて，特に高温での耐酸使用に適している．

(4) フェノールFRPの施工

① 耐食煙突：フィラメントワインディング法（図17）
② ベンチ：RTM（レジントランスファーモールディング法，図18）
③ 屋根：スクリンプト法（真空成形法に類似した成形法，図19）
④ 空調ダクト：ハンドレイアップ法（図20）
⑤ 送電線カバー：引抜き成形法（図21）

4.2 発泡用フェノール樹脂

(1) 発泡体とは

　プラスチックを何らかの方法で発泡または多孔質化したものが発泡体であり，気体が固体に分散した状態をいう．

1）代表的な発泡体

　・ポリウレタンフォーム
　・ポリスチレンフォーム
　・ポリエチレンフォーム

2）発泡体の特徴

① 長所：軽量，成形性・複合化が可能，可とう性．
② 短所：耐熱性の低下，燃えやすくなる．

3）気泡構造（図22）

① 独立気泡構造

　気泡膜が密閉され内部に発泡ガスを封じ込めたもの．

② 連続気泡構造

　気泡膜が完全にないものやピンホールにより連通化した気泡をいう．

図17　耐食煙突

図18　ベンチ（RTM；レジントランスファーモールディング）

図19　屋根（スクリンプト）

図20　新幹線（あさま）空調ダクト

図21　送電線カバー

(2) 発泡用フェノール樹脂の種類

フェノール樹脂を使用した発泡体はフェノール樹脂の特徴である耐熱性や難燃性を利用しさまざまな分野で用途展開が図れる．

1）フェノールフォーム

レゾール型フェノール樹脂に気泡調整剤としての界面活性剤（整泡剤）および低沸点溶剤（発泡剤）と酸性硬化剤を混ぜ合わせることで，フェノール樹脂の縮合反応が始まり，この縮合熱により発泡剤が気化し，フェノール樹脂が3次元架橋しフェノールフォームを得ることができる（図23，24）．

2）フェノールウレタンフォーム

ノボラック型フェノール樹脂をベースに気泡調整剤としての界面活性剤（整泡剤）および低沸点溶剤（発泡剤）と架橋剤としてイソシアネートを付加重合し，この重合熱により発泡剤が気化し，ウレタン架橋したフェノールウレタンフォームを得ることができる（図25，26）．

(3) 発泡用フェノール樹脂の特徴

①難燃性：耐火性・耐炎性に優れる．

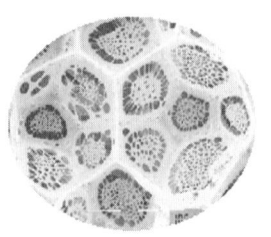

独立気泡　　　　連続気泡

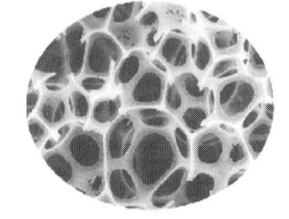

図22　気泡構造

図23 レゾール型フェノール樹脂の酸硬化

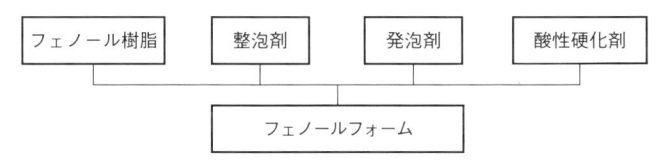

図24 フェノールフォームの原料組成

図25 ノボラック型フェノール樹脂のイソシアネートとの架橋

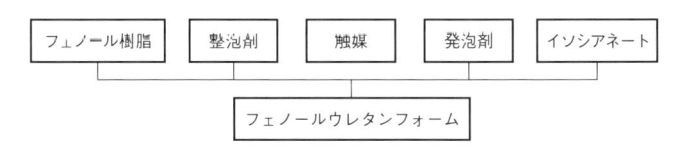

図26 フェノールウレタンフォームの原料組成独立気泡連続気泡

図27 高圧発泡機

図28 低圧発泡機

図29 スプレー発泡機

② 耐熱性：高温寸法変化に優れる．
③ 環境対応：ノンホルムアルデヒドタイプ．
　（フェノールウレタンフォーム）
④ 高断熱性：微細な独立気泡による高断熱性能を示す．
⑤ 生産性：硬質ポリウレタン発泡機が使用可能．
　（フェノールウレタンフォーム）
(4) 発泡方法・設備
　フェノールフォーム，フェノールウレタンフォームはともにブロック発泡，注入発泡，連続ラミネート発泡，現場スプレー発泡が可能である．

　一般に発泡機を使用して，いずれの発泡方法も原料を混合して吐出させるまでは共通であり，その後，どの空間で発泡硬化させるかが変わってくる．発泡機には原料の性状や用途に応じて高圧タイプと低圧タイプが使用される（図27～29）．

1) ブロック（スラブ）発泡方法

ブロック（スラブ）発泡方法は連続法，バッチ法いずれも可能であり，ブロック状または連続の食パン状に発泡させる方法である．

2) 注入発泡

一般に多段プレスを使用してパネルの上下に面材を挟み，この空間に発泡体を注入する方法である．

3) 連続ラミネート発泡

連続ラミネート発泡は基本的にバッチ式のサンドイッチパネルを製造法を連続的に行う方法である．このために一般にダブルコンベアを使用する．使用できる面材の選択幅が拡がり製品の多様化に対応できる方法である．

4) スプレー発泡

スプレー発泡は2成分原液を小型高圧発泡機でスプレーさせるもので，50～100 mの加熱ホースを装着し，あらゆる現場で施工できる方法である．

(5) 発泡方法と用途（図30）

フェノールフォーム，フェノールウレタンフォームの主な用途は断熱材であり，従来の断熱材であるウレタン，スチレンフォームやグラスウールと競合する分野もある．

1) ブロック（スラブ）発泡

大型ブロック（スラブ）状に発泡して，所定の形状に裁断して使用する．用途としてはパイプカバーや定尺ボード，花材用の剣山などに使用される．

2) 注入発泡

注入発泡で生産された発泡体の主な用途は冷凍冷蔵庫や工場や事務所棟，クリーンルームなどに使用される．

3) 連続ラミネート発泡

連続ラミネート方式で生産された発泡体は各種の面材と複合させることで，製品形態は一般ボード，サンドイッチパネル，金属サイディングなどがある．これらは冷凍冷蔵庫，断熱雨戸，各種屋根，外壁材として使用される．

4) スプレー発泡

現場で施工が可能であるスプレー発泡はシームレスな断熱層の形成が最大

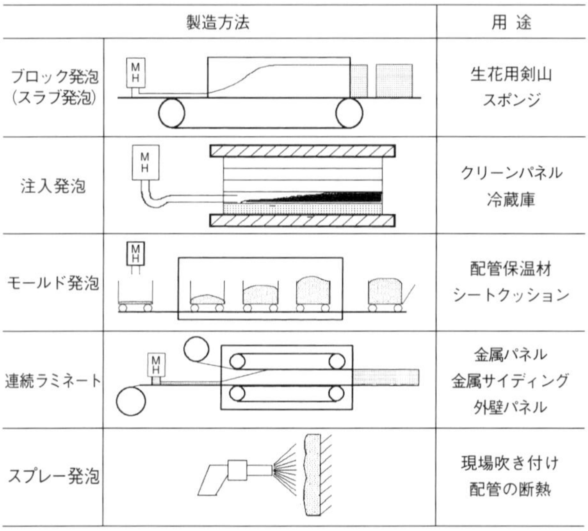

製造方法	用途
ブロック発泡（スラブ発泡）	生花用剣山 スポンジ
注入発泡	クリーンパネル 冷蔵庫
モールド発泡	配管保温材 シートクッション
連続ラミネート	金属パネル 金属サイディング 外壁パネル
スプレー発泡	現場吹き付け 配管の断熱

図30 発泡方法と用途

表4 発泡体特性比較

項 目	単 位	フェノールフォーム	フェノールウレタンフォーム	ポリウレタンフォーム	ポリスチレンフォーム
密 度	kg/m^3	40	35	35	30
熱伝導率	W/m・K	0.022	0.018	0.018	0.030
圧縮強度	N/cm^2	15	18	18	20
耐熱温度	℃	150	120	80	60
燃焼性	JIS A-1321	2級	2級	該当せず	可燃

6-3. フェノール樹脂

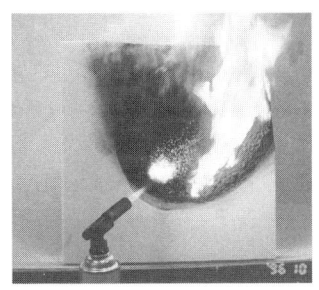

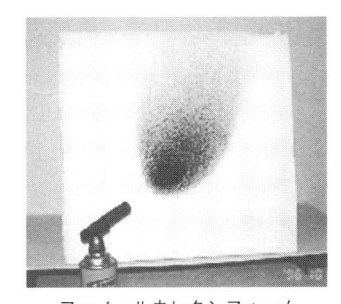

ポリウレタンフォーム　　　　フェノールウレタンフォーム　　　　フェノールフォーム

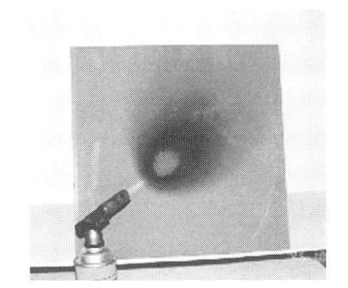

図31　燃焼性の比較

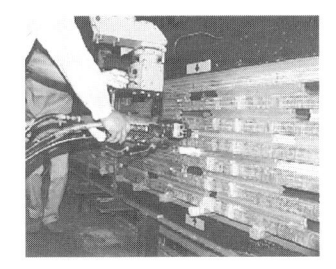

図32　注入発泡 　　　　図33　スプレー発泡 　　　　図34　ブロック発泡

図35　金属パネル 　　　　図36　配管材

の特徴であり，住宅断熱（結露防止），農水産物倉庫断熱，冷蔵庫などに使用される．

(6) 発泡体の特性

発泡体の特性はその製造方法，用途によって異なるが断熱材としての発泡体特性の特長は難燃性であり，他種プラスチックフォームに比べ耐火性，耐炎性に優れた難燃性を示す（表4，図31）．

(7) フェノール樹脂発泡体の施工

①注入発泡（図32）
②スプレー発泡（図33）
③ブロック発泡（図34）
④金属パネル（図35）

⑤配管材（図36）

フェノール樹脂は長い歴史の中で，あらゆる分野で使用されてきたが，今後もフェノール樹脂の需要の増加を図るために樹脂の特長を生かしつつ環境問題やエネルギー問題にも考慮し新たな用途展開をする必要がある．

参考文献
1) Knop, A. and Pilato, L. A.：フェノール樹脂（1987第2版），プラスチックス・エージ
2) 岩崎和男：発泡プラスチック技術総覧（1989），情報開発

（昭和高分子㈱伊勢崎研究所フェノール樹脂研究室・南雲　健）

第6章 熱硬化性樹脂
6-4. 不飽和ポリエステル樹脂

不飽和ポリエステル（Unsaturated Polyester，以降UPと記述する）樹脂は主にFRP（繊維強化プラスチック）のマトリックス用樹脂や注型品用樹脂として知られている熱硬化性樹脂である．

UP樹脂の成形品は，一般にコスト対比で得られる物理的，化学的物性が高く，FRPに関しては大量生産向けから少量多品種生産向けまで多種多様な成形法が用いられるため，住設機器，自動車部品，電気部品，衣料用ボタン，波板，レジャー用品，装飾品などに広く用いられている．

以下にUP樹脂に関する一般的な技術と市場動向を紹介する．本稿はUP樹脂の一般的な紹介を主眼にしているので，さらに専門的，詳細な情報が必要な方は専門書を参照いただきたい[1,2]．

1. UP樹脂の化学

(1) 原材料

ポリエステルとは分子内にエステル結合（—COO—）を含む高分子化合物のことである．ポリエチレンテレフタレート（PET），ポリブチレンテレフタレート（PBT）などの飽和ポリエステルは熱可塑性樹脂であるが，これに不飽和基（架橋点となる二重結合）を導入し，熱硬化性を持たせたものがUP樹脂である．

エステル結合はカルボン酸（酸無水物を含むカルボキシル基）とアルコール（水酸基）の脱水縮合によって形成され，ポリエステルは2価（以上）の酸（ジカルボン酸）とアルコール（グリコール）の重合体である．

たとえば飽和ポリエステルのPETは，エチレングリコールとテレフタル酸がそれぞれの構成要素となっている．一方，UP樹脂では酸に不飽和ジカルボン酸であるマレイン酸などを用いて分子内に架橋性の二重結合を導入する．この二重結合により，熱硬化性の性質を得ることとなる．

架橋反応前の未硬化UP樹脂は数平均分子量で3000前後のオリゴマーからなり，固体状である．このオリゴマーがスチレンモノマーなどのビニルモノマーに溶解した溶液の状態で市販されている．UP樹脂の硬化反応にとって，このスチレンモノマーが非常に重要な役割をする．上記のように市販の溶液状樹脂では溶剤として機能している．ところが硬化（架橋）反応時にはこのスチレンモノマーが架橋剤としてポリエステル分子どうしをつなぐ役割を担っている．また一方，このスチレンモノマーの臭気がUP樹脂の成形工程で問題となることも多い．

図1に未硬化時，および硬化後におけるUP樹脂のモデルを示す．表1にUP樹脂を構成する原料の分類，図2に代表的な化合物を示す．

(2) 硬化反応

UP樹脂の硬化反応はラジカル硬化型反応で，硬化剤（触媒）に有機過酸化物を用いる熱硬化反応が主である．硬化温度は成形法により室温から150℃以上のものまでさまざまである．UP樹脂の硬化反応では縮重合反応に見られるような縮合水などの副生成物を発生しないという利点がある．一方，硬化反応時に系が数%程度の体積収縮を起こすという問題点がある．成形法によってはこの収縮を抑制するようなさまざまな工夫が施されることがあり，たとえば補

強材，充填材や低収縮剤の添加などが有効である．硬化剤としては硬化させる温度条件により，さまざまな分解温度の過酸化物が市販されており，それらの中から適当なものを選ぶことができる．また，UP樹脂を常温近くで硬化させる場合には過酸化物に加え，コバルト系（ナフテン酸コバルトなど）などの促進剤を併用する．

UP樹脂の一般的な硬化反応は熱硬化型が多いが，紫外線硬化型，電子線硬化型も存在し，接着剤や各種コーティング剤用途として使用されている．

2. 成形方法とその主な用途

(1) 注型成形法

充填材，骨材などを混ぜたUP樹脂液を型に注入して成形する方法．強化繊維を含まない非FRPの注入成形法のことを指す．FRP成形にもガラスプリフォームを型にセットしてそこに樹脂を注入するRTM（Resin Transfer Molding）法やBMC（Bulk Molding Compound）のインジェクション成形法などの樹脂を注型する成形法があるが，これらは注型成形法とは区別している．主な用途は以下のとおり．

a．ボタン

UP樹脂に柄剤，パールエッセンスなどの装飾目的の充填材を配合して注型成形する．

b．人工大理石（人大）

UP樹脂に透明性フィラー（ガラス粉，水酸化アルミニウム，）や柄剤などを充填材として注型成形する．浴槽，キッチンカウンター，浴室カウンターなどに使用される．浴室のように高強度が要求される場合は，FRPによるバックアップ（裏補強）がなされる．

c．レジンコンクリート（通称レジコン），
　　レジンモルタル

コンクリート，モルタルのセメントの替わりにUP樹脂を用いたもの．コンクリートに比べて高価ではあるが，即硬化性，高強度，耐薬品性（特に耐酸性），防水性に優れる．

(2) FRP

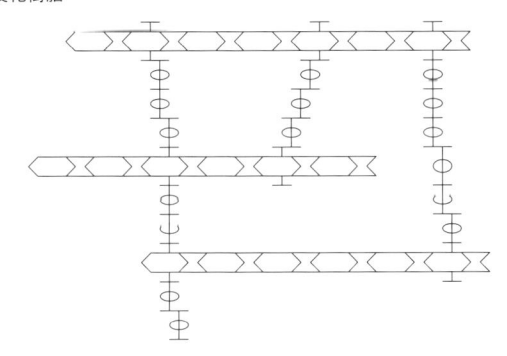

図1 UP樹脂のモデル図

飽和酸：　不飽和酸：
グリコール：　（スチレン）モノマー：

UPの合成前

未硬化のUP樹脂（モノマー溶液）

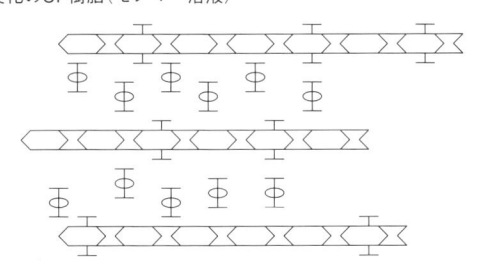

硬化樹脂

表1 UP樹脂を構成する原料

不飽和ジカルボン酸	飽和ジカルボン酸	グリコール
無水マレイン酸（一般） フマル酸 （耐熱，耐薬）	無水フタル酸（一般） テレフタル酸（耐水） イソフタル酸（耐水） ヘット酸（難燃）	エチレングリコール（一般） プロピレングリコール（一般） ネオペンチルグリコール（耐水，耐薬） 水素化ビスフェノールA（高耐水，高耐薬）

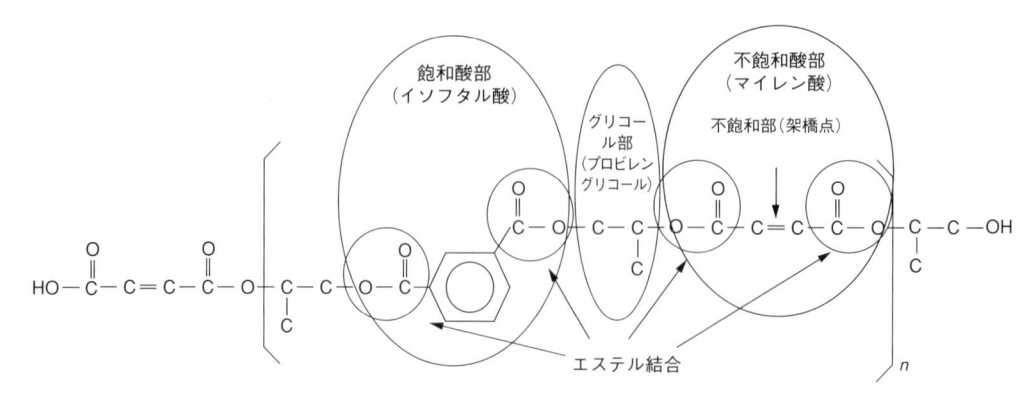

図2 代表的な UP 化合物

UP 樹脂の主要な成形法であり，FRPとは繊維強化プラスチック（Fiber Reinforced Plastics）の総称である．FRP には使用する材料，成形法により図3のように分類される．ここでは UP 樹脂を用いる主要な FRP 成形法と用途，考えられる長所と短所を紹介する．

(a) ハンドレイアップ（HLU）法，スプレイアップ（SPU）法

オープンモールド（片側型）にゲルコートと呼ばれる塗料を塗布し，製品面部の加飾を施す．その後，HLU では強化繊維マット，クロスと樹脂を積層し，SPU ではスプレーガンで強化繊維チョップと樹脂をスプレーする．この強化層をロールがけして繊維へ樹脂を含浸，脱泡する．その後50℃前後の硬化炉に数十分～数時間入れて UP 樹脂を硬化させる．

長所：設備投資が少ない．加飾，複雑形状可能．大型成形品可能．
短所：生産性低い（数個／型・日），作業環境悪い，品質が技能員の技量に大きく影響される．
用途：船舶，少量多品種の住設・自動車部材など

(b) 引抜き成形法

ガラスロービングを連続的に液状樹脂層に浸漬し含浸させた後，加温型を通して引き抜きながら成形する．

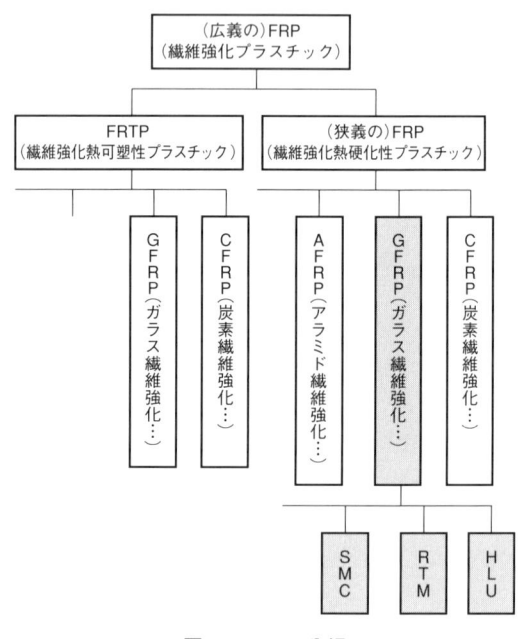

図3 FRP の分類

長所：高強度が可能．連続成形で生産性が高い．自動化が可能．
短所：形状の自由度が2次元的に制約される（棒状のもののみ）．強度に方向性が大きい．
用途：グレーチング，アングル，パイプ

(c) フィラメントワインディング（FW）法

ガラスロービングを連続的に液状樹脂層に浸漬し含浸させた後，回転するマンドレルに巻きつけて成形する．

長所：高強度が可能．自動化が可能．

短所：形状の自由度が2次元的に制約される（回転体のもののみ）．強度に方向性が大きい．

用途：タンク，パイプ

(d) RTM (Resin Transfer Molding) 法

雌雄型にプリフォーム（予備成形）された強化繊維をセットし，型締め後，液状樹脂を注入する．型を中温（80℃前後）に加温し硬化させる．近年では，RTMの応用で排気口より強制排気し，負圧により樹脂を吸引する成形法も開発されている．生産性，設備投資額からの位置付けではHLU，SPUとSMC，BMCの中間になる．

長所：クローズドモールドでは比較的設備投資が少ない．作業環境良好．

短所：強化繊維のプリフォームが必要．

用途：中量の住設機器，自動車部品

(e) SMC (Sheet Molding Compound) 法

シート状に強化繊維を予備含浸した成形材料（SMC）を高温高圧（約150℃，100 kg/cm²）にてプレス成形する成形法．成形時間は通常数分である．SMC法はその生産性の高さより，BMC法とともにUP樹脂を用いるFRP成形法の中で最大の生産量を占める成形法である．

長所：生産性が高い．作業環境良好．材料は半固体（粘土状）なので取り扱いが容易．品質が安定．

短所：プレス，金型が高価．多色成形が難しい．

用途：大量生産の住設機器，自動車部品

(f) BMC (Balk Molding Compound) 法

塊状に強化繊維を予備含浸した成形材料（BMC）を高温高圧（約150℃，100 kgf/cm²）にてプレス成形する成形法．成形時間は通常数分である．インジェクション成形も可能である．

長所：生産性が高い．作業環境良好．材料は半固体（粘土状）なので取り扱いが容易．品質が安定．

短所：プレス，金型が高価．多色成形が難しい．

用途：電気部品，自動車部品，人工大理石，住設機器

3．UP樹脂硬化物の物性

(1) 耐水性，耐薬品性

UP樹脂をユニットバスなどの住設機器の水まわり用途に使用する場合には，カルボン酸に不飽和と飽和の2種類を併用することが多い．これは，以下の理由による．ポリエステルが持つエステル結合部が加水分解を起こしやすく，水に対して弱い．一般的なUP樹脂に用いられる不飽和酸のマレイン酸は分子量が低い．そのため，相対的にエステル基濃度が上がってしまい耐水性が低くなる．そこでこの欠点を補い，UP樹脂の耐水性を向上するためにテレフタル酸などの飽和酸を併用し，系中のエステル基濃度を下げる手法がとられる．また，エステル結合の周りに芳香環のようなカサ高い官能基（位置障害の効果を示す官能基）があると水分子のエステル基への攻撃を妨げる効果もあり，UP樹脂の耐水，耐薬品性の向上に寄与する．

同様の考え方より，もうひとつの主要原料であるグリコールに関しても汎用のエチレングリコールやプロピレングリコールに対して，ネオペンチルグリコールや水素添加ビスフェノールAなどを用いると耐水性，耐薬品性の向上が期待できる．

さらに，高耐水，耐薬品性を有する樹脂として，ビニルエステル樹脂と呼ばれる樹脂両末端にのみエステル基を持つ特殊な樹脂もUP樹脂の一種に含める場合がある．

(2) 耐候性

一般的に，UP樹脂はあまり耐候性が良くない．そのため，UP樹脂に紫外線吸収剤を添加したり，モノマーに比較的耐候性の良いMMA（メチルメタクリレート）を用いたり，飽和酸

にイソフタル酸を用いることにより耐候性を向上させることも可能であるが，まだまだ課題が多いと思われる．実際に自動車用外板など，長期にわたる耐候性が必要な場合には，成形品の表面に塗装を施すことが多い．

(3) 難燃性

UP樹脂硬化物自体の難燃性は一般の樹脂と同等であると考えてよい．しかし，UP樹脂を原料とするFRPでは強化材のガラス繊維や炭酸カルシウムなどの無機充填材を多く配合するため，難燃性は一般の樹脂よりはかなり改良される．しかし，元来燃えやすい有機系の樹脂である以上，それだけでは建材などに求められるような，難燃材としての難燃性は得られない．そこで，そういった用途にはハロゲン化UP樹脂に難燃性付与剤として知られている三酸価アンチモンや水酸化アルミなどを配合してJISの難燃2級レベルを満たす成形材料も開発されている．

(4) FRPの物性

ここでは，UP樹脂の主要用途であるFRPの物性について，強化材を含まない注型品と比較して説明する．

一般的なFRPの特徴は以下の点である．
a) 比強度・比剛性に優れる
b) 耐油・耐食性に優れる
c) 電気絶縁性が良好．電波透過性もある
d) 設計自由度が高く，着色が容易

表2に注型品とFRP成形品の一般的なグレードの物性比較表を示す．

FRPは注型品と比較して，熱変形温度を含む強度物性が大幅に向上しているのがわかる．また，SMC成形品は炭酸カルシウムなどの充填材が多く含まれるため，HLU成形品に比べ剛性が高く，衝撃強さは低くなっている．

4. 分野別需要動向

表3にプラスチック製品統計年報によるUP

表2 UP注型品とFRP（ガラス繊維30%）の物性比較

	注型品	FRP(HLU)	FRP(SMC)
比重	1.2	1.4	1.8
引張り強さ(MPa)	45	100	80
曲げ強さ (MPa)	90	150	180
曲げ弾性率(GPa)	4.0	8	12
アイゾット衝撃強さ (J/m)	3	80	50
熱変形温度（℃）	120	200以上	200以上

樹脂の製品品目別消費実績，表4, 5に強化プラスチック協会によるFRPの用途別出荷量，FRPの成形法別比率を示す．

まず，UP樹脂の全体の消費量であるが，2000年前後は日本の景気動向と連動して減少傾向にあったが，2002年以降回復基調に転じてきた．また，UP樹脂はその大半をFRP（強化製品）に使用されているのがわかる．その中でも建築関係が多い．これは日本市場における特徴で，その中でも浴槽，浴室ユニット関連が最大の用途である．一方，欧米市場では，UP樹脂の使用量は自動車関連用途（外板，外装，構造部品）が多い．

FRPの成形法別の使用量を見ると，SMC，BMC法の割合がもっとも多く，さらにその割合は上昇傾向にある．この理由は，SMC，BMC法の品質，生産性，コストに優位性があるため，近年，日本のFRPの最大用途である浴槽，浴室ユニット関連製品の成形法が，HLUやSPU法からシフトしてきているためであると思われる．

近年，ようやく日本市場も回復基調に転じてきたとはいえ，いまだ，昔日の明るさはない．ところが，世界に目を向けると欧米では堅調な伸びをみせている．また，アジア諸国，とくに中国の近年の伸びはめざましく，用途を見るとまだまだ安価な注型品などが多いとはいえ，こ

表3 不飽和ポリエステル樹脂の製品品目別消費実績

(単位:トン)

品目＼年	2002	2003	2004
パイプ・継手	3,413	3,607	2,768
機械器具部品	3,628	3,925	3,878
日用品・雑貨	226	211	235
容器	1,138	1,362	1,436
強化製品	37,860	42,444	43,294
その他	2,228	2,084	2,416
合計	48,493	53,633	54,027

(出典:プラスチック製品統計年報)

表5 FRP成形法別比率(％)

分類	1998年	2001年	2004年
HLU	18	19	18
SPU	20	19	12
SMC, BMC	44	45	52
その他プレス成形	2	2	2
FW	7	5	7
連続成形(引抜きなど)	5	6	5
その他	4	4	4

(出典:強化プラスチック協会)

表4 FRP用途別出荷量推移

(単位:トン,％)

用途＼年	建設資材	浴槽・浴室ユニット	浄化槽	舟艇・船舶	自動車・車両	タンク・容器	工業機材	雑貨	その他	合計
2002	49,800	96,200	55,100	11,300	21,200	28,400	38,500	31,400	12,600	344,500
2003	50,700	97,300	48,100	10,800	24,200	26,800	38,200	29,800	11,500	337,400
2004	61,700	91,000	47,900	11,000	27,100	24,500	39,400	33,200	6,600	342,400
(構成比)	(18.0)	(26.6)	(14.0)	(3.2)	(7.9)	(7.2)	(11.5)	(9.7)	(1.9)	(100.0)

(出典:強化プラスチック協会)

こ数年，前年比10％以上の伸びを続けており，日本の使用量をあっという間に抜いていった．筆者も日本市場でUP樹脂技術に関わる者として，UP樹脂の優れた物性，加工性，経済性をいかした新機能，新用途，新製品の開発を進め，日本市場の再活性化を目指していきたいと考えている．

参考文献

1) 滝山栄一郎：ポリエステル樹脂ハンドブック (1988)，日刊工業新聞社
2) 宮入裕夫編：FRP入門 (1987)，強化プラスチック協会

(㈱ブリヂストン　建築用品開発部・澤出　雄次)

第6章 熱硬化性樹脂
6-5. ポリウレタン（PUR）

ポリウレタン（以下 PUR と略記）はポリイソシアナートとポリオールの重付加反応によって製造される高分子体である．PUR の原料であるイソシアナートは天然には存在せず，合成によってのみ製造されるものである．1849年に Wurts らにより脂肪族イソシアナートが合成され，1884年には Hentschel によりアミン（またはアミン塩）とホスゲンの反応によるイソシアナートの合成が発表され，今日のイソシアナート製造の基礎がスタートした．

その後，1937年にドイツの IG 社では O. Bayer らによってイソシアナートの反応性を合成高分子に応用する研究が開始され，PUR の実用化の一歩を歩み出したわけである．第2次大戦後，TDI のテストプラントの建設，硬質 PUR フォーム（発泡体）の製造などが開始され，1952～1954年にかけて Bayer 社では軟質 PUR フォームの連続製造法を確立し，その技術ノウハウが世界的に普及した[1]．

このように PUR は PUR フォームより始まり，エラストマー，塗料，接着剤，シーリング

表1　ポリウレタン分野別需要動向[2]

（単位：トン/年）

種類	用途	2000年	2001年	2002年	2003年	2004年
軟質フォーム	車両	108,300	103,800	108,900	109,900	110,500
	寝具	9,100	9,600	9,900	10,100	10,400
	家具・インテリア	7,400	7,200	7,100	7,200	7,100
	その他	28,600	26,100	25,800	25,800	22,400
	小計	153,400	146,700	151,700	153,000	150,400
硬質フォーム	船舶車両	3,900	5,700	4,700	4,800	4,800
	機器用	38,100	37,500	36,300	35,600	36,100
	土木・建築	38,700	38,400	36,600	36,900	36,900
	その他	29,200	28,400	25,800	23,600	22,800
	小計	109,900	110,000	103,400	100,900	100,600
エラストマー	注型用	4,700	3,900	4,000	4,300	5,000
	TPU用	11,900	10,600	11,200	12,800	14,900
	混合	400	400	400	400	500
	小計	17,000	14,900	15,600	17,500	20,400
塗料		127,700	128,800	127,700	129,000	136,900
接着剤		59,000	59,500	60,700	60,900	59,300
土木建築塗布		70,300	67,100	65,600	67,400	70,600
シーリング材		28,800	28,100	29,600	30,300	32,300
レザー・マイクロセルラー		20,900	21,300	20,500	21,100	21,100
繊維		26,300	27,200	26,800	26,500	26,300

（フォームおよび塗料は経済産業省統計生産実績を基礎にして推定．また RIM は含まない．）
※塗料は溶剤含む．
※接着剤は再調査して修正した．　※端数は四捨五入．

剤，レザー，繊維などに展開している．これらの主な需要およびその動向は表1の通りである[2]．これによるとフォームが軟質および硬質を合わせて約256千トン/年，エラストマーが約15千トン/年，塗料（溶剤を含む），接着剤などが約320千トン/年であり，PUR全体としては約600千トン/年である（2001年）．

1. PURの化学

1.1 イソシアナートの化学

先に述べた通り，PURはポリイソシアナートとポリヒドロキシル化合物の重付加反応により合成される高分子体である．実際のPURはほとんどの場合，100% PURではなく，他の化学結合が共存するもので，その意味では共重合体と見ることもできる．イソシアナートの反応性について詳細に知りたいときは成書[3,4]があるので参照されたい．

1.2 PURの生成反応

PURを製造する際に応用される代表的な化学反応を図1に示した[1]．PUR製品の製造に重要な反応について以下に述べる．

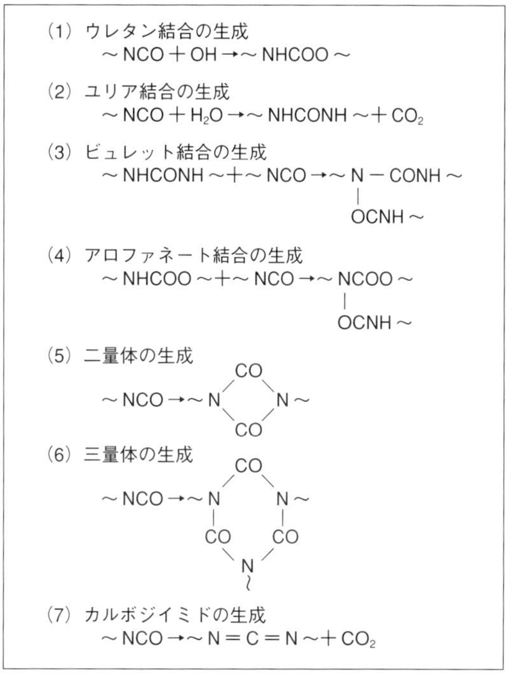

軟質PURフォームの製造では（1）ウレタン結合，（2）ユリア結合，（3）ビュレット結合の生成が重要である．すなわち，ポリイソシアナートとポリヒドロキシル化合物（一般にポリオール）が反応を繰返してPURが主成されるが，この際ポリイソシアナートと水の反応により，ユリア結合を生成しながら炭酸ガスを生成する．この炭酸ガスにより発泡体を作ることができる．また，ユリア結合は過剰のイソシアナート基により容易にビュレット結合を生成する．軟質フォームの性能は原料のポリイソシアナートおよびポリオールの種類により大きく変わるが，また，水の使用量によっても大きく変わる．すなわち，水の使用量が多ければCO_2の発生量が多くなり，密度が低下するとともにユリア結合，ビュレット結合が増加し，ポリマーの剛

```
(1) ウレタン結合の生成
     ～NCO＋OH→～NHCOO～
(2) ユリア結合の生成
     ～NCO＋H₂O→～NHCONH～＋CO₂
(3) ビュレット結合の生成
     ～NHCONH～＋～NCO→～N－CONH～
                          |
                         OCNH～
(4) アロファネート結合の生成
     ～NHCOO～＋～NCO→～NCOO～
                          |
                         OCNH～
(5) 二量体の生成
              CO
     ～NCO→～N   N～
              CO
(6) 三量体の生成
              CO
     ～NCO→～N   N～
             CO  CO
              N
              ～
(7) カルボジイミドの生成
     ～NCO＋～N＝C＝N～＋CO₂
```

図1　PUR生成時の主な反応[1]

直性を増して硬くなる．ユリア結合，ビュレット結合は水素結合を容易に生成し，見掛けの架橋密度をさらに増大することが知られている．

硬質フォームでは（1）ウレタン結合の生成が重要である．一般に硬質フォームでも少量の水を使用するのでユリア結合は生成しており（2），（3）の反応も重要である．

硬質PURのフォームのカテゴリーに入るものとしてイソシアヌレートフォーム（以下PIRフォームと略記する）がある．PIRフォームでは（1）ウレタン結合の生成，（6）三量体（イソシアヌレート結合という）が重要である．一般に（6）が多ければ多いほどPIRフォームの耐熱性，難燃性が向上する．また，このフォーム製造時には（7）カルボジイミドも少量生成するが，フォームの性能を支配するほどの生成量ではない．

一方，エラストマーなどの非発泡体を製造する際は（1）ウレタン結合とともに（2）ユリア結合，（3）ビュレット結合，（4）アロファネー

ト結合が重要になる．すなわち，ポリヒドロキシル化合物中に含有される水分（または作為的に添加された水分）により(2)，(3)の反応が進行し，架橋ポリマーを生成することになる．

また，これらの原料成分（主としてポリヒドロキシル化合物）中に水分がほとんど存在しない場合は，過剰のイソシアネート基が存在すれば，ウレタン結合とイソシアネート基の反応により(4)アロファネート結合が生成されることになる．上記の通り発泡体では(4)は性能を支配するほどではないが，エラストマーなどの場合は微量の生成でも，その性能を左右することが多い．

1.3 PUR 製造時の化学量論

一般に 2 種類以上の単量体（モノマー）の付加または縮合反応によって高分子体を製造する際には，それらの単量体を化学量論的には当量の状況で反応させることが多い．もちろん PUR の場合も同様であり，ポリイソシアネートとポリオール（ポリヒドロキシル化合物）の化学当量を等しい状況下で反応させることが一般的である．

ポリイソシアネートの化学当量を [NCO]，その他の成分の化学当量の和を [OH] で示すとき，[NCO]/[OH] をイソシアネート指数（NCO-Index）と呼び，この管理が重要なノウハウになっている．PUR 業界ではこの指数を 100 倍して，化学量論的当量の場合を 100 とし，イソシアネートの当量が多い場合は 100 を超し，少ない場合は 100 未満で示している．一般に発泡体（フォーム）を製造する時にはイソシアネート指数は 100 よりも大きく 105〜130 程度である．他方，エラストマーを製造する時にはイソシアネート指数は 100 以下であり，たとえば 98〜100 に設定することが多い．

このように化学論量的等量の管理により PUR の反応特性や性能を管理しようとする考え方は他のポリマーでは見られない方策である．これらはポリイソシアネートの高い反応性に基づくものである．

2. PUR の原料

2.1 ポリイソシアネート

前項で述べた通り，イソシアネートは高い反

表 2 各種ポリイソシアネートの物性[4]

	TDI 80	MDI	MDI ポリメリック	NDI	XDI[5]	H_6XDI[4]	IPDI[2]	HDI	H_{12}MDI[6]
分子量	174.2	250.3	360〜400	2102	188.2	194.2	223.3	168.2	262
比重	1.22 (20℃/4℃)	1.19 (50/4)	1.2	1.42 (20/4)[3]	1.2 (20)	1.1 (25/4)	1.06 (20/4)	1.04 (25/12.5)	1.07 (25/4)
屈折率	1.5663			1.4253			1.4829	1.4516	
粘度 (mPa·s)	3	固体	100〜450(25℃)[3]	固体	3.6 (20℃)	5.8 (25℃)	15 (20℃)	25 (20℃)	29 (25℃)
凝固点 (℃)	11.5〜13.5	37〜38		128〜130		約−50	約−60	−67[1]	10〜15
沸点 (℃)	251℃(蒸圧) 120℃/10 mmHg	194-199/5	190/5	183/10			158/10	140-142/20	206/10
蒸気圧 (mmHg)	$10^{-2}/20℃$	$10^{-4}/25℃$[3]	$10^{-4}/25$ 以下[3]	$5/167$[3]	$6/151$	$0.4/98$	$3×10^{-4}/20$	$10^{-2}/25$[1]	$7×10^{-4}/25$
引火点 (℃)	132	202	200 以上	155[3]	185	150	163	140	201

（参考文献）岩田，「ポリウレタン樹脂」，日刊工業新聞社
1) バイエル，テクニカルインフォメーション，2) VEBA-Chemie AG カタログ（1975），3) バイエルカタログ，4) タケダ Techinical Bulletin 1，3-ビス（イソシアネートメチル）シクロヘキサン（H_6XDI），5) タケダ Technical Bulletin TB-41 TAKENATE 500，6) Du Pont カタログ "Hylene W"

応性をもち，PURの設計には不可欠の原料である．現在，PURの製造に使用されているポリイソシアナートは芳香族系，脂肪族系，脂環族系かのいずれかである．各種ポリイソシアナートの物性を表2に示した[4]．

2.2 ポリオール

PURの製造に使用されるポリオール（ポリヒドロキシル化合物）としてはポリエーテルポリオール，ポリエステルポリオール，ポリマーポリオール（ポリエーテルポリオール変性体），ポリ（テトラメチレン）エーテルグリコール，などがある．

2.3 鎖延長剤，架橋剤

ポリウレタンオリゴマー，プレポリマーをさらに高分子化するために鎖延長剤や架橋剤が使用される．2官能性のジアミン類やジオール類は鎖延長剤として，3官能以上の多官能性化合物は架橋剤として，重要な役割を果たす．エラストマー，繊維にとって不可欠の原料である．

2.4 触媒

PURの生成反応は一般の化学反応と同様に原料の化学構造や反応系の濃度，触媒の種類と量によって影響を受ける．PUR製造時に使用される触媒はその種類，使用量によって反応速度が変わるほかに，反応混合物の流動性，生成物の形成状態の変化，物性などに強く影響を与える．イソシアナートの共鳴構造に対して求核性または求電子性をもつものが触媒作用をもつことになる．前者は第3級アミンであり，後者は有機金属化合物である．第3級アミンはルイス塩基であり，有機金属化合物はルイス酸としての挙動を示す．

第3級アミンとしてはモノアミン（トリエチルアミンなど），ジアミン（テトラメチルエチレンジアミンなど），トリアミン（ペンタメチルジエチレントリアミンなど），環状アミン（トリエチレンジアミンなど），アルコールアミンなどがある．有機金属触媒としてはスタナスオクトエート，ジブチル錫ジラウレートなどがある．

2.4 発泡剤

フォーム（発泡体）の製造には不可欠の原料である．水とイソシアナートの反応によってCO_2を利用する技術が主として軟質フォームに広く普及している．最近は硬質フォームにも，この技術が展開されている．また，高い断熱性を要求する電気冷蔵庫や建築材料の分野ではフロン類（CFC，HCFC）が使用されてきたが，HFCや炭化水素（ペンタン類）に代替されつつある．

2.5 その他

フォームの製造にはきわめて重要な役割を果たすものとして整泡剤がある．整泡剤としてはシリコーン系が主体であり，ポリジメチルシロキサンのEO/PO付加物が使用されている．また，このほかに難燃剤，安定剤，充填剤，補強材，着色剤などが使用されているが，これらについては省略する．

3. 成形方法，成形設備

3.1 発泡体（フォーム）の成形

PURフォームを分類すると軟質（可撓性）フォームと硬質フォームになる．外部荷重に対して自由に変形し，荷重を除けば元に戻るものが軟質フォームである．一方，外部荷重により破壊して原形に回復しないものが硬質フォームである．軟質フォームと硬質フォームの中間的性質を持つものを半硬質（または半軟質）フォームというが，広義では軟質フォームに含めるべきであろう．このような考え方に立って分類して図2に示した．図2では軟質，半硬質，硬質に分け，さらに製造方法により細分化して示した．

PURフォームの代表的な成形方法の例として，スラブ発泡法（ブロック発泡法）の例を示す．スラブフォームは大きい食パン状の形で製

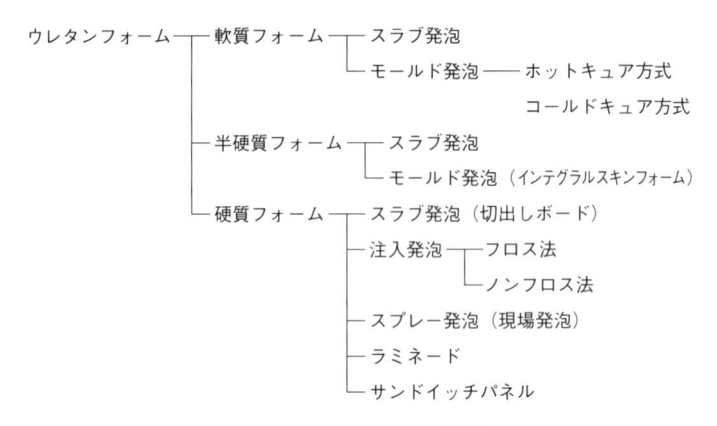

図2 PURフォームの分類[1]

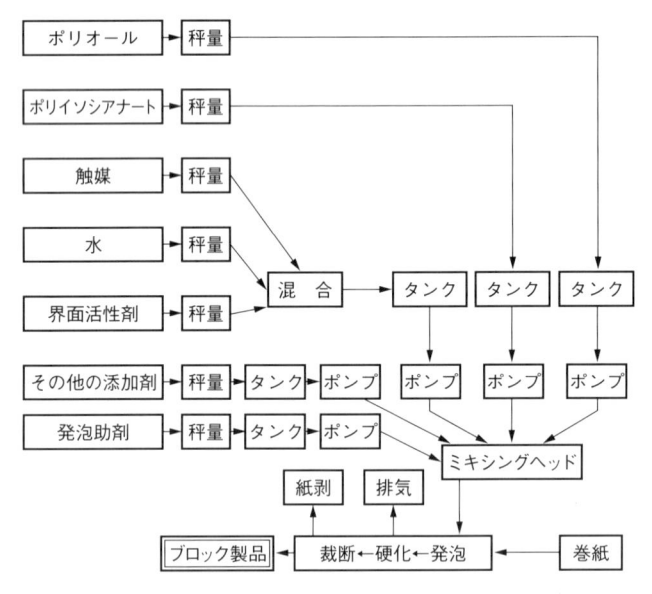

図3 軟質スラブフォームの製造工程フローシート[4]

造されることから，ブロックフォームとも言われている．この大きい連続したブロックを必要な形状に裁断加工して各種の用途に使用する．全世界で生産されるPURフォームの約1/3が軟質スラブフォームであるといわれる．

軟質スラブフォームは一般的にはコンベア上に連続的に繰り出される紙またはプラスチックフィルムの上に，専用の大型発泡機で連続的に計量混合された原料を吐出させ，自己反応熱およびトンネル式加熱炉で発泡硬化させて製造される．したがって，専用設備と特有の技術ノウハウが必要である．製造工程のフローシートを図3に示した[4]．

なお，硬質スラブフォームも同様の方法で製造される．

3.2 エラストマーの成形

PURエラストマーの分類法は種々あるが，成形加工方法によって分類するのがもっとも一般的であり，その分類結果を図4に示した．このうち，TPU（ウレタン系の熱可塑エラストマー）は予め熱可塑性のPURエラストマーを塊状重合法などで合成しておき，それを他の熱

```
                    ┌─ 注型エラストマー ─┬─ ワンショット型
                    │                  │                  ┌─ 非発泡型
                    │                  └─ プレポリマー型 ─┼─ 低発泡型
PUR エラストマー ───┤                                     ├─ マイクロセルラー型
                    │         ┌─ 完全TPU                   └─ スプレー型
                    ├─ TPU ───┤
                    │ (熱可塑エラストマー)
                    │         └─ 不完全TPU
                    └─ 混練型エラストマー
```

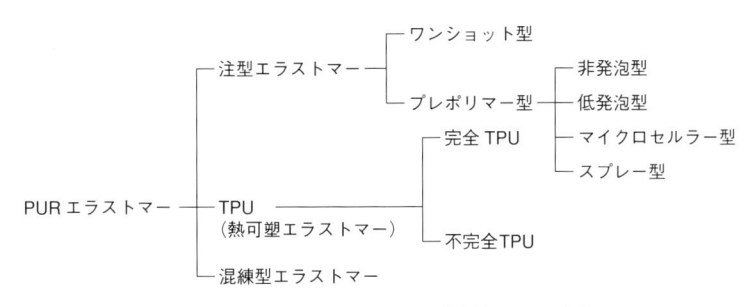

図4　PUR エラストマーの形成方法による分類

可塑性樹脂と同様に射出成形，押出成形などにより，固形成形品，フィルム，シートなどに成形する．TPU 以外のエラストマーは注型成形法により成形される．

3.3　RIM および RRIM

RIM (Reaction Injection Molding) は反応射出成形法ともいわれ，1960 年代にドイツで発表された成形法である．開発当初は硬質低発泡成形品（合成木材）が主体であったが，その後，米国で自動車部品（バンパなど）の成形に応用され急速に発展した．また，RRIM は原料中に強化材としてガラス繊維，ガラス粉末，マイカ，炭酸カルシウムなどを添加して成形する方法である．

3.4　その他の PUR の成形法

PUR の用途分野としては先の表1に示した通り，フォーム，エラストマー，RIM 以外として塗料，接着剤，繊維，シーラントなどがあるが，それらは省略した．基本的には他の樹脂を使用する場合に類似しているので，それらを参照願いたい．

4．PUR の性能と用途

4.1　PUR フォームの性能と用途

(1) 軟質フォーム

軟質フォームは良好なクッション特性，オープンセルによる通気性，吸音性にすぐれる．また，配合処方により広範囲の密度，クッション特性を作り出すことができるので，非常に広範囲の市場が展開している．

表3　軟質 PUR フォーム（ブロック発泡）の代表的な性質

種類　　項目	ポリエーテル型	ポリエステル型
密度（kg/m³）	20	30
25% 硬さ（kgf）	15.0	18.0
圧縮残留歪（％）	4.5	5.5
引張り強さ（N/cm²）	15.0	20.0
伸び（％）	150	250
反発弾性率（％）	45	35

(注) JIS K 6401 に準拠

市販されている代表的な軟質フォームの性能の測定結果を表3に示した．軟質フォームの用途としては，スラブフォームでは家具用クッション，寝装具，自動車クッション，衣料用，一般家庭雑貨用など，モールドフォームでは自動車クッション，寝具マットレスなど，また，半硬質フォームでは自動車用保護パット，シール材，包装材などであり，私たちの日常生活のいたるところで目に触れるものである．

(2) 硬質フォーム

硬質フォームは断熱性，軽量高強度特性にすぐれており，各種断熱材として産業分野で幅広く使用されている．硬質フォームの代表的な性質を表4に示した．一般の硬質フォームおよびポリイソシアヌレートフォーム（PIR 変性フォーム）の例を示した．PIR 変性フォームは耐熱性および耐炎性がすぐれることより，高温領域の断熱材や防耐火建材用途で採用されている．

硬質フォームの用途として断熱機器（家庭用

表4 硬質PURフォーム（ブロック発泡）の代表的な性質

項目＼種類	一般フォーム	PIR変性フォーム[a]
密度 (kg/m^3)	30	30
圧縮強さ (N/cm^2)	25	25
熱伝導率(mW/(m·K))	220	220
独立気泡率 (%)	90	90
難燃性 (mm)	50	25
貫炎時間 (s)[b]	100	2000
寸法変化率(100℃)(%)	0.5	0.1
寸法変化率(−30℃)(%)	0.1	0.1

（注） a) イソシアヌレート変性フォーム
　　　b) Bureau of Mines（米）法に準拠
　　　c) 上記b)以外はJIS A 9514に準拠

冷凍冷蔵庫，冷凍ショウケース，温水タンクなど），土木建築用（一般住宅断熱，集合住宅，冷凍倉庫，農水産物倉庫など），プラント断熱用，輸送機関係断熱材などである．また，現場スプレー発泡による各種断熱工法は，他の材料ではできない現場施工特性を発揮し，その重要性は広く認識されている．

4.2 エラストマーの性質と用途

PURエラストマーは原料面から，ソフトセグメントを構成するポリオールの部分およびハードセグメントを構成するポリイソシアナート・鎖延長剤・架橋剤の部分よりなり，これらの原料成分の種類および比率の組み合わせにより非常に広範囲の製品を作ることができる．すなわち，ゴム弾性を示す領域からプラスチック特性を示す領域まで各種製品を作ることができる．また，充填材，補強材，可塑剤などの添加により，この領域はさらに広くなる．PURエラストマーの硬さの範囲と用途の関係を図5に示した[5]．

注型エラストマーの用途はロール類，ソリッドタイヤ，キャスター，ベルト，OA機器のブレード，ローラースケートの車輪などである．熱可塑性エラストマー（TPU）の用途はチューブおよびホース類，ベルト類，各種射出成形品，フィルムなどである．この他，混練型エラストマー，スプレーエラストマー（RIMスプレー）などが独特の用途分野で使用されている．また，医療用材料として各種エラストマーが，血液適合材料（抗血栓材料），ディスポーザル製品（カテーテル類，チューブ類，血液バッグ類），人工腎臓用ポッティング材，接着シール類などの分野で使用されている．

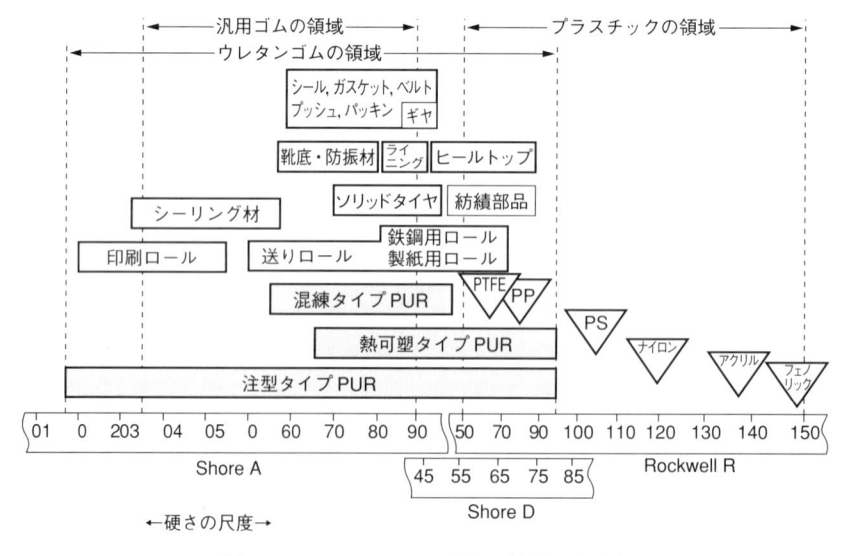

図5 PURエラストマー硬さの範囲と用途[5]

4.3 RIM,RRIM成形品の性質と用途

RIM,RRIM成形品の用途も非常に多岐にわたっており,その性質も広範囲である.弾性モジュラスの低いものから高いものに分類され,さらに強化材（補強剤の有無,すなわち,RIMかRRIMかの分別）による分類され,その用途は合成木材,自動車部品など非常に多様である[5].

4.4 その他

先に述べた通り,PURは前節の用途以外に接着剤,塗料,弾性繊維,合成皮革,防水材,シーラント,床材などの用途があるが,省略した.

5. PUR業界の課題と対応

PUR業界に迫りくる課題としては,1)地球環境の保全からくる課題,2)循環型社会形成に基づく課題,3)高性能化および新製品開発,である.1)としては発泡剤代替および発泡剤の回収の課題があり,2)としては廃棄物の発生抑制およびリサイクルの推進がある.また,3)としてはPURフォームの難燃性,耐熱性の向上,エラストマーやRIMの成形性の改善,高性能化などが採り上げられている.

これまで,ポリウレタン（PUR）の歴史,化学,原料,成形方法,性能,用途,課題と対応について概況を述べた.PURが他の樹脂と大きく異なるところは,原料の広い選択幅があり,その選択により広範囲の性能を発揮することができる点である.すなわち,PURの分子設計が性能発現をもたらし,その結果が多様な市場要求に対応して製品開発に結び付けられる点である.この大きな特徴を十分に使いこなすことによりさらなる発展が期待される.

非常に多様性をもつPURの概要は,限られた紙面で紹介することは困難であり,本稿も舌足らずの面も多々あるが,PURに関心を持つ諸賢において少しでも役立つならば,著者の最大の喜びである.

参考文献

1) 岩崎編（岩崎著）：発泡プラスチックス技術総覧,7（1989年7月）,㈱情報開発
2) フォームタイムス（2005年7月25日号）,㈱フォームタイムス社
3) Saunders, J. H. and Frisch, K. C.: *Polyurethane, Chemistry and Technology* (Part-1), 63 (1962), Interscience Publishers
4) 岩田：ポリウレタン樹脂,7（1965）,日刊工業新聞社
5) 岩田編：ポリウレタン樹脂ハンドブック,288,315,336（1987）,日刊工業新聞社

（岩崎技術士事務所・岩崎　和男）

第7章　複合・未来樹脂材料
7-1. 生分解性樹脂（バイオプラスチック）

90年代に本格的に誕生した生分解性プラスチック（以後，グリーンプラ）は，おおよそ10年間近くの雌伏を経て今日的社会の基盤資材としての役割を担うべく実用化段階を迎えた．微生物産生系が開拓した市場は，今日では脂肪族ポリエステル系および澱粉基系が中心に置き換わっている．製品の用途としては，①コンポスト化性を活かし，回収が困難で有機性廃棄物とともにコンポスト化処理することが適している用途，および②完全生分解性を活かした自然環境中での利用がそれぞれに実用化されてきた．1998年頃までは①の生ゴミ回収袋類が市場牽引役を担っていたが，現在では②の分野，すなわちマルチフィルム・育苗用ポット・土嚢等農林土木資材へ移っている．最近は新たな価値観として③生分解を誘導する化学構造自体の環境インパクトの低さに着目した用途展開が始まった．

ここではグリーンプラを巡る技術および市場動向を紹介し，成形材料としてのプラスチック資材における位置づけを概観する．

1. グリーンプラとは

グリーンプラは本書に登場してきた樹脂の中でもっとも新しい種類に属すると思われる．一言で生分解といってもその根拠や機構，さらに種類など，当事者以外には知られていない要素が多分にあろう．

1.1　古典的な認識と国際的合意に基づいた今日的な認識

市場に登場した90年代前半期におけるグリーンプラの認識は「使用中は通常のプラスチックと同様に使えて，使用後は自然界において微生物が関与して低分子化合物，最終的には水と二酸化炭素に分解するプラスチック」[1]であった．しかしながら微生物の関与の仕方は物理的・化学的・生物学的な環境にきわめて強い影響を受け，見掛けの生分解速度は使用環境・試験環境への依存性が強い．"最終的"と言う用語が如何なる時間スケールを意味しているのか解り難い点など，実用的な視点からの定義も必要とした．国際標準化機構（International Organization for Standardization, ISO）の第61専門委員会（TC-61：プラスチック担当）に属する第5分科委員会（SC-5：物理化学的性質）の第22作業部会（WG-22：グリーンプラ）の場で論議され，国際的な合意を得たプラスチック（製品）の"生分解性"の用語としての定義は「特定の標準試験法の下で所定時間内でバクテリア，菌や藻類など微生物の作用によって指定された程度に分解を受けた場合，その材料は"生分解性"がある」となっており，標準化試験法の下での所定量以上の生分解速度の確保を前提としている[2]．

1.2　標準化試験法

ISOから1999年5月に好気性雰囲気下で行う試験法3件が約4年間の審議を経て正式に発効され，わが国では2000年7月にそのJIS化版が正式に制定された．その後さらに5件が認定され，体系化整備が大きく進展した．試験法の概要を表1に示す．すでにISO/TC 207（環境マネージメント）によって作成されたISO Q 14021（環境ラベルおよび環境主張：JIS Q 14021)の中にISO 14851，14852，および14855

表1 国際標準化された生分解性試験法（2005年4月時点）

ステータス[*a]	対応JIS	雰囲気	環境	検出種	温度,℃	期間	概　要
ISO 14851	JIS K 6950[*d]	好気	水系	O_2	20–25	6ヶ月	水系培養液中の生分解度を求める試験法（日本及びドイツ提案）
ISO 14852	JIS K 6951[*d]	好気	水系	CO_2	20–25	6ヶ月	水系培養液中の生分解度を求める試験法（米国提案）
ISO 14855	JIS K 6953[*d]	好気	固体系	CO_2	58	6ヶ月[*f]	制御コンポスト中での生分解度及び崩壊度を求める試験法[*g]
ISO 14853[*b]		嫌気	水系	CO_2, CH_4	35	80日間	固体濃度1–2%程度以上の消化汚泥等の中の生分解度を求める試験法
ISO 15985[*b]		嫌気	固体系	CO_2, CH_4	52	15日間	固体濃度20%程度以上の消化汚泥等の中の生分解度を求める試験法
ISO 16929[*b]	[*i]	好気	固体系	（サイズ）	≤75	12週間	コンポスト系での資材崩壊度（砕片化）のパイロット試験法
ISO 17556	JIS K 6955[*e]	好気	固体系	CO_2	20–25	6ヶ月	土壌系での生分解度を求める試験法（日本提案）
ISO 20200[*c]	[*j]						コンポスト系での資材崩壊度（砕片化）の実験室試験法[*g]
審議過程にある課題：							
ISO 14855 −DAM 1		好気	固体系	CO_2	58	6ヶ月	イノキュラム層に多孔性無機化合物を使用する試験法[*g]
ISO 14855 −Part 2		好気	固体系	CO_2	58	6ヶ月	商用機（微生物酸化分解測定装置）を利用した試験法[*h]
CD 17088	[*k]	好気	固体系	CO_2, サイズ			ISO 14855/FDIS 16929を用いた試験手順と基準[*g]

*a：新作業課題（NWI）として採択されると，WD（作業原案）⇒CD（委員会原案）⇒DIS（国際規格案）⇒FDIS（最終国際規格案）⇒IS（国際規格）を経る（4—5年）．
*b：2001年9月の年次大会で成立．国際規格書発行待ち．
*c：2002年11月の年次大会でCDからDISを飛び越えFDISとして成立．国際規格書発行待ち．
*d：2000年7月に成立・発効
*e：日本プラスチック工業連盟にてJIS原案策定作業が完了（2003年度）．2004年度に発行の見込み．
*f：生分解が進行中であれば6ヶ月を超えて試験継続可能．
*g：制御コンポストの中での試験法．リアル・コンポスト化試験そのものではない．
*h：静岡県立大学，静岡県富士工業技術センター，及び生分解性プラスナック研究会が研究開発機構を形成して開発（2000年4月～2003年3月）
*i：2004年度に原案作成作業が完了している（日本プラスチック工業連盟）．
*j：2005年度に原案作成作業が完了している（日本プラスチック工業連盟）．
*k：2004年10月の年次大会（韓国）で復活．2005年度（中国）で試験スキーム及び基準案を策定．

（JIS K 6950, 6951, および6953）が引用されており，環境宣言において用語として用いる場合の"生分解性"・"コンポスト性"に対する使用制約に触れていることに注目されたい．

これらにあってとくにISO 14851（JIS K 6950–2000），ISO 17556, およびISO 14855, Part IIはわが国からの提案が実った案件であり，生分解性プラスチック研究会（東京，BPS）が深く関わった試験法の成立が3件となった．嫌気性雰囲気下の生分解度試験法の成立は高深度土中埋設やメタン発酵プロセスなどにおけるグリーンプラの役割が評価されること

になり，新たな実用化場面も期待される．

1.3 グリーンプラ製品の定義（識別基準）

以上の標準化試験法を拠り所としたグリーンプラおよびその製品の具体的な定義を紹介する．

2000年6月より"グリーンプラ識別表示制度"をBPSが運用開始している．ホームページ（http://www.bpsweb.net/）上に詳細が開示されているが，概要を示せば，JIS K 6950-, 6951-, および6953-2000, さらに化審法OECD 301 C法による60%（理論値）以上の生分解性と食品添加物並の安全性が基準である．これはわが国におけるグリーンプラ製品の実用化分野が環境安全性・生分解性確保が優先される農林水産土木分野先行になっている事を反映している．理論値60%以上の生分解性を要求している背景は，天然樹木などよりは実質的に速く，コンポスト施設内で家庭生ゴミ・畜産排泄物と同程度の速度で微生物分解を受けることを担保とするためである．食品添加物並の安全性要求の背景はプラスチック製品に対する今日の消費者の漠然とした不安を配慮した結果でもある．"グリーンプラ識別表示制度"は，製品構成・生分解性・環境安全性の基準を満たしたプラスチック製品にグリーンプラ製品としてのシンボルマーク（図1），ロゴ，登録を明示して他の一般プラスチック製品と識別する制度であり，該当製品についてもBPSホームページで開示されている．

グリーンプラ市場が立ち上がっている欧米でも同種の認証制度が有機性廃棄物との同時コンポスト化性に基準を設けて運営されている．EUにおけるグリーンプラ製品認証制度は，有機性廃棄物再資源化に関わる政令["EN 13432"（包装資材のコンポスト性に関するテストスキームおよび規格政令："ISO 14855によるセルロース対比で90%以上の生分解性＋コンポスト性"）]に基づく形でグリーンプラ製品を"コンポスト化可能製品"として他の一般プラスチック製品と識別表示し認証する制度である．認証およびロゴ発行機関は例えばドイツでは生分解性プラスチック工業界（IBAW）とドイツ認証協会（DIN Certco）である．米国におけるグリーンプラ製品認証制度は，EU同様"コンポスト化可能製品"としてASTM D 6400-99を認証基準とする制度["ISO 14855によるセルロース対比で60%以上の生分解性＋コンポスト性"]を発足させている（"compostable"）．認証およびロゴ発行機関は米国コンポスト協会（U. S. Compost Council, USCC）と生分解性プラスチック製品協会（Biodegradable Products Institute, BPI）である．

BPS, DIN Certco, およびBPIは2001年12月より上記認証制度の統合化運営を始めており，障壁のない市場形成に向けた取り組みを進めている．その後ICS-UNIDO（International Center for Science and high-technology -United Nations Industrial Development Organization），オランダ・ノルウェー・イタリア，さらに台湾が本統合化制度への参加を表明しており，デファクト・スタンダードとしての位置づけが確定してきた．さらに中国のBMG（Biodegradable Materials Group. 本部：北京市）がBPSのグリーンプラ識別表示制度を実質的に踏襲する制度を発足させることを受けて，BPSとBMGは認証制度の提携を始めている（2004年10月）．

図1 グリーンプラ・シンボルマーク

表2　国内で実用展開されているグリーンプラ（2005年6月時点）

分類	高分子名称	商品名	製造企業	規模(*a)(t/y)	特質(*e)
微生物産生系	ポリ-3-ヒドロキシ酪酸	ビオグリーン	三菱ガス化学	10（⇒1,000）	H
	ポリ（3-ヒドロキシ酪酸／3-ヒドロキシヘキサン酸）	PHBH	カネカ	パイロットプラント	H～S
化学合成系	ポリ乳酸	NatureWorks レイシア プラメート バイロエコール エコプラスチック U'z	Nature Works（NW） 三井化学 大日本インキ化学工業 東洋紡 トヨタ自動車	140,000 NWと事業提携 パイロットプラント パイロットプラント 1,000	H
	ポリカプロラクトン	TONE セルグリーン PH	Dow ダイセル化学工業	4,500	S
	ポリ（カプロラクトン／ブチレンサクシネート）	セルグリーン CBS	ダイセル化学工業	1,000	
	ポリブチレンサクシネート	GS Pla	三菱化学（／味の素）	3,000（⇒3万トン）	
	ポリ（ブチレンサクシネート／アジペート）	ビオノーレ Enpol	昭和高分子 Ire Chemical	6,000 8,000（⇒5万トン）	
	ポリ（ブチレンサクシネート／カーボネート）	ユーペック	三菱ガス化学	パイロットプラント	
	ポリ（エチレンテレフタレート／サクシネート）	Biomax	DuPont	90,000(*b)	
	ポリ（エチレンテレフタレート／コ・サクシネート）	グリーンエコペット	帝人	パイロットプラント	
	ポリ（ブチレンアジペート／テレフタレート）	Ecoflex	BASF	8,000⇒（3万トン）	
	ポリ（テトラメチレンアジペート／テレフタレート）	Eastar Bio	Eastman C ⇒ Novamont	15,000	
	ポリ（ブチレンアジペート／テレフタレート）	Enpol	Ire Chemical	8,000（⇒5万トン）	
	ポリエチレンサクシネート				
	ポリ（エチレンサクシネート／アジペート）	ルナーレ SE	日本触媒	パイロットプラント	
	ポリエチレンセバケート	エタナコール 3050	宇部興産	パイロットプラント	
	ポリビニルアルコール	クラレポバール等 ゴーセノール等 ドロン VA J-POVAL	クラレ 日本合成化学工業 アイセロ化学 日本酢ビ・ポバール	200,000(*c)	H
	ポリグリコール酸	—	呉羽化学	パイロットプラント	S
天然物系	エステル化澱粉	コーンポール CP	日本コーンスターチ	パイロットプラント	H～S
	酢酸セルロース	セルグリーン CA-BNE	ダイセル化学工業	100,000(*d)	H
	キトサン／セルロース／澱粉	ドロン CC	アイセロ化学	パイロットプラント	H
	澱粉／化学合成系グリーンプラ	Mater-Bi プラコーン	Novamont（国内：ケミテック） 日本食品化工	20,000（+1.5万） パイロットプラント	H～S

（*a）出典：D. Riggle, BioCycle, March, p. 64 (1998), 下里純一郎, 環境機器誌, 8月号, p. 98 (1999) にBPS調査結果を加えた.
　　⇒：発表されている増設計画
（*b）汎用PETを含めた併産能力
（*c）ビニロン原料・経糸糊・紙コーティング・乳化剤・包装フィルム用途等を含めたトータル値
（*d）繊維原料・写真用フィルム用途等を含めたトータル値
（*e）樹脂の基本的な特性：H＝硬質樹脂（ガラス転移点＞室温），S＝軟質樹脂（ガラス転移点＜室温）
　　　□：ジオール・ジカルボン酸系（：いずれもLLDPE～PP～PET類似軟質系）

2. 市場動向

2.1 実用化されたグリーンプラ

グリーンプラは，前述の生分解性を確保するために分子鎖中にエステル結合を含むタイプや，澱粉・セルロースのような天然物系を化学的に変性したタイプ，これらのブレンド系が基本形となっている．表2に現時点で実用展開に入っているグリーンプラを一覧した．これらは前述の標準試験法で60%以上の生分解性を示し，安全性を示すことが証明されている．硬質系ではポリ乳酸（PLA：ネーチャー・ワークス，三井化学，大日本インキ化学工業，東洋紡，トヨタ自動車），軟質系ではジオール・ジカルボン酸系（PBS系と総称：昭和高分子，三菱化学，ダイセル化学工業，三菱ガス化学，日本触媒，BASF，Du Pont，Ire Chemical），ポリカプロラクトン（PCL：ダイセル化学工業，Dow），さらに澱粉系（日本コーンスターチ，ケミテック（Novamont社代理），日本食品化工）が中心となって展開されている．基樹脂としてはPLA，PBS系および澱粉系がそれぞれ30%前後で市場を分け合っている模様だ．PCLは製品ごとの機能設計用副資材として，またポリビニルアルコール（PVA：クラレ，日本合成化学，アイセロ化学）はその水溶液の生分解性に着目された種子埋め込みテープや肥料などのカプセル化資材として実用化を迎えている．最近の動向として注目すべきは，脂肪族芳香族系ポリエステル系グリーンプラのフィルム，および酢酸セルロース系発泡体の実用化に向けた展開といえる．前者は，従来の軟質系グリーンプラに見られない特性（：澱粉の高配合化能およびフィルム形成能）を示し，加えていずれも巨大な海外化学企業の戦略的価格攻勢もあって国内での展開が急である．後者は天然系グリーンプラとしての好印象もあるが，酢化度によっては嫌気性雰囲気下での微生物分解度も高く，高深度土中埋設でも十分な生分解が得られる点にも注目したい．

2.2 市場規模

2002年の全世界でのグリーンプラ生産量は7～8万トンを大きく越えたと推定され，米国では緩衝材・コンポストバッグ・食品容器包装資材が，またEUではコンポストバッグ・食品容器包装資材が実用化されている．わが国では2001年はグリーンプラが資源循環型社会の基盤資材として着実に立ち上がった年として記録されよう．2000年はわが国の循環元年であったが，これを受ける形で2001年のグリーンプラ市場は用途によっては対前年比2～3倍増に急成長したとも見られ（6千トン），2002年は業界念願の1万トンの大台に向けて順調な拡大基調が続いたと見られる．BPSによる中長期の期待的な市場規模予測としては，2003年度，2004年度および2005年度はそれぞれ2万トン，3.5万トン，および5万トン／年であったが，実際の市場規模は1.5万トン，2万トン／年，および2.5万トン程度と推定される（含・天然澱粉系）．

2.3 普及を目指す施策

2002年12月，"バイオテクノロジー（BT）戦略大綱"と"バイオマス・ニッポン（BN）総合戦略"が国の基本戦略として採択された．BTならびにバイオマスを利活用することによって実現されるわが国のあるべき姿，すなわち持続的に発展可能な社会と実現のための戦略を明らかにしている．これらの中で，バイオマスを原材料とする資材および生分解性を有する資材の開発・普及の重要性が強調され，グリーンプラはこのビジョンを達成するために貢献することが期待されている．すでに2003年度施策の中で農林水産省および経済産業省食堂でのグリーンプラ製備品および食器具の積極的な使用試験が進展されており，その成果は2005年開催の日本国際博覧会（愛知万博："愛・地球

7-1. 生分解性樹脂

表3 グリーンプラの特性[*a]

分類	種類	非晶相 T_g[*b] (℃)	非晶相 HDT[*c] (℃)	非晶相 ビカット[*d] (℃)	結晶相 T_m[*e] (℃)	結晶相 X_c[*f] (%)	バルク d[*g] (g·cm³)	燃焼 C[*h] (kJ/g)	流動特性 MFR[*i] (g/10 min)	引張り特性(S-S曲線) 曲げり[*j] (MPa)	引張り特性 YS[*k] (MPa)	引張り特性 TS[*l] (MPa)	引張り特性 EL[*m] (%)	硬度[*n] (R/Sh)	衝撃性 Izod[*o] (J/m)	ガス透過性 水蒸気[*p]	ガス透過性 酸素[*q]	対応 銘柄
硬質系	PHB	4	145/87	141	180		1.24			2,600	2,320	26	1.4	73/	12	3.6	2.9	標準銘柄（Biopol 標準銘柄、生産中止）
硬質系	PHB/V				151		1.25			1,800	800	28	16		161			参照値
硬質系	PLA	58-60	/55 /66 /57	58 114 113	160-170 160-170 160-170		1.26	16.7		3,700 4,710 2,400	2,800	68 44 39	4 3 220	115/79	29 43 65	4	11	標準銘柄（レイシア） 衝撃性改良銘柄（レイシア） 軟質性銘柄（レイシア）
硬質系	PLA	60-62 60-62 45-55			172-178 150-170 not observed				0.5-3.0 5-12 50-100	3,500 60 2,250		63 59 45	2-5 2-5 1-2					参照値（ラクティ標準銘柄、生産中止） 参照値（ラクティハイフロー銘柄、生産中止） 参照値（ラクティハイフロー非結晶銘柄、生産中止）
硬質系	PGA	38			218													
硬質系	CA		77/53	111			1.25			1,100	240	27	62		120	12(*)	6.6(*)	標準銘柄（セルグリーン PCA） (*) 20μm値
硬質系	PVA	74			175-180	200-210	1.25	25.1			39	1	2	120/	13	6	0.001	標準銘柄（エクセバール、エコマティ）
(比較)	GPPS	80	/75	98			1.05	40.1	0.5-20	3,400	2,500	50	2		21	4		
軟質系	PCL	-60	56/47	55	60		1.14			280	230	61	730		nb	23	60	標準銘柄（セルグリーン PH）
軟質系	PBS	-32 -32 -32	97/ 97/ 97/	75 76 88	114 115 115	35-45 35-45 35-45	1.26 1.26 1.26	23.6 23.6 23.6	1.5 35 4.5	600 685 685	57 21 35	700 320 50			30	18	10	標準銘柄（ビオノーレ#1001） ハイフロー銘柄（ビオノーレ#1020） 特殊銘柄（ビオノーレ#1903（長鎖分岐））
軟質系	PBSA	-45 -45	69 69		94 95	20-30 20-30	1.23 1.26	23.9 23.9	1.4 2.5	590 250	510 230	73 53	550 560		nb nb			標準銘柄（ビオノーレ#3001） ハイフロー銘柄（ビオノーレ#3020）
軟質系	PBSC	-35	/87		112 87		1.26			325 345		47 34	900 400		96	22	16	標準銘柄（ユーペック）
軟質系	PEST PBAT PTMAT	-30 -30			200 115 108		1.35 1.26 1.22		11 28	510 2,000 100	330	46 55 25 22	360 30 620 700	84/ /32	45	1.6 5 13.8	1.6 70 168	標準銘柄（Biomax） 標準銘柄（Ecoflex） 標準銘柄（EastarBio GP）
軟質系	PES	-11			100	40	1.34		6	750	550	25	500		186	11		標準銘柄（ルナーレSE）
軟質系	Starch	-54	68				1.17 1.25	18.8		280 180		17 30	670 800			22		変性澱粉フィルム用標準銘柄（コーンポール） 澱粉基グリーンプラ標準銘柄（MaterBi）
(比較)	HDPE LDPE	-120 -120	82 49	104 80	130 108	69 49	0.95 0.92	45.9 45.9	2(230C) 2(230C)	900 150	1000 420	70 12	800 800	/48	nb nb	0.085	145	直鎖状 長鎖分岐
(比較)	PP	5	110	153	164	56	0.91	43.9	4(230C)	1,400	1,100	32	500		20	0.12	37	
(比較)	PET		/67	78	260		1.38	24.7		2,650		57	300	108/	59	0.5	1.5	

各社樹脂カタログをまとめ、渡辺俊彦、プラスチックス誌 2001年10月号 (p. 17-21) を改編

(*a) 各社樹脂カタログを中心にまとめ、渡辺俊彦、プラスチックス誌 2001年10月号 (p. 17-21) を改編
(*b) T_g：ガラス転移点。
(*c) HDT：荷重たわみ温度。多くの場合 DSC 法による。**=低荷重値／高荷重値。
(*d) ビカット軟化点。JIS K 7207 法による。
(*e) T_m：結晶融点。
(*f) X_c：結晶化度。多くの場合 DSC 法による見かけ融点。
(*g) d：密度。
(*h) C：燃焼カロリー。
(*i)

(*j) MFR：Melt Flow Rate. g/10 min 値 (190℃、荷重=2.16 kg)
(*k) 曲げ弾性率：JIS K 7203 法による。kgf/cm² (⇒×9.8/100=MPa)
(*l) YS：引張り降伏強度。JIS K 7213 法による。kgf/cm² (⇒×9.8/100=MPa)
(*m) TS：引張り破断強度。JIS K 7213 法による。kgf/cm² (⇒×9.8/100=MPa)
(*n) EL：引張り破断伸び。JIS K 7213 法による。%
(*o) 硬度：R/Sh
(*p) JIS Z 0208 法による。Izod 衝撃値。JIS K 7110 法による。J/m、n.b=non brittle
(*q) JIS Z 0208 法による。g·mm/m²/24 h (1 mm 換算値)
(*r) MOCON 法による。cc·mm/m²/24 h/atm (1 mm 換算値)

博")会場へ導入され，その実用性および多様な再資源化性が実証された．

3. 成形材料としてのグリーンプラ

3.1 グリーンプラの特性値

表3に表2記載グリーンプラの特性値を一覧して示した．ただし出所の多くはカタログベースであり，JIS法に準拠しているとは言え同一試験機関による検体調製および試験結果ではない点を留意願いたい．

この表からグリーンプラはポリスチレン類似の硬質樹脂としてのPLA，ポリエチレンおよびポリプロピレン類似のPBS系，変性度合いで両者に跨る澱粉系と大まかに分類され得ることが解る．また樹脂の多くが結晶性であり，融点（T_m）とガラス転移点（T_g）の間には図2のような大局的な傾向が見られる．同図で右上の方向ほど（高T_g＆高T_m）硬質系樹脂であり，生分解速度は一般に遅い．左下方向ほど（低T_g＆低T_m）軟質系樹脂であり，生分解速度は一般に速い．製品に要求される種々の特性を満足させるために，多くのグリーンプラ製品の場合複数のグリーンプラ同士の組み合わせで品質設計がなされ成形される．さらに無機材料や天然物，すなわちバイオマス（生物資源）とのコンポジット化技術も欠かせない．配合処方はグリーンプラ製品の品質設計において加工技術とともに車の両輪といえる要の技術要素である．

グリーンプラは基本的にはアルコールと有機酸の縮合により重合されるケースが多いが，副生成される水は重合が進行する段階で解重合方向に作用するため，ラジカル重合系やイオン重合系程には高重合度分子鎖は形成され難い．十万を越える重合度達成のためには重合場に許される水分はppm以下との試算もあり，重合プロセスの化学工学的な完成度が厳しく要求される．これらが背景にあって，現在実用化展開されているグリーンプラであっても汎用樹脂対比で見れば重合度が必ずしも十分とはいい難い系も見られる．加えてポリエステル鎖構造自体の直接的な結果として分子鎖内および分子鎖間の絡み合いが十分ではなく[3]，ガス透過性が高い背景となっている．鎖のコンフォメーションに起因して溶融状態にあっては伸長粘度が低い．

3.2 加工性および成形加工品物性の改良に向けたグリーンプラの分子設計

加工性を改善するための伸長粘度の増大，製品の物性上もっとも要求レベルが厳しい衝撃性とガスバリア性の改善を実現する基本的な手法を紹介する．

a. 伸長粘度の発現

前述の伸長粘度を増大させるため，分岐鎖の

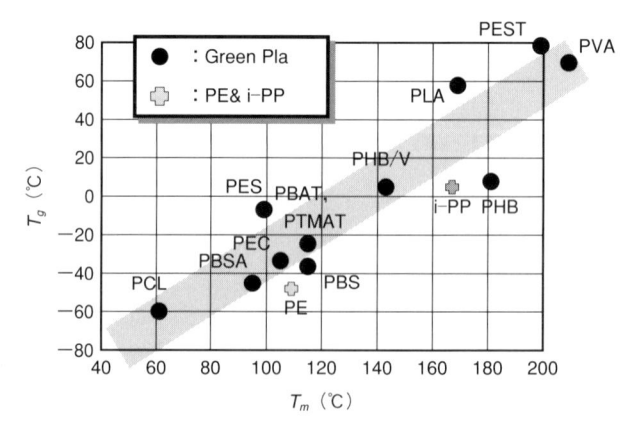

図2 グリーンプラのガラス転移点と融点

導入が図られている（図3（a））[4]．当初は櫛形分子鎖の形成で，低密度ポリエチレン鎖と同じ短鎖分岐を導入する分子設計の考え方を踏襲している．ネッキングや垂れ・偏肉発生が減少し，発泡も可能となった．その後中鎖分岐も導入され，二軸延伸ボトルや収縮フィルムのような高度な加工も可能となった．さらに最近は分子鎖間に弱い架橋を加える技術も実用化されようとしている（図3（b））．

b．衝撃性の改良

表2記載の硬質系グリーンプラは表3で見られるように現実の製品では衝撃性の向上が望まれる．それぞれに衝撃性改良銘柄が用意されているが，直裁的な手法は軟質系グリーンプラとのコンポジット化である．図4はその一例で，PLAの衝撃性がPBS系グリーンプラにより改善されていることを示している[5]．熱処理による改良効果が大きい要因としてPBS系成分が微細な島相を形成し，高衝撃性ポリスチレンと同様な衝撃伝搬の吸収効果を持つとされている．

c．ガスバリア性の改良

後述のポリグルコース酸やPVAを利用した多層化が基本となろうが，ポリヒドロキシアルカノエート系（PHA）とのコンポジット化も有力な手法とされる（表4）[6]．

3.3　新しい分子鎖設計技術の展開

呉羽化学工業のポリグルコース酸樹脂（ガスバリア性に優れた性質を活かし，食品容器包装分野を標的としたグリーンプラ），ダイセル化学工業のカプロラクトンとブチレンサクシネートのランダム・コポリマーの開発（従来にない軟質系グリーンプラとしてマルチフィルム向けに展開），またカネボウ合繊から事業を受けた

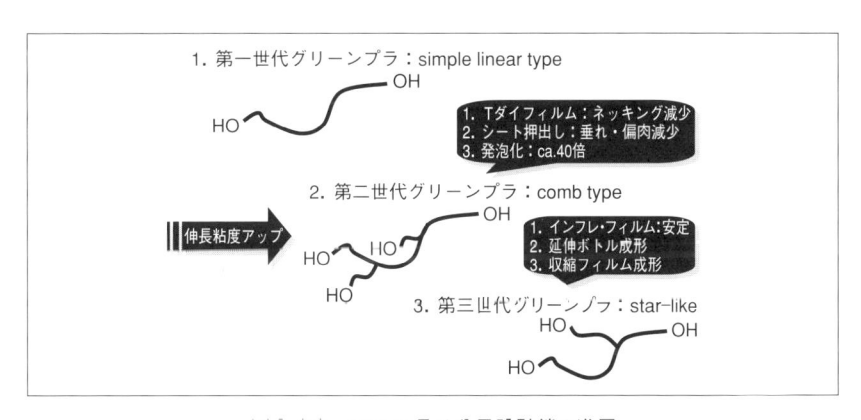

図3（a）　PBSに見る分子設計鎖の進展

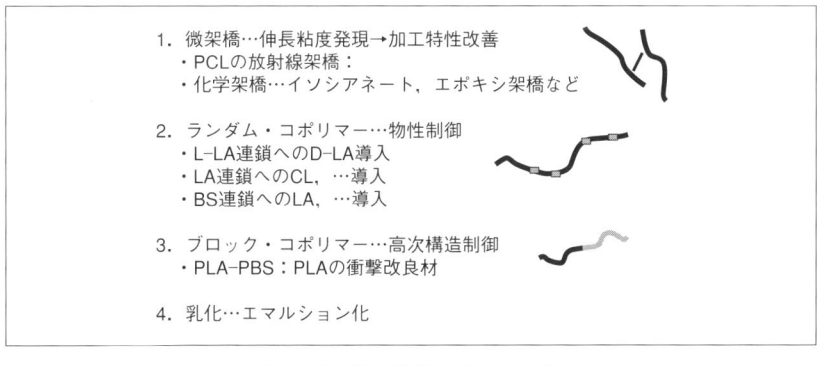

図3（b）　第4世代のグリーンプラ

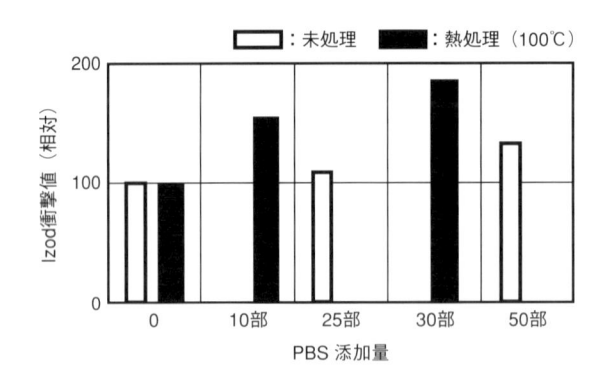

図4 PLAの衝撃値：PBSブレンドによる改善

表4 配合処方によるガスバリア性改善例

フィルム (200μm：無延伸)	酸素透過係数 (cc/mm/ m²·24 h/atm)	水蒸気透過係数 (g/mm/m²/24 h)
PCL/PHB：100/ 0 　　　　　60/40	60 16	23 5.2
PBS/PHB：100/ 0 　　　　　60/40	10	18 9.2
PEC/PGB：100/ 0 　　　　　60/40	16	18 6.1
PLA/PHB：100/ 0 　　　　　60/40	15 4.2	9.8 4.0
PET	1.5	0.5

（出所）浦上貞治：ECO INDUSTRY, **6** (10), 31 (2001)

カネカのPLA（新たな分子設計技術を加えて加工特性，とくに伸長粘度を発現する新しいタイプ．ビーズ発泡（型発泡）成形が可能となり，家電など大型製品の梱包資材や食品廃棄物リサイクル法の適用が義務づけられている食品加工現場での通い箱・保管箱のような用途展開が想定），さらに大日本インキ化学工業のPLA-ポリエステル型ブロックコポリマー（対衝撃性改善）などが登場した．グリーンプラはホモポリマーからコポリマー型による新たな分子鎖設計の時代に移りつつあることを予感させる．

3.4 グリーンプラ副資材

近年は各種のグリーンプラ副資材が相次いで登場してきたことにも触れておきたい．日本コーンスターチおよびミヨシ油脂はエステル化澱粉系の（ランディー®），昭和高分子はPBS系の（ビオノーレ・エマルション®），第一工業製薬はPLA系の（プラセマ®）エマルションを開発し上市した．木粉やセラミクスなどの結着剤として，また紙ラミネート製品向けの展開が考えられる．大日精化工業（バイオテックカラー®）と東洋インキ製造（BDM®シリーズ）は生分解性インキおよびカラーマスターバッチを，またリケンテクノスは木質付与，また制電性を制御するコンパウンド（スタティクマスター®，リフォレスト®）を開発・上市した．このような各種の生分解性副資材の登場はグリーンプラ製品の材質設計の自由度を広げるのにきわめて効果的で，欧米に見られない市場形成を促すことになろう．

4. 今後の課題と展望

4.1 品質向上

最近のグリーンプラ製品は，用途展開が広がるにつれ一般プラスチック製品と同一水準の機能を要求される場面が多くなってきている．これら機能の多くが生分解性とトレード・オフの関係にあり，一方グリーンプラ認証製品であれば安全性・生分解性が担保されることから，その枠内で生分解性とのバランスの取り方，すなわち高度な機能設計技術が要求されるようにな

ってきた．とくに長期耐久性・耐熱性・嫌気性分解能・吸水性など，樹脂側の分子鎖設計と配合処方，さらにそれを実現する加工システムの技術開発が期待されている．長期耐久性は加水分解抑制処方の開発，耐熱性は珪酸塩とのナノコンポジット化，嫌気性分解は澱粉や酢酸セルロースの変性度合いやポリエチレンサクシネート（日本触媒）の登場，吸水性はポリアミノ酸樹脂などで糸口が見つかっており，今後の発展に期待したい．これらの延長分野として高齢化社会を反映した紙おむつなどの衛生用品向け資材（嫌気分解性吸水性グリーンプラ）や長寿命製品向け資材（長期分解型グリーンプラ）の実用化が考えられよう．

4.2　原料転換

米国は再生可能資源から有為な化学物質を生産する技術の開発による生物化学産業の勃興を国家戦略としている（"Technology Vision 2020"に基づいた"BioEnergy and BioProducts"プロジェクト（略称））．当初は糖質バイオマスからの澱粉を原材料とした合成技術の体系化が盛んに研究開発されていたが，最近は食料ともなる原材料の使用は避け，茎・葉・根のような廃バイオマスから得られる繊維質を原材料とする合成技術の体系化が主眼となっている模様だ．茎のようなこれまで立ち腐れるに任せてきた廃バイオマスの活用は資源に乏しいわが国にとっても重要な資源戦略となろう．前述のBT戦略大綱およびBN戦略大綱ではBTを駆使したバイオマスからの物質・エネルギーの創出による新産業の勃興を重要な国家戦略の一つに揚げており，グリーンプラへの期待が示され，国の率先した実用化・普及が述べられている．最近，地球環境産業技術研究機構は古紙からセルロースを回収し，BTによる琥珀酸合成技術の開発に成功した．従来に比して製造コストも十分に低く押さえることが可能になったとされる．琥珀酸は表2記載の軟質系グリーンプラの合成モノマーとしてきわめて有為であり，従来は石油由来グリーンプラとされていたこれらにも再生可能資源由来グリーンプラとしての路が開かれてきたといえよう．

4.3　今後の展望—市場規模

BPSではグリーンプラ市場の将来として20万トン（2010年度）と予測してきたが，国の戦略展開とも相俟って十分に達成可能と考えている．しかしながらこれら予測は冒頭の第3の用途展開，すなわち事務用品・日常品・産業副資材としての用途を始めとする新たな展開は考慮に入れていない時点での予測であり，大幅な前倒しが必要であろう．

参考文献

1) 生分解性プラスチック実用化検討委員会（：通商産業省基礎産業局長諮問委員会，「新プラスチック時代の幕開け」（1995年3月）
2) 大島・澤田・福田：包装技術誌, **38** (3), 266 (1999)
3) a) 大淵：高分子学会エコマテリアル研究会，ワークショップ1999-3要旨集（2000年3月．於・上智大学）
   b) 伊藤：同上
4) 藤巻：繊維学会誌, **52** (8), 320 (1996)
5) 大淵・竹原：成形加工シンポジア'02, 要旨集B-207 (2002年11月．於・北九州市)
6) 浦上：Eco Industry, **6** (10), 31 (2001)

（JBAバイオプロセス実用化開発事業
R&Dコンソーシアム・大島　一史）

第7章 複合・未来樹脂材料

7-2. ナノコンポジット材料

粘土鉱物のひとつに，モンモリロナイトと呼ばれるものがある．モンモリロナイトの結晶構造は，図1に示すように，シリカ四面体層/アルミナ八面体層/シリカ四面体層からなる基本単位層（以下，シリケート層と呼ぶ）が積層している．このシリケート層は厚さが約1 nm，一辺の長さが100 nmのシート状をしている．シリケート層の大きさを，樹脂の補強材として用いられるガラス繊維1本と比較すると，厚さで約10,000分の1，長さで約1,000分の1と非常に小さい．このシリケート層を合成樹脂中にばらばらにして均一に分散させた複合材料が近年注目されているポリマー系ナノコンポジット材料である．ポリマー系ナノコンポジット材料としては，ナイロン系（ナイロン6[1~4]，ナイロン66[5]など），ポリオレフィン系（ポリプロピレン[6~8]，ポリエチレン[9]など），ポリスチレン樹脂[10]，エポキシ樹脂[11]，ポリカプロラクトン[12]などが知られている．

モンモリロナイトは，図1に示すように，シリケート層を構成するアルミナ八面体層の中心にある3価のアルミニウムイオン（Al^{3+}）の一部が，ほぼイオン半径が等しい2価のマグネシウムイオン（Mg^{2+}）に置換されている．このため，シリケート層ではプラス電荷が不足し，電荷を補償するためにシリケート層の層間にナトリウムイオン（Na^+）などの陽イオンが存在している．この陽イオンは交換性陽イオンと呼ばれ，他の陽イオンを含んだ溶液にモンモリロナイトを分散させると，ただちにイオン交換反応が生じる．このイオン交換反応を利用して，アルキルアンモニウム塩などの有機カチオンをモンモリロナイトの層間にインターカレーションさせ，層間化合物を形成させることができる．

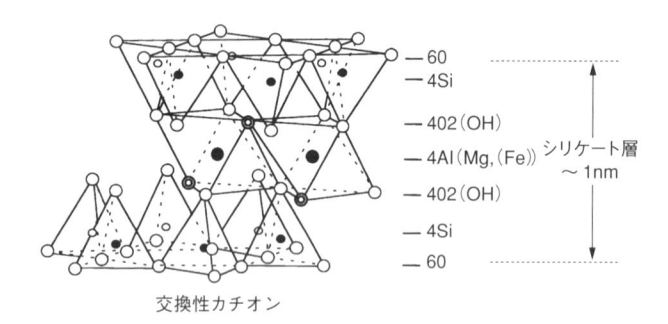

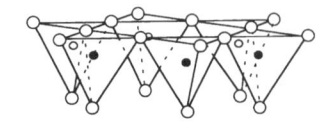

1. ナイロン6-クレイハイブリッド

インターカレーション機能を利用して，世界ではじめて工業化された材料がナイロン6のナノコンポジット材料（ナイロン6-クレイハイブリッド, Nylon 6-Clay Hybrid : NCH）である．その合成方法としては，まず，12-アミノデカン酸（$H_2N(CH_2)_{11}COOH$）のアンモニウム塩でモンモリロナイトの層間のナトリウムイオンをイオン交換する．得られた層間化合物をナイロン6のモノマーであるε-カプロラク

図1 モンモリロナイトの構造

○酸素　◎水酸基　●アルミニウム，マグネシウム，鉄
○，●珪素，一部はアルミニウム

- 6O
- 4Si
- 4O2(OH)
- 4Al(Mg,(Fe))　シリケート層 ~1nm
- 4O2(OH)
- 4Si
- 6O

交換性カチオン

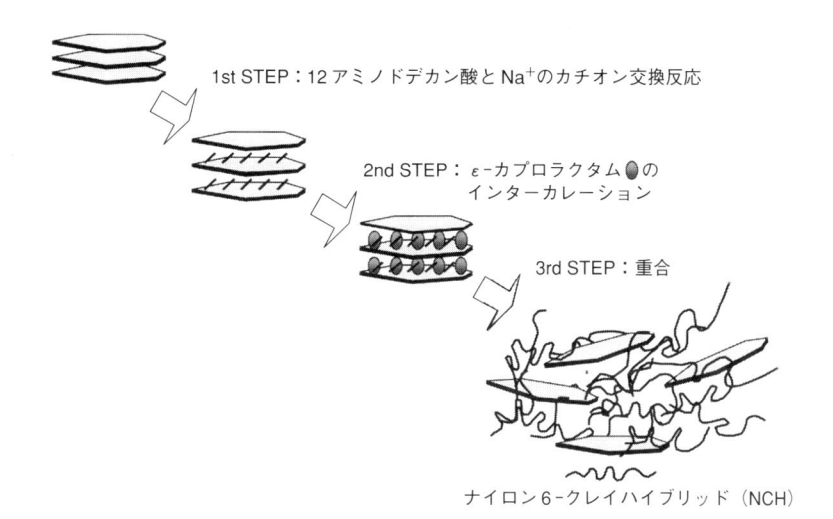

図2 ナイロン6-クレイハイブリッドの合成方法（概念図）

1st STEP：12アミノデカン酸とNa$^+$のカチオン交換反応

2nd STEP：ε-カプロラクタムのインターカレーション

3rd STEP：重合

ナイロン6-クレイハイブリッド（NCH）

タムと混合し，ε-カプロラクタムを溶融（融点：70℃）させることによって，モンモリロナイトの層間にインターカレートさせる[1]．最後に，ε-カプロラクタムを約250℃で開環重合させると，重合の進行とともに層間は大きく広がり（100 nm以上），ナイロン6中にモンモリロナイトのシリケート層が均一に分散したNCHが得られる[2]．その重合概念図を図2に示す．

NCHを透過型電子顕微鏡で観察すると，図3に示すように，黒く繊維状のものが多く見える．これらがモンモリロナイトのシリケート層の断面であり，シリケート層はナイロン6のマトリクス中に均一に分散している．なお，モンモリロナイトをそのままナイロン6と溶融・混練しても層構造は保持したままで分散し，このようなナノコンポジット材料は得られない．層構造が保持したまま分散したこのような材料をナイロン6-クレイコンポジット（Nylon 6-Clay Composite：NCC）と呼び，NCHとは区別している．

表1にNCHの特性[3]をNCCおよびナイロン6と比較して示す．

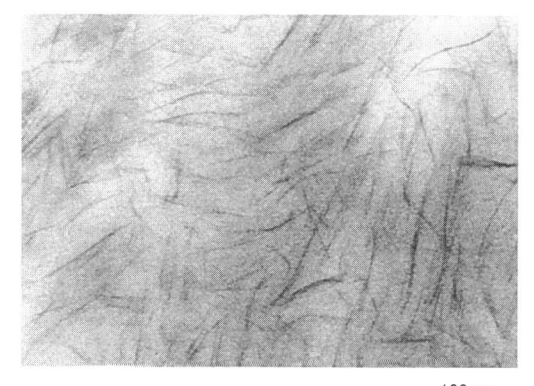

図3 シリケート層の分散状態（TEM観察写真，モンモリロナイト5 wt%含有）

表1 NCHの特性

項　目	試　料		
	NCH	NCC	Nylon 6
モンモリロナイト含有量（wt%）	4.2	5.0	0
引張り強度（MPa）	107	61	69
引張り弾性率（GPa）	2.1	1.0	1.1
シャルピー衝撃強さ（kJ/m^2）	6.1	5.9	6.2
熱変形温度（℃）	152	89	65
吸水率（23℃，24 hr，%）	0.51	0.90	0.87
モンモリロナイトの層間距離（nm）	20	1.2	—

NCHは，モンモリロナイトのわずか4.2%の添加で，ナイロン6に比べ引張り強さで約1.5倍，弾性率で約2倍の値を示している．また，熱変形温度は152℃を示し，ナイロン6に比べ約80℃の向上が認められる．NCCでも熱変形温度はナイロン6に比べ改善されるが，他の特性はモンモリロナイトを混合するとむしろ低下している．また，このような特性の改善を通常の無機フィラーで行おうとすると30%以上の添加が必要である．その際，衝撃強さが低下するが，NCHでは衝撃強さの低下はほとんど認められない．すなわち，これらの特性の大幅な改善は，モンモリロナイトのシリケート層が分子サイズのフィラーとしてナイロン6のマトリクス中に均一に分散された結果と言える．

NCHの疲労特性（ひずみ振幅と疲労寿命の関係）について図4に示す．ガラス繊維はナイロン6の補強として広く用いられているが，ナイロン6との弾性率の差が大きく，繰り返し変形を行った場合，ガラス繊維－ナイロン6界面での応力集中が生じやすい．そのために疲労強度が十分でない場合がある．NCH（モンモリロナイト2wt%含有）とガラス繊維強化ナイロン6（ガラス繊維30%配合）の疲労寿命の比較では，NCHがガラス繊維強化ナイロン6に比べ長くなる．両者の弾性率はほぼ等しいものの，NCHの疲労寿命が長いのは，シリケート層とナイロン6の界面がイオン結合されて強固であり，しかもシリケート層が分子状に分散しているために応力集中源が少ないためと考察されている[13]．

2. ポリプロピレン-クレイハイブリッド

ポリプロピレンは，バンパーやインスツルメントパネルなどで使用され，自動車分野で多く使用されているポリオレフィン材料である．その合成は，高度に設計された触媒を用いて，もっぱら気相反応で行われている．そのため，ポリプロピレン-クレイハイブリッド（PPCH）の合成には，NCHのようにモノマーを層間で重合する方法の適用はきわめて難しい．極性のある変性ポリプロピレンをモンモリロナイトとポリプロピレンの相溶化剤として用いてPPCHの合成がはじめて可能となった[6~8]．図5にPPCHの合成について概念図で示す．有機化したモンモリロナイトの層間に，無水マレイン酸で変性したポリプロピレンが，無水マレイン酸とシリケート層の水素結合によって，インターカレートされる．インターカレートによってできた層間化合物は層間が拡大し，層と層の結合力は弱められている．この層間化合物が高いせん断力のもとにポリプロピレンと混練されるとポリプロピレンが層間にさらにインターカレートされ，結果としてシリケート層が一枚一枚剥離した状態で分散される．表2には，異なる変性PP（PP-Ma-1010，PP-Ma 1001）を用いたPPCH2種類の粘弾性測定の結果をポリプロピレン-クレイコンポジット（PPCC）とそれぞれのベースPPの結果[8]とともに示してある．いずれのPPCHもわずか4.8wt%のモンモリロナイトの添加で，PPや変性PPの融点付近である140℃を除き，PP

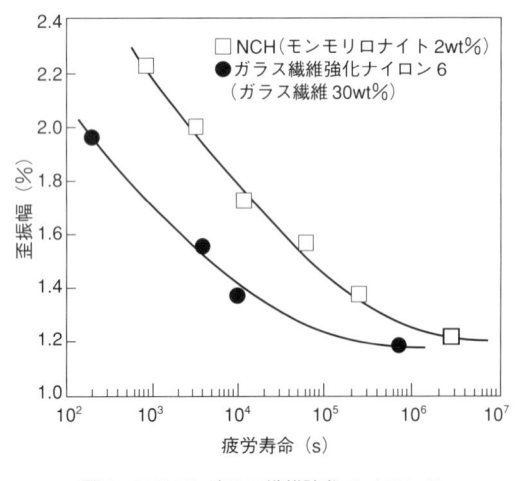

図4 NCHとガラス繊維強化ナイロンの疲労特性の比較

に比べて1.3～1.6倍の高い弾性率を示している．これらの高い弾性率は，シリケート層がナノメートルオーダーで分散していないPPCCでは得ることができない．2種類のPPCHで比較すると，わずかにPP-Ma-1001を用いたPPCHの弾性率の方が，PP-Ma-1010を用いたPPCHに比べ，高い．これは，マトリクスのPPと変性PPの相溶性に差があるためである．PP-Ma-1010の変性度は酸価で52 mgKOH/gであり，PP-Ma-1001の酸価26 mgKOH/gに比べ，2倍ほど高い．極性の低いPP-Ma-1001はPPと相溶性が高く，シリケート層をPP中に効率よく分散でき，補強効果が高くなる．

ポリプロピレン-クレイハイブリッド (PPCH) について，最近，新しい知見が得られた[14,15]．自動車や航空機などの軽量化やプラスチック材料自体の減量の面から発泡成形が注目されている．とくに従来の発泡剤を使う化学発泡に代り，超臨界CO_2による発泡は盛んに研究開発が行われている．PPCHを超臨界CO_2で発泡成形すると，PP単独に比べ，発泡セルの大きさが小さくなることがわかった（図6）．さらにクレイのシリケート層がセル壁に対して平行に配向して並び，さらにその内側では電気

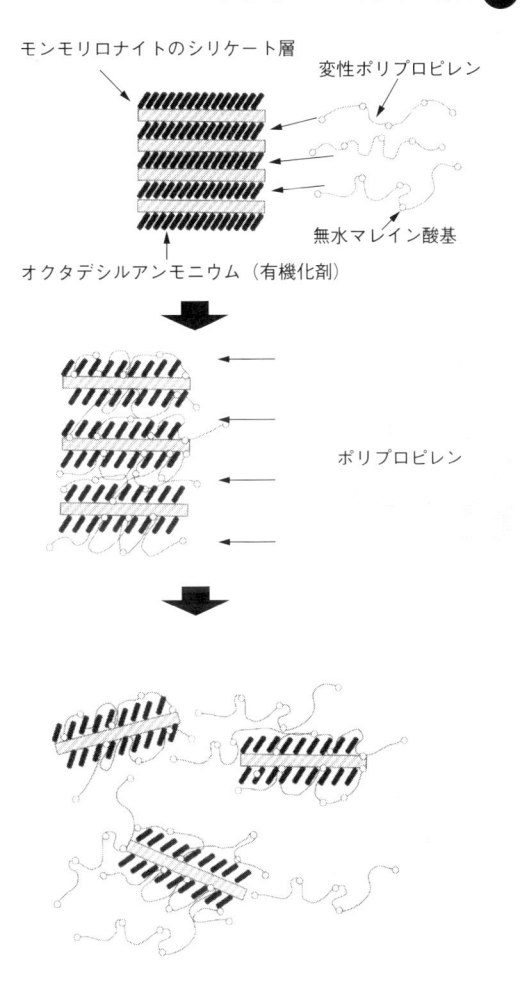

図5 ポリプロピレン-クレイハイブリッド合成方法（概念図）

表2 PP-クレイハイブリッドの粘弾性特性

材料	貯蔵弾性率（GPa）				T_g（℃）
	-40℃	20℃	80℃	140℃	
PPCH/PP-Ma-1010 クレイ4.8wt%含有	5.15 (1.31)	3.12 (1.58)	1.03 (1.59)	0.13 (0.60)	11
PPCH/PP-Ma-1001 クレイ4.8wt%含有	5.26 (1.34)	3.09 (1.56)	1.10 (1.70)	0.21 (0.94)	8
PPCC（コンポジット）クレイ4.8wt%含有	4.50 (1.15)	2.36 (1.19)	0.82 (1.26)	0.28 (1.25)	9
PP/PP-Ma-1010	3.92 (1.00)	1.99 (1.01)	0.60 (0.92)	0.15 (0.68)	13
PP/PP-Ma-1001	4.04 (1.03)	2.02 (1.02)	0.55 (0.85)	0.14 (0.62)	10
PP	3.92	1.98	0.65	0.22	13

[a] （ ）内の数値はそれぞれベースのPPと比較した値．
[b] ガラス転移温度は，tanδから求めたもの．

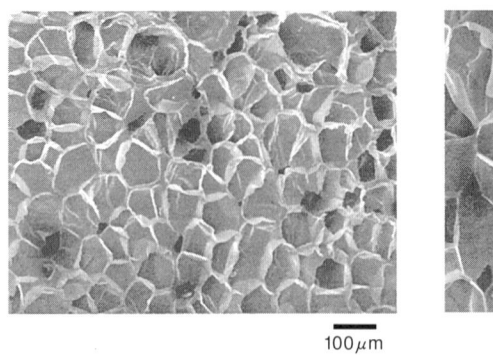

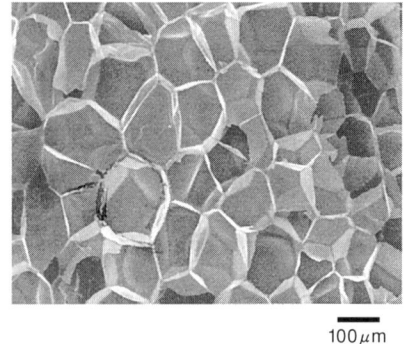

(a) ポリプロピレン／クレイハイブリッド　　　(b) ポリプロピレン単体

図6　ポリプロピレン-クレイハイブリッドの発泡セル
（SEM観察，CO_2発泡，発泡温度 139.2℃）

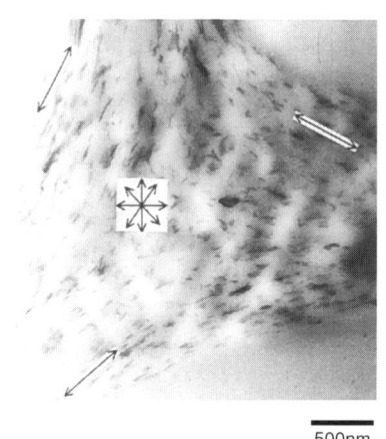

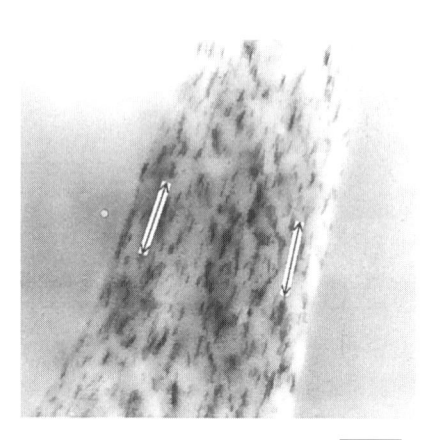

(a) セルの結合部位　　　(b) セルの壁

図7　ポリプロピレン-クレイハイブリッドの発泡セル
（TEM観察，CO_2発泡，発泡温度 134.7℃，クレイ 4％添加）

的な反発によってシリケート層がカードハウス構造（トランプのカードを，積み上げる，あるいは箱を作る場合にできる構造）を形成することがわかった（図7）．発泡成形では，発泡によって成形体の強度が低下するのが問題となる．強度低下を防ぐにはセル径を小さくすることや補強材の添加が有効であるが実際には難しい．PPCHでは添加したクレイによるセル径の制御やシリケート層のセル壁内あるいはセル結合部位での構造形成によって強度低下が抑えられる可能性がある．

3. ポリスチレン-クレイハイブリッド

ポリプロピレン-クレイハイブリッドで得られた知見を基にして，オキサゾリン変性したポリスチレンを用いてポリスチレン-クレイハイブリッドが合成されている[10]．表3にポリスチレン-クレイハイブリッドの引張り特性を示す．モンモリロナイトの添加量は 4.7～4.8 wt％である．ポリスチレン-クレイハイブリッドの弾性率は，マトリクスのオキサゾリン変性ポリスチレンやオキサゾリン変性ポリスチレン／ポリスチレンマトリクスの弾性率にくらべ，約1.3

表3 ポリスチレン-クレイハイブリッドの引張特性

試料	PS/PSoz[a]の比率	クレイ含有量(wt%)	引張り特性[b] 引張り弾性率(GPa)	引張り強度(MPa)	伸び(%)
PSCH-1	0/100	4.8	1.78 (1.38)	38.3 (0.82)	2.3
PSCH-2	50/50	4.7	1.74 (1.33)	38.7 (0.91)	2.4
PSCC（コンポジット）	100/0	4.4	1.40 (1.09)	44.0 (0.90)	4.1
PSoz	0/100	0	1.29	46.5	4.0
PS/PSoz	50/50	0	1.30	42.7	3.5
PS	100/0	0	1.30	48.9	5.6

[a] PSはポリスチレン，PSozはオキサゾリン変性ポリスチレンを示す．
[b] （ ）内の値はそれぞれのベースのマトリックスと比較した相対値を示す．

~1.4倍に高くなっている．一方，クレイがハイブリッド化していないポリスチレン-クレイコンポジット（PSCC）では，弾性率の向上は約1.1倍でしかない．

このように，ポリマー系ナノコンポジットの特徴は，わずか数wt%のモンモリロナイトの添加によって大きく強度，剛性が向上する点にある．これらの向上により，薄肉化や充填材の減量による成形品の軽量化が期待できる．また，数wt%しか添加されていないので，成形品の表面外観品質も損なわないという魅力も合わせ持っている．

参考文献

1) Usuki, A., Kojima, Y., Kawasumi, M., Okada, A., Kurauchi, T. and Kamigaito, O.: *J. Mat. Res.* **8** (5), 1174 (1993)
2) Usuki, A., Kojima, Y., Kawasumi, M., Okada, A., Kurauchi, T. and Kamigaito, O.: *J. Mat. Res.* **8** (5), 1179 (1993)
3) Kurauchi, T., Okada, A., Nomura, T., Nishio, T., Saegusa, S. and Deguchi, R.: SAE *Paper Series* 910584
4) Kojima, Y., Usuki, A., Kawasumi, M., Okada, A., Kurauchi, T. and Kamigaito, O.: *J. Appl. Polym. Sci.*, **49**, 1259 (1993)
5) Kato, M., Okamoto, H., Hasegawa, N., Usuki, A. Sato, N.: *Proc. 6th Japan International SAMPE Symposium*, **2**, 693 (1999)
6) Kato, M., Usuki, A., Okada, A.: *J. Appl. Polym. Sci.*, **66**, 1781 (1997)
7) Hasegawa, N., Kawasumi, M., Kato, M., Usuki, A. and Okada, A.: *J. Appl. Polym. Sci.*, **67**, 87 (1998)
8) Kawasumi, M., Hasegawa, N., Kato, M., Usuki, A. and Okada, A.: *Macromolecules*, **30** (20), 6333 (1997)
9) Hasegawa, N., Okamoto, H., Kato, M., Usuki, A.: *J. Appl. Polym. Sci.*, **78**, 1918 (2000)
10) Hasegawa, N., Okamoto, H., Kawasumi, M. and Usuki, A.: *J. Appl. Polym. Sci.*, **74**, 87 (1999)
11) Lan, T. and Pinnavaia, T. J.: *Chem. Mater.* **6**, 2216 (1994)
12) Messersmith, P. B. and Giannelis, E. P.: *J. Polym. Sci. A, Polym. Chem.* **33** (7) 1047 (1995)
13) 山下敦志，高原淳，梶山千里：日本レオロジー学会誌，**24** (3), 117 (1996)
14) Nam P. H., Maiti P., Okamoto M., Kotaka T., Takada M., Ohshima M. and Usuki A.: *Polymer*, **42**, 9633 (2001)
15) Okamoto M., Nam P. H., Maiti P., Kotaka T., Hasegawa, N. and Usuki, A.: *Nanoletter*, **1**, 503 (2001)

（㈱豊田中央研究所有機材料研究室・加藤 誠，臼杵 有光）

第7章 複合・未来樹脂材料
7-3. 長繊維強化熱可塑性樹脂

ガラス繊維（GF）を始めとする繊維は，熱可塑性樹脂の強度改良，靭性改良に有効であり，そのため，さまざまな樹脂において繊維強化が行われ，重要な工業用材料として幅広く使用されている．この繊維強化樹脂の特徴をより効果的に発揮させるには，繊維/樹脂界面のせん断強度と繊維長さが重要であり，繊維長さに関しては，当然繊維長を長く保つことが重要になってくる．そのため，近年長繊維強化熱可塑性樹脂に関する研究・開発が盛んになりつつあり，さまざまなタイプの長繊維強化樹脂が提案，開発され，市場での採用も広がりつつある．さらに，繊維の特徴を利用し，繊維を複合材料の構造形成材として活用する新たな試みも始まっている．ここでは，この長繊維強化熱可塑性樹脂の開発状況ならびに構造形成材としての活用状況に関して概説する．

1. 長繊維ペレット

最近もっとも注目されているのが，射出成形用長繊維ペレットおよびこれを用いた射出成形体である．自動車部品における，地球環境の観点からの燃費の向上を目指した部品の軽量化，工程削減によりコストの削減を目指した部品のモジュール化の流れに対応してポリプロピレン（PP）をマトリクスとしたガラス繊維強化PP（GFPP），特に長繊維GFPPの展開が加速している．

酸変性PP（マレイン酸グラフトPP）を含むPPにGFを30 wt％配合した場合の長繊維GFPPと短繊維GFPPの物性バランスの比較を図1に示す．長繊維化することによりさまざまな物性が大きく向上することがわかる．中でも衝撃強度や，高温下での曲げ強度の向上効果が大きいといえる．

この高温下で長繊維，GFPPの曲げ強度，引張り強度が優れる理由は，GFPPの界面せん断強度すなわち臨界繊維長の温度依存性に起因すると考えられる．GFPPの場合PPは無極性でGFとの界面接着に乏しく，そのため適度な酸変性PPを添加し，界面強度を向上する方法が一般的に行われている．このような界面改質を行ったGFPPの界面せん断強度および臨界繊維長の温度依存性を図2に示す．雰囲気温度が上昇するにつれ界面せん断強度が低下し，臨界繊維長が長くなることがわかる．120℃では臨界繊維長が2 mmを超えるため，短い繊維を中心とした短繊維GFPPは全て引き抜きになるのに対し，長繊維GFPPは繊維

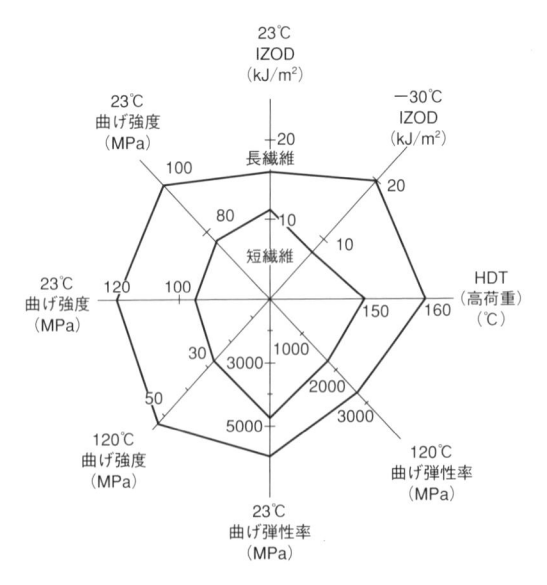

図1 長繊維・短繊維GFPPの物性比較

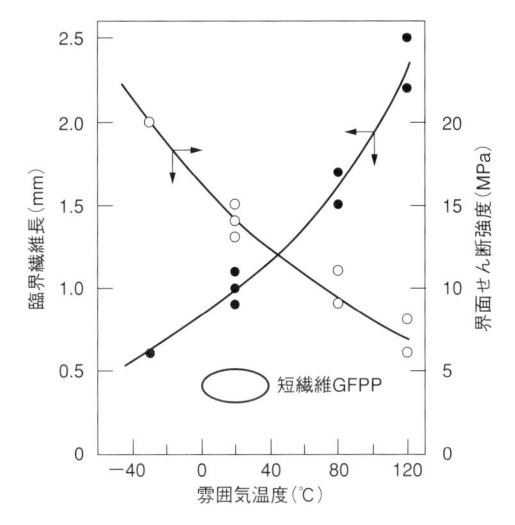

図2 長繊維GFPP界面せん断強度，臨界繊維長と雰囲気温度の関係

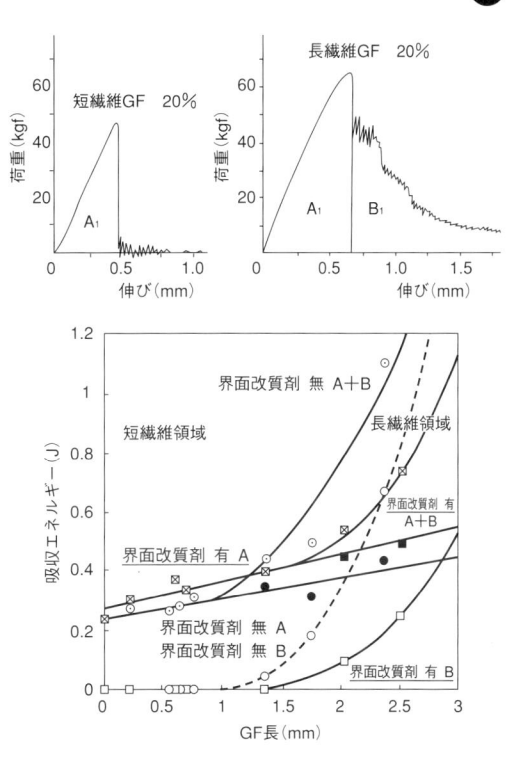

図3 繊維長と衝撃吸収エネルギーの関係

破断に至る2mm以上の長い繊維がかなり残存するため，引張り強度・曲げ強度に大きな差が現れてくると結論される．

次にGFPPの計装化アイゾット衝撃強度の測定結果を示す．降伏までをA部，降伏部をB部としておのおののエネルギー吸収量と繊維長の関係を図3に示す．繊維が長くなると降伏以後（B部）に大きなエネルギー吸収が発生し，全体で大きなエネルギー吸収が行われ，高い衝撃強度を示す．このような，長繊維ペレットの製造方法としては，①溶融含浸引抜き法，②流動浸漬法，③シート加圧含浸法，④混糸法（繊維混合法）が提案されている．中でも溶融含浸引抜き法が一般的に採用されている[1]．これは押出機で押し出された溶融樹脂の中にGFの繊維束を引き込み繊維束間に樹脂を含浸させた後繊維束を引抜きカッティングし，ペレット化するものである．引抜き速度を高めつつ，繊維束間に粘度の高い溶融樹脂を如何に含浸させるかが大きな技術的ポイントとなる．一般に直径1～3mm，長さ6～15mmのペレットが用いられている．

また，新しい方法として，GFロービングを二軸押出機のサイドより供給し，繊維破断を防止しつつ混練を行い，ペレットを製造する方法が提案されている．ペレット中のGFの繊維長もかなり長く保たれており，生産速度が速い，およびGFの解繊が容易であるなどの利点を有している．

こうした長繊維ペレットの性能をより引き出すために射出成形過程での繊維破断を極力防止することが検討され，長繊維ペレット専用の可塑化装置（射出成形機）も開発されている[2]．こうした成形機を用いることにより射出成形においてもGF長を著しく長く保つことが可能になってきた．その結果，図4に示すようにスタンパブルシートに匹敵する高い衝撃強度が可能になってきた．こうした技術をもとに各種自動車部品のモジュール化への適用が図られつつある．たとえばフロントエンドモジュールでは，長繊維GFPPを用いることにより，ラジエータやヘッドランプなどの取り付け治具などを含

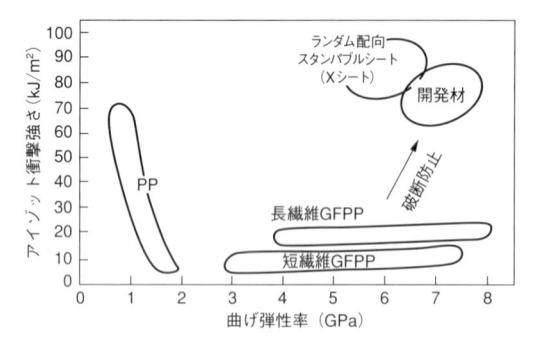

図4 各種GF強化PPの物性バランス図

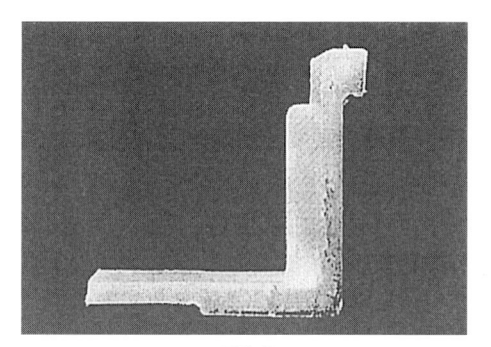

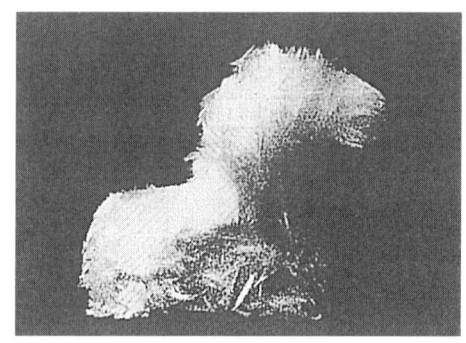

図5 繊維破断を防止した長繊維GFPP成形品の灰化写真

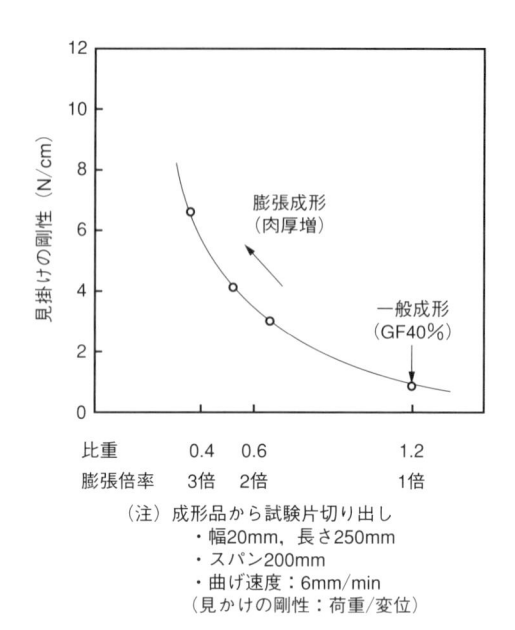

（上：灰化前、下：灰化後）

図6 膨張成形体膨張倍率と製品剛性

（注）成形品から試験片切り出し
・幅20mm，長さ250mm
・スパン200mm
・曲げ速度：6mm/min
（見かけの剛性：荷重/変位）

め23部品を一つにすることができ，部品点数の大幅な削減と，さらに，重量の大幅な低減が可能となった．また，自動車のドアモジュールでの検討も進みつつあり，今後こうした動きがさらに広がってくるものと期待される．

また，長繊維を利用した新たな試みも始まっている．図5は，先に示した長繊維用可塑化装置を用いて射出成形した成形品の灰化写真である．繊維が長く保たれていることがわかるとともに，すなわち長い繊維はスプリングバック力を有していることに気づく．そこで，この力を活用し，射出成形技術，すなわち金型のコアバック技術と組み合わせることにより，発泡剤を使用せずに，軽量構造体を得る技術，すなわち射出膨張成形技術（IEM：Injection Expanded Molding）が開発された[3]．本技術により図6に示すように，発泡剤なしで軽量かつ製品剛性の高い成形体を得ることが可能になった．本技術を応用すれば，薄肉成形品の膨張や成形品の部分的な膨張も可能である．図7は，この部分膨張のための金型動作の模式図である．図8に実際の応用例を示す．プロペラファンは，羽のセンター部が厚肉であれば良好な送風効率を示すものの，羽の重量が増し，高速回転した場合，遠心力により羽根の付け根が破壊するという相反する問題を有していた．写真に示すように，羽根のセンター部分のみを膨張させることにより，軽量で肉厚のファンを形成させることが可能となった．今後，こうした金型設計を考慮した製品への応用が広がるものと期待され

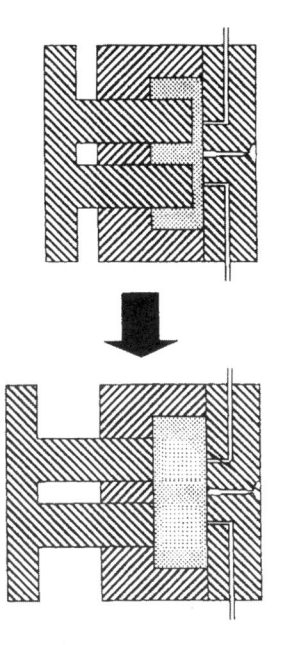

図7 部品膨張の金型模式図

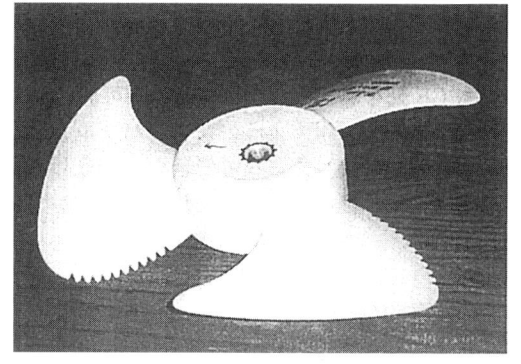

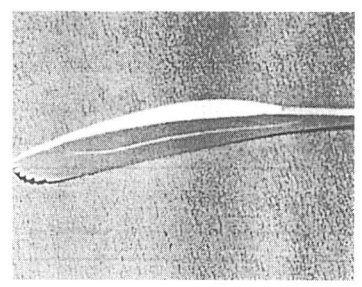

図8 部品膨張したプロペラファン

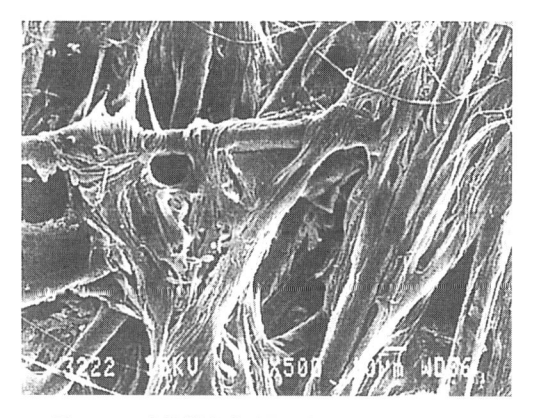

図9 GF連結構造成形品の表面エッチング写真

る．一方，このような膨張成形体は，機能性の面においても，従来のGF強化樹脂では考えられなかった幾つかの特性を有している．膨張成形体内部の微細な連続空隙構造は，優れた吸音特性をもたらす．また，遮音性能も有しており，1つの材料を用い，かつ射出成形により，吸音/遮音と相反する特性を同時に付与できる点が注目される．

いずれにしても，GFを単なる樹脂の強化材としてだけでなく，複合材料の構造形成材として活用することで，従来のGF強化樹脂では考えられなかった新しい用途を創出できる可能性もあり，今後の開発の方向性の一つと考えられる．

ここで，再度，図5の灰化写真をながめて見ることにする．長い繊維同士がからまった状態，近接した状態で存在していることに気づく．そこで，このGFを接着剤のようなもので繋ぐことができれば，GFが連結した構造が形成されると期待される．そこで，極性樹脂のGF表面への選択的な移行挙動を活用して，ガラス繊維強化ポリスチレン（GFPS）のGF連結構造形成を試みた．射出成形体の表面をメチルクロライドでエッチングし，PSを取り除いた写真を図9に示す．期待通りGFが極性樹脂に覆われ連結されていることがわかる．この梁構造を有するGFPSの熱変形温度HDT（低荷重0.45 MPa）を測定したところ，243℃と，PSのT_gを遙かに超えた．従来のGFPSでは考えられなかった耐熱性を示すことがわかった．同様な技術をPPに応用したところ，HDTが248℃

となり，PPの融点を遙かに超えた耐熱性を示すことも確認された．従来，GF強化樹脂の耐熱性は，マトリクス樹脂の耐熱性（結晶性樹脂では T_m，非晶性樹脂では T_g により決まるとされていたが，梁構造を形成した場合，GFを連結した少量の樹脂の耐熱性により，複合材料全体の耐熱性が決定されており，構造形成の面白さを示しているといえる．見方を変えれば，ポリマーアロイでは分散相を形成するような少量の樹脂でも，長いGFが介在することにより連続相を形成することが可能であるともいえ，まさにGFが構造形成材としての働きをしていることを示している．

ところで，引抜き含浸法による長繊維化技術を有効に活用し，新たな複合材料を提案する動きもある．GFを70 wt%含む，直径が0.5 mmの連続複合線材（ハイパグロン）が開発されている．これを用いれば，容易にFW（フィラメントワインディング）成形が可能となる．また，これを10～100 mmに切断したチョップ（ハイパグロン-C）を敷き詰めた後，溶融プレスすることにより，表1に示すように高衝撃，高強度，高剛性の成形品を直接得ることもできる．さらに，上記線材と他の有機繊維とを混織すれば，プリプレグ材として活用できることも提案されている．いずれにしても興味ある提案と言える．

2. スタンピング材料

長繊維GF強化熱可塑性樹脂の代表的な成形技術としてスタンピング成形がある．その1つに，針打ちされたスワールマットに熱可塑性樹脂（中心はPP）をラミネータで加熱溶融し含浸させた．すなわち長繊維GFがランダム配向したスタンパブルシート（Xシート）がある．熱硬化性樹脂のポリエステル樹脂をGFマットに含浸させたSMC（Sheet Molding Compound）と物性を比較すると，強度剛性ではSMCが優れるものの，耐衝撃性は著しくPP系スタンパブルシートが優れるとともに，比重が遙かに小さいため比強度に優れ，同じ強度の製品を得るための素材重量が軽くなる利点を有している．スタンパブルシートにおいても，GF長が長くなるほど，耐衝撃性，長期耐久性が向上するものの，複雑形状の成形品端部へのGFの流動性や均一分散性が悪くなるなどの課題が発生する．また使用するGFの繊維径に関しては，細いものほど補強効果が大きいものの，GFへの樹脂の含浸性が悪くなるとともに，GFマットの絡み合いが強くなり過ぎ，GFが流動し難くなる．そのため，現在では23 μmと他のGF強化樹脂と比較し，かなり太い繊維を用いており，細線化も今後の大きな課題といえる．

ところで，スタンパブルシートは強度に方向性がないのが特徴であるものの，構造部品などではある方向に高い強度を必要とすることが多々ある．そのためGFを一方向に引き揃えた長繊維と，ガラス長繊維がランダム配向したガラスマットを組み合わせたユニグレードが開発されている．ランダム配向シートとユニグレードとの比較を表2に示す．強度，弾性率，衝撃とともにユニグレードが遙かに優っていること

表1 連続複合線材（ハイパグロン-C）の一般物性

		ハイパグロン-C (PP系)		GMT (PP系)		SMC
		G 60	G 70	G 30	G 40	
GF含有量	wt%	60	70	30	40	30
比重	――	1.48	1.65	1.12	1.85	
引張り強度	MPa	100	137	44	57	98
曲げ強度	MPa	199	235	86	96	170
曲げ弾性率	GPa	10.1	11.6	3.7	4.2	12.0
IZOD衝撃強度	J/m	833	863	568	686	390
Chapy衝撃強度	kJ/m²	79	130	48	64	――
HDT（高荷重）	℃	159	160	154	154	260

（旭ファイバーグラス社ハイパグロンのカタログより抜粋）

表2 ユニグレードおよびランダムグレードの物性比較

グレード 項目	単位	Xシート P 4038 B	ユニグレード U 4038 B
GF含有率	%	40	
引張り強さ	MPa	80	200
曲げ強さ	MPa	140	200
曲げ弾性率	GPa	5.3	8.0
アイゾット衝撃強さ	J/m	800	1,400

（日本GMT社カタログより抜粋）

がわかる．

スタンパブルシートの他の製造方法としては，抄紙法がある．これはチョップドGFとPPパウダーとを界面活性剤を用いて水の中に分散させた後，抄紙し，PPとGFが均一に混合された不織布状のウェブを作製，さらにこれを乾燥した後，熱プレスで加熱圧縮し，溶融樹脂をGFに含浸させ，冷却圧縮しスタンパブルシートを作製するものである（KPシート）．衝撃強度は，前述のランダム配向スタンパブルシートに劣るものの，高い衝撃強度を有し，流動性も良好で細部にわたりGFが流入する特徴を有する．さらに，この抄紙法シートにPA/PPフィルムを貼り合わせ，PPの融点以上に加熱し，自由膨張させ，その後，一定クリアランスに圧縮することにより，軽量のスタンパブルシートも作製されている[4]．射出成形ほどの自由度はないものの，薄肉で，3～6倍の膨張が可能で，自動車の軽量化材として広く受け入れられ始めている．また西谷らは，分繊装置を用い，GFと樹脂繊維を切断・混合し，乾式法で複合マットを作製する方法を提案している．複数の樹脂成分および強化繊維を同時に供給，混合でき，ハイブリッド複合マットができることも特徴である．

3．その他の長繊維強化樹脂

ところで，長繊維強化樹脂の繊維はGFに限られたものではなく，さまざまな繊維において検討が行われている．表3に，長繊維GFPP，長繊維炭素繊維強化PP（CFPP）およびGFとCFのハイブリッド材の物性を示す．CF単独ではPPとの界面強度が低く，弾性率は高いものの引張り強度が低い．これに対し，ハイブリッド化を行うことにより，強度および弾性率の高い繊維強化PPが可能になることがわかる．おのおのの欠点を補い合う長繊維同士のハイブリッド化も，コスト次第では興味が持たれる技術である．また，有機繊維を活用することも提案されている．中沢は，PAN系繊維（ポリアクリロニトリル繊維）を用い，PSやHDPEと複合化することにより，アイゾット衝撃強度が大幅に向上することを示した[5]．さらに有機繊維は，各種無機フィラーとのハイブリッド化

表3 CF，GF，CF/GFハイブリッド材の物性比較

		CF強化PP			GF強化PP	ハイブリッド
		未変性PP	マレイン酸付加量 0.05%	マレイン酸付加量 0.25%	マレイン酸付加量 0.05%	マレイン酸付加量 0.25%
CF量	wt%	30	30	30		10
GF量	wt%	—	—	—	30	30
引張り強度	MPa	50	61	72	120	105
曲げ強度	MPa	83	94	113	164	157
曲げ弾性率	GPa	12.6	13.1	13.5	6.2	10.7

＊GF，CFともに，長繊維ペレットを使用し，射出成形にて試験片を作成し評価を実施

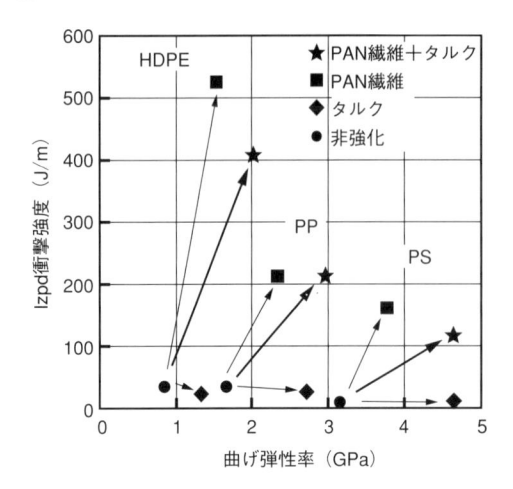

図10 有機／無機ハイブリッド材の物性バランス

を行っても，繊維が切断し難い特徴を有しており，そのため図10に示すように，高い弾性率と高い衝撃強度を持った複合材料が可能となることを明らかにした．こうした有機繊維を活用することを，複合材料の設計に織り込んでいくことも面白いと思われる．

また，リサイクルを含め地球環境を考慮した長繊維強化樹脂の提案も活発になりつつある．田中らは，引抜き含浸法である長繊維製造プロセスを改良することにより，天然繊維（ジュート繊維）を用いた長繊維強化樹脂ペレットを開発した[6]．これは，特殊撚り機構を製造プロセスに取り入れることにより，紡績糸の撚りを解きながら溶融樹脂を含浸させることを図ったものである．天然繊維のみでは強度が低いなどの課題はあるものの，前述のハイブリッド化技術などと組み合わせることにより，環境に優しい高強度材料も登場してくるものと期待される．さらに，積極的にリサイクル材を活用することも提案されている．木村らは，自動車用カーペットのシュレッダダストを始めとする各種繊維屑を用い，これを加熱・圧縮成形することにより成形体を得る手法を提案している[7]．成形温度や密度をコントロールすることにより，強度を保持した断熱板など各種実用に耐えうる成形体が得られることを明らかにし，長繊維の新たな活用方法を提案している．地球環境を考慮すると，今後こうした長繊維の活用方法の重要性が増してくるものと推測される．

長繊維GF強化樹脂を中心に，長繊維強化熱可塑性樹脂の状況を概説した．自動車部品の軽量化，モジュール化などを中心に市場においても，長繊維強化熱可塑性樹脂が必要になりつつある．また技術面でも，射出膨張成形，梁構造材料，軽量スタンバブルシートなど繊維の特徴を活かした新しい材料も開発されてきている．また，地球環境を考慮した繊維強化樹脂に関する検討・提案も盛んになりつつある．いずれにしても，熱可塑性樹脂における繊維強化の有用性はますます高まるものと考えられ，繊維の効果をより有効に活かすためには，おのずと長繊維化が必須となってくるものといえる．今後，より改良された長繊維強化樹脂が開発されてくるとともに，製造プロセス，成形プロセスを含む，より新しい繊維強化樹脂が提案されてくることを期待したい．

参考文献

1) 野村 学，岩佐雅彦：出光技報，**36**（2），51（1993）
2) 小出正道：プラスチック成形技術，**13**（9），17（1996）
3) 野村 学：成形加工，**12**（4），204（2000）
4) 長山勝博，荒木 豊：第6回複合材料界面シンポジウム要旨集，107（1997）
5) 中沢桂一：材料科学，**36**（5），19（1999）
6) 門脇良作，平野康雄，田中達也：成形加工，**13**（3），172（2001）
7) 木村照夫，中川雅也，浅川 薫：成形加工，**12**（12），800（2000）
8) これからの自動車材料：技術（1998），大成社
9) 和田 薫，野村 学：第23回複合材料シンポジウム講演要旨集，50（1998）

（出光興産㈱化学開発センター樹脂研究所・野村 学）

第8章 成形材料の現状と展望

成形材料を取り巻く環境はこれまでの大量生産，大量消費，大量廃棄の時代から大きく変化し，製品・技術面で変革期に直面している（図1）．容器，家電製品，自動車に関するリサイクル法に代表されるようにリサイクル性・生分解性を重視した環境対応技術がクローズアップされる中で，女性の社会進出，老齢化社会など社会ニーズの大きな変化に対応した製品開発・技術開発が要請されている．さらに解析技術，複合化技術，成形技術面でミクロからナノ次元での制御技術の革新が起こり，これらをベースとした新たな高付加価値製品群の開発が行われている．また，海外大型プラント稼働による安価な成形材料の流入増大やセットメーカー・パーツメーカーの海外シフトへの対応など成形材料メーカーにとって厳しい環境の中，食品包装容器，家電部品，自動車部品など現状の製品群のさらなる改良も着実に進行している．種々の成形材料を用いて成形されていくこれら製品群は「溶かし流す・形にする・固める」という成形加工プロセスを経て生み出されていくが，成形加工プロセスだけ見ると成形材料固有の分子構造・化学構造は表面に出てこない．しかし，製品としての性能・機能を満たす特定の分子構造・化学構造を持つ成形材料が選択されていることはまちがいない．製品の機能・性能を決める中で成形材料として果たす役割はきわめて大きいものがある．ここでは，成形材料の現状と今後の展望について述べたい．

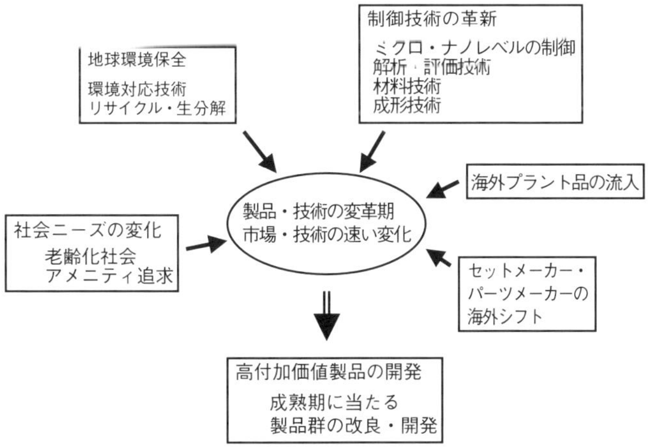

1. 成形材料の現状

成形材料と製品の関係は，①ある製品に対してどのような成形材料を選択するか，または②ある成形材料をどのような製品に応用するか，といった二つの流れの関係にあり，成形加工を通して製品と成形材料がつながっている（図2）．成形材料および製品のレベルアップ・改良・新展開のためには，加工技術の深化・極限の追求，新加工技術開発に取り組むことが必要といえる．このような流れの中，ある製品企画に対してその製品を形成する成形材料を選択する場合は，製品・成形体としての形状・構造を通してその内部に成形材料として発現すべき内部構造（マクロおよびミクロモルホロジー）を考える必要がある．一方，ある成形材料の性能機能から用途を考える場合は，成形材料の分子構造・化学構造から予測される特性・機能をベースに市場の製品，とくにこの場合は代替できる製品群を考える必要がある．

図1 成形材料を取り巻く環境

第8章 成形材料の現状と展望

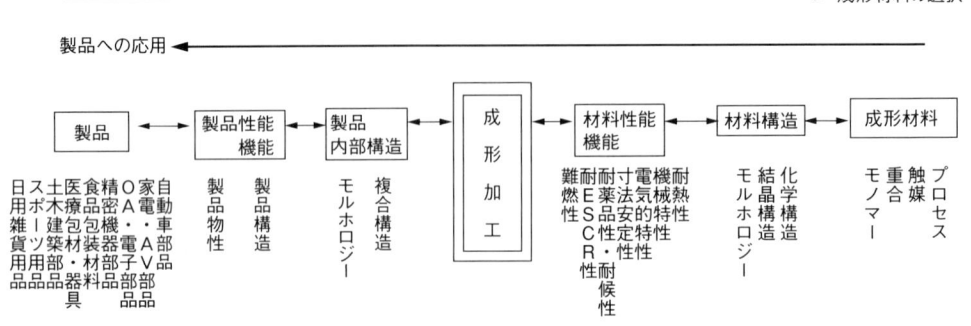

図2 成形材料開発と製品開発

表1 代表的な光学用成形材料[1]

項　目	単　位	PMMA	PC	非晶性ポリオレフィン	非晶性ポリエステル
比重	—	1.19	1.20	1.01	1.22
全光線透過率	%	93	91	92	89
屈折率（d線）	—	1.492	1.585	1.530	1.607
分散（アッベ数）	—	58	30	56	27
光弾性係数	GPa^{-1}	−0.006	0.08	0.0065	—
ガラス転移温度	℃	115	148	139	124
荷重たわみ温度（負荷の圧力 1.82 MPa）	℃	102	129	122	125
線膨張係数	$\times 10^{-5} K^{-1}$	6	7	6	7
引張り強さ	MPa	73	63	71	60
曲げ弾性率	GPa	3.1	2.3	2.4	2.3
吸水率	%	2.0	0.4	<0.01	0.4

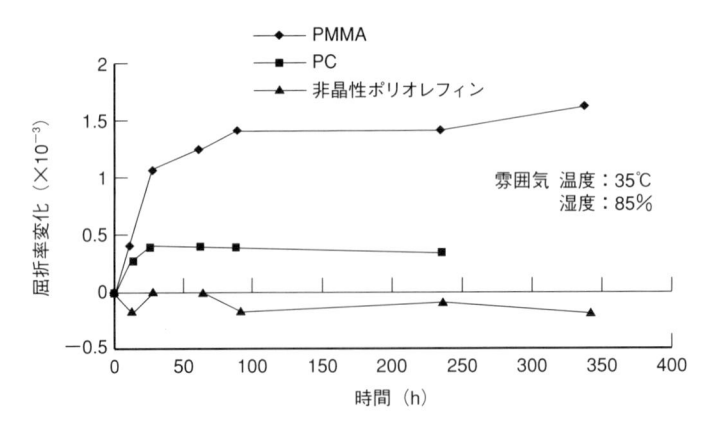

図3 吸湿による屈折率変化[1]

表2 s-PS の特徴[4]

ポリスチレン由来の特性	低比重	エンジニアリングプラスチック中もっとも軽い樹脂の一つである
	耐加水分解性	耐スチーム性に優れる
	良成形性	流動性に優れ，そりが少ない
結晶化による発現特性	電気特性	低誘電率，低誘電損失を有し，また絶縁破壊電圧に優れる 耐トラッキング性に優れる
	耐熱性	高荷重たわみ温度250℃，低荷重では268℃を有する
	耐薬品性	酸，アルカリ，オイル，脂肪族系溶剤に侵されない
	寸法安定性	線膨張係数が小さく，吸湿による寸法変動が小さい

1.1 成形材料と製品

　CDやDVDなどの新規製品が開発された際，光ディスクとしての性能を満たすPMMA, PCなどの成形材料が選択されている．さらに性能を向上させるため新たに非晶性ポリオレフィン・非晶性ポリエステルが創出され，高屈折率・高分散系で低吸湿・低複屈折の特性を活かしてデジタルカメラレンズなどの光学部品としての用途開発が行われている[1,2]．表1に光学部品として使用される成形材料の特性を，図3に35℃，湿度85%下における屈折率変化を示す．また，IT化時代を迎え高速，大量に情報を移動させるため高周波化が図られており，それに対応するため低誘電率，低誘電損失の成形材料が要求されている．エポキシ樹脂，ふっ素樹脂，ポリイミド樹脂を用いた用途開発が行われ，さらに特性を向上させるためふっ素化による樹脂開発も行われている[3]．新規分野での製品群が新規成形材料を創出させるポテンシャルとなっている例といえる．一方，メタロセン系PSであるシンジオタクティックPSが重合され，表2，図4に示すような耐熱性，機械的特性，電気特性を活かして電気・電子分野，自動車分野で用途開発が進んでいる[4,5]．新規成形材料が新たな製品分野を開発する例といえるものである．新規製品開発と新規成形材料開発が成形加工を介して相互作用・相互触発し合うことにより幅広い展開が図られていく．

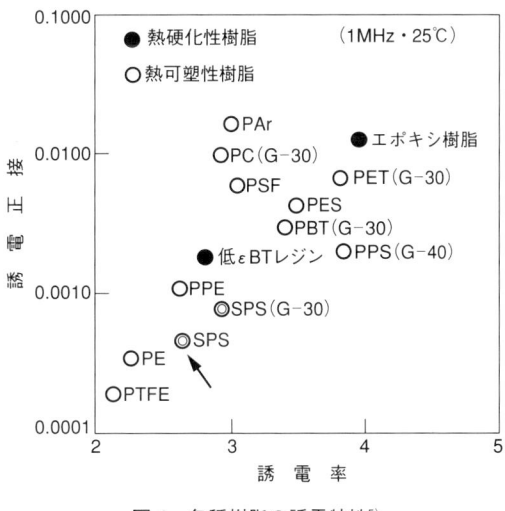

図4 各種樹脂の誘電特性[5]

1.2 グレード統廃合・国際化

　製品と材料の関係において，材料側に種々のマイナーチェンジが要請されることがある．未だ市場の確立していない超耐熱成形材料など新規材料分野ではマイナーチェンジによりグレードが確立されていくが，汎用成形材料において見られる極端な場合には特定メーカーのある製品にだけ適用される限定されたグレードが確立されることも多い．このような汎用成形材料分野での選択の流れは，成形材料のグレード数を極端に増やすことを助長し，結果的に価格面で国際競争力に劣る大きな要因となってきた．製品メーカーと材料メーカー間における一方的な関係により生み出された結果であり，極端な顧

客指向が生み出したともいえる例である．多品種・少量生産となるグレードの多様化はプラント生産効率を著しく低下させ，在庫金利，物流費用の増加にもつながり，価格競争力を著しく低下させる．このため，グレード統廃合・生産プラント統廃合が成形材料メーカー各社で実施され，この流れがさらに一段と進行し，成形材料メーカー各社の事業統廃合による国際的に競合できる規模の拡大へと展開してきている[6〜8]．

1.3 他材料との競合，リサイクル対応

成形材料として，製品の小型化・軽量化に伴う薄肉・高強度化が強く要求される中，マグネシウム合金など金属との競合にも直面している．マグネシウム合金はバリ発生など成形加工性に問題があるものの，軽量・デザインの多様性・電磁波シールド特性などから樹脂成形材料からの代替が進行している分野もある[9]．樹脂成形材料間の代替だけでなく，マグネシウム合金のみならずアルミニウムやスチールなど金属材料への代替も常に発生する可能性がある．価格を含めた特性，とくにリサイクル性の面から金属材料への転換・代替が進行する可能性があることを考慮しておく必要がある．樹脂成形材料分野でリサイクルを考えると，リサイクル容易な成形材料を使用した製品設計が進行し，自動車分野，家電製品分野において易解体作業性の構造体の設計，部品の一体化，モジュール化，部品間の材料統合化も進展している[10,11]．この動きを一段と加速させ部品製品を新たなコンセプトで生産するためにも成形加工技術の新たな展開が要請されるところである．

一方，成形材料としての市場拡大のためには高性能化・高機能化がはかられなければならない．高性能化，高機能化は汎用成形材料，エンプラ耐熱性成形材料などの分野でも，アロイ化，複合化，添加剤による改質などの手法を用いて精力的に行われている[12]．しかしながら，性能・機能の飛躍的な向上のためには重合レベルでの分子設計が要請されるところであろう．

2. 高性能化

成形材料高性能化の流れは触媒・プロセスの開発により試みられている．汎用成形材料ではメタロセン触媒[13,14]やマルチゾーン循環リアクター[15]などによる改良が試みられており，なかでもPPの高性能化がはかられている．性能は図5に示すレベルにまで向上しており，エンプラ成形材料や軟質成形材料の代替可能領域にまで幅が広がり，自動車部品分野，家電製品分野，包装材料分野における成形材料の統一化の大きなポテンシャルとなっている[16]．一方，エンプラ，スーパーエンプラなど耐熱性成形材料では金属部品の代替を目指して耐熱性向上がはかられている．図6にガラス転移温度と荷重たわみ温度の関係を示す[17]．短時間であるにしても

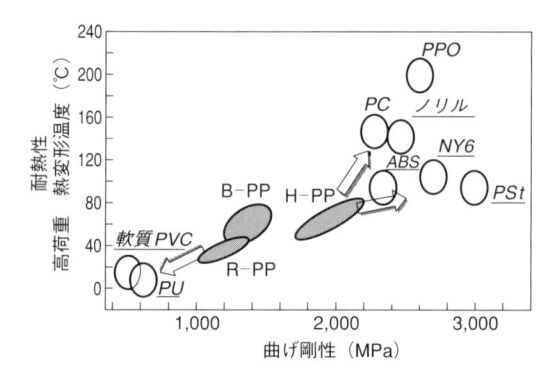

図5 プラスチックにおけるPPの位置付け[16]

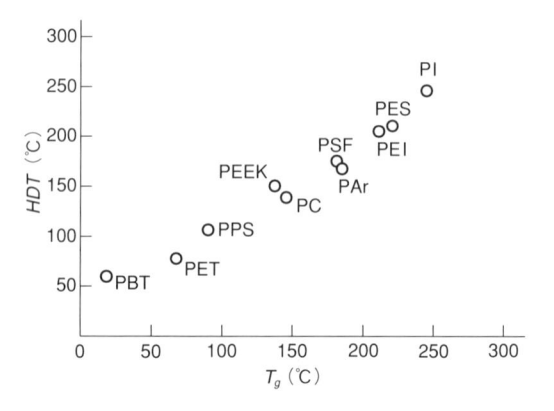

図6 T_gと荷重たわみ温度 HDT（18.6 kgf）の関係[17]

400℃以上での温度条件下で使用でき，高温機械強度・摺動性に優れるポリイミドが開発されている[18]．このような高耐熱性成形材料の場合，耐熱性に加え寸法に関する高い精度，機械強度，摺動性，難燃性，電気特性などが要求される上に，成形加工が非常に困難である．そのため樹脂販売の形態ではなく最終部品としての事業展開がはかられている．

3．高機能化

各種高機能成形材料として，導電性材料，感光性材料，また，分離膜材料，生分解性材料[19]などが実用化されている．さらにガスバリヤ特性[20]，酸素吸収特性[21]などを有する成形材料も開発されている．導電性材料はコネクタ，コンデンサなどに応用されており，さらに帯電防止フィルムとしての用途も広がりつつある[22]．感光性材料はフォトレジスト材料として応用され，ネガ型・ポジ型レジスト材料としてエレクトロニクス分野で使用されている[23]．分離膜材料として，酢酸セルロース，ポリアクリロニトリル，ポリスルホン，PMMA，ポリイミドなどが使用されている[24]．なかでも医療分野での分離膜として，ポリスルホンが化学薬品，放射線に対してきわめて安定であること，ポアサイズの制御が比較的容易であることなどから主流を占めつつある[25]．市場規模は小さいが，最終製品が高付加価値製品であるため極端な量の拡大を追及することなく，機能の追及で市場が成り立っているのが高機能成形材料であろう．

4．成形材料の展望

成形材料は材料としての高分子性を活かし，これまで種々の成長産業の中で既存の製品を代替しながら発展し，マーケットシェアーを獲得してきた．さらに新たな展開をはかるためには参入すべき分野を決め，中長期的視点に立って取り組む必要がある．

4.1 成長分野に参入する

21世紀にかけての成長産業は，IT分野，エレクトロニクス分野であろう．携帯電話，デジタルカメラ，パソコンなど数年前には考えられなかった新製品がエレクトロニクスの急速な進歩のおかげで実現されている．これら新製品中の成形材料の将来像は現状の成形材料の延長ではないだろう．新規高機能材料がその機能性を極限にまで発揮する形で参入・発展していくと考えられ，分子設計の段階から最終機能を予測できる材料設計能力，さらに機能性を発揮させるための新成形加工技術開発が必須となるだろう．

たとえば，図7に示すポリシランは高次構造制御することにより光スイッチング温度が制御可能になる[26]．新しい材料に加え，新たな成形加工法開発が要請されるところである．しかしながら，これら成長分野の新製品中に占める機能性成形材料としてのマスは小さい．このような場合材料としての展開に加え，部品・製品としての事業を考えることも必要となるが，その場合独自成形技術を有することが重要な鍵となる．

4.2 基幹産業に参入する

日本の基幹産業の一つとして自動車産業をあげることができる．自動車分野における部品として，エンジンルーム内部品，燃料タンク，外板，内装部品などあげることができる．その中

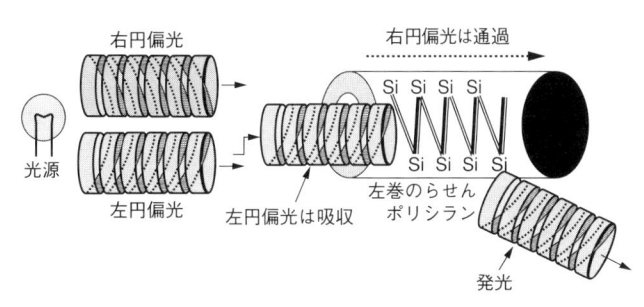

図7 光学活性らせんポリシランの化学構造式の模式図[26]

でももっとも期待される大型市場として外板がある．外板として使用されるための性能として軽量化に加え，鋼板に匹敵する剛性，耐衝撃性が要求されるが，

　ⅰ）静電塗装を可能にする導電性の付与
　ⅱ）ハイサイクル成形が可能な高成形流動性
　ⅲ）外観を損なうことのない熱膨張係数の低下技術
　ⅳ）最低でも最終部品としてアルミ外板よりは低コストな材料開発

が成形材料としての技術課題とされている[27]．現在SMCなどの熱硬化性樹脂，PPE/PA6，ABS/PA6などのポリマーアロイにより検討が行われているが，これら課題を成形材料面だけからクリヤーすることは困難といえる．外板のための成形加工技術開発なくして実現は困難であり，CAE技術も取り込んだトータルとしての成形加工技術において独自性が発揮されることが重要といえる[28]．

4.3　内需型産業に参入する

安全性と信頼性が重視される食品分野，医薬品分野は海外からの流入による影響を大きく受けない分野であろう．この場合，食品や医薬品の包装材料，医療用部品が成形材料としての市場であるが，無菌条件下での生産・輸送，毛髪，昆虫などの生体由来のコンタミネーション防止が必須条件である．成形材料には透明性，耐放射線，耐衝撃性，高温滅菌性，高度なガス透過制御機能が要請される．側鎖結晶性樹脂によりガス透過性が制御されている[29]．側鎖が炭素数8またはそれ以上のシロキサンまたはアクリル樹脂よりなる樹脂を用いると側鎖の長さにより結晶，非晶の固液相転移温度が異なり，転移温度でガス透過度が変化する．図8にその結晶・非晶状態の変化を示したが加熱・冷却により可逆的に相転移し，CO_2/O_2透過度比が調整可能であることを特徴としている．

新たな展開をはかるため成形材料は進歩を続

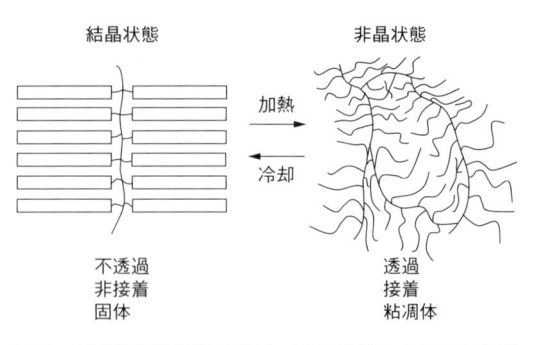

図8　側鎖結晶性樹脂の結晶／非晶状態における変化[29]

け，より広範囲な性能を発揮していくだろう[30]．しかしながら重合ベースで新規成形材料を創出するには多くの困難を伴う．分子量分布，結晶化度，結晶性分布，立体規則性，配向度などミクロ・ナノスケールでの制御により現状の成形材料の性能・機能の向上をはかるべきであり[30]，この点においても材料のもつ潜在能力を引き出すための成形加工の果すべき役割は重要といえる．ガスアシスト射出成形[31]，バランスフィルム成形[32]，射出プレス成形[33]など新たな成形加工法開発により大きな市場が形成されていったことは記憶に新しい．さらに成形体を用いた2次加工（たとえば各種表面処理，加飾処理，コーティング）により新たな性能・機能付与をはかるべきであろう．導電性[22,34]，ガスバリヤ性[35]，耐摩擦特性[36,37]，親水性[24]など成形材料単独ではなしえない機能が2次加工により発現していることをベースにさらなる展開を考えていく必要があろう（図9）．

成形材料が世の中に受け入れられて，約50年経過している．各材料を用いた製品群は揺籃期，成長期を経て，成熟期にさしかかっているものが多いが，素材としての位置付けは金属，セラミックスなどの原材料の中でも主要な材料として扱われている．リサイクル，リユースを考慮した，環境にやさしい材料としてさらに発展を続けるにはどうあるべきなのだろうか．人間が先を見とおすことができるのはせいぜい5

1) 性能・機能向上による新しい製品分野の開拓
   ①成長産業分野
   ②基幹産業分野
   ③内需型産業分野

2) 新規成形加工法開発による付加価値向上
   ①製品内部構造制御
   ②複合・一体化による効率化
   ③超大型化，超精密，超小型

3) 二次加工技術開発による機能・性能の付与
   ①導電性
   ②ガスバリヤ性
   ③耐スクラッチ性……

図9　成形材料の将来展望

年間といわれている．また将来は予想や予測するものはなく，こうありたいと理想を描き，それに基づいて今決断し，実行すべきものであるともいわれている．過去を振りかえり現在が予測できたかと考えながら，新たな将来を見通し行動していくことが求められている．成形材料としては，低価格化，高性能化，高機能化のプロセスを模索し続けていくのだろう．医薬品業界ではゲノム分野に，また，各種分野でナノテクノロジーに関し，研究開発の大勢を注いでいる．将来の鉱脈を見定めた上での具体的行動であり，過酷な開発競争が行われている．成形材料，成形加工の分野でも将来を見据え，産・官・学をあげた大型研究・開発テーマを創出することが必要であろう．

参考文献

1) 松本朗彦：プラスチックスエージエンサイクロペディア進歩編 2003, 80 (2002)
2) 井手文雄：プラスチックス，4月号別冊, 35(1999)
3) ㈱東レリサーチセンター：エレクトロニクス用樹脂, 117 (1999)
4) 岡田明彦：プラスチックスエージ, **47**, 125 (2001)
5) 中道昌宏，三浦慎一：プラスチックス, **51**, 41 (2000)
6) 平岡康行：プラスチックスエージエンサイクロペディア進歩編 2003, 129 (2002)
7) 本間精一：プラスチックス, **53**, 59 (2002)
8) 佐伯康治：バウンダリー, **17**, 15 (2001)
9) 恵木忠雄：プラスチックスエージエンサイクロペディア進歩編 2002, 210 (2001)
10) 松田雅敏：プラスチックスエージエンサイクロペディア進歩編 2002, 51 (2001)
11) 藤森義次：「これからの自動車材料・技術―プラスチック材料編」, 3 (1998), 大成社
12) 高分子ABCハンドブック, エヌ・ティー・エス出版 (2001)
13) 柏典夫，古城真一：化学装置, **82** (2002)
14) 浜田直士，伊崎健晴：成形加工, **13**, 673 (2001)
15) 「Material Close-Up」：プラスチックスインフォワールド, **4**, 55 (2002)
16) 児玉邦雄：成形加工, **13**, 288 (2001)
17) 木場友人，片岡利之，森田淳：プラスチックスエージ, **41**, 112 (1995)
18) 真壁芳樹，石王敦：プラスチックスエージ, **48**, 118 (2002)
19) 大島一史：成形加工, **15** (2) 110 (2003)
20) 下浩幸，廣藤俐：成形加工, **13**, 340 (2001)
21) 葛良忠彦：プラスチックスエージ, **48**, 102 (2002)
22) 小長谷重次：科学と工業, **75**, 483 (2001)
23) Mochizuki, A. and Ueda, M.：*J. Photopolym. Sci. Tech*., **14**, 677 (2001)
24) 〈特集〉機能性プラスチック膜, 成形加工, **14** (12) (2002)
25) 大野邦夫：膜, **27**, 9 (2002)
26) 藤木道也，中島寛：電気通信, **63**, 14 (2000)
27) 河村信也：「これからの自動車材料・技術―プラスチック材料編」, 35 (1998), 大成社
28) 本間精一：プラスチックスエージ, **48**, 110 (2002)
29) Clarke, R.：*1999 TAPPI Proc. Polymers, Laminations & Coatings Conference*, TAPPI Press, 663 (1999)
30) 高分子材料基盤技術ワークショップ講演要旨集, 2000年9月29日 (2002)
31) 大村重吉，服部建一：成形加工, **5**, 31 (1993)
32) 上島隆，鷹敏雄：成形加工, **5**, 102 (1993)
33) 桝井捷平，松本正人：成形加工, **3**, 402 (1991)
34) 若林淳美，吉川逸治，高橋賢次：成形加工, **14**, 158 (2002)
35) 宮崎俊三：成形加工, **14**, 153 (2002)
36) 中束孝浩，三宅浩二，村上泰夫：トライボロジスト, **47**, 833 (2002)
37) 高瀬伸夫，田村賢一，中尾敦巳，中嶋康勝：成形加工, **14**, 87 (2002)

（㈱メディックス昭和・竹村　憲二）

索 引

あ

アイソスタティック成形	162
アイソタクチック PMMA	55
アイソタクチック PP	30
アクリル樹脂	58
アタクチック PMMA	55
アタクチック PP	30
圧縮成形	161
アラミド繊維	216
アロイ	50
アロファネート結合	242
アンダーフィル	212
安定剤	10
イソシアナート指数	242
イソシアヌレートフォーム（PIR）	241
1液型接着剤	215
インサート成形	220
インターカレート	259
インフレーション	20
海島構造	44, 193
ウレタン結合	241
液状シリコーンゴム射出成形	219
液相重合	108
液晶ポリマー	122
エステル交換法	91
エチレン・クロロトリフルオロエチレン樹脂	155
エチレン酢酸ビニル共重合体けん化物（EVOH）	172
エピクロルヒドリン	206
エポキシ樹脂	206
延性破壊	27
オートクレーブ	17, 216
オルトクレゾールノボラック型エポキシ樹脂	212
オレフィン系エラストマードメイン	202
オレフィン系熱可塑性エラストマー（TPO）	193

か

カーボン繊維	215
カーボン膜コーティング	113
開環重合体水素化ポリマー	167
塊状重合	38, 45, 61
回転成形	164
化学論量的等量	242
架橋型 PPS	129
架橋剤	12, 243
核剤	11
過酸化物硬化ミラブルゴム	219
ガスアシスト射出成形	276
ガスアシスト成形法	77
ガスバリア性	255
可塑剤	10
滑剤	10
活性化体積	85
カプロラクトン	255
ガラス繊維強化 PP（GFPP）	264
ガラス転移温度	100
環境マネージメント	248
感光性材料	275
環状脂肪族型エポキシ樹脂	207
缶用塗料	209
気相法	17
求電子的芳香族置換	223
共押出コーティング	182
共押出多層チューブ	181
共押出多層フィルム	181
共押出多層ボトル	182
共押出ラミネート	182
共重合液晶ポリマー	122
共重合ナイロン	75
極性基	178
鎖延長剤	243
クッション特性	245
グラフト効率	62
グラフト重合法	61
グラフト率	63
グリーンプラ	248
グリーンプラ識別表示制度	250
グリシジルアミン型エポキシ樹脂	207
グリシジルエーテル型	206
グリシジルエステル型エポキシ樹脂	207
グリニヤー法	218
クローズド化	38
クロロトリフルオロエチレン樹脂	155
血液適合材料	246
結晶化温度	110
結晶化速度	110
結晶相密度	114
結晶融解温度	139
ケミカル・リサイクル	41
ゲル化	39
嫌気分解型吸水性グリーンプラ	257
顕在型（2液型）	209
懸濁重合	38, 45, 55
コア層	115
高圧イオン重合法	18
高圧法 LDPE	17

索引

硬化剤	12, 206, 209
硬化反応	206, 234
抗菌・防黴剤	12
抗血栓材料	246
高剛性化	85
抗酸化剤	11
高次構造制御	33
硬質フォーム	243
構造用接着剤	215
高分子化学	44
高分子量化	84
高密度ポリエチレン	17, 23
コールドパリソン方式	112
固相重合	108
固体高次構造	85
琥珀酸合成技術	257

さ

サーマル・リサイクル	41
酸変性 PP	264
ジオール・ジカルボン酸系	252
紫外線吸収剤	11
紫外線硬化型	235
脂環構造	167
シクロオレフィンポリマー	167
ジクロルジフェニルスルホン（DCDPS）	144
自動圧縮成形	161
自動車用塗料	211
射出成形	163
射出プレス成形	276
射出膨張成形技術（IEM）	266
重合体	234
重縮合	74
充てん材	12
重防食	211
衝撃性	255
触媒	243
シリコーン	218
シリコーンゴム	218
シリコーンシーラント	219
シリコーン樹脂	218
シルバーストリーク	49
シロキサン分子	218
シングルサイト触媒	19
シンジオタクチック PMMA	55
伸長粘度	254
シンボルマーク	250
水添ビスフェノール型エポキシ樹脂	213
スーパーエンジニアリングプラスチック	128
スーパーブロー成形法	52

スキン層	115
スタンピング成形	268
スチレン/オレフィン	50
スチレン系熱可塑性エラストマー	199
スチレン系ブロック共重合体	199
スプレイアップ（SPU）法	236
スプレー発泡	232
スラリー法	17
成形加工法の分類	5
脆性破壊	27
静電塗装法	183
生分解性材料	275
生分解性樹脂	248
生分解性プラスチック	248
積層構造	111, 112
積層板	212
絶縁粉体	214
接着剤	215
接着フィルム	182
接着性ポリオレフィン	178
繊維強化プラスチック	234
遷移層	115
潜在型（1液型）	209
船舶塗料	211
線膨張係数	103
造核剤	11
相溶化剤	12
ソフトセグメント	186, 193, 246

た

ダイオキシン	41
耐衝撃性ポリスチレン	44
ダイスライドインジェクション	133
ダイスライド成形法	77
帯電防止剤	11
耐ヒートショック	131
タイ分子	27
ダイロータリ成形法	77
タクチシチー	167
多層化	36
多層チューブ	78
脱塩重縮合法	149
脱塩反応	128
単純ブレンドタイプ	193
断熱材	245
断熱性	245
チーグラー・ナッタ触媒	29
逐次二軸延伸	173
チャー	51
着色剤	11

索引	
注型（キャスト）重合法	55
注型エラストマー	246
注型成形法	235
注型塊状重合	54
中低圧法ポリエチレン	23
注入発泡	232
チューブラ型	17
中密度ポリエチレン	17
長期分解型グリーンプラ	257
長繊維強化熱可塑性樹脂	264
長繊維ペレット	265
超臨界ガス発泡成形法	77
超臨界プロセス	166
直鎖型 PPS	129
直接法	218
低圧トランスファ成形	212
低温速硬化性	215
ディスポーザル	246
低密度ポリエチレン	17
テーパー重合技術	200
テトラフロロエチレン・パーフロロジメチルジオキソール共重合樹脂	156
テフロン	153
添加剤	10
電子線硬化型	235
天然樹脂	44
澱粉系	252
動的架橋技術	193
導電性材料	275
トランスファー成形	165
塗料	209

な

ナイロン	74
ナイロン 6	74, 75
ナイロン 11, 12	75
ナイロン 66	74, 75
ナイロンクレイハイブリッド	79
ナイロンブレンド PET	112
ナノコンポジット化	257
鉛フリー化	215
軟質（可撓性）フォーム	243
難燃剤	11
2 液型接着剤	215
2 色成形	220
2 相構造	60
乳化重合	38
乳化重合法	61
熱可塑性エラストマー	193
熱可塑性ポリイミド	138
熱光学転移温度	101
ネマテイック液晶相	123
ノーバリ・ランナーレス	220
ノボラック樹脂	223
ノンハロゲン化	214

は

ハードセグメント	186, 193
バイオプラスチック	248
配合剤	10
ハイサイクル化	33, 78
橋かけ	206
発泡剤	12
パラジクロルベンゼン	129
バランスフィルム成形	276
バルサム	44
半結晶性プラストマー	52
半硬質フォーム	243
ハンドレイアップ（HLU）法	236
反応射出成形	245
汎用ポリスチレン	44
非架橋タイプ	193
引抜き成形法	236
非晶質ふっ素樹脂	156
非晶性エラーストマー	52
非晶性プラスチック	52
非晶性ポリマー	167
非晶相密度	114
ビスヒドロジエチルテレフタレート（BHET）	108
ビスフェノール A	206
ビニリデンフルオライド樹脂	155
ビフェニル型エポキシ樹脂	212
ビュレット結合	241
ピリジン法	91
ビルトアップ法	212
フィブリル	124
フィラー	12
フィラメントワインディング法	236
フィリップス法	128
フィルム加工法	20
封止材	212
フェノール FRP	228
フェノールウレタンフォーム	230
フェノール樹脂	223
フェノールフォーム	230
フェノキシ樹脂	206
付加型共重合体	167
複合化	57
複素粘度	71
ブチレンサクシネート	255

ふっ素樹脂	153
不飽和ポリエステル	234
プラグアシスト真空圧空成形	175
フラット（Tダイ）フィルム加工法	20
フリーデルクラフツ法	149
プリフォーム	110
プリプレグ	212
プリント配線基板	212
ブロー成形	25, 164
ブロック（スラブ）発泡方法	232
ブロック PP	30
フロン	243
分極率異方性	168
粉体塗料	212
粉末コーティング	183
分離膜材料	275
ペースト押出成形	162
ヘキサフルオロプロピレン（HFP）	154
変形挙動	191
変性 PPE	100
変性ポリフェニレンエーテル（m-PPE）	100
芳香性樹脂	44
ホスゲン法	91
ポッティング	212
ホットパリソン方式	112
ホットメルト接着法	58
ホモ PP	32
ポリアセタール	82
ポリアミド	74
ポリアミドエラストマー	75
ポリイミド（PI）	135
ポリウレタン（PUR）	240
ポリエーテルイミド	138
ポリエーテルエーテルケトン（PEEK）	149
ポリエーテルサルホン（PES）	144
ポリエステル FRP	228
ポリエステル–ポリエーテルタイプ	186
ポリエステル–ポリエステルタイプ	186
ポリエステル系熱可塑性エラストマー（TPEE）	186
ポリエチレン	17
ポリエチレンテレフタレート（PBT）	114
ポリ塩化ビニル	37
ポリカーボネート	89
ポリカプロラクトン（PCL）	252
ポリグルコース酸樹脂	255
ポリスチレン	43
ポリスチレン–クレイコンポジット（PSCC）	263
ポリスチレン–クレイハイブリッド	262
ポリテトラメチレングリコール（PTMG）	188
ポリ乳酸	252
ポリビニルアルコール（PVA）	252
ポリビニルフルオライド樹脂	155
ポリフェニレンサンファイド（PPS）	128
ポリブチレンフタレート（PBT）	114
ポリブチレンナフタレート（PBN）	189
ポリプロピレン	29
ポリプロピレン–クレイコンポジット（PPCC）	260
ポリプロピレン–クレイハイブリッド（PPCH）	261
ポリマーアロイ	57, 101
ポリマー系ナノコンポジット材料	258

ま

膜構造材	153
マテリアル・リサイクル	41
マネティック液晶相	123
マルチサイト触媒	19
ミクロ相分離構造	205
水系エポキシ樹脂	215
水系塗料	210
ミセル	40
無極性構造	179
メタクリル樹脂	54
メタロセン触媒	67
モンモリロナイト	258

や

焼け	49
溶融グラフト法	180
ユリア結合	241
溶液グラフト法	180
溶液重合	38
溶液法	17
溶剤型塗料	210
溶融押出成形	163
溶融グラフト法	180
四ふっ化エチレン・エチレン共重合樹脂	155
四ふっ化エチレン・パーフロロアルキルビニルエーテル共重合樹脂	154
四ふっ化エチレン・六ふっ化プロピレン共重合樹脂	154
四ふっ化エチレン樹脂	154

ら

ライニング	215
ラジカル硬化型反応	234
ラミネート加工法	21
ラム押出成形	162
ラメラ構造	150
ランダム・コポリマー	255
ランダム PP	30

リアクタタイプ	193	ETFE	155
立体規則性	167	EVA	7
リビングアニオン重合技術	199	EVOH	7, 172
リビング重合	200	FEP	154
臨界ミセル濃度	62	FRP	234, 235
冷熱サイクル	131	GF連結構造形成	267
レオロジー特性	71	GFPP	264
レゾール樹脂	223	GPPS	44
連続塊状（バルク）重合法	55	HAO	68
連続キャスト重合法	55	HCFC	243
連続溶液重合法	55	HCR	219
連続ラミネート発泡	232	HDPE	17, 23, 106
		HDPEフィルム	23

英

		HFP	154
a–PP	30	HIPS	44
a–PS	52	HTV	219
ABS	7, 60	i–PP	30
AD	181	i–PS	52
AES	61	IPA	108
AN	60	IR	7
ASA	61	LCBI	72
AS	60	LCP	7, 83, 122
BD	60	LDPE	17, 106
BHET	108, 109	LED	213
Bis–Cp	68	LIMS	219
BMC	10, 57, 237	LLDPE	17, 18
CAE	190	LOI	157
CEBC	201	MAO	68
CFC	243	MD	104
CGC	68	MDPE	17
CHDM	108	MF	10
CMC	62	m–PE	68
COC	70	m–PPE	8, 100
CR	7	NBR	7
CT	109	NCC	259
DAP	10	NCH	79, 258
DCDPS	144	NCO–Index	242
DCPD	9	P	106
DEG	109	PA 11	7
DEHP	40	PA 6	7, 106
DOP	10	PA 66	106
DRI	72, 77	PAI	7
DSI	133	PAN	7
EBR	35	PAR	7, 106
ECTFE	155	PB	7
EG	108, 109	PBDラテックス	61
EOR	35	PBN	189
EP	10	PBSA	8
EPDM	35, 68	PBT	7, 83, 106, 114
EPR	35	PC	7, 89, 106

PCL	8, 252	PVAc	7
PCTFE	7, 155	PVB	7
PDCB	129	PVC	7, 37
PE	7	PVDC	7
PEEK	7, 149	PVDF	7, 155
PEI	106	PVF	7, 155
PEK	7	RIM（Reaction Injection Molding）	245
PEN	7	RRIM	245
PEO	7	RTM（Resin Transfer Molding）	237
PES	7, 106	RTV	219
PET	7, 106, 107, 184	SAN	7
PETFE	7	SBBS	200, 204
PF	10	SBR	7
PFA	154	SBS	7
PFT	184	SBS 構造	200
PI	135	SEBC	201
PIR	241	SEBS	35
PLA	8, 154, 255	SEPS	200
PMMA	7, 54, 106	SIS	200
POB	7	SMC（Sheet Molding Compound）	10, 237
POM	7, 82, 106	SPPF 成形	173
PP	7, 29, 106	s-PP	30
PPCC	260	s-PS	52
PPCH	260	ST	60
PPE	7, 106	TFE	153, 154
PPO	7	TFE/PDD 樹脂	156
PPS	7, 83, 106	TPA	108, 109
PPS アロイ	132	TPE	193
PPS 繊維	133	TPEE	186
p-ヒドロキシ安息香酸	123	TPO	193
PS	7, 43, 106	TPX	7
PSCC	263	TREF	71
PSF	7, 106	UF	10
PSP	106	UHMWPE	8
PTFE	7, 153	UP	10, 234
PTMG	188	VCM	38
PUR	10, 240	∠N	68
PVA	7, 252		

図解 プラスチック成形材料　Ⓒ (社)プラスチック成形加工学会　2011

2011年6月20日　第1版第1刷発行　【本書の無断転載を禁ず】
2019年8月30日　第1版第4刷発行

編　　者　(社)プラスチック成形加工学会
監 修 者　鞠谷雄士・竹村憲二
発 行 者　森北博巳
発 行 所　森北出版株式会社
　　　　　東京都千代田区富士見1-4-11（〒102-0071）
　　　　　電話 03-3265-8341／FAX 03-3264-8709
　　　　　https://www.morikita.co.jp/
　　　　　日本書籍出版協会・自然科学書協会　会員
　　　　　JCOPY ＜(一社)出版者著作権管理機構　委託出版物＞

落丁・乱丁本はお取替えいたします　　印刷・製本／美研プリンティング

Printed in Japan／ISBN978-4-627-66871-3